ROS机器人开发实践

胡春旭　编著

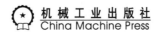

机械工业出版社
China Machine Press

图书在版编目（CIP）数据

ROS 机器人开发实践 / 胡春旭编著 . —北京：机械工业出版社，2018.5（2025.1 重印）
（机器人设计与制作系列）

ISBN 978-7-111-59823-7

I. R… II. 胡… III. 机器人 – 程序设计 IV. TP242

中国版本图书馆 CIP 数据核字（2018）第 080884 号

ROS 机器人开发实践

出版发行：机械工业出版社（北京市西城区百万庄大街 22 号　邮政编码：100037）

责任编辑：佘　洁　　　　　　　　　　　　责任校对：殷　虹

印　　刷：北京铭成印刷有限公司　　　　　版　　次：2025 年 1 月第 1 版第 19 次印刷

开　　本：186mm×240mm　1/16　　　　　印　　张：32.75

书　　号：ISBN 978-7-111-59823-7　　　　定　　价：99.00 元

客服电话：（010）88361066　68326294

Foreword | 推荐序一

"古月"容易让人想到古龙笔下的大侠。

大侠的特质是：开山建宗，随而遁影山林，空余武林纷说大侠的故事。

古月在CSDN留下了那些优美的博文——《ROS探索总结》，启蒙了多少人，开启了多少人对ROS的向往？随后，古月却"消失"了，任凭人们谈论着："古月是谁？""古月在哪里？"

2017年年初，我无意间看到古月另建了一个独立网站并发布了一些与ROS和机器人相关的博文，马上意识到"古月回来了"。遂邀请古月参加一年一度的ROS暑期学校。这样在2017年7月底，我们有幸在上海华东师范大学一睹古月尊容，也让很多学员在这里接受了ROS启蒙。

2018年1月25日，上海大雪，路过2015年ROS暑期学校的举办地——数学馆201，以及2016年和2017年的举办地——理科楼B222，想象着古月踏雪归来。这次他带着这本ROS武林秘籍，秉承ROS的开放精神，与更多的人分享ROS的基础和应用实践，尤其是包含最新的ROS 2.0的介绍。我想最可贵的是，此ROS武林秘籍通俗易懂。

古月的这本书注定将成为ROS江湖人手一本的"武林宝典"。

张新宇博士

华东师范大学智能机器人运动与视觉实验室负责人

机器人操作系统（ROS）暑期学校创办人

推荐序二 | Foreword

2011 年，当国内 ROS 资料还很匮乏的时候，正在读本科的古月同学为了开发一款机器人，一边摸索自学一边总结撰写了《ROS 探索总结》系列博客。由于其博文条理清晰、主题丰富并具有很强的可操作性，文章一经发布便深受广大 ROS 网友的热爱。从此"古月大神"便成为群里热议的话题，"古月大神又出新文章啦！大家快去撸一撸啊！"……

后来，古月同学研究生毕业后就投身于机器人创业的时代浪潮，博客也便沉寂了许久。

你不在江湖，江湖却一直有你的传说！

记得是 2015 年冬天的一个深夜，我已经上床准备睡觉了，突然收到一个群聊信息，原来是机械工业出版社华章分社的张国强先生邀请我一起建议古月出版一本 ROS 相关的图书，我就从多年来学习阅读《ROS 探索总结》的体会以及升级为图书后的风格和思路提了几点简单建议，大家也交换了一些经验和想法，当时古月表示可以考虑出书。说实话，我也深知出书是一件耗时费力的苦差事。当初我曾接受出版社邀约，拉了几个小伙伴团结在一起甚至想合力完成一本书，最后却也未能克服困难坚持下来，更别说一个人写了。尤其是对于古月这样一位创业者，时间成本更是巨大！

在 2016 年创办的星火计划 ROS 公开课以及华东师范大学 ROS 暑期学校等活动中，我们邀请古月一起合作进行了多次授课。他不仅仅讲课深入浅出，每次在实践环节小伙伴们调试机器人时，常常会被各种"坑"折磨得焦头烂额、欲哭无泪，当小伙伴们含泪请教古月老师且自己还没讲清楚情况时，古月仅扫一眼，马上就会胸有成竹地说："是不是这个现象？你应该这么解决……"此情此景，让我不由得想起了一句话："今天你遇到的坑，都是我当年走过的路。"可见古月不仅文笔好，实战能力也是超群。

后来也多次得知他创业繁忙，心中也暗自揣度出书的事情恐怕是要搁浅了。然而一直到 2017 年 12 月 26 日，突然收到古月发的一条信息。

"Hi, Top，还记得两年前筹备的那本书吗？现在终于写完了，希望邀请您写一个推荐序，不知是否方便？"

哇，这可真是大惊喜啊！我连忙打开电脑下载邮件，并将文件打印装订成书，放下手头的工作，重启"ROS 探索之旅"，几个晚上看下来总体感觉如下。

首先，书的内容主要源自古月个人项目开发的经验习得，书名中的"实践"二字恰如其分！其次，书虽是源自《ROS 探索总结》系列博文，但也绝不是博文的简单汇集，不仅内容上有了非常大的充实（增加了多个新的章节）和更新（跟踪至 2017 年 12 月 ROS 的最新进展），而且在结构编排上也更适合阅读和上机操作。厚厚的书稿承载着作者满满的诚意，除去国外某两本由 ROS 论文合集组成的图书，本书也是目前为止国内外已出版的内容最丰富的一本 ROS 相关图书。可见作者为此书花费了大量的心血！最后，作者对书中的示例代码进行了认真的调试，也做了大量的修改和注释。

作为人工智能的综合实体平台，当前阻碍机器人实现大规模应用的一项主要障碍就是软硬的不标准化（只能专用，无法通用）。每每针对某个特定应用场景设计机器人时，都需要花费大量成本和努力来对机器人进行设计和编程。即使完成之后，如果需要对机器人功能进行一个很小的改动，整个系统都需要进行成本很高的重新设计和开发，显然这是不符合可持续和可继承要求的，其限制了机器人的大规模应用与推广。

正如 60 年前软件行业放弃了从头编写程序的工作模式，ROS 的出现是机器人开发的一场革命。如同从软件库和模块开始构建软件一样，通过 ROS 可以将机器人的标准算法例程化、软件模块化、成果共享化，后人可通过组合软件库和模块来实现十分复杂的功能。ROS 有效地降低了工程的复杂度和工作量，让我们不仅可以很快地搭建出机器人系统，而且能够实现大型团队的协同工作与成果复用。这也正是我们努力推广 ROS 的主要动因。

愿与大家一同享受探索的欢喜！

刘锦涛（Top）博士

易科机器人实验室（ExBot Robotics Lab）负责人

星火计划联合发起人

推荐序三 | Foreword

近年来机器人技术发展越发成熟，越来越多的机器人技术应用在不同的领域。基于机器人技术开发出来的产品推陈出新，如物流机器人、家庭陪护机器人、协作机器人、送餐机器人、清洁机器人、无人机、无人汽车等，可谓百花齐放。大众对机器人的认知及学习的兴趣也不断提升，对机器人相关的技术变得更为关注，而ROS就是一个很典型的例子。

ROS是一个专门针对机器人软件开发而设计的通信框架，源自美国斯坦福大学团队的一个开源项目，目前已有十年的发展历史，其开源以及对商用友好的版权协议使得它很快就得到越来越多的关注与支持。现在的ROS已有飞快的发展，越来越多机器人相关的软件工具亦加入ROS的行列。国内外也开始出现一些支持ROS系统，甚至是基于ROS进行开发的商用机器人。相信这个趋势会一直持续下去并且蔓延到全球各地，最终使之成为机器人领域的普遍标准。而我亦通过举办ROS推广及培训深深体会到国内对ROS的关注也在近年来有显著的上升。

作者是国内最早一批接触ROS的人，其ROS实战经验非常丰富。我们举办的ROS推广活动"星火计划"有幸能邀请到作者作为讲师，学生们对他也是一致好评。而本书的内容亦同样非常精彩，是我现今看过的内容最全面、涵盖层面最广的ROS中文入门书籍。从ROS 1.0到ROS 2.0，本书对各种常用的架构、组件及工具等都有完整的叙述，是一本很好的ROS"入门字典"。其中作者亦把很多个人的实战经验融入书中，与网络上的教材相比，必定有另一番收获。

ROS是机器人软件开发者间一种共同的语言、一个沟通的桥梁。大家可以通过ROS的学习及应用，与全球机器人软件开发者进行交流。如你对机器人学已有一定的认识，希望进一步打开机器人软件开发者社群的宝库，这本书你绝对不能错过。

Dr. LAM, Tin Lun 林天麟博士

NXROBO 创始人兼 CEO

Preface | 前　言

　　2011 年年底，笔者第一次接触 ROS。当时实验室的一个师兄在学术会议上听说了 ROS 并意识到它的前景广阔，考虑到笔者当时的研究方向，于是建议笔者进行研究。那时国内外 ROS 的学习环境比较艰苦，几乎只有 Wiki 的基础教程（也没有现在这么完善）。所以一开始，笔者的内心是拒绝的，但还是硬着头皮开始钻研。虽然从拒绝到接受、从未知到熟悉，笔者经历了前所未有的磨难，但同时也收获了前所未有的喜悦。

　　在这个过程中，笔者也常常思考：ROS 前景无限，但是国内还鲜有人知，即使有人知道，也会被困难吓倒。既然笔者经历过，何不总结一下，让其他人少走弯路。于是，笔者整理了自己学习过程中的一些资料和心得，在 CSDN 上以博客的形式发表，最终形成《ROS 探索总结》系列博文，再后来转移到个人网站——古月居，至今仍保持更新。

　　2017 年 11 月，ROS 十周岁了！在走过的第一个十年里，ROS 从蹒跚学步的孩童成长为机器人领域的巨人，再华丽蜕变出 ROS 2。如今，大多数知名机器人平台和机器人公司都支持 ROS，越来越多的机器人开发者也选择 ROS 作为开发框架。ROS 已经逐渐成为机器人领域的事实标准，并将逐步从研发走向市场，助力机器人与人工智能的快速发展。

　　ROS 的重要精神是分享，这也是开源软件的精神，所以才能看到如此活跃的 ROS 社区和众多软件功能包的源码，并且可以在此基础上快速完成二次开发。为了促进 ROS 在国内的发展，现在已经有很多人及组织在积极推广 ROS，比如 ROS 星火计划、ROS 暑期学校，以及网上各种各样的技术分享等，相信未来这个队伍会更加庞大。

　　本书以《ROS 探索总结》系列博文为基础，重新整理了 ROS 相关基础要点，让读者能够迅速熟悉 ROS 的整体框架和设计原理；在此基础上，本书以实践为重心，讲解大量机器视觉、机器语音、机械臂控制、SLAM 和导航、机器学习等多方面 ROS 应用的实现原理和方法，并且翻译了众多 ROS 中的图表、内容，帮助读者在实现 ROS 基础功能的同时深入理解基于 ROS 的机器人开发，将书中的内容用于实践。

　　本书共有 14 章，可以分为五个部分。

　　第一部分是 ROS 基础（第 1～4 章），帮助了解 ROS 框架，并且熟悉 ROS 中的关键概念以及实现方法。这部分的内容适合初学者，也适合作为有一定经验或者资深开发者的参考手册。

第二部分介绍如何搭建真实或仿真的机器人平台（第5~6章），帮助了解机器人系统的概念和组成，学习如何使用 ROS 实现机器人仿真，为后续的机器人实践做好准备。这部分的内容适合希望自己动手设计、开发一个完整机器人平台的读者。

第三部分介绍 ROS 中常用功能包的使用方法（第7~10章），涉及机器视觉、机器语音、机械臂控制、SLAM 和导航等多个机器人研究领域。这部分的内容适合学习 ROS 基础后希望实践的开发者，以及从事相关领域的机器人开发者。

第四部分是 ROS 的进阶内容（第11~13章），介绍了 ROS 的进阶功能、ROS 与机器学习的结合、搭载 ROS 的机器人平台。这部分的内容适合已经对 ROS 基础和应用有一定了解的读者。

第五部分介绍了新一代 ROS——ROS 2（第14章），涉及 ROS 2 的架构、原理和使用方法。这部分的内容适合对 ROS 有一定了解，希望了解 ROS 2、想要跟上 ROS 进化步伐的开发者。

因此，本书不仅适合希望了解、学习、应用 ROS 的机器人初学者，也适合有一定经验的机器人开发人员，同时也可以作为资深机器人开发者的参考手册。

书中的部分源代码来自社区中的 ROS 功能包，但是笔者在学习过程中对这些代码进行了大量修改，并且为大部分源代码加入了中文注释，以方便国内 ROS 初学者理解。这些代码涉及的编程语言不局限于 C++ 或 Python 中的某一种，编程语言应该服务于具体场景，所以建议读者对这两种语言都有所了解，在不同的应用中发挥每种语言的优势。关于是否需要一款实物机器人作为学习平台，本书并没有特别要求，书中绝大部分功能和源码都可以在单独的计算机或仿真平台中运行，同时也会介绍实物机器人平台的搭建方法并且在实物机器人上完成相应的功能。所以只需要拥有一台运行 Ubuntu 系统的计算机，具备 Linux 工具的基本知识，了解 C++ 和 Python 的编程方法，即可使用本书。

此外，本书创作过程中参考了众多已经出版的 ROS 原著、译著，笔者也将这些内容作为参考资料列出，并向这些著作的作者和译者致敬，希望读者在学习 ROS 的过程中，可以从这些著作中获取更多知识：

- 《Mastering ROS for Robotics Programming》，Lentin Joseph
- 《ROS By Example》(Volume 1/Volume 2)，Patrick Goebel
- 《Programming Robots with ROS:A Practical Introduction to the Robot Operating System》，Morgan Quigley, Brian Gerkey & William D. Smart
- 《Learning ROS for Robotics Programming》，Aaron Martinez, Enrique Fernández
- 《A Gentle Introduction to ROS》，Jason M. O'Kane
- 《ROS Robotics Projects》，Lentin Joseph
- 《Effective Robotics Programming with ROS》，Anil Mahtani, Luis Sanchez

在 ROS 探索实践与本书的创作过程中，离不开众多"贵人"的帮助。首先要感谢陪伴笔者辗转多次并一直无条件支持笔者的妻子薛先茹，是她给了笔者前进的动力和思考的源泉；其次要感谢笔者的导师何顶新教授，以及为笔者打开 ROS 大门的任慰博士，还有曾与笔者一起彻夜调试的实验室同学顾强、方华启、胡灿、孙佳将、牛盼情、熊枭等；感谢机械工业出版社对本书的大力支持，以及 Linksprite 姚琪和 ROSClub 李文韬对本书所用硬件平台的赞助；最后要感谢 ROS 探索之路上一同前行的伙伴们，他们是张新宇教授、刘锦涛博士、林天麟博士、王滨海博士、杨帆、田博、张瑞雷、李卓、邱强、林浩铉等，以及通过博客、邮件与笔者交流的众多机器人爱好者、开发者。要感谢的人太多，无法一一列举，但是笔者都感恩在心。

ROS 成长迅速，机器人系统更是错综复杂，笔者才疏学浅，书中难免有不足和错误之处，欢迎各位读者批评指正，这也是笔者继续前进的动力。本书相关内容的更新和勘误会发布在微信公众号"古月居"和笔者的个人网站（http://www.guyuehome.com/）上，欢迎各位读者关注或者通过任何形式与笔者交流。

最后分享胡适先生的一句名言，愿你我共勉：怕什么真理无穷，进一寸有一寸的欢喜。

胡春旭

2017 年 12 月于广东深圳

目 录 | Contents

第 1 章

初识 ROS

2018 年，机器人迎来正式工业应用以来的第 56 个年头。自 20 世纪七八十年代以来，在计算机技术、传感器技术、电子技术等新技术发展的推动下，机器人进入了迅猛发展的黄金时期。机器人技术正从传统工业制造领域向家庭服务、医疗看护、教育娱乐、救援探索、军事应用等领域迅速扩展。如今，随着人工智能的发展，机器人又迎来了全新的发展机遇。机器人与人工智能大潮的喷发必将像互联网一般，再次为人们的现代生活带来一次全新的革命。

本章从认识、安装 ROS 开始，逐步带你走上机器人开发实践之路。

1.1 ROS 是什么

1.1.1 ROS 的起源

硬件技术的飞速发展在促进机器人领域快速发展和复杂化的同时，也对机器人系统的软件开发提出了巨大挑战。机器人平台与硬件设备越来越丰富，致使软件代码的复用性和模块化需求越发强烈，而已有的机器人系统又不能很好地适应需求。相比硬件开发，软件开发明显力不从心。为迎接机器人软件开发面临的巨大挑战，全球各地的开发者与研究机构纷纷投入机器人通用软件框架的研发工作当中。在近几年里，产生了多种优秀的机器人软件框架，为软件开发工作提供了极大的便利，其中最为优秀的软件框架之一就是机器人操作系统（Robot Operating System，ROS）。

ROS 是一个用于编写机器人软件的灵活框架，它集成了大量的工具、库、协议，提供了类似操作系统所提供的功能，包括硬件抽象描述、底层驱动程序管理、共用功能的执行、程序间的消息传递、程序发行包管理，可以极大简化繁杂多样的机器人平台下的复杂任务创建与稳定行为控制。

ROS 最初应用于斯坦福大学人工智能实验室与机器人技术公司 Willow Garage 合作的个人机器人项目（Personal Robots Program），2008 年后由 Willow Garage 维护。该项目研发的机器人 PR2 在 ROS 框架的基础上可以完成打台球、插插座、叠衣服、做早饭等不可思议的功能（见图 1-1），由此引起了越来越多的关注。2010 年，Willow Garage 正式以开放源码的形式发布了 ROS 框架，并很快在机器人研究领域掀起了 ROS 开发与应用的热潮。

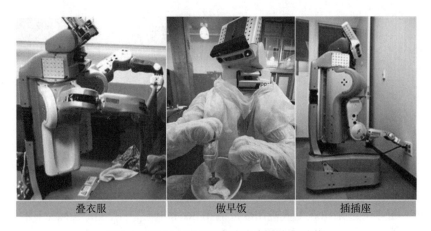

图 1-1   PR2 已经可以完成丰富的应用功能

在短短的几年时间里，ROS 得到了广泛应用（见图 1-2），各大机器人平台几乎都支持 ROS 框架，如 Pioneer、Aldebaran Nao、TurtleBot、Lego NXT、AscTec Quadrotor 等。同时，开源社区内的 ROS 功能包呈指数级增长，涉及的应用领域包括轮式机器人、人形机器人、工业机器人、农业机器人等，美国 NASA 已经开始研发下一代基于 ROS 的火星探测器。

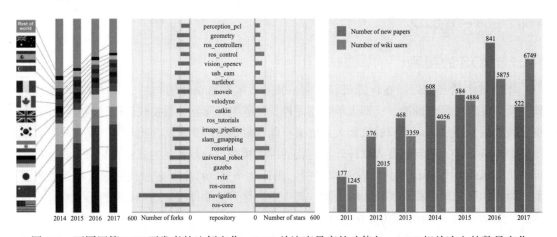

图 1-2   不同国籍 ROS 开发者的比例变化、ROS 关注度最高的功能包、ROS 相关论文的数量变化

ROS 在机器人领域的浪潮也涌入国内，近年来国内机器人开发者也普遍采用 ROS 开发机器人系统，不少科研院校和高新企业已经在 ROS 的集成方面取得了显著成果，并且不断反哺 ROS 社区，促进了开源社区的繁荣发展。

ROS 的迅猛发展已经使它成为机器人领域的事实标准。

1.1.2　ROS 的设计目标

ROS 的设计目标是提高机器人研发中的软件复用率，所以它被设计成为一种分布式结构，使得框架中的每个功能模块都可以被单独设计、编译，并且在运行时以松散耦合的方式结合在一起。ROS 主要为机器人开发提供硬件抽象、底层驱动、消息传递、程序管理、应用原型等功能和机制，同时整合了许多第三方工具和库文件，帮助用户快速完成机器人应用的建立、编写和多机整合。而且 ROS 中的功能模块都封装于独立的功能包（Package）或元功能包（Meta Package）中，便于在社区中共享和分发。

从机器人的角度来看，那些人类微不足道的行为常常基于复杂的任务需求和环境影响，对于这些问题的处理具有极大的复杂度，单一的开发者、实验室或者研究机构都无法独立完成。ROS 的出现就是为了鼓励更多的开发者、实验室或者研究机构共同协作来开发机器人软件（见图 1-3）。例如一个拥有室内地图建模领域专家的实验室可能会开发并发布一个先进的地图建模系统；一个拥有导航方面专家的组织可以使用建模完成的地图进行机器人导航；另一个专注于机器人视觉的组织可能开发出了一种物体识别的有效方法。ROS 为这些组织或机构提供了一种相互合作的高效方式，可以在已有成果的基础上继续自己工作的构建。

通信机制　　　　开发工具　　　　应用功能　　　　社区生态

图 1-3　ROS 由核心通信机制、开发工具、应用功能和社区生态四个部分组成

1.1.3　ROS 的特点

ROS 的核心——分布式网络，使用了基于 TCP/IP 的通信方式，实现了模块间点对点的松耦合连接，可以执行若干种类型的通信，包括基于话题（Topic）的异步数据流通信，基于服务（Service）的同步数据流通信，还有参数服务器上的数据存储等。总体来讲，ROS 主要有以下几个特点。

（1）点对点的设计

在 ROS 中，每一个进程都以一个节点的形式运行，可以分布于多个不同的主机。节点间的通信消息通过一个带有发布和订阅功能的 RPC 传输系统，从发布节点传送到接收节点。这种点对点的设计可以分散定位、导航等功能带来的实时计算压力，适应多机器人的协同工作。

（2）多语言支持

为了支持更多应用的移植和开发，ROS 被设计成为一种语言弱相关的框架结构。ROS 使用简洁、中立的定义语言描述模块之间的消息接口，在编译过程中再产生所使用语言的目标文件，为消息交互提供支持，同时也允许消息接口的嵌套使用。目前已经支持 Python、C++、Java、Octave 和 LISP 等多种不同的语言，也可以同时使用这些语言完成不同模块的编程。

（3）架构精简、集成度高

在已有繁杂的机器人应用中，软件的复用性是一个巨大的问题。很多驱动程序、应用算法、功能模块在设计时过于混乱，导致其很难在其他机器人或应用中进行移植和二次开发。而 ROS 框架具有的模块化特点使得每个功能节点可以进行单独编译，并且使用统一的消息接口让模块的移植、复用更加便捷。同时，ROS 开源社区中移植、集成了大量已有开源项目中的代码，例如 Open Source Computer Vision Library（OpenCV 库）、Point Cloud Library（PCL 库）等，开发者可以使用丰富的资源实现机器人应用的快速开发。

（4）组件化工具包丰富

移动机器人的开发往往需要一些友好的可视化工具和仿真软件，ROS 采用组件化的方法将这些工具和软件集成到系统中并可以作为一个组件直接使用。例如 3D 可视化工具 rviz（Robot Visualizer），开发者可以根据 ROS 定义的接口在其中显示机器人 3D 模型、周围环境地图、机器人导航路线等信息。此外，ROS 中还有消息查看工具、物理仿真环境等组件，提高了机器人开发的效率。

（5）免费并且开源

ROS 遵照的 BSD 许可给使用者较大的自由，允许其修改和重新发布其中的应用代码，甚至可以进行商业化的开发与销售。ROS 开源社区中的应用代码以维护者来分类，主要包含由 Willow Garage 公司和一些开发者设计、维护的核心库部分，以及由不同国家的 ROS 社区组织开发和维护的全球范围的开源代码。在短短的几年里，ROS 软件包的数量呈指数级增长，开发者可以在社区中下载、复用琳琅满目的机器人功能模块，这大大加速了机器人的应用开发。

1.2 如何安装 ROS

1.2.1 操作系统与 ROS 版本的选择

ROS 目前主要支持 Ubuntu 操作系统，同时也可以在 OS X、Android、Arch、Debian 等系统上运行。随着近几年嵌入式系统的快速发展，ROS 也针对 ARM 处理器编译了核心库和部分功能包。

到 2018 年年初为止，ROS 已经发布了如表 1-1 所示的多个版本。

表 1-1　ROS 所有发布版本的相关信息

发行版本	发布日期	海报	海龟	停止支持日期
ROS Melodic Morenia	2018 年 5 月	待定	待定	2023 年 5 月
ROS Lunar Loggerhead	2017 年 5 月 23 日			2019 年 5 月

（续）

发行版本	发布日期	海报	海龟	停止支持日期
ROS Kinetic Kame（推荐版本）	2016 年 5 月 23 日			2021 年 4 月
ROS Jade Turtle	2015 年 5 月 23 日			2017 年 5 月
ROS Indigo Igloo	2014 年 7 月 22 日			2019 年 4 月
ROS Hydro Medusa	2013 年 9 月 4 日			2015 年 5 月
ROS Groovy Galapagos	2012 年 12 月 31 日			2014 年 7 月
ROS Fuerte Turtle	2012 年 4 月 23 日			—
ROS Electric Emys	2011 年 8 月 30 日			—
ROS Diamondback	2011 年 3 月 2 日			—

（续）

发行版本	发布日期	海报	海龟	停止支持日期
ROS C Turtle	2010 年 8 月 2 日			—
ROS Box Turtle	2010 年 3 月 2 日			—

本书选择 2016 年发布的长期支持版本 ROS Kinetic Kame，这也是 ROS 发布的第 10 个版本，ROS 官方称将为该版本提供长达 5 年的支持与服务，并保证其与 Ubuntu 16.04 长期支持版的生命周期同步。

ROS 的安装方法主要有两种：软件源安装和源码编译安装。软件源（Repository）为系统提供了一个庞大的应用程序仓库，只要通过简单的命令即可从仓库中找到需要的软件并完成下载安装。相反，源码编译的方法相对复杂，需要手动解决繁杂的软件依赖关系，更适合那些对系统比较熟悉而且希望在未支持的平台上安装 ROS 的开发者。

1.2.2 配置系统软件源

以软件源安装为例，首先需要配置 Ubuntu 系统允许 restricted（不完全的自由软件）、universe（Ubuntu 官方不提供支持与补丁，全靠社区支持）、multiverse（非自由软件，完全不提供支持和补丁）这三种软件源。如果没有对系统软件源做过修改，Ubuntu 系统安装完毕后会默认允许以上三种软件源。为保证配置无误，建议打开 Ubuntu 软件中心的软件源配置界面，检查各选项是否与图 1-4 相同。

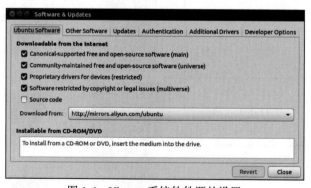

图 1-4　Ubuntu 系统软件源的设置

1.2.3 添加 ROS 软件源

sources.list 是 Ubuntu 系统保存软件源地址的文件，位于 /etc/apt 目录下，在这一步中我们需要将 ROS 的软件源地址添加到该文件中，确保后续安装可以正确找到 ROS 相关软件的下载地址。

打开终端，输入如下命令，即可添加 ROS 官方的软件源镜像：

```
$ sudo sh -c 'echo "deb http://packages.ros.org/ros/ubuntu $(lsb_release -sc)
main" > /etc/apt/sources.list.d/ros-latest.list'
```

为了提高软件的下载、安装速度，也可以使用以下任意一种国内的镜像源：

- 中国科学技术大学（USTC）镜像源：

```
$ sudo sh -c '. /etc/lsb-release && echo "deb http://mirrors.ustc.edu.cn/ros/
ubuntu/ $DISTRIB_CODENAME main" > /etc/apt/sources.list.d/ros-latest.list'
```

- 中山大学（Sun Yat-Sen University）镜像源：

```
$ sudo sh -c '. /etc/lsb-release && echo "deb http://mirror.sysu.edu.cn/ros/
ubuntu/ $DISTRIB_CODENAME main" > /etc/apt/sources.list.d/ros-latest.list'
```

- 易科机器人实验室（ExBot Robotics Lab）镜像源：

```
$ sudo sh -c '. /etc/lsb-release && echo "deb http://ros.exbot.net/rospackage/
ros/ubuntu/ $DISTRIB_CODENAME main" > /etc/apt/sources.list.d/ros-latest.
list'
```

1.2.4 添加密钥

使用如下命令添加密钥：

```
$ sudo apt-key adv --keyserver hkp://ha.pool.sks-keyservers.net:80 --recv-key
421C365BD9FF1F717815A3895523BAEEB01FA116
```

1.2.5 安装 ROS

现在终于可以开始安装 ROS 了。首先使用如下命令，以确保之前的软件源修改得以更新：

```
$ sudo apt-get update
```

ROS 系统非常庞大，包含众多功能包、函数库和工具，所以 ROS 官方为用户提供了多种安装版本：

- 桌面完整版安装（Desktop-Full）：这是最为推荐的一种安装版本，除了包含 ROS 的基础功能（核心功能包、构建工具和通信机制）外，还包含丰富的机器人通用函数库、功能包（2D/3D 感知功能、机器人地图建模、自主导航等）以及工具（rviz 可视化工具、gazebo 仿真环境、rqt 工具箱等）。

```
$ sudo apt-get install ros-kinetic-desktop-full
```

- 桌面版安装（Desktop）：该版本是完整安装的精简版，去掉了机器人功能包和部分工具，仅包含 ROS 基础功能、机器人通用函数库、rqt 工具箱和 rviz 可视化工具。

```
$ sudo apt-get install ros-kinetic-desktop
```

- 基础版安装（ROS-Base）：基础版精简了机器人通用函数库、功能包和工具，仅保留了没有任何 GUI 的基础功能（核心功能包、构建工具和通信机制）。因此该版本软件的规模最小，也是 ROS 需求的"最小系统"，非常适合直接安装在对性能和空间要求较高的控制器之上，为嵌入式系统使用 ROS 提供了可能。

```
$ sudo apt-get install ros-kinetic-ros-base
```

- 独立功能包安装（Individual Package）：无论使用以上哪种安装方式，都不可能将 ROS 社区内的所有功能包安装到计算机上，在后期的使用中会时常根据需求使用如下命令安装独立的功能包：

```
$ sudo apt-get install ros-kinetic-PACKAGE
```

其中 PACKAGE 代表需要安装的功能包名，例如安装机器人 SLAM 地图建模 gmapping 功能包时，可使用如下命令安装：

```
$ sudo apt-get install ros-kinetic-slam-gmapping
```

1.2.6　初始化 rosdep

rosdep 是 ROS 中自带的工具，主要功能是为某些功能包安装系统依赖，同时也是某些 ROS 核心功能包必须用到的工具。完成以上安装步骤后，需要使用以下命令进行初始化和更新：

```
$ sudo rosdep init
$ rosdep update
```

1.2.7　设置环境变量

现在 ROS 已经成功安装到计算机中了，默认在 /opt 路径下。在后续使用中，由于会频繁使用终端输入 ROS 命令，所以在使用之前还需要对环境变量进行简单设置。

Ubuntu 默认使用的终端是 bash，在 bash 中设置 ROS 环境变量的命令如下：

```
$ echo "source /opt/ros/kinetic/setup.bash" >> ~/.bashrc
$ source ~/.bashrc
```

如果你使用的终端是 zsh，则需要将以上命令中的 bash 都修改为 zsh：

```
$ echo "source /opt/ros/kinetic/setup.zsh" >> ~/.zshrc
$ source ~/.zshrc
```

ROS 通过环境变量找到命令的所在位置，那么问题来了，如果需要安装多个 ROS 版本，那么怎样确定当前终端使用的命令是哪个 ROS 版本的呢？当然是通过设置环境变量。如果希望改变当前终端所使用的环境变量，则可以输入以下命令：

```
$ source /opt/ros/ROS-RELEASE/setup.bash
```

其中 ROS-RELEASE 代表希望使用的 ROS 版本（如 lunar、kinetic、indigo、hydro、groovy 等）。

当然，这种方法只能修改当前终端，如果再打开一个新终端，还是会默认使用 bash 或 zsh 配置文件中设置的环境变量。终极方法是打开 ~/.bashrc 或者 ~/.zshrc 文件，找到设置环境变量的命令，然后修改对应的 ROS 版本，保存退出，此后重新打开的所有终端就没有问题了。

1.2.8　完成安装

恭喜来到 ROS 安装的尾声部分，现在打开终端，输入 roscore 命令（见图 1-5），有没有看到 ROS 已经可以在计算机上运行起来了！

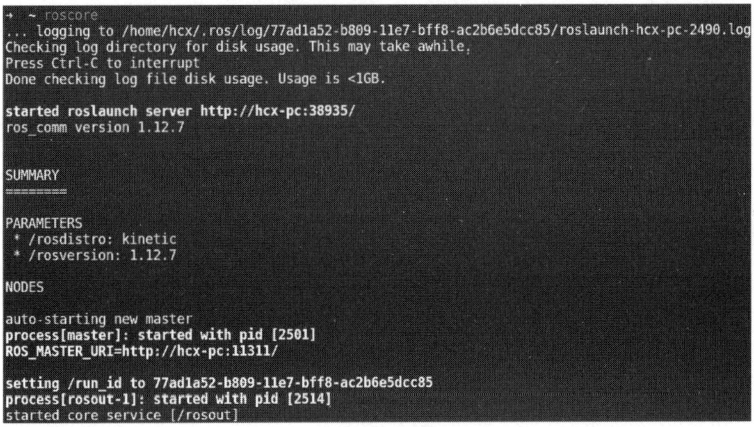

图 1-5　roscore 命令启动成功后的日志信息

rosinstall 也是 ROS 中的一个常用工具，可以下载和安装 ROS 中的功能包程序。这个工具暂时不是必需的，但是为了便于后续开发，还是建议通过如下命令安装：

```
$ sudo apt-get install python-rosinstall python-rosinstall-generator python-wstool build-essential
```

1.3　本书源码下载

本书配套的源码在 GitHub 中托管，可以使用以下命令下载源码并开始后续的学习实践。

```
$ git clone https://github.com/huchunxu/ros_exploring.git
```

如果将源码下载到 ROS 的工作空间中，则需要将其中的 ros2 文件夹移出到工作空间之外（或者将其放置到 ROS 2 的工作空间中），否则会导致编译失败。

1.4　本章小结

本章带你走进了 ROS 的世界，一起了解了 ROS 的起源背景、设计目标和框架特点，学习了 ROS Kinetic 发行版在 Ubuntu 16.04 系统下的安装方法。本书还为你提供了所有实践的源码，可以帮助你用 ROS 搭建丰富的机器人应用功能。

接下来带上好心情，让我们一起出发，开始一段 ROS 机器人开发实践之旅吧！

第 2 章

ROS 架构

ROS 是一个优秀的机器人分布式框架，在开始使用之前你需要对其架构有一定了解，这有助于更好地使用 ROS。

本章我们将一起学习以下内容。

- ROS 架构的三个层次：基于 Linux 系统的 OS 层；实现 ROS 核心通信机制以及众多机器人开发库的中间层；在 ROS Master 的管理下保证功能节点的正常运行的应用层。
- 从系统实现角度将 ROS 划分成的三个层次：计算图、文件系统和开源社区，其中涵盖了 ROS 中的关键概念，如节点、消息、话题、服务、功能包、元功能包等。
- ROS 的三种通信机制：基于发布 / 订阅的话题通信、基于客户端 / 服务器的服务通信以及基于 RPC 的参数服务器。

2.1 ROS 架构设计

ROS 架构如图 2-1 所示，可以将其分为三个层次：OS 层、中间层和应用层。

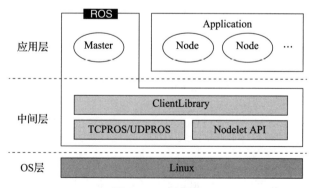

图 2-1 ROS 架构

1. OS 层

ROS 并不是一个传统意义上的操作系统，无法像 Windows、Linux 一样直接运行在计算机硬件之上，而是需要依托于 Linux 系统。所以在 OS 层，我们可以直接使用 ROS 官方支持度最好的 Ubuntu 操作系统，也可以使用 macOS、Arch、Debian 等操作系统。

2. 中间层

Linux 是一个通用系统，并没有针对机器人开发提供特殊的中间件，所以 ROS 在中间层做了大量工作，其中最为重要的就是基于 TCPROS/UDPROS 的通信系统。ROS 的通信系统基于 TCP/UDP 网络，在此之上进行了再次封装，也就是 TCPROS/UDPROS。通信系统使用发布 / 订阅、客户端 / 服务器等模型，实现多种通信机制的数据传输。

除了 TCPROS/UDPROS 的通信机制外，ROS 还提供一种进程内的通信方法——Nodelet，可以为多进程通信提供一种更优化的数据传输方式，适合对数据传输实时性方面有较高要求的应用。

在通信机制之上，ROS 提供了大量机器人开发相关的库，如数据类型定义、坐标变换、运动控制等，可以提供给应用层使用。

3. 应用层

在应用层，ROS 需要运行一个管理者——Master，负责管理整个系统的正常运行。ROS社区内共享了大量的机器人应用功能包，这些功能包内的模块以节点为单位运行，以 ROS标准的输入输出作为接口，开发者不需要关注模块的内部实现机制，只需要了解接口规则即可实现复用，极大地提高了开发效率。

从系统实现的角度来看，ROS 也可以分为如图 2-2 所示的三个层次：文件系统、计算图和开源社区。

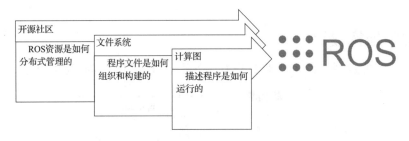

图 2-2　从系统实现角度可以将 ROS 划分为三个层次

2.2　计算图

从计算图的角度来看，ROS 系统软件的功能模块以节点为单位独立运行，可以分布于多个相同或不同的主机中，在系统运行时通过端对端的拓扑结构进行连接。

2.2.1　节点

节点（Node）就是一些执行运算任务的进程，一个系统一般由多个节点组成，也可以称为"软件模块"。节点概念的引入使得基于 ROS 的系统在运行时更加形象：当许多节点同时运行时，可以很方便地将端对端的通信绘制成如图 2-3 所示的节点关系图，在这个图中进程就是图中的节点，而端对端的连接关系就是节点之间的连线。

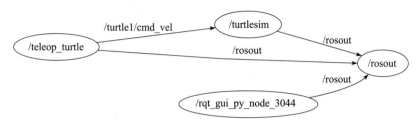

图 2-3　ROS 中的节点关系图

2.2.2　消息

节点之间最重要的通信机制就是基于发布 / 订阅模型的消息（Message）通信。每一个消息都是一种严格的数据结构，支持标准数据类型（整型、浮点型、布尔型等），也支持嵌套结构和数组（类似于 C 语言的结构体 struct），还可以根据需求由开发者自主定义。

2.2.3　话题

消息以一种发布 / 订阅（Publish/Subscribe）的方式传递（见图 2-4）。一个节点可以针对一个给定的话题（Topic）发布消息（称为发布者 /Talker），也可以关注某个话题并订阅特定类型的数据（称为订阅者 /Listener）。发布者和订阅者并不了解彼此的存在，系统中可能同时有多个节点发布或者订阅同一个话题的消息。

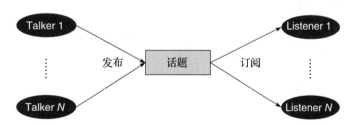

图 2-4　ROS 中基于发布 / 订阅模型的话题通信

2.2.4　服务

虽然基于话题的发布 / 订阅模型是一种很灵活的通信模式，但是对于双向的同步传输模式并不适合。在 ROS 中，我们称这种同步传输模式为服务（Service），其基于客户端 / 服务器（Client/Server）模型，包含两个部分的通信数据类型：一个用于请求，另一个用于应答，类似于 Web 服务器。与话题不同的是，ROS 中只允许有一个节点提供指定命名的服务。

2.2.5   节点管理器

为了统筹管理以上概念，系统当中需要有一个控制器使得所有节点有条不紊地执行，这就是 ROS 节点管理器（ROS Master）。ROS Master 通过远程过程调用（RPC）提供登记列表和对其他计算图表的查找功能，帮助 ROS 节点之间相互查找、建立连接，同时还为系统提供参数服务器，管理全局参数。ROS Master 就是一个管理者，没有它的话，节点将无法找到彼此，也无法交换消息或调用服务，整个系统将会瘫痪，由此可见其在 ROS 系统中的重要性。

2.3   文件系统

类似于操作系统，ROS 将所有文件按照一定的规则进行组织，不同功能的文件被放置在不同的文件夹下，如图 2-5 所示。

功能包（Package）：功能包是 ROS 软件中的基本单元，包含 ROS 节点、库、配置文件等。

功能包清单（Package Manifest）：每个功能包都包含一个名为 package.xml 的功能包清单，用于记录功能包的基本信息，包含作者信息、许可信息、依赖选项、编译标志等。

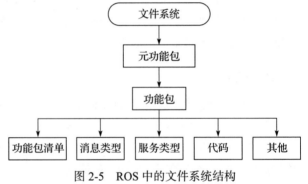

图 2-5   ROS 中的文件系统结构

元功能包（Meta Package）：在新版本的 ROS 中，将原有功能包集（Stack）的概念升级为"元功能包"，主要作用都是组织多个用于同一目的的功能包。例如一个 ROS 导航的元功能包中会包含建模、定位、导航等多个功能包。

元功能包清单：在图 2-5 中并未显示，类似于功能包清单，不同之处在于元功能包清单中可能会包含运行时需要依赖的功能包或者声明一些引用的标签。

消息（Message）类型：消息是 ROS 节点之间发布 / 订阅的通信信息，可以使用 ROS 提供的消息类型，也可以使用 .msg 文件在功能包的 msg 文件夹下自定义所需要的消息类型。

服务（Service）类型：服务类型定义了 ROS 客户端 / 服务器通信模型下的请求与应答数据类型，可以使用 ROS 系统提供的服务类型，也可以使用 .srv 文件在功能包的 srv 文件夹中进行定义。

代码（Code）：用来放置功能包节点源代码的文件夹。

2.3.1   功能包

图 2-6 是一个功能包的典型文件结构。

图 2-6　ROS 功能包的典型结构

这些文件夹的主要功能如下。

1）config：放置功能包中的配置文件，由用户创建，文件名可以不同。

2）include：放置功能包中需要用到的头文件。

3）scripts：放置可以直接运行的 Python 脚本。

4）src：放置需要编译的 C++ 代码。

5）launch：放置功能包中的所有启动文件。

6）msg：放置功能包自定义的消息类型。

7）srv：放置功能包自定义的服务类型。

8）action：放置功能包自定义的动作指令。

9）CMakeLists.txt：编译器编译功能包的规则。

10）package.xml：功能包清单，图 2-7 是一个典型的功能包清单示例。

```xml
<?xml version="1.0"?>
<package>
  <name>turtlesim</name>
  <version>0.5.5</version>
  <description>
    turtlesim is a tool made for teaching ROS and ROS packages.
  </description>
  <maintainer email="dthomas@osrfoundation.org">Dirk Thomas</maintainer>
  <license>BSD</license>

  <url type="website">http://www.ros.org/wiki/turtlesim</url>
  <url type="bugtracker">https://github.com/ros/ros_tutorials/issues</url>
  <url type="repository">https://github.com/ros/ros_tutorials</url>
  <author>Josh Faust</author>

  <buildtool_depend>catkin</buildtool_depend>

  <build_depend>geometry_msgs</build_depend>
  <build_depend>libqt4-dev</build_depend>
  ......

  <run_depend>geometry_msgs</run_depend>
  <run_depend>libqt4</run_depend>
  ......

</package>
```

图 2-7　ROS 功能包的 package.xml 文件示例

从功能包清单中可以清晰地看到该功能包的名称、版本号、信息描述、作者信息和许可
信息。除此之外，<build_depend></build_depend> 标签定义了功能包中代码编译所依赖的其

他功能包，而 <run_depend></run_depend> 标签定义了功能包中可执行程序运行时所依赖的其他功能包。在开发 ROS 功能包的过程中，这些信息需要根据功能包的具体内容进行修改。

　　ROS 针对功能包的创建、编译、修改、运行设计了一系列命令，表 2-1 简要列出了这些命令的作用，后续内容中会多次涉及这些命令的使用，你可以在实践中不断加深对命令的理解。

表 2-1　ROS 的常用命令

命　令	作　用
catkin_create_pkg	创建功能包
rospack	获取功能包的信息
catkin_make	编译工作空间中的功能包
rosdep	自动安装功能包依赖的其他包
roscd	功能包目录跳转
roscp	拷贝功能包中的文件
rosed	编辑功能包中的文件
rosrun	运行功能包中的可执行文件
roslaunch	运行启动文件

2.3.2　元功能包

　　元功能包是一种特殊的功能包，只包含一个 package.xml 元功能包清单文件。它的主要作用是将多个功能包整合成为一个逻辑上独立的功能包，类似于功能包集合的概念。

　　虽然元功能包清单的 package.xml 文件与功能包的 package.xml 文件类似，但是需要包含一个引用的标签如下：

```
<export>
    <metapackage/>
</export>
```

　　此外，元功能包清单不需要 <build_depend> 标签声明编译过程依赖的其他功能包，只需要使用 <run_depend> 标签声明功能包运行时依赖的其他功能包。

　　以导航元功能包为例，可以通过以下命令看到该元功能包中 package.xml 文件的内容，如图 2-8 所示。

```
$ roscd navigation
$ gedit package.xml
```

```
<package>
    <name>navigation</name>
    <version>1.12.13</version>
    <description>
        A 2D navigation stack that takes in information from odometry, sensor
        streams, and a goal pose and outputs safe velocity commands that are sent
        to a mobile base.
    </description>
    <maintainer email="davidvlu@gmail.com">David V. Lu!!</maintainer>
    <maintainer email="mferguson@fetchrobotics.com">Michael Ferguson</maintainer>
    <author>contradict@gmail.com</author>
    <author>Eitan Marder-Eppstein</author>
    <license>BSD,LGPL,LGPL (amcl)</license>
    <url>http://wiki.ros.org/navigation</url>

    <buildtool_depend>catkin</buildtool_depend>

    <run_depend>amcl</run_depend>
    <run_depend>carrot_planner</run_depend>
    <run_depend>dwa_local_planner</run_depend>
    ......

    <export>
        <metapackage/>
    </export>
</package>
```

图 2-8　ROS 元功能包的 package.xml 文件示例

2.4 开源社区

ROS 开源社区中的资源非常丰富，而且可以通过网络共享以下软件和知识（见图 2-9）。

- 发行版（Distribution）：类似于 Linux 发行版，ROS 发行版包括一系列带有版本号、可以直接安装的功能包，这使得 ROS 的软件管理和安装更加容易，而且可以通过软件集合来维持统一的版本号。
- 软件源（Repository）：ROS 依赖于共享网络上的开源代码，不同的组织机构可以开发或者共享自己的机器人软件。
- ROS wiki：记录 ROS 信息文档的主要论坛。所有人都可以注册、登录该论坛，并且上传自己的开发文档、进行更新、编写教程。
- 邮件列表（Mailing List）：ROS 邮件列表是交流 ROS 更新的主要渠道，同时也可以交流 ROS 开发的各种疑问。
- ROS Answers：ROS Answers 是一个咨询 ROS 相关问题的网站，用户可以在该网站提交自己的问题并得到其他开发者的回答。
- 博客（Blog）：发布 ROS 社区中的新闻、图片、视频（http://www.ros.org/news）。

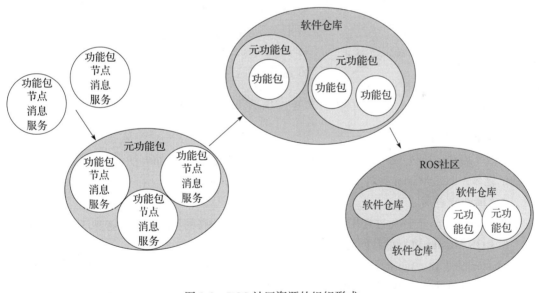

图 2-9 ROS 社区资源的组织形式

2.5 ROS 的通信机制

上面介绍了 ROS 中的重要概念，接下来将着重研究 ROS 的核心——分布式通信机制。

ROS 是一个分布式框架，为用户提供多节点（进程）之间的通信服务，所有软件功能和工具都建立在这种分布式通信机制上，所以 ROS 的通信机制是最底层也是最核心的技术。

在大多数应用场景下，尽管我们不需要关注底层通信的实现机制，但是了解其相关原理一定会帮助我们在开发过程中更好地使用 ROS。以下就 ROS 最核心的三种通信机制进行介绍。

2.5.1　话题通信机制

话题在 ROS 中使用最为频繁，其通信模型也较为复杂。如图 2-10 所示，在 ROS 中有两个节点：一个是发布者 Talker，另一个是订阅者 Listener。两个节点分别发布、订阅同一个话题，启动顺序没有强制要求，此处假设 Talker 首先启动，可分成图中所示的七步来分析建立通信的详细过程。

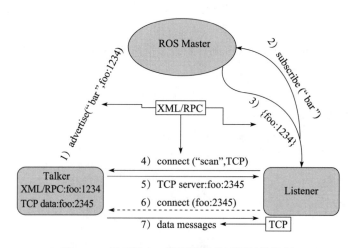

图 2-10　基于发布 / 订阅模型的话题通信机制

1. Talker 注册

Talker 启动，通过 1234 端口使用 RPC 向 ROS Master 注册发布者的信息，包含所发布消息的话题名；ROS Master 会将节点的注册信息加入注册列表中。

2. Listener 注册

Listener 启动，同样通过 RPC 向 ROS Master 注册订阅者的信息，包含需要订阅的话题名。

3. ROS Master 进行信息匹配

Master 根据 Listener 的订阅信息从注册列表中进行查找，如果没有找到匹配的发布者，则等待发布者的加入；如果找到匹配的发布者信息，则通过 RPC 向 Listener 发送 Talker 的 RPC 地址信息。

4. Listener 发送连接请求

Listener 接收到 Master 发回的 Talker 地址信息，尝试通过 RPC 向 Talker 发送连接请求，传输订阅的话题名、消息类型以及通信协议（TCP/UDP）。

5. Talker 确认连接请求

Talker 接收到 Listener 发送的连接请求后，继续通过 RPC 向 Listener 确认连接信息，其中包含自身的 TCP 地址信息。

6. Listener 尝试与 Talker 建立网络连接

Listener 接收到确认信息后，使用 TCP 尝试与 Talker 建立网络连接。

7. Talker 向 Listener 发布数据

成功建立连接后，Talker 开始向 Listener 发送话题消息数据。

从上面的分析中可以发现，前五个步骤使用的通信协议都是 RPC，最后发布数据的过程才使用到 TCP。ROS Master 在节点建立连接的过程中起到了重要作用，但是并不参与节点之间最终的数据传输。

节点建立连接后，可以关掉 ROS Master，节点之间的数据传输并不会受到影响，但是其他节点也无法加入这两个节点之间的网络。

2.5.2 服务通信机制

服务是一种带有应答的通信机制，通信原理如图 2-11 所示，与话题的通信相比，其减少了 Listener 与 Talker 之间的 RPC 通信。

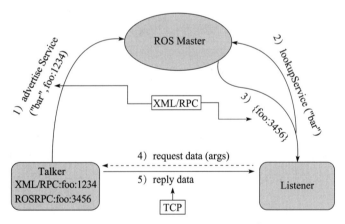

图 2-11 基于服务器 / 客户端的服务通信机制

1. Talker 注册

Talker 启动，通过 1234 端口使用 RPC 向 ROS Master 注册发布者的信息，包含所提供的服务名；ROS Master 会将节点的注册信息加入注册列表中。

2. Listener 注册

Listener 启动，同样通过 RPC 向 ROS Master 注册订阅者的信息，包含需要查找的服务名。

3. ROS Master 进行信息匹配

Master 根据 Listener 的订阅信息从注册列表中进行查找，如果没有找到匹配的服务提供者，则等待该服务的提供者加入；如果找到匹配的服务提供者信息，则通过 RPC 向 Listener 发送 Talker 的 TCP 地址信息。

4. Listener 与 Talker 建立网络连接

Listener 接收到确认信息后，使用 TCP 尝试与 Talker 建立网络连接，并且发送服务的请求数据。

5. Talker 向 Listener 发布服务应答数据

Talker 接收到服务请求和参数后，开始执行服务功能，执行完成后，向 Listener 发送应答数据。

2.5.3 参数管理机制

参数类似于 ROS 中的全局变量，由 ROS Master 进行管理，其通信机制较为简单，不涉及 TCP/UDP 的通信，如图 2-12 所示。

1. Talker 设置变量

Talker 使用 RPC 向 ROS Master 发送参数设置数据，包含参数名和参数值；ROS Master 会将参数名和参数值保存到参数列表中。

2. Listener 查询参数值

Listener 通过 RPC 向 ROS Master 发送参数查找请求，包含所要查找的参数名。

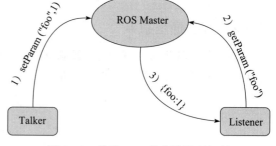

图 2-12　基于 RPC 的参数管理机制

3. ROS Master 向 Listener 发送参数值

Master 根据 Listener 的查找请求从参数列表中进行查找，查找到参数后，使用 RPC 将参数值发送给 Listener。

这里需要注意的是，如果 Talker 向 Master 更新参数值，Listener 在不重新查询参数值的情况下是无法知晓参数值已经被更新的。所以在很多应用场景中，需要一种动态参数更新的机制，第 12 章会具体讲解 ROS 中动态参数配置功能的实现。

2.6　话题与服务的区别

话题和服务是 ROS 中最基础也是使用最多的通信方法，从 2.5 节介绍的 ROS 通信机制中可以看到这两者有明确的差别，具体总结如表 2-2 所示。

表 2-2　话题与服务的区别

	话　题	服　务
同步性	异步	同步
通信模型	发布 / 订阅	客户端 / 服务器
底层协议	ROSTCP/ROSUDP	ROSTCP/ROSUDP

（续）

	话　题	服　务
反馈机制	无	有
缓冲区	有	无
实时性	弱	强
节点关系	多对多	一对多（一个 Server）
适用场景	数据传输	逻辑处理

　　总之，话题是 ROS 中基于发布 / 订阅模型的异步通信模式，这种方式将信息的产生和使用双方解耦，常用于不断更新的、含有较少逻辑处理的数据通信；而服务多用于处理 ROS 中的同步通信，采用客户端 / 服务器模型，常用于数据量较小但有强逻辑处理的数据交换。

2.7　本章小结

　　学习完本章内容，你应该熟悉了 ROS 的系统架构，了解了 ROS 在计算图、文件系统、开源社区三个层次中的关键概念，例如：

- 什么是节点？
- 话题和服务通信的异同点有哪些？
- ROS Master 在系统中的作用是什么？

此外，我们还深入学习了 ROS 三种通信机制的底层实现流程，你可以回忆一下：

- 话题通信中有哪七个步骤？
- 相比话题通信，服务通信少了哪几个步骤？
- ROS 参数管理时有没有用到 TCP/UDP 通信？

　　熟悉了 ROS 框架的基本概念，我们继续深入学习 ROS 的使用方法，第 3 章将详细介绍 ROS 的基础功能，以及节点、话题、服务等关键概念的实现方法。

第 3 章
ROS 基础

到 2017 年为止，ROS 共发布了 11 个版本，每一个版本都伴随着一个如图 3-1 所示的乌龟吉祥物。

图 3-1　不同 ROS 发布版本的乌龟吉祥物

本章将带你了解这些小乌龟的"秘密"，主要介绍以下内容：

- 工作空间和功能包的创建：使用 Linux 系统命令创建文件目录后再使用 catkin_init_workspace 命令即可完成工作空间的创建；功能包的创建使用 catkin_create_pkg 命令实现，需要添加依赖配置。
- 集成开发环境的搭建：可以使用通用的 Eclipse 等 IDE 搭建 ROS 的集成开发环境，也可以直接使用专门为 ROS 开发的 RoboWare IDE。
- 话题和服务的实现方法：通过 ROS 提供的 C++ 或 Python 接口，实现发布者、订阅者、服务器、客户端节点的程序，然后使用 CMakeLists.txt 设置编译规则，即可编译生成相应的节点执行文件。
- ROS 中的命名空间及解析方法：基础名称、全局名称、相对名称和私有名称。
- ROS 分布式通信的方法：需要设置多台机器之间的 IP 地址和 ROS Master 的位置变量 ROS_MASTER_URI。

3.1　第一个 ROS 例程——小乌龟仿真

本书关于 ROS 的第一个例程就从可爱的吉祥物——小乌龟例程开始，一方面可以验证 ROS 是否安装成功，另一方面也可以对 ROS 有一个初步的认识。

3.1.1　turtlesim 功能包

在这个例程中，我们可以通过键盘控制一只小乌龟在界面中移动，而且会接触到第一个 ROS 功能包——turtlesim。该功能包的核心是 turtlesim_node 节点，提供一个可视化的乌龟仿真器，可以实现很多 ROS 基础功能的测试。

每一个 ROS 功能包都是一个独立的功能，其中可能包含一个或者多个节点，这些功能对外使用话题、服务、参数等作为接口。其他开发者在使用这个功能包时，可以不用关注内部的代码实现，只需要知道这些接口的类型和作用，就可以集成到自己的系统中。现在我们就来看一下 turtlesim 功能包的接口是怎样的。

（1）话题与服务

表 3-1 是 turtlesim 功能包中的话题和服务接口。

表 3-1　turtlesim 功能包中的话题和服务

	名　称	类　型	描　述
话题订阅	turtleX/cmd_vel	geometry_msgs/Twist	控制乌龟角速度与线速度的输入指令
话题发布	turtleX/pose	turtlesim/Pose	乌龟的姿态信息，包括 x 与 y 的坐标位置、角度、线速度和角速度
服务	clear	std_srvs/Empty	清除仿真器中的背景颜色
	reset	std_srvs/Empty	复位仿真器到初始配置
	kill	turtlesim/Kill	删除一只乌龟
	spawn	turtlesim/Spawn	新生一只乌龟
	turtleX/set_pen	turtlesim/SetPen	设置画笔的颜色和线宽
	turtleX/teleport_absolute	turtlesim/TeleportAbsolute	移动乌龟到指定姿态
	turtleX/teleport_relative	turtlesim/TeleportRelative	移动乌龟到指定的角度和距离

（2）参数

表 3-2 是 turtlesim 功能包中的参数，开发者可以通过命令、程序等方式来获取这些参数并进行修改。

表 3-2　turtlesim 功能包中的参数

参　数	类型	默认值	描　述
~background_b	int	255	设置背景蓝色通道颜色值
~background_g	int	86	设置背景绿色通道颜色值
~background_r	int	69	设置背景红色通道颜色值

turtlesim 功能包订阅速度控制指令，实现乌龟在仿真器中的移动，同时发布乌龟的实时位姿信息，更新仿真器中的乌龟状态。我们也可以通过服务调用实现删除、新生乌龟等功能。

这么多信息可能让你有些迷惑，学习完本章内容后，你一定可以对这些错综复杂的知识点有一个全新的认识。

在正式开始运行乌龟例程之前，需要使用如下命令安装 turtlesim 功能包：

```
$ sudo apt-get install ros-kinetic-turtlesim
```

3.1.2　控制乌龟运动

在 Ubuntu 系统中打开一个终端，输入以下命令运行 ROS 的节点管理器——ROS Master，这是 ROS 必须运行的管理器节点。

```
$ roscore
```

如果 ROS 安装成功，则可以在终端中看到如图 3-2 所示的输出信息。

然后打开一个新终端，使用 rosrun 命令启动 turtlesim 仿真器节点：

```
$ rosrun turtlesim turtlesim_node
```

命令运行后，会出现一个如图 3-3 所示的可视化仿真器界面。

图 3-2　ROS Master 启动成功后的日志信息　　　　图 3-3　小乌龟仿真器的启动界面

第一个例程会通过键盘控制小乌龟在界面中的移动，现在仿真界面已经出现了，我们还需要打开一个新终端，运行键盘控制的节点：

```
$ rosrun turtlesim turtle_teleop_key
```

运行成功后，终端中会出现一些键盘控制的相关说明（见图 3-4）。

图 3-4　键盘控制终端的信息提示

此时，在保证键盘控制终端激活的前提下，按下键盘上的方向键，仿真器中的小乌龟应该就可以按照我们控制的方向开始移动了，而且在小乌龟的尾部会显示移动轨迹（见图 3-5）。

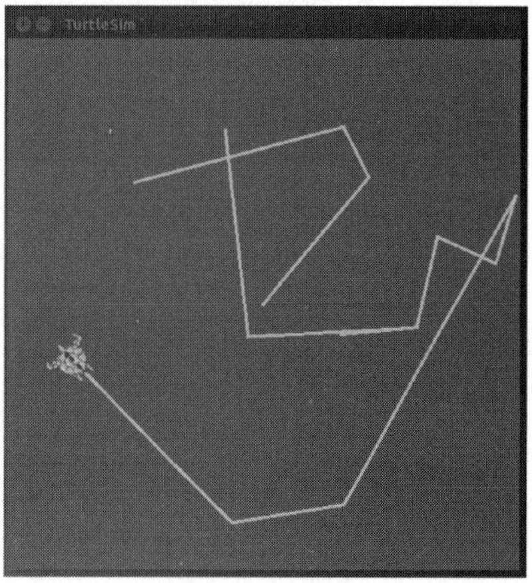

现在你可能会有疑问，仿真界面中为什么会是一只小乌龟？ ROS 不是机器人操作系统吗，控制一只小乌龟移动能有什么意义？小乌龟为什么会移动呢？这个例程背后有什么含义？

带着这些疑问，下面开始 ROS 世界的探索实践吧！这个看似简单的小乌龟例程，其实蕴含 ROS 最基础的原理和机制。

3.2　创建工作空间和功能包

图 3-5　小乌龟在仿真器中的移动轨迹

使用 ROS 实现机器人开发的主要手段当然是写代码，那么这些代码文件就需要放置到一个固定的空间内，也就是工作空间。

3.2.1　什么是工作空间

工作空间（workspace）是一个存放工程开发相关文件的文件夹。Fuerte 版本之后的 ROS 默认使用的是 Catkin 编译系统，一个典型 Catkin 编译系统下的工作空间结构如图 3-6 所示。

典型的工作空间中一般包括以下四个目录空间。

1）src：代码空间（Source Space），开发过程中最常用的文件夹，用来存储所有 ROS 功能包的源码文件。

2）build：编译空间（Build Space），用来存储工作空间编译过程中产生的缓存信息和中间文件。

3）devel：开发空间（Development Space），用来放置编译生成的可执行文件。

4）install：安装空间（Install Space），编译成功后，可以使用 make install 命令将可执行文件安装到该空间中，运行该空间中的环境变量脚本，即可在终端中运行这些可执行文件。安装空间并不是必需的，很多工作空间中可能并没有该文件夹。

```
workspace_folder/          -- WORKSPACE
  src/                     -- SOURCE SPACE
    CMakeLists.txt         -- The 'toplevel' CMake file
    package_1/
      CMakeLists.txt
      package.xml
      ...
    package_n/
      CMakeLists.txt
      package.xml
      ...
  build/                   -- BUILD SPACE
    CATKIN_IGNORE          -- Keeps catkin from walking this directory
  devel/                   -- DEVELOPMENT SPACE (set by CATKIN_DEVEL_PREFIX)
    bin/
    etc/
    include/
    lib/
    share/
    .catkin
    env.bash
    setup.bash
    setup.sh
    ...
  install/                 -- INSTALL SPACE (set by CMAKE_INSTALL_PREFIX)
    bin/
    etc/
    include/
    lib/
    share/
    .catkin
    env.bash
    setup.bash
    setup.sh
    ...
```

图 3-6　ROS 工作空间的典型结构

3.2.2　创建工作空间

创建工作空间的命令比较简单，首先使用系统命令创建工作空间目录，然后运行 ROS
的工作空间初始化命令即可完成创建过程：

```
$ mkdir -p ~/catkin_ws/src
$ cd ~/catkin_ws/src
$ catkin_init_workspace
```

创建完成后，可以在工作空间的根目录下使用 catkin_make 命令编译整个工作空间：

```
$ cd ~/catkin_ws/
$ catkin_make
```

编译过程中，在工作空间的根目录里会自动产生 build 和 devel 两个文件夹及其中的文
件。编译完成后，在 devel 文件夹中已经产生几个 setup.*sh 形式的环境变量设置脚本。使用
source 命令运行这些脚本文件，则工作空间中的环境变量可以生效。

```
$ source devel/setup.bash
```

为了确保环境变量已经生效，可以使用如下命令进行检查：

```
$ echo $ROS_PACKAGE_PATH
```

如果打印的路径中已经包含当前工作空间的路径，则说明环境变量设置成功（见图 3-7）。

```
→  ~ echo $ROS_PACKAGE_PATH
/home/hcx/catkin_ws/src:/opt/ros/kinetic/share
```

图 3-7　查看 ROS 功能包相关的环境变量

在终端中使用 source 命令设置的环境变量只能在当前终端中生效，如果希望环境变量在所有终端中有效，则需要在终端的配置文件中加入环境变量的设置：echo "source /WORKSPACE/devel/setup.bash" >> ~/.bashrc，请使用工作空间路径代替 WORKSPACE。

3.2.3　创建功能包

ROS 中功能包的形式如下：

```
my_package/
    CMakeLists.txt
    package.xml
    ......
```

package.xml 文件提供了功能包的元信息，也就是描述功能包属性的信息。CMakeLists.txt 文件记录了功能包的编译规则。

ROS 不允许在某个功能包中嵌套其他功能包，多个功能包必须平行放置在代码空间中。

ROS 提供直接创建功能包的命令 catkin_create_pkg，该命令的使用方法如下：

```
$ catkin_create_pkg <package_name> [depend1] [depend2] [depend3]
```

在运行 catkin_create_pkg 命令时，用户需要输入功能包的名称（package_name）和所依赖的其他功能包名称（depend1、depend2、depend3）。例如，我们需要创建一个 learning_communication 功能包，该功能包依赖于 std_msgs、roscpp、rospy 等功能包。

首先进入代码空间，使用 catkin_create_pkg 命令创建功能包：

```
$ cd ~/catkin_ws/src
$ catkin_create_pkg learning_communication std_msgs rospy roscpp
```

创建完成后，代码空间 src 中会生成一个 learning_communication 功能包，其中已经包含 package.xml 和 CMakeLists.txt 文件。

然后回到工作空间的根目录下进行编译，并且设置环境变量：

```
$ cd ~/catkin_ws
$ catkin_make
```

```
$ source ~/catkin_ws/devel/setup.bash
```

以上便是创建一个功能包的基本流程。

在同一个工作空间下，不允许存在同名功能包，否则在编译时会报错。那么是不是同名功能包就一定不能在 ROS 中存在？如果我们想要覆盖或重写系统已有的功能包，又该怎样做？下一节见分晓。

3.3 工作空间的覆盖

ROS 允许多个工作空间并存，每个工作空间的创建、编译、运行方法都相同，用户可以在不同项目的工作空间中创建所需要的功能包。但有一种情况：不同的工作空间中可能存在相同命名的功能包，如果这些工作空间的环境变量都已经设置，那么在使用该功能包的时候，是否会发生冲突？如果不会，ROS 又会帮我们选择哪一个功能包呢？

3.3.1 ROS 中工作空间的覆盖

ROS 的工作空间有一个机制——Overlaying，即工作空间的覆盖。所有工作空间的路径会依次在 ROS_PACKAGE_PATH 环境变量中记录，当设置多个工作空间的环境变量后，新设置的路径在 ROS_PACKAGE_PATH 中会自动放置在最前端。在运行时，ROS 会优先查找最前端的工作空间中是否存在指定的功能包，如果不存在，就顺序向后查找其他工作空间，直到最后一个工作空间为止。

可以通过以下命令查看所有 ROS 相关的环境变量，其中包含我们最为关心的 ROS_PACKAGE_PATH（见图 3-8）。

```
$ env | grep ros
```

图 3-8　查看所有 ROS 相关的环境变量

3.3.2 工作空间覆盖示例

例如我们通过以下命令安装了 ros-kinetic-ros-tutorials 功能包：

```
$ sudo apt-get install ros-kinetic-ros-tutorials
```

安装完成后使用 rospack 命令查看功能包所放置的工作空间（见图 3-9）。

```
→ ~ rospack find roscpp_tutorials
/opt/ros/kinetic/share/roscpp_tutorials
```

图 3-9　查找功能包的存放路径

roscpp_tutorials 是 ros-tutorials 中的一个功能包，此时该功能包存放于 ROS 的默认工作空间下。接下来，我们在自己的 catkin_ws 工作空间中也放置一个同名的功能包，可以在 GitHub 上下载 ros-tutorials 功能包的源码：

```
$ cd ~/catkin_ws/src
$ git clone git://github.com/ros/ros_tutorials.git
```

然后编译 catkin_ws 工作空间并设置环境变量：

```
$ cd ~/catkin_ws
$ catkin_make
$ source ./devel/setup.bash
```

环境变量设置成功后再来查看 roscpp_tutorials 功能包的位置（见图 3-10）。现在，ROS 查找到的 roscpp_tutorials 功能包就在我们创建的 catkin_ws 工作空间下，这是因为在 ROS_PACKAGE_PATH 环境变量中，catkin_ws 工作空间的路径在系统工作空间路径之前。

```
→ catkin_ws rospack find roscpp_tutorials
/home/hcx/catkin_ws/src/ros_tutorials/roscpp_tutorials
```

图 3-10　查找功能包的存放路径

这种覆盖机制可以让我们在开发过程中轻松替换系统或其他工作空间中原有的功能包，但是也存在一些潜在的风险，比如在如下结构的两个工作空间中：

```
catkin_ws/
  src/
    package_a
    package_b  # depends on package_a
  devel/
    ...
overlay_ws/
  src/
    package_a
  devel/
    ...
```

如果工作空间 overlay_ws 中的 package_a 功能包覆盖了 catkin_ws 中的 package_a，由于 package_b 功能包是唯一的，而且无法知晓所依赖的 package_a 是否发生变化，从而导致 package_b 功能包产生潜在的风险。

3.4 搭建 Eclipse 开发环境

在 ROS 开发中，可以使用多种编辑器对代码进行修改，如 Ubuntu 系统自带的 gedit、vi 等。为了方便项目开发，很多开发者也会使用 IDE 进行开发，如 Eclipse、Vim、Qt Creator、Pycharm、RoboWare 等，具体配置也可以参考官方 wiki：http://wiki.ros.org/IDEs。

本节以 Eclipse 为例，介绍 ROS 的 IDE 搭建过程。

3.4.1 安装 Eclipse

Eclipse 是一款万能的集成开发环境，适合各种编程语言的项目开发，而且通过丰富的插件可以无限扩展 IDE 的功能。

1. 安装 Java 环境

Eclipse 本身基于 Java 开发，虽然不需要通过安装程序安装，但是需要 Java 运行环境的支持，所以首先需要确保计算机的 Ubuntu 系统中安装了 Java。如果没有安装，可以登录 Java 的官方网站（http://www.oracle.com/technetwork/java/javase/downloads/index.html），下载 Linux 版本的 JDK 或 JRE，然后进行安装。安装方法可以上网搜索，此处不再赘述。安装成功后，在终端中输入 java 命令，应该会出现类似图 3-11 所示的信息，说明安装成功。

```
→ ~ java -version
java version "1.8.0_144"
Java(TM) SE Runtime Environment (build 1.8.0_144-b01)
Java HotSpot(TM) 64-Bit Server VM (build 25.144-b01, mixed mode)
```

图 3-11　查看 Java 的安装版本

2. 下载 Eclipse IDE

登录 Eclipse 的官方网站（http://www.eclipse.org/downloads/），下载 Linux 版本的 Eclipse IDE for C/C++ Developers。下载完成后不需要安装，只需要解压到指定位置，即可点击其中的可执行程序运行 IDE，也可以创建一个快捷方式放到桌面，使启动更加方便。

3.4.2 创建 Eclipse 工程文件

catkin 编译系统可以直接生成 Eclipse 工程文件。进入之前创建的 catkin_ws 工作空间根路径中执行如下命令，即可生成可调试的 Eclipse 工程文件 .project：

```
$ cd ~/catkin_ws
$ catkin_make --force-cmake -G"Eclipse CDT4 - Unix Makefiles"
```

打开 build 文件夹，使用 "Ctrl+h" 快捷键就可以看到生成的隐藏文件（见图 3-12）。

.cproject

.project

图 3-12　Eclipse 工程文件

然后设置终端的环境变量到 Eclipse 中：

```
$ awk -f $(rospack find mk)/eclipse.awk build/.project > build/.project_with_
env && mv build/.project_with_env build/.project
```

如果需要调试程序，还需要执行以下命令来设置代码编译成 debug 版本：

```
$ cmake ../src -DCMAKE_BUILD_TYPE=Debug
```

3.4.3 将工程导入 Eclipse

打开 Eclipse，然后选择 File → Import → Existing Projects into Workspace，再点击"Next"按钮（见图 3-13）。

然后找到 catkin_ws 工作空间的路径，选择 catkin_ws 目录，不需要选择"Copy projects into workspace"，最后点击"Finish"按钮，即可完成工程的导入（见图 3-14）。

图 3-13 选择导入已存在的工程

图 3-14 选择需要导入的 Eclipse 工程

导入成功后，应该可以看到如图 3-15 所示的工程目录，其中"Source directory"就是工作空间中的代码目录。

3.4.4 设置头文件路径

默认情况下，Eclipse 无法识别 ROS 的头文件信息，需要在工程的 Properties 中选择 C/C++ General → Preprocessor Include Paths, Macros, etc → Providers，勾选 CDT GCC Built-in Compiler Settings 选项（见图 3-16）。

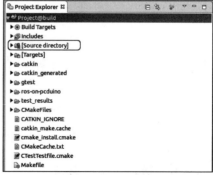

图 3-15 ROS 工作空间导入 Eclipse 后的
工程目录结构

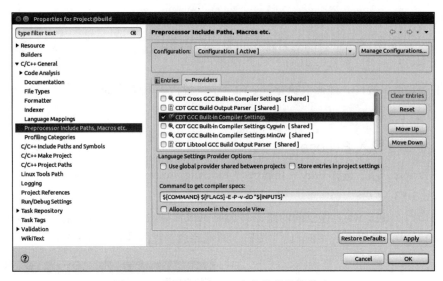

图 3-16   设置包含 ROS 头文件的路径信息

搭建完成的 Eclipse 开发环境如图 3-17 所示，现在就可以在 Eclipse 中通过工具栏按钮或者快捷键（Ctrl+B）编译工作空间了。

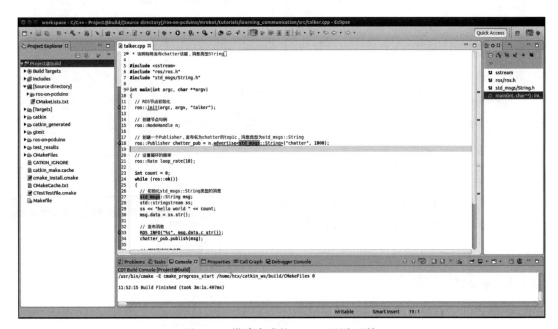

图 3-17   搭建完成的 Eclipse 开发环境

3.4.5   运行 / 调试程序

在运行编译生成的可执行文件之前，还需要设置 ROS Master 的 URI 环境变量。点击

Run → Run Configurations... → C/C++ Application，选择刚才生成的可执行文件（在路径 ~/ catkin_ws/devel/lib/<package name> 下，如图 3-18 所示）。

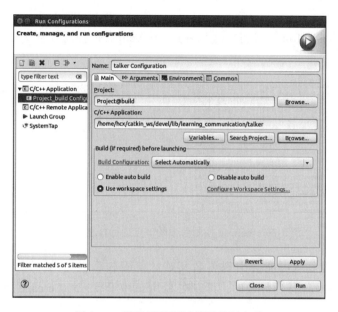

图 3-18　设置需要调试的可执行文件

然后在 Environment 标签页中设置 ROS_ROOT、ROS_MASTER_URI 变量（见图 3-19）。

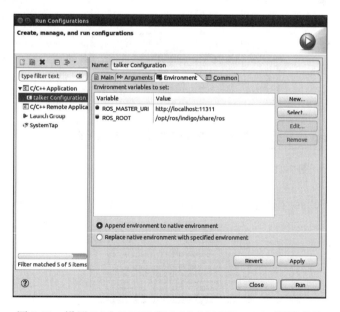

图 3-19　设置 ROS_ROOT 和 ROS_MASTER_URI 环境变量

可以在终端中使用如下命令查看环境变量的具体路径：

```
$ echo $ROS_ROOT
$ echo $ROS_MASTER_URI
```

现在就可以点击"Run"按钮运行程序了，在 Eclipse 的控制台窗口中可以看到输出的日志信息（见图 3-20）。

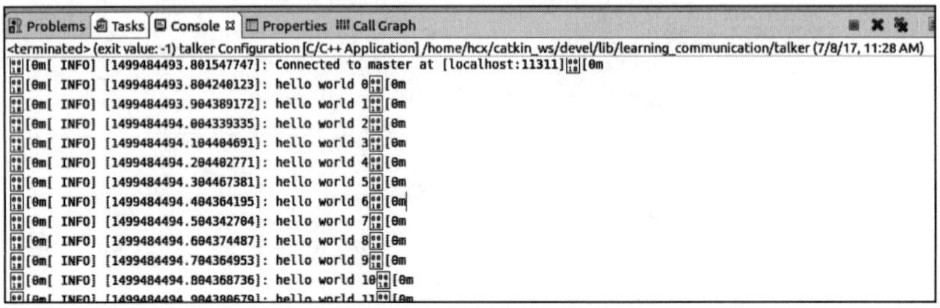

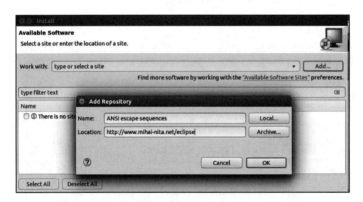

图 3-20   Eclipse 控制台中的节点运行日志（有乱码）

控制窗口中的显示可能会出现莫名其妙的前缀和后缀乱码，这是 ROS 输出编码和 Eclipse 控制窗口编码不同所导致的，可以在 Eclipse 中安装 ANSI escape sequences 插件解决（见图 3-21）。

图 3-21   在 Eclipse 中安装 ANSI escape sequences 插件

安装完成后，Eclipse 控制台窗口的输出就正常了（见图 3-22）。

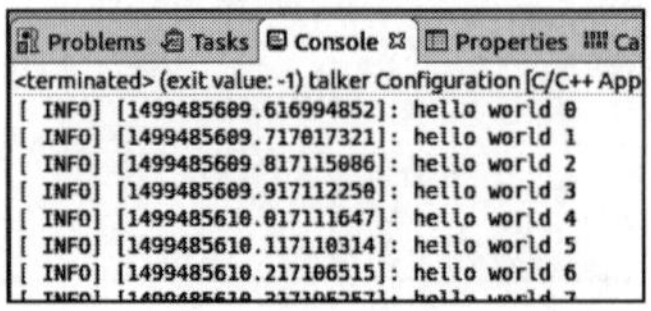

图 3-22   Eclipse 控制台中的节点运行日志（无乱码）

如果需要调试程序，可以选择 Debug Configurations... → C/C++ Application，然后选择可执行文件，进行单步运行、设置断点等调试工作（见图 3-23）。

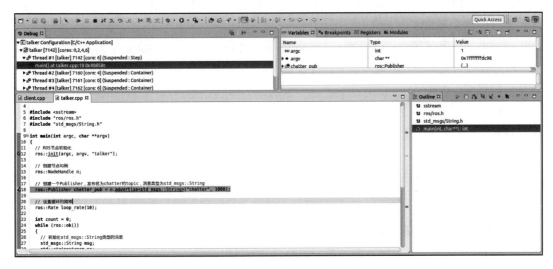

图 3-23　在 Eclipse 中调试 ROS 程序

3.5　RoboWare 简介

除了 Eclipse 等通用 IDE 外，还有一款专门针对 ROS 设计开发的 IDE——RoboWare。

3.5.1　RoboWare 的特点

RoboWare 是一款直观、简单，并且易于操作的 ROS 集成开发环境，可进行 ROS 工作空间及包的管理、代码编辑、构建及调试。

RoboWare Studio 的主要特性有以下几方面。

1. 易于安装及配置

下载后双击即可安装，RoboWare Studio 可自动检测并加载 ROS 环境，无需额外配置。这种"开箱即用"的特性能够帮助开发者迅速上手。

2. 辅助 ROS 开发，兼容 indigo/jade/kinetic 版本

RoboWare Studio 专为 ROS（indigo/jade/kinetic）设计，以图形化的方式进行 ROS 工作区及包的创建、源码添加、message/service/action 文件创建、显示包及节点列表。可实现 CMakelists.txt 文件和 package.xml 文件的自动更新。

3. 友好的编码体验

提供现代 IDE 的重要特性，包括语法高亮、代码补全、定义跳转、查看定义、错误诊断与显示等。支持集成终端功能，可在 IDE 界面同时打开多个终端窗口。支持 Vim 编辑模式。

4. C++ 和 Python 代码调试

提供 Release、Debug 及 Isolated 编译选项。以界面交互的方式调试 C++ 和 Python 代码，可设置断点、显示调用堆栈、单步运行，并支持交互式终端。可在用户界面展示 ROS 包和节点列表。

5. 远程部署及调试

可将本地代码部署到远程机器上，远程机器可以是 X86 架构或 ARM 架构。可在本地机器实现远程代码的部署、构建和实时调试。

6. 内置 Git 功能

Git 使用更加简单。可在编辑器界面进行差异比对、文件暂存、修改提交等操作。可对任意 Git 服务仓库进行推送、拉取操作。

7. 遵循 ROS 规范

从代码创建、消息定义，到文件存储路径的创建及选择等，RoboWare Studio 会引导开发者进行符合 ROS 规范的操作，协助开发者编写高质量、符合规范的 ROS 包。

3.5.2 RoboWare 的安装与使用

RoboWare 的安装和配置非常简单，直接登录 http://roboware.me 官方网站，下载对应版本的 deb 安装文件，使用如下命令即可完成依赖和软件的安装：

```
$ cd /path/to/deb/file/
$ sudo dpkg -i roboware-studio_[version]_[architecture].deb
```

安装完成后，可以导入工作空间（见图 3-24）。

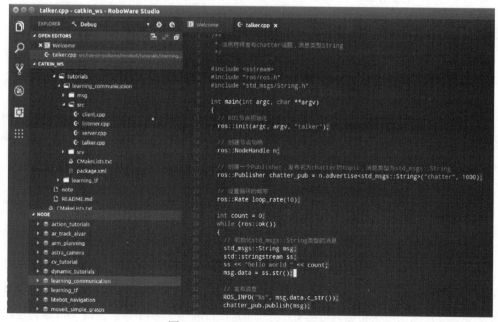

图 3-24 RoboWare 的 IDE 界面

RoboWare 的使用简单，几乎与 ROS 相关的所有操作都可以在 IDE 中完成，建议参考官方网站上的使用手册快速上手。

3.6　话题中的 Publisher 与 Subscriber

我们以第一节的乌龟仿真为例，看一下在这个例程中存在哪些 Publisher（发布者）和 Subscriber（订阅者）。

3.6.1　乌龟例程中的 Publisher 与 Subscriber

按照 3.1 节的方法运行乌龟例程，然后使用如下命令查看例程的节点关系图：

```
$ rqt_graph
```

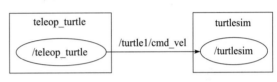

图 3-25　乌龟仿真例程中的节点关系图

该命令可以查看系统中的节点关系图，乌龟例程中的节点关系如图 3-25 所示。

当前系统中存在两个节点：teleop_turtle 和 turtlesim，其中 teleop_turtle 节点创建了一个 Publisher，用于发布键盘控制的速度指令，turtlesim 节点创建了一个 Subscriber，用于订阅速度指令，实现小乌龟在界面上的运动。这里的话题是 /turtle1/cmd_vel。

Publisher 和 Subscriber 是 ROS 系统中最基本、最常用的通信方式，接下来我们就以经典的"Hello World"为例，一起学习如何创建 Publisher 和 Subscriber。

3.6.2　如何创建 Publisher

Publisher 的主要作用是针对指定话题发布特定数据类型的消息。我们尝试使用代码实现一个节点，节点中创建一个 Publisher 并发布字符串"Hello World"，源码 learning_communication\src\talker.cpp 的详细内容如下：

```cpp
#include <sstream>
#include "ros/ros.h"
#include "std_msgs/String.h"

int main(int argc, char **argv)
{
    // ROS 节点初始化
    ros::init(argc, argv, "talker");

    // 创建节点句柄
    ros::NodeHandle n;

    // 创建一个 Publisher，发布名为 chatter 的 topic，消息类型为 std_msgs::String
    ros::Publisher chatter_pub = n.advertise<std_msgs::String>("chatter", 1000);
```

```
// 设置循环的频率
ros::Rate loop_rate(10);

int count = 0;
while (ros::ok())
{
    // 初始化 std_msgs::String 类型的消息
    std_msgs::String msg;
    std::stringstream ss;
    ss << "hello world " << count;
    msg.data = ss.str();

    // 发布消息
    ROS_INFO("%s", msg.data.c_str());
    chatter_pub.publish(msg);

    // 循环等待回调函数
    ros::spinOnce();

    // 按照循环频率延时
    loop_rate.sleep();
    ++count;
}

    return 0;
}
```

下面逐行剖析以上代码中 Publisher 节点的实现过程。

1. 头文件部分

```
#include "ros/ros.h"
#include "std_msgs/String.h"
```

为了避免包含繁杂的 ROS 功能包头文件，ros/ros.h 已经帮我们包含了大部分 ROS 中通用的头文件。节点会发布 String 类型的消息，所以需要先包含该消息类型的头文件 String.h。该头文件根据 String.msg 的消息结构定义自动生成，我们也可以自定义消息结构，并生成所需要的头文件。

2. 初始化部分

```
ros::init(argc, argv, "talker");
```

初始化 ROS 节点。该初始化的 init 函数包含三个参数，前两个参数是命令行或 launch 文件输入的参数，可以用来完成命名重映射等功能；第三个参数定义了 Publisher 节点的名称，而且该名称在运行的 ROS 中必须是独一无二的，不允许同时存在相同名称的两个节点。

```
ros::NodeHandle n;
```

创建一个节点句柄，方便对节点资源的使用和管理。

```
ros::Publisher chatter_pub = n.advertise<std_msgs::String>("chatter", 1000);
```

在 ROS Master 端注册一个 Publisher，并告诉系统 Publisher 节点将会发布以 chatter 为话题的 String 类型消息。第二个参数表示消息发布队列的大小，当发布消息的实际速度较慢时，Publisher 会将消息存储在一定空间的队列中；如果消息数量超过队列大小时，ROS 会自动删除队列中最早入队的消息。

```
ros::Rate loop_rate(10);
```

设置循环的频率，单位是 Hz，这里设置的是 10 Hz。当调用 Rate::sleep() 时，ROS 节点会根据此处设置的频率休眠相应的时间，以保证循环维持一致的时间周期。

3. 循环部分

```
int count = 0;
while (ros::ok())
{
```

进入节点的主循环，在节点未发生异常的情况下将一直在循环中运行，一旦发生异常，ros::ok() 就会返回 false，跳出循环。

这里的异常情况主要包括。

- 收到 SIGINT 信号（Ctrl+C）。
- 被另外一个相同名称的节点踢掉线。
- 节点调用了关闭函数 ros::shutdown()。
- 所有 ros::NodeHandles 句柄被销毁。

```
std_msgs::String msg;
std::stringstream ss;
ss << "hello world " << count;
msg.data = ss.str();
```

初始化即将发布的消息。ROS 中定义了很多通用的消息类型，这里我们使用了最为简单的 String 消息类型，该消息类型只有一个成员，即 data，用来存储字符串数据。

```
chatter_pub.publish(msg);
```

发布封装完毕的消息 msg。消息发布后，Master 会查找订阅该话题的节点，并且帮助两个节点建立连接，完成消息的传输。

```
ROS_INFO("%s", msg.data.c_str());
```

ROS_INFO 类似于 C/C++ 中的 printf/cout 函数，用来打印日志信息。这里我们将发布的数据在本地打印，以确保发出的数据符合要求。

```
ros::spinOnce();
```

ros::spinOnce 用来处理节点订阅话题的所有回调函数。

虽然目前的发布节点并没有订阅任何消息，spinOnce 函数不是必需的，但是为了保证功能无误，建议所有节点都默认加入该函数。

```
loop_rate.sleep();
```

现在 Publisher 一个周期的工作已经完成，可以让节点休息一段时间，调用休眠函数，节点进入休眠状态。当然，节点不可能一直休眠下去，别忘了之前设置了 10Hz 的休眠时间，节点休眠 100ms 后又会开始下一个周期的循环工作。

以上详细讲解了一个 Publisher 节点的实现过程，虽然该节点的实现较为简单，却包含了实现一个 Publisher 的所有流程，下面再来总结这个流程：

- 初始化 ROS 节点。
- 向 ROS Master 注册节点信息，包括发布的话题名和话题中的消息类型。
- 按照一定频率循环发布消息。

3.6.3 如何创建 Subscriber

接下来，我们尝试创建一个 Subscriber 以订阅 Publisher 节点发布的"Hello World"字符串，实现源码 learning_communication\src\listener.cpp 的详细内容如下：

```cpp
#include "ros/ros.h"
#include "std_msgs/String.h"

// 接收到订阅的消息后，会进入消息回调函数
void chatterCallback(const std_msgs::String::ConstPtr& msg)
{
    // 将接收到的消息打印出来
    ROS_INFO("I heard: [%s]", msg->data.c_str());
}

int main(int argc, char **argv)
{
    // 初始化 ROS 节点
    ros::init(argc, argv, "listener");

    // 创建节点句柄
    ros::NodeHandle n;

    // 创建一个 Subscriber，订阅名为 chatter 的话题，注册回调函数 chatterCallback
    ros::Subscriber sub = n.subscribe("chatter", 1000, chatterCallback);

    // 循环等待回调函数
    ros::spin();

    return 0;
}
```

下面剖析以上代码中 Subscriber 节点的实现过程。

1. 回调函数部分

```
void chatterCallback(const std_msgs::String::ConstPtr& msg)
{
    // 将接收到的消息打印出来
    ROS_INFO("I heard: [%s]", msg->data.c_str());
}
```

回调函数是订阅节点接收消息的基础机制，当有消息到达时会自动以消息指针作为参数，再调用回调函数，完成对消息内容的处理。如上是一个简单的回调函数，用来接收 Publisher 发布的 String 消息，并将消息数据打印出来。

2. 主函数部分

主函数中 ROS 节点初始化部分的代码与 Publisher 的相同，不再赘述。

```
ros::Subscriber sub = n.subscribe("chatter", 1000, chatterCallback);
```

订阅节点首先需要声明自己订阅的消息话题，该信息会在 ROS Master 中注册。Master 会关注系统中是否存在发布该话题的节点，如果存在则会帮助两个节点建立连接，完成数据传输。NodeHandle::subscribe() 用来创建一个 Subscriber。第一个参数即为消息话题；第二个参数是接收消息队列的大小，和发布节点的队列相似，当消息入队数量超过设置的队列大小时，会自动舍弃时间戳最早的消息；第三个参数是接收到话题消息后的回调函数。

```
ros::spin();
```

接着，节点将进入循环状态，当有消息到达时，会尽快调用回调函数完成处理。ros::spin() 在 ros::ok() 返回 false 时退出。

根据以上订阅节点的代码实现，下面我们来总结实现 Subscriber 的简要流程。

- 初始化 ROS 节点。
- 订阅需要的话题。
- 循环等待话题消息，接收到消息后进入回调函数。
- 在回调函数中完成消息处理。

3.6.4　编译功能包

节点的代码已经完成，C++ 是一种编译语言，在运行之前需要将代码编译成可执行文件，如果使用 Python 等解析语言编写代码，则不需要进行编译，可以省去此步骤。

ROS 中的编译器使用的是 CMake，编译规则通过功能包中的 CMakeLists.txt 文件设置，使用 catkin 命令创建的功能包中会自动生成该文件，已经配置多数编译选项，并且包含详细的注释，我们几乎不用查看相关的说明手册，稍作修改就可以编译自己的代码。

打开功能包中的 CMakeLists.txt 文件，找到以下配置项，去掉注释并稍作修改：

```
include_directories(include ${catkin_INCLUDE_DIRS})

add_executable(talker src/talker.cpp)
target_link_libraries(talker ${catkin_LIBRARIES})
add_dependencies(talker ${PROJECT_NAME}_generate_messages_cpp)

add_executable(listener src/listener.cpp)
target_link_libraries(listener ${catkin_LIBRARIES})
add_dependencies(listener ${PROJECT_NAME}_generate_messages_cpp)
```

对于这个较为简单的功能包，主要用到了以下四种编译配置项。

（1）include_directories

用于设置头文件的相对路径。全局路径默认是功能包的所在目录，比如功能包的头文件一般会放到功能包根目录下的 include 文件夹中，所以此处需要添加该文件夹。此外，该配置项还包含 ROS catkin 编译器默认包含的其他头文件路径，比如 ROS 默认安装路径、Linux 系统路径等。

（2）add_executable

用于设置需要编译的代码和生成的可执行文件。第一个参数为期望生成的可执行文件的名称，后边的参数为参与编译的源码文件（cpp），如果需要多个代码文件，则可在后面依次列出，中间使用空格进行分隔。

（3）target_link_libraries

用于设置链接库。很多功能需要使用系统或者第三方的库函数，通过该选项可以配置执行文件链接的库文件，其第一个参数与 add_executable 相同，是可执行文件的名称，后面依次列出需要链接的库。此处编译的 Publisher 和 Subscriber 没有使用其他库，添加默认链接库即可。

（4）add_dependencies

用于设置依赖。在很多应用中，我们需要定义语言无关的消息类型，消息类型会在编译过程中产生相应语言的代码，如果编译的可执行文件依赖这些动态生成的代码，则需要使用 add_dependencies 添加 ${PROJECT_NAME}_generate_messages_cpp 配置，即该功能包动态产生的消息代码。该编译规则也可以添加其他需要依赖的功能包。

以上编译内容会帮助系统生成两个可执行文件：talker 和 listener，放置在工作空间的 ~/catkin_ws/devel/lib/<package name> 路径下。

CMakeLists.txt 修改完成后，在工作空间的根路径下开始编译：

```
$ cd ~/catkin_ws
$ catkin_make
```

3.6.5　运行 Publisher 与 Subscriber

编译完成后，我们终于可以运行 Publisher 和 Subscriber 节点了。在运行节点之前，需要在终端中设置环境变量，否则无法找到功能包最终编译生成的可执行文件：

```
$ cd ~/catkin_ws
```

```
$ source ./devel/setup.bash
```

也可以将环境变量的配置脚本添加到终端的配置文件中：

```
$ echo "source ~/catkin_ws/devel/setup.bash" >> ~/.bashrc
$ source ~/.bashrc
```

环境变量设置成功后，可以按照以下步骤启动例程。

1. 启动 roscore

在运行节点之前，首先需要确保 ROS Master 已经成功启动：

```
$ roscore
```

2. 启动 Publisher

Publisher 和 Subscriber 节点的启动顺序在 ROS 中没有要求，这里先使用 rosrun 命令启动 Publisher：

```
$ rosrun learning_communication talker
```

如果 Publisher 节点运行正常，终端中会出现如图 3-26 所示的日志信息。

图 3-26　Publisher 节点启动成功后的日志信息

3. 启动 Subscriber

Publisher 节点已经成功运行，接下来需要运行 Subscriber 节点，订阅 Publisher 发布的消息：

```
$ rosrun learning_communication listener
```

如果消息订阅成功，会在终端中显示接收到的消息内容，如图 3-27 所示。

图 3-27　Subscriber 节点启动成功后的日志信息

这个"Hello World"例程中的 Publisher 与 Subscriber 就这样运行起来了。我们也可以调换两者的运行顺序，先启动 Subscriber，该节点会处于循环等待状态，直到 Publisher 启动后终端中才会显示订阅收到的消息内容。

3.6.6 自定义话题消息

在以上例程中，chatter 话题的消息类型是 ROS 中预定义的 String。在 ROS 的元功能包 common_msgs 中提供了许多不同消息类型的功能包，如 std_msgs（标准数据类型）、geometry_msgs（几何学数据类型）、sensor_msgs（传感器数据类型）等。这些功能包中提供了大量常用的消息类型，可以满足一般场景下的常用消息。但是在很多情况下，我们依然需要针对自己的机器人应用设计特定的消息类型，ROS 也提供了一套语言无关的消息类型定义方法。

msg 文件就是 ROS 中定义消息类型的文件，一般放置在功能包根目录下的 msg 文件夹中。在功能包编译过程中，可以使用 msg 文件生成不同编程语言使用的代码文件。例如下面的 msg 文件（learning_communication/msg/Person.msg），定义了一个描述个人信息的消息类型，包括姓名、性别、年龄等：

```
string name
uint8  sex
uint8  age
```

这里使用的基础数据类型 string、uint8 都是语言无关的，编译阶段会变成各种语言对应的数据类型。

在 msg 文件中还可以定义常量，例如上面的个人信息中，性别分为男和女，我们可以定义"unknown"为 0，"male"为 1，"female"为 2：

```
string name
uint8  sex
uint8  age

uint8 unknown = 0
uint8 male    = 1
uint8 female  = 2
```

这些常量在发布或订阅消息数据时可以直接使用，相当于 C++ 中的宏定义。

很多 ROS 消息定义中还会包含一个标准格式的头信息 std_msgs/Header：

```
#Standard metadata for higher-level flow data types
uint32 seq
time stamp
string frame_id
```

其中：seq 是消息的顺序标识，不需要手动设置，Publisher 在发布消息时会自动累加；stamp 是消息中与数据相关联的时间戳，可以用于时间同步；frame_id 是消息中与数据相关联的参考坐标系 id。此处定义的消息类型较为简单，也可以不加头信息。

为了使用这个自定义的消息类型，还需要编译 msg 文件。msg 文件的编译需要注意以下两点。

（1）在 package.xml 中添加功能包依赖

首先打开功能包的 package.xml 文件，确保该文件中设置了以下编译和运行的相关依赖：

```
<build_depend>message_generation</build_depend>
<run_depend>message_runtime</run_depend>
```

（2）在 CMakeLists.txt 中添加编译选项

然后打开功能包的 CMakeLists.txt 文件，在 find_package 中添加消息生成依赖的功能包 message_generation，这样在编译时才能找到所需要的文件：

```
find_package(catkin REQUIRED COMPONENTS
    geometry_msgs
    roscpp
    rospy
    std_msgs
    message_generation
)
```

catkin 依赖也需要进行以下设置：

```
catkin_package(
    ......
    CATKIN_DEPENDS geometry_msgs roscpp rospy std_msgs message_runtime
    ......)
```

最后设置需要编译的 msg 文件：

```
add_message_files(
    FILES
    Person.msg
)
generate_messages(
    DEPENDENCIES
    std_msgs
)
```

以上配置工作都完成后，就可以回到工作空间的根路径下，使用 catkin_make 命令进行编译了。编译成功后，可以使用如下命令查看自定义的 Person 消息类型（见图 3-28）：

```
$ rosmsg show Person
```

Person 消息类型已经定义成功，在代码中就可以按照以上 String 类型的使用方法使用

Person 类型的消息了。

```
→ catkin_ws rosmsg show Person
[learning_communication/Person]:
uint8 unknown=0
uint8 male=1
uint8 female=2
string name
uint8 sex
uint8 age
```

图 3-28　查看自定义的 Person 消息类型

3.7　服务中的 Server 和 Client

服务（Service）是节点之间同步通信的一种方式，允许客户端（Client）节点发布请求（Request），由服务端（Server）节点处理后反馈应答（Response）。

3.7.1　乌龟例程中的服务

乌龟例程提供了不少设置功能，这些设置都以服务的形式提供。在乌龟例程运行状态下，使用如下命令查看系统中的服务列表（见图 3-29）：

```
$ rosservice list
```

```
→ ~ rosservice list
/clear
/kill
/reset
/rosout/get_loggers
/rosout/set_logger_level
/spawn
/turtle1/set_pen
/turtle1/teleport_absolute
/turtle1/teleport_relative
/turtlesim/get_loggers
/turtlesim/set_logger_level
```

图 3-29　查看乌龟例程中的服务列表

可以使用代码或者终端对列表中的服务进行调用。例如使用以下命令调用 "/spawn" 服务新生一只乌龟：

```
$ rosservice call /spawn "x: 8.0 y: 8.0
theta: 0.0 name: 'turtle2'"
```

服务的请求数据是新生乌龟的位置、姿态以及名称，调用成功后仿真器中就会诞生一只新的乌龟（见图 3-30）。

终端中会打印服务反馈的应答数据，即新生乌龟的名称，如图 3-31 所示。

图 3-30　服务调用成功后，产生一只新的乌龟

图 3-31　服务调用成功后的应答数据

从乌龟仿真例程中的服务可以看到，服务一般分为服务端（Server）和客户端（Client）两个部分，Client 负责发布请求数据，等待 Server 处理；Server 负责处理相应的功能，并且返回应答数据。

我们以一个简单的加法运算为例，具体研究 ROS 中的服务应用。在该例程中，Client 发布两个需要相加的 int 类型变量，Server 节点接收请求后完成运算并返回加法运算结果。

3.7.2　如何自定义服务数据

下面从自定义服务数据开始。与话题消息类似，ROS 中的服务数据可以通过 srv 文件进行语言无关的接口定义，一般放置在功能包根目录下的 srv 文件夹中。该文件包含请求与应答两个数据域，数据域中的内容与话题消息的数据类型相同，只是在请求与应答的描述之间，需要使用 "---" 进行分割。

针对加法运算例程中的服务需求，创建一个定义服务数据类型的 srv 文件 learning_communication/srv/AddTwoInts.srv：

```
int64 a
int64 b
---
int64 sum
```

该 srv 文件的内容较为简单，在服务请求的数据域中定义了两个 int64 类型的变量 a 和 b，用来存储两个加数；又在服务应答的数据域中定义了一个 int64 类型的变量 sum，用来存储 "a+b" 的结果。

完成服务数据类型的描述后，与话题消息一样，还需要在功能包的 package.xml 和 CMakeLists.txt 文件中配置依赖与编译规则，在编译过程中将该描述文件转换成编程语言所能识别的代码。

打开 package.xml 文件，添加以下依赖配置（在 3.6.6 节定义话题消息的时候已经添加）：

```
<build_depend>message_generation</build_depend>
<run_depend>message_runtime</run_depend>
```

打开 CMakeLists.txt 文件，添加如下配置（message_generation 在 3.6.6 节也已经添加）：

```
find_package(catkin REQUIRED COMPONENTS
    geometry_msgs
    roscpp
    rospy
    std_msgs
```

```
    message_generation
)

add_service_files(
    FILES
    AddTwoInts.srv
)
```

message_generation 包不仅可以针对话题消息产生相应的代码，还可以根据服务消息的类型描述文件产生相关的代码。

功能包编译成功后，在服务的 Server 节点和 Client 节点的代码实现中就可以直接调用这些定义好的服务消息了。

接下来我们就编写 Server 和 Client 节点的代码，完成两数相加求和的服务过程。

3.7.3　如何创建 Server

首先创建 Server 节点，提供加法运算的功能，返回求和之后的结果。实现该节点的源码文件 learning_communication/src/server.cpp 内容如下：

```cpp
#include "ros/ros.h"
#include "learning_communication/AddTwoInts.h"

// service 回调函数，输入参数 req，输出参数 res
bool add(learning_communication::AddTwoInts::Request  &req,
         learning_communication::AddTwoInts::Response &res)
{
    // 将输入参数中的请求数据相加，结果放到应答变量中
    res.sum = req.a + req.b;
    ROS_INFO("request: x=%ld, y=%ld", (long int)req.a, (long int)req.b);
    ROS_INFO("sending back response: [%ld]", (long int)res.sum);

    return true;
}

int main(int argc, char **argv)
{
    // ROS 节点初始化
    ros::init(argc, argv, "add_two_ints_server");

    // 创建节点句柄
    ros::NodeHandle n;

    // 创建一个名为 add_two_ints 的 server，注册回调函数 add()
    ros::ServiceServer service = n.advertiseService("add_two_ints", add);

    // 循环等待回调函数
    ROS_INFO("Ready to add two ints.");
    ros::spin();
```

```
        return 0;
}
```

剖析以上代码中 Server 节点的实现过程。

1. 头文件部分

```
#include "ros/ros.h"
#include "learning-communication/AddTwoInts.h"
```

使用 ROS 中的服务，必须包含服务数据类型的头文件，这里使用的头文件是 learning_communication/AddTwoInts.h，该头文件根据我们之前创建的服务数据类型的描述文件 AddTwoInts.srv 自动生成。

2. 主函数部分

```
ros::ServiceServer service = n.advertiseService("add_two_ints", add);
```

主函数部分相对简单，先初始化节点，创建节点句柄，重点是要创建一个服务的 Server，指定服务的名称以及接收到服务数据后的回调函数。然后开始循环等待服务请求；一旦有服务请求，Server 就跳入回调函数进行处理。

3. 回调函数部分

```
bool add(learning_communication::AddTwoInts::Request  &req,
         learning_communication::AddTwoInts::Response &res)
```

回调函数是真正实现服务功能的部分，也是设计的重点。add() 函数用于完成两个变量相加的功能，其传入参数便是我们在服务数据类型描述文件中声明的请求与应答的数据结构。

```
{
    res.sum = req.a + req.b;
    ROS_INFO("request: x=%ld, y=%ld", (long int)req.a, (long int)req.b);
    ROS_INFO("sending back response: [%ld]", (long int)res.sum);

    return true;
}
```

在完成加法运算后，求和结果会放到应答数据中，反馈到 Client，回调函数返回 true。服务中的 Server 类似于话题中的 Subscriber，实现流程如下：

- 初始化 ROS 节点。
- 创建 Server 实例。
- 循环等待服务请求，进入回调函数。
- 在回调函数中完成服务功能的处理并反馈应答数据。

3.7.4　如何创建 Client

创建 Client 节点，通过终端输入的两个加数发布服务请求，等待应答结果。该节点实现代码 learning_communication/src/client.cpp 的内容如下：

```cpp
#include <cstdlib>
#include "ros/ros.h"
#include "learning_communication/AddTwoInts.h"

int main(int argc, char **argv)
{
    // ROS 节点初始化
    ros::init(argc, argv, "add_two_ints_client");

    // 从终端命令行获取两个加数
    if (argc != 3)
    {
        ROS_INFO("usage: add_two_ints_client X Y");
        return 1;
    }

    // 创建节点句柄
    ros::NodeHandle n;

    // 创建一个 client，请求 add_two_int service
    // service 消息类型是 learning_communication::AddTwoInts
    ros::ServiceClient client = n.serviceClient<learning_communication::AddTwoInts>
("add_two_ints");

    // 创建 learning_communication::AddTwoInts 类型的 service 消息
    learning_communication::AddTwoInts srv;
    srv.request.a = atoll(argv[1]);
    srv.request.b = atoll(argv[2]);

    // 发布 service 请求，等待加法运算的应答结果
    if (client.call(srv))
    {
        ROS_INFO("Sum: %ld", (long int)srv.response.sum);
    }
    else
    {
        ROS_ERROR("Failed to call service add_two_ints");
        return 1;
    }

    return 0;
}
```

下面剖析以上代码中 Client 节点的实现过程。

1. 创建 Client

```cpp
    ros::ServiceClient client = n.serviceClient<learning_communication::AddTwoInts>
("add_two_ints");
```

首先需要创建一个 add_two_ints 的 Client 实例，指定服务类型为 learning_communication::AddTwoInts。

2. 发布服务请求

```
learning_communication::AddTwoInts srv;
srv.request.a = atoll(argv[1]);
srv.request.b = atoll(argv[2]);
```

然后实例化一个服务数据类型的变量，该变量包含两个成员：request 和 response。将节点运行时输入的两个参数作为需要相加的两个整型数存储到变量中。

```
if (client.call(srv))
```

接着进行服务调用。该调用过程会发生阻塞，调用成功后返回 true，访问 srv.response 即可获取服务请求的结果。如果调用失败会返回 false，srv.response 则不可使用。

服务中的 Client 类似于话题中的 Publisher，实现流程如下：

- 初始化 ROS 节点。
- 创建一个 Client 实例。
- 发布服务请求数据。
- 等待 Server 处理之后的应答结果。

3.7.5 编译功能包

代码已经编写完成，接下来编辑 CMakeLists.txt 文件，加入如下编译规则，与编译 Publisher 和 Subscriber 时的配置类似：

```
add_executable(server src/server.cpp)
target_link_libraries(server ${catkin_LIBRARIES})
add_dependencies(server ${PROJECT_NAME}_gencpp)

add_executable(client src/client.cpp)
target_link_libraries(client ${catkin_LIBRARIES})
add_dependencies(client ${PROJECT_NAME}_gencpp)
```

现在就可以使用 catkin_make 命令编译功能包了。

3.7.6 运行 Server 和 Client

激动人心的时刻终于到了，运行之前别忘记设置环境变量。然后就可以运行编译生成的 Server 和 Client 节点了。

1. 启动 roscore

在运行节点之前，首先需要确保 ROS Master 已经成功启动：

```
$ roscore
```

2. 运行 Server 节点

打开终端，使用如下命令运行 Server 节点：

```
$ rosrun learning_communication server
```

如果运行正常，终端中应该会显示如图 3-32 所示的信息。

```
→ ~ rosrun learning_communication server
[ INFO] [1507649760.914978873]: Ready to add two ints.
```

图 3-32　Server 节点启动后的日志信息

3. 运行 Client 节点

打开一个新的终端，运行 Client 节点，同时需要输入加法运算的两个加数值：

```
$ rosrun learning_communication client 3 5
```

Client 发布服务请求，Server 完成服务功能后反馈结果给 Client。在 Server 和 Client 的终端中分别可以看到如图 3-33 和图 3-34 所示的日志信息。

```
→ ~ rosrun learning_communication client 3 5
[ INFO] [1507649815.838663270]: Sum: 8
```

图 3-33　Client 启动后发布服务请求，并成功接收到反馈结果

```
→ ~ rosrun learning_communication server
[ INFO] [1507649760.914978873]: Ready to add two ints.

[ INFO] [1507649815.838470408]: request: x=3, y=5
[ INFO] [1507649815.838508903]: sending back response: [8]
```

图 3-34　Server 接收到服务调用后完成加法求解，并将结果反馈给 Client

3.8　ROS 中的命名空间

ROS 中的节点、参数、话题和服务统称为计算图源，其命名方式采用灵活的分层结构，便于在复杂的系统中集成和复用。以下是一些命名的示例：

- /foo
- /stanford/robot/name
- /wg/node1

计算图源命名是 ROS 封装的一种重要机制。每个资源都定义在一个命名空间内，该命名空间内还可以创建更多资源。但是处于不同命名空间内的资源不仅可以在所处命名空间内使用，还可以在全局范围内访问，这与 C++ 中的 private 有所不同。这种命名机制可以有效避免不同命名空间内的命名冲突。

3.8.1　有效的命名

一个有效的命名应该具备以下特点：

1）首字符必须是字母（[a-z|A-Z]）、波浪线（~）或者左斜杠（/）。

2）后续字符可以是字母或数字（[0-9|a-z|A-Z]）、下划线（_）或者左斜杠（/）。

3.8.2 命名解析

计算图源的名称可以分为以下四种：

1）基础（base）名称，例如：base。

2）全局（global）名称，例如：/global/name。

3）相对（relative）名称，例如：relative/name。

4）私有（private）名称，例如：~private/name。

基础名称用来描述资源本身，可以看作相对名称的一个子类，上述示例中的 name 就是一个基础名称。

首字符是左斜杠（/）的名称是全局名称，由左斜杠分开一系列命名空间，示例中的命名空间为 global。全局名称之所以称为全局，是因为它的解析度最高，可以在全局范围内直接访问。但是在系统中全局名称越少越好，因为过多的全局名称会直接影响功能包的可移植性。

全局名称需要列出所有命名空间，在命名空间繁多的复杂系统中使用较为不便，所以可以使用相对名称代替。相对名称由 ROS 提供默认的命名空间，不需要带有开头的左斜杠。例如在默认命名空间 /relative 内使用相对名称 name，解析到全局名称为 /relative/name。可见，相对名称的重点是如何确定默认的命名空间，ROS 为我们提供了以下三种方式。

1）通过命令参数设置。调用 ros::init() 的 ROS 程序会接收名为 __ns 的命令行参数，可以为程序设置默认的命名空间，赋值的方式为 __ns:=default-namespace。

2）在 launch 文件中设置。在 launch 文件中可通过设置 ns 参数来确定默认命名空间：

```
<node name="turtlesim_node" pkg="turtlesim " type="turtlesim_node" ns="sim1" />
```

3）使用环境变量设置。也可以在执行 ROS 程序的终端中设置默认命名空间的环境变量：

```
export ROS_NAMESPACE=default-namespace
```

相比全局名称，相对名称具备良好的移植性，用户可以直接将一个相对命名的节点移植到其他命名空间内，有效防止命名冲突。

顾名思义，私有名称是一个节点内部私有的资源名称，只会在节点内部使用。私有名称以波浪线"~"开始，与相对名称一样，其并不包含本身所在的命名空间，需要 ROS 为其解析；但不同的是，私有名称并不使用当前默认命名空间，而是用节点的全局名称作为命名空间。例如有一个节点的全局名称是 /sim1/pubvel，其中的私有名称 ~max_vel 解析成全局名称即为 /sim1/pubvel/max_vel。

综上所述，我们可以将其中三种名称的解析方式归纳如表 3-3 所示。

表 3-3　ROS 命名的解析方式

节点	相对名称（默认）	全局名称	私有名称
/node1	Bar → /bar	/bar → /bar	~bar → /node1/bar
/wg/node2	Bar → /wg/bar	/bar → /bar	~bar → /wg/node2/bar
/wg/node3	foo/bar → /wg/foo/bar	/foo/bar → /foo/bar	~foo/bar → /wg/node3/foo/bar

3.8.3　命名重映射

所有 ROS 节点内的资源名称都可以在节点启动时进行重映射。ROS 这一强大的特性甚至可以支持我们同时打开多个相同的节点，而不会发生命名冲突。

命名重映射采用如下语法：

```
name:=new_name
```

例如将 chatter 重映射为 /wg/chatter，在节点启动时可以使用如下方式重映射命名：

```
$ rosrun rospy_tutorials talker chatter:=/wg/chatter
```

ROS 的命名解析是在命名重映射之前发生的。所以当我们需要 "foo:=bar" 时，会将节点内的所有 foo 命名映射为 bar，而如果我们重映射 "/foo:=bar" 时，ROS 只会将全局解析为 /foo 的名称重映射为 bar。

可以通过表 3-4 总结命名重映射与命名解析之间的关系。

表 3-4　命名重映射与命名解析之间关系

节点命名空间	重映射参数	匹配名称	解析名称
/	foo:=bar	foo, /foo	/bar
/baz	foo:=bar	foo, /baz/foo	/baz/bar
/	/foo:=bar	foo, /foo	/bar
/baz	/foo:=bar	/foo	/baz/bar
/baz	/foo:=/a/b/c/bar	/foo	/a/b/c/bar

3.9　分布式多机通信

ROS 是一种分布式软件框架，节点之间通过松耦合的方式进行组合，在很多应用场景下，节点可以运行在不同的计算平台上，通过 Topic、Service 进行通信。但是 "一山不容二虎"，ROS 中只允许存在一个 Master，在多机系统中 Master 只能运行在一台机器上，其他机器需要通过 ssh 的方式和 Master 取得联系。所以在多机 ROS 系统中需要进行一些配置。

我们以两台计算机为例，介绍分布式多机通信的配置步骤，其中计算机 hcx-pc 作为主机运行 Master，计算机 raspi2 作为从机运行节点。

3.9.1 设置 IP 地址

首先需要确定 ROS 多机系统中的所有计算机处于同一网络，然后分别在计算机 hcx-pc、raspi2 上使用 ifconfig 命令查看计算机的局域网 IP 地址（见图 3-35、图 3-36）。

图 3-35 hcx-pc 的 IP 地址是 192.168.31.198

图 3-36 raspi2 的 IP 地址是 192.168.31.14

分别在两台计算机系统的 /etc/hosts 文件中加入对方的 IP 地址和对应的计算机名：

```
# @hcx-pc, /etc/hosts
192.168.31.14      raspi2

# @raspi2, /etc/hosts
192.168.31.198     hcx-pc
```

设置完毕后，分别在两台计算机上使用 ping 命令测试网络是否连通（见图 3-37）。

图 3-37 在两台计算机上分别使用 ping 命令测试网络是否连通

如果双向网络都畅通，就说明底层网络的通信已经没问题，接下来设置 ROS 相关的环境变量。

3.9.2　设置 ROS_MASTER_URI

因为系统中只能存在一个 Master，所以从机 raspi2 需要知道 Master 的位置。ROS Master 的位置可以使用环境变量 ROS_MASTER_URI 进行定义，在从机 raspi2 上使用如下命令设置 ROS_MASTER_URI：

```
$ export ROS_MASTER_URI=http://hcx-pc:11311
```

但是以上设置只能在输入的终端中生效，为了让所有打开的终端都能识别，最好使用如下命令将环境变量的设置加入终端的配置文件中。

```
$ echo "export ROS_MASTER_URI=http://hcx-pc:11311" >> ~/.bashrc
```

3.9.3　多机通信测试

现在 ROS 多机系统已经配置完成，下面使用小乌龟例程进行测试。

首先在主机 hcx-pc 上运行小乌龟的仿真器：

```
$ roscore
$ rosrun turtlesim turtlesim_node
```

然后在从机 raspi2 上使用"rostopic list"命令查看 ROS 系统中的话题列表（见图 3-38）。

图 3-38　查看 ROS 系统中的话题列表

可以看到，现在从机已经可以与 Master 取得联系。在从机 raspi2 上发布一只小乌龟的速度控制消息：

```
$ rostopic pub -r 10 /turtle1/cmd_vel geometry_msgs/Twist "linear:
    x: 0.5
    y: 0.0
    z: 0.0
angular:
    x: 0.0
    y: 0.0
    z: 0.5"
```

此时，主机 hcx-pc 中的小乌龟应该就开始移动了（见图 3-39），ROS 多机系统配置成功。

在实际应用中，可能需要使用两个以上的计算平台，可以使用相同的方法进行配置，主机运行 Master，其他从机通过设置 ROS_MASTER_URI 环境变量确定 Master 位置即可。

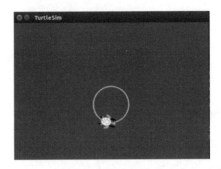

图 3-39　通过从机控制主机中的小乌龟运动

3.10　本章小结

本章我们一起学习了 ROS 的基础知识，包括工作空间和功能包的创建、集成开发环境的搭建、话题和服务的编程实现方法、命名空间以及分布式通信等。这些内容是后续开发实践的基石，在继续学习的过程中也需要我们不断回顾这些知识以加深对 ROS 的理解。

ROS 不仅为我们提供了话题、服务等通信机制，还包含丰富的机器人开发工具，下一章我们将学习这些 ROS 中的常用组件。

第 4 章
ROS 中的常用组件

ROS 不仅为机器人开发提供了分布式通信框架，而且提供了大量实用的组件工具。本章我们就来学习以下这些 ROS 中的常用组件，开发更加"丰满"的机器人系统。

- launch 启动文件：通过 XML 文件实现多节点的配置和启动。
- TF 坐标变换：管理机器人系统中繁杂的坐标系变换关系。
- Qt 工具箱：提供多种机器人开发的可视化工具，如日志输出、计算图可视化、数据绘图、参数动态配置等功能。
- rviz 三维可视化平台：实现机器人开发过程中多种数据的可视化显示，并且可通过插件机制无限扩展。
- gazebo 仿真环境：创建仿真环境并实现带有物理属性的机器人仿真。
- rosbag 数据记录与回放：记录并回放 ROS 系统中运行时的所有话题信息，方便后期调试使用。

4.1 launch 启动文件

到目前为止，每当我们需要运行一个 ROS 节点或工具时，都需要打开一个新的终端运行一个命令。当系统中的节点数量不断增加时，"每个节点一个终端"的模式会变得非常麻烦。那么有没有一种方式可以一次性启动所有节点呢？答案当然是肯定的。

启动文件（Launch File）便是 ROS 中一种同时启动多个节点的途径，它还可以自动启动 ROS Master 节点管理器，并且可以实现每个节点的各种配置，为多个节点的操作提供很大便利。

4.1.1 基本元素

首先来看一个简单的 launch 文件，对其产生初步的概念。

```
<launch>
    <node pkg="turtlesim" name="sim1" type="turtlesim_node"/>
    <node pkg="turtlesim" name="sim2" type="turtlesim_node"/>
```

```
</launch>
```

这是一个简单而完整的 launch 文件，采用 XML 的形式进行描述，包含一个根元素 <launch> 和两个节点元素 <node>。

1. <launch>

XML 文件必须包含一个根元素，launch 文件中的根元素采用 <launch> 标签定义，文件中的其他内容都必须包含在这个标签中：

```
<launch>
    ...
</launch>
```

2. <node>

启动文件的核心是启动 ROS 节点，采用 <node> 标签定义，语法如下：

```
<node pkg="package-name" type="executable-name" name="node-name" />
```

从上面的定义规则可以看出，在启动文件中启动一个节点需要三个属性：pkg、type 和 name。其中 pkg 定义节点所在的功能包名称，type 定义节点的可执行文件名称，这两个属性等同于在终端中使用 rosrun 命令执行节点时的输入参数。name 属性用来定义节点运行的名称，将覆盖节点中 init() 赋予节点的名称。这是三个最常用的属性，在某些情况下，我们还有可能用到以下属性。

- output = "screen"：将节点的标准输出打印到终端屏幕，默认输出为日志文档。
- respawn = "true"：复位属性，该节点停止时，会自动重启，默认为 false。
- required = "true"：必要节点，当该节点终止时，launch 文件中的其他节点也被终止。
- ns = "namespace"：命名空间，为节点内的相对名称添加命名空间前缀。
- args = "arguments"：节点需要的输入参数。

实际应用中的 launch 文件往往会更加复杂，使用的标签也会更多，如本书后续内容中一个启动机器人的 launch 文件如下：

```
<launch>

    <node pkg="mrobot_bringup" type="mrobot_bringup" name="mrobot_bringup" output=
"screen" />

    <arg name="urdf_file" default="$(find xacro)/xacro --inorder '$(find mrobot_
description)/urdf/mrobot_with_rplidar.urdf.xacro'" />
    <param name="robot_description" command="$(arg urdf_file)" />

    <node name="joint_state_publisher" pkg="joint_state_publisher" type="joint_
state_publisher" />

    <node pkg="robot_state_publisher" type="robot_state_publisher" name="state_
publisher">
```

```
        <param name="publish_frequency" type="double" value="5.0" />
    </node>
    <node name="base2laser" pkg="tf" type="static_transform_publisher" args="0
0 0 0 0 0 1 /base_link /laser 50"/>

    <node pkg="robot_pose_ekf" type="robot_pose_ekf" name="robot_pose_ekf">
        <remap from="robot_pose_ekf/odom_combined" to="odom_combined"/>
        <param name="freq" value="10.0"/>
        <param name="sensor_timeout" value="1.0"/>
        <param name="publish_tf" value="true"/>
        <param name="odom_used" value="true"/>
        <param name="imu_used" value="false"/>
        <param name="vo_used" value="false"/>
        <param name="output_frame" value="odom"/>
    </node>

    <include file="$(find mrobot_bringup)/launch/rplidar.launch" />

</launch>
```

目前，我们只关注其中的标签元素，除了上面介绍的 <launch> 和 <node>，这里还出现了 <arg>、<param>、<remap>，这些都是常用的标签元素。

4.1.2　参数设置

为了方便设置和修改，launch 文件支持参数设置的功能，类似于编程语言中的变量声明。关于参数设置的标签元素有两个：<param> 和 <arg>，一个代表 parameter，另一个代表 argument。这两个标签元素翻译成中文都是"参数"的意思，但是这两个"参数"的意义是完全不同的。

1. <param>

parameter 是 ROS 系统运行中的参数，存储在参数服务器中。在 launch 文件中通过 <param> 元素加载 parameter；launch 文件执行后，parameter 就加载到 ROS 的参数服务器上了。每个活跃的节点都可以通过 ros::param::get() 接口来获取 parameter 的值，用户也可以在终端中通过 rosparam 命令获得 parameter 的值。

<param> 的使用方法如下：

```
<param name="output_frame" value="odom"/>
```

运行 launch 文件后，output_frame 这个 parameter 的值就设置为 odom，并且加载到 ROS 参数服务器上了。但是在很多复杂的系统中参数的数量很多，如果这样一个一个地设置会非常麻烦，ROS 也为我们提供了另外一种类似的参数（<rosparam>）加载方式：

```
<rosparam file="$(find 2dnav_pr2)/config/costmap_common_params.yaml"
command="load" ns="local_costmap" />
```

<rosparam> 可以帮助我们将一个 YAML 格式文件中的参数全部加载到 ROS 参数服务器中，需要设置 command 属性为"load"，还可以选择设置命名空间"ns"。

2. <arg>

argument 是另外一个概念，类似于 launch 文件内部的局部变量，仅限于 launch 文件使用，便于 launch 文件的重构，与 ROS 节点内部的实现没有关系。

设置 argument 使用 <arg> 标签元素，语法如下：

```
<arg name="arg-name" default= "arg-value"/>
```

launch 文件中需要使用到 argument 时，可以使用如下方式调用：

```
<param name="foo" value="$(arg arg-name)" />
<node name="node" pkg="package" type="type " args="$(arg arg-name)" />
```

4.1.3　重映射机制

ROS 的设计目标是提高代码的复用率，所以 ROS 社区中的很多功能包我们都可以拿来直接使用，而不需要关注功能包的内部实现。那么问题来了，别人的功能包的接口不一定和我们的系统兼容呀？

ROS 提供一种重映射的机制，简单来说就是取别名，类似于 C++ 中的别名机制，我们不需要修改别人的功能包的接口，只需要将接口名称重映射一下，取一个别名，我们的系统就认识了（接口的数据类型必须相同）。launch 文件中的 <remap> 标签可以帮助我们实现这个重映射功能。

比如 turtlebot 的键盘控制节点发布的速度控制指令话题可能是 /turtlebot/cmd_vel，但是我们自己的机器人订阅的速度控制话题是 /cmd_vel，这时使用 <remap> 就可以轻松解决问题，将 / turtlebot /cmd_vel 重映射为 /cmd_vel，我们的机器人就可以接收到速度控制指令了：

```
<remap from="/turtlebot/cmd_vel" to="/cmd_vel"/>
```

重映射机制在 ROS 中的使用非常广泛，也非常重要，方法不止这一种，也可以在终端中实现重映射（参考 3.8.3 节），读者一定要理解好这种机制。

4.1.4　嵌套复用

在复杂的系统中，launch 文件往往有很多，这些 launch 文件之间也会存在依赖关系。如果要直接复用一个已有 launch 文件中的内容，可以使用 <include> 标签包含其他 launch 文件，这与 C 语言中的 include 几乎是一样的。

```
<include file="$(dirname)/other.launch" />
```

launch 是 ROS 框架中非常实用、灵活的功能，它类似于一种高级编程语言，可以帮助我们管理启动系统时的方方面面。在使用 ROS 的过程中，很多情况下我们并不需要编写大量代码，仅需要使用已有的功能包，编辑一下 launch 文件就可以完成很多机器人功能。

本节仅介绍了 launch 中最为常用的一些标签元素，还有更多高级的标签元素可以通过访问 http://wiki.ros.org/roslaunch/XML 来学习。

4.2 TF 坐标变换

坐标变换是机器人学中一个非常基础同时也是非常重要的概念。机器人本体和机器人的工作环境中往往存在大量的组件元素，在机器人设计和机器人应用中都会涉及不同组件的位置和姿态，这就需要引入坐标系以及坐标变换的概念。

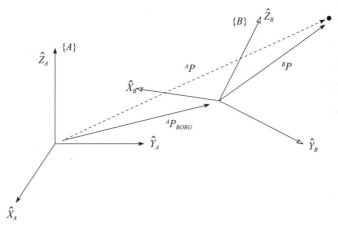

图 4-1   某位姿在 A、B 两个坐标系下的坐标变换

如图 4-1 所示的 A、B 两个坐标系，A 坐标系下的位姿可以通过平移和旋转变换成 B 坐标系下的位姿，这里的平移和旋转可以通过 4×4 的变换矩阵来描述，其理论原理可以参考机器人学的理论教程。

坐标变换是机器人系统中常用的基础功能，ROS 中的坐标变换系统由 TF 功能包维护。

4.2.1 TF 功能包

TF 是一个让用户随时间跟踪多个坐标系的功能包，它使用树形数据结构，根据时间缓冲并维护多个坐标系之间的坐标变换关系，可以帮助开发者在任意时间、在坐标系间完成点、向量等坐标的变换。

如图 4-2 所示，一个机器人系统通常有很多三维坐标系，而且会随着时间的推移发生变化，如世

图 4-2   机器人系统中繁杂的坐标系

界坐标系（World Frame）、基坐标系（Base Frame）、机械夹爪坐标系（Gripper Frame）、机器

人头部坐标系（Head Frame）等。TF 可以时间为轴跟踪这些坐标系（默认 10s 之内），并且允许开发者请求如下类型的数据：

- 5 秒钟之前，机器人头部坐标系相对于全局坐标系的关系是什么样的？
- 机器人夹取的物体相对于机器人中心坐标系的位置在哪里？
- 机器人中心坐标系相对于全局坐标系的位置在哪里？

TF 可以在分布式系统中进行操作，也就是说，一个机器人系统中所有的坐标变换关系，对于所有的节点组件都是可用的，所有订阅 TF 消息的节点都会缓冲一份所有坐标系的变换关系数据，所以这种结构不需要中心服务器来存储任何数据。

想要使用 TF 功能包，总体来说需要以下两个步骤。

1）监听 TF 变换

接收并缓存系统中发布的所有坐标变换数据，并从中查询所需要的坐标变换关系。

2）广播 TF 变换

向系统中广播坐标系之间的坐标变换关系。系统中可能会存在多个不同部分的 TF 变换广播，每个广播都可以直接将坐标变换关系插入 TF 树中，不需要再进行同步。

4.2.2　TF 工具

坐标系统虽然是一个基础理论，但是由于涉及多个空间之间的变换，不容易进行想象，所以 TF 提供了丰富的终端工具来帮助开发者调试和创建 TF 变换。

1. tf_monitor

tf_monitor 工具的功能是打印 TF 树中所有坐标系的发布状态（见图 4-3），也可以通过输入参数来查看指定坐标系之间的发布状态（见图 4-4）。

```
$ tf_monitor
```

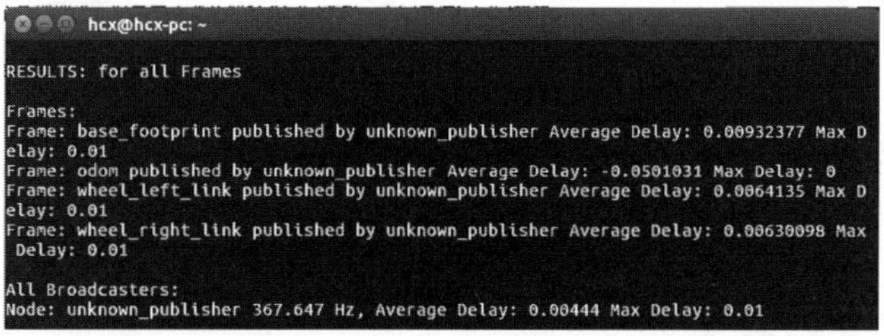

图 4-3　使用 tf_monitor 工具查看 TF 树中所有坐标系的发布状态

```
$ tf_monitor <source_frame> <target_frame>
```

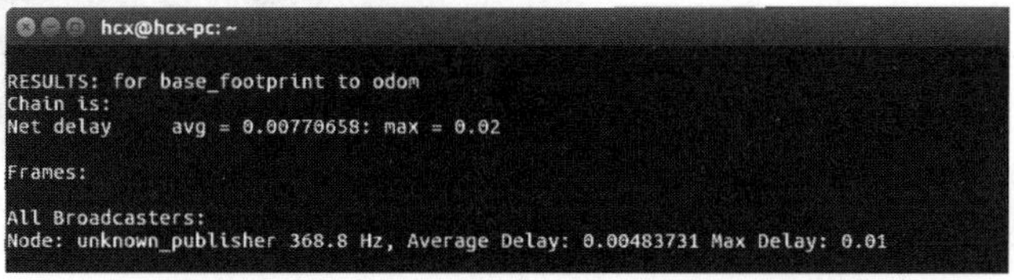

图 4-4　使用 tf_monitor 工具查看指定坐标系之间的发布状态

2. tf_echo

tf_echo 工具的功能是查看指定坐标系之间的变换关系。命令的格式如下：

```
$ tf_echo <source_frame> <target_frame>
```

运行后的效果如图 4-5 所示。

```
→ ~ rosrun tf tf_echo /map /base_link
At time 1504942088.885
- Translation: [0.721, 2.441, 0.017]
- Rotation: in Quaternion [0.000, 0.000, 0.002, 1.000]
               in RPY (radian) [0.000, -0.000, 0.003]
               in RPY (degree) [0.000, -0.000, 0.183]
At time 1504942089.435
- Translation: [0.721, 2.441, 0.017]
- Rotation: in Quaternion [0.000, 0.000, 0.002, 1.000]
               in RPY (radian) [0.000, -0.000, 0.003]
               in RPY (degree) [0.000, -0.000, 0.183]
At time 1504942090.385
- Translation: [0.721, 2.441, 0.017]
- Rotation: in Quaternion [0.000, 0.000, 0.002, 1.000]
               in RPY (radian) [0.000, -0.000, 0.003]
               in RPY (degree) [0.000, -0.000, 0.183]
```

图 4-5　使用 tf_echo 工具查看指定坐标系之间的变换关系

3. static_transform_publisher

static_transform_publisher 工具的功能是发布两个坐标系之间的静态坐标变换，这两个坐标系不发生相对位置变化。命令的格式如下：

```
$ static_transform_publisher x y z yaw pitch roll frame_id child_frame_id period_in_ms
$ static_transform_publisher x y z qx qy qz qw frame_id child_frame_id  period_in_ms
```

以上两种命令格式，需要设置坐标的偏移参数和旋转参数：偏移参数使用相对于 x、y、z 三轴的坐标位移；而旋转参数的第一种命令格式使用以弧度为单位的 yaw/pitch/roll 角度（yaw 是围绕 z 轴旋转的偏航角，pitch 是围绕 y 轴旋转的俯仰角，roll 是围绕 x 轴旋转的翻滚角），第二种命令格式使用四元数表达旋转角度。发布频率以 ms 为单位。

该命令不仅可以在终端中使用，还可以在 launch 文件中使用，方法如下：

```
<launch>
<node pkg="tf" type="static_transform_publisher" name="link1_broadcaster"
args="1 0 0 0 0 0 1 link1_parent link1 100" />
</launch>
```

4. view_frames

view_frames 是可视化的调试工具，可以生成 pdf 文件，显示整棵 TF 树的信息。该命令的执行方式如图 4-6 所示：

```
$ rosrun tf view_frames
```

然后使用如下命令，或者使用 pdf 阅读器查看生成的 pdf 文件（见图 4-7）。

```
hcx@hcx-pc: ~
→ ~ rosrun tf view_frames
Listening to /tf for 5.000000 seconds
Done Listening
dot - graphviz version 2.38.0 (20140413.2041)

Detected dot version 2.38
frames.pdf generated
```

图 4-6　使用 view_frames 工具生成 TF 树的信息

```
$ evince frames.pdf
```

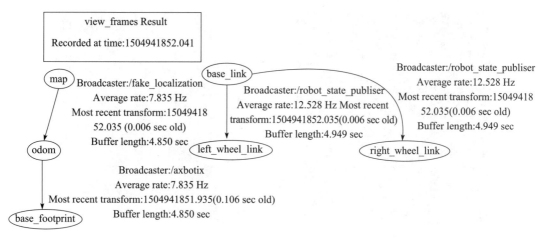

图 4-7　可视化的 TF 树信息

除此之外，rviz 中还提供了 TF 可视化显示的插件，关于 rviz 的具体内容将在本章后续详细讲解。

4.2.3　乌龟例程中的 TF

接下来我们在乌龟仿真器中通过一个例程（turtle_tf）来理解 TF 的作用，并且熟悉以上学到的 TF 工具。该例程的功能包 turtle_tf 可以使用如下命令进行安装：

```
$ sudo apt-get install ros-kinetic-turtle-tf
```

安装完成后就可以使用如下命令运行例程了：

```
$ roslaunch turtle_tf turtle_tf_demo.launch
```

乌龟仿真器打开后会出现两只小乌龟，并且下方的小乌龟会自动向中心位置的小乌龟移动（见图 4-8）。

打开键盘控制节点，控制中心位置的小乌龟运行：

```
$ rosrun turtlesim turtle_teleop_key
```

另外一只乌龟总是会跟随我们控制的那只乌龟运行（见图 4-9）。在这个例程中，TF 是如何运用的呢？首先使用 TF 工具来看一下这个例程中的 TF 树是什么样的：

```
$ rosrun tf view_frames
```

如图 4-10 所示，在当前系统中存在三个坐标系：world、turtle1、turtle2。world 是世界坐标系，作为系统的基础坐标系，其他坐标系都相对该坐标系建立，所以 world 是 TF 树的根节点。相对于 world 坐标系，又分别针对两只乌龟创建了两个乌龟坐标系，这两个坐标系的原点就是乌龟在世界坐标系下的坐标位置。

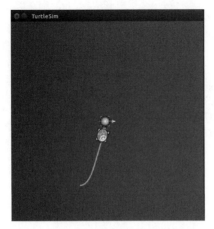

图 4-8　乌龟仿真器的启动界面

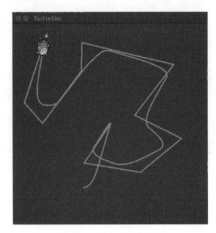

图 4-9　乌龟跟随移动

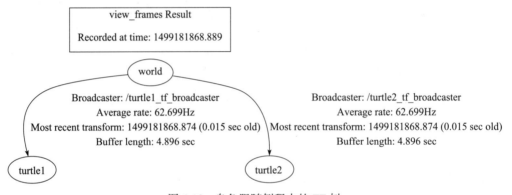

图 4-10　乌龟跟随例程中的 TF 树

现在要让 turtle2 跟随 turtle1 运动，等价于 turtle2 坐标系需要向 turtle1 坐标系移动，这就需要知道 turtle2 与 turtle1 之间的坐标变换。三个坐标系之间的变换关系可以使用如下公式描述：

$$T_{\text{turtle1\_turtle2}} = T_{\text{turtle1\_world}} \times T_{\text{world\_turtle2}}$$

使用 tf_echo 工具在 TF 树中查找乌龟坐标系之间的变换关系（见图 4-11）：

```
$ rosrun tf tf_echo turtle1 turtle2
```

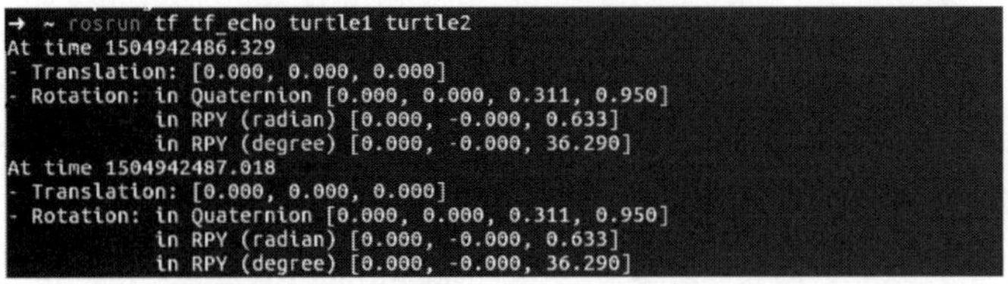

图 4-11　乌龟坐标系之间的变换关系

也可以通过 rviz 的图形界面更加形象地看到这三者之间的坐标关系（见图 4-12）：

```
$ rosrun rviz rviz -d `rospack find turtle_tf`/rviz/turtle_rviz.rviz
```

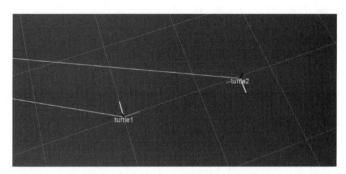

图 4-12　在 rviz 中显示坐标系之间的关系

得到 turtle2 与 turtle1 之间的坐标变换后，就可以计算两只乌龟间的距离和角度，即可控制 turtle2 向 turtle1 移动了。

接下来我们以这个例程为目标，学习如何实现 TF 的广播和监听功能。

4.2.4　创建 TF 广播器

首先，我们需要创建一个发布乌龟坐标系与世界坐标系之间 TF 变换的节点，实现源码 learning_tf/src/turtle_tf_broadcaster.cpp 的具体内容如下：

```cpp
#include <ros/ros.h>
#include <tf/transform_broadcaster.h>
#include <turtlesim/Pose.h>

std::string turtle_name;

void poseCallback(const turtlesim::PoseConstPtr& msg)
{
    // TF 广播器
    static tf::TransformBroadcaster br;

    // 根据乌龟当前的位姿，设置相对于世界坐标系的坐标变换
    tf::Transform transform;
    transform.setOrigin( tf::Vector3(msg->x, msg->y, 0.0) );
    tf::Quaternion q;
    q.setRPY(0, 0, msg->theta);
    transform.setRotation(q);

    // 发布坐标变换
    br.sendTransform(tf::StampedTransform(transform, ros::Time::now(), "world",
turtle_name));
}
```

```
int main(int argc, char** argv)
{
    // 初始化节点
    ros::init(argc, argv, "my_tf_broadcaster");
    if (argc != 2)
    {
        ROS_ERROR("need turtle name as argument");
        return -1;
    };
    turtle_name = argv[1];

    // 订阅乌龟的 pose 信息
    ros::NodeHandle node;
    ros::Subscriber sub = node.subscribe(turtle_name+"/pose", 10, &poseCallback);

    ros::spin();

    return 0;
};
```

以上代码的关键部分是处理乌龟 pose 消息的回调函数 poseCallback，在广播 TF 消息之前需要定义 tf::TransformBroadcaster 广播器，然后根据乌龟当前的位姿设置 tf::Transform 类型的坐标变换，包含 setOrigin 设置的平移变换以及 setRotation 设置的旋转变换。

然后使用广播器将坐标变换插入 TF 树并进行发布，这里发布的 TF 消息类型是 tf::StampedTransform，不仅包含 tf::Transform 类型的坐标变换、时间戳，而且需要指定坐标变换的源坐标系（parent）和目标坐标系（child）。

4.2.5　创建 TF 监听器

TF 消息广播之后，其他节点就可以监听该 TF 消息，从而获取需要的坐标变换了。目前我们已经将乌龟相对于 world 坐标系的 TF 变换进行了广播，接下来需要监听 TF 消息，并从中获取 turtle2 相对于 turtle1 坐标系的变换，从而控制 turtle2 移动。实现源码 learning_tf/src/ turtle_tf_listener.cpp 的详细内容如下：

```
#include <ros/ros.h>
#include <tf/transform_listener.h>
#include <geometry_msgs/Twist.h>
#include <turtlesim/Spawn.h>

int main(int argc, char** argv)
{
    // 初始化节点
    ros::init(argc, argv, "my_tf_listener");

    ros::NodeHandle node;

    // 通过服务调用，产生第二只乌龟 turtle2
```

```
ros::service::waitForService("spawn");
ros::ServiceClient add_turtle =
node.serviceClient<turtlesim::Spawn>("spawn");
turtlesim::Spawn srv;
add_turtle.call(srv);

// 定义 turtle2 的速度控制发布器
ros::Publisher turtle_vel =
node.advertise<geometry_msgs::Twist>("turtle2/cmd_vel", 10);

// TF 监听器
tf::TransformListener listener;

ros::Rate rate(10.0);
while (node.ok())
{
    tf::StampedTransform transform;
    try
    {
        // 查找 turtle2 与 turtle1 的坐标变换
        listener.waitForTransform("/turtle2", "/turtle1", ros::Time(0), ros::
Duration(3.0));
        listener.lookupTransform("/turtle2", "/turtle1", ros::Time(0), transform);
    }
    catch (tf::TransformException &ex)
    {
        ROS_ERROR("%s",ex.what());
        ros::Duration(1.0).sleep();
        continue;
    }

    // 根据 turtle1 和 turtle2 之间的坐标变换，计算 turtle2 需要运动的线速度和角速度
    // 并发布速度控制指令，使 turtle2 向 turtle1 移动
    geometry_msgs::Twist vel_msg;
    vel_msg.angular.z = 4.0 * atan2(transform.getOrigin().y(),
                                    transform.getOrigin().x());
    vel_msg.linear.x = 0.5 * sqrt(pow(transform.getOrigin().x(), 2) +
                                  pow(transform.getOrigin().y(), 2));
    turtle_vel.publish(vel_msg);

    rate.sleep();
}
return 0;
};
```

该节点首先通过服务调用产生乌龟 turtle2，然后声明控制 turtle2 速度的 Publisher。在监
听 TF 消息之前，需要创建一个 tf::TransformListener 类型的监听器，创建成功后监听器会自
动接收 TF 树的消息，并且缓存 10 秒。然后在循环中就可以实时查找 TF 树中的坐标变换了，
这里需要调用的是 tf::TransformListener 中的两个接口：

- waitForTransform (const std::string &target_frame, const std::string &source_frame, const ros::Time &time, const ros::Duration &timeout)：给定源坐标系（source_frame）和目标坐标系（target_frame），等待两个坐标系之间指定时间（time）的变换关系，该函数会阻塞程序运行，所以要设置超时时间（timeout）：

- lookupTransform (const std::string & target_frame, const std::string & source_frame, const ros::Time & time, StampedTransform & transform)：给定源坐标系（source_frame）和目标坐标系（target_frame），得到两个坐标系之间指定时间（time）的坐标变换（transform），ros::Time (0) 表示我们想要的是最新一次的坐标变换：

通过以上两个接口的调用，就可以获取 turtle2 相对于 turtle1 的坐标变换了。然后根据坐标系之间的位置关系，计算得到 turtle2 需要运动的线速度和角速度，并发布速度控制指令使 turtle2 向 turtle1 移动。

4.2.6　实现乌龟跟随运动

现在小乌龟跟随例程的所有代码都已经完成，下面来编写一个 launch 文件，使所有节点运行起来，实现源码 learning_tf/launch/start_demo_with_listener.launch 的详细内容如下：

```
<launch>
    <!-- 海龟仿真器 -->
    <node pkg="turtlesim" type="turtlesim_node" name="sim"/>

    <!-- 键盘控制 -->
    <node pkg="turtlesim" type="turtle_teleop_key" name="teleop" output="screen"/>

    <!-- 两只海龟的 TF 广播 -->
    <node pkg="learning_tf" type="turtle_tf_broadcaster"
          args="/turtle1" name="turtle1_tf_broadcaster" />
    <node pkg="learning_tf" type="turtle_tf_broadcaster"
          args="/turtle2" name="turtle2_tf_broadcaster" />

    <!-- 监听 TF 广播，并且控制 turtle2 移动 -->
    <node pkg="learning_tf" type="turtle_tf_listener"
          name="listener" />

</launch>
```

然后运行该 launch 文件，就可以看到与之前例程类似的两只乌龟的界面了，在终端中通过键盘控制 turtle1 移动，turtle2 也跟随移动。

通过这个例程的实现，我们学习了 TF 广播与监听的实现方法，在实际应用中会产生更多的坐标系，TF 树的结构也会更加复杂，但是基本的使用方法依然相同。

4.3　Qt 工具箱

为了方便可视化调试和显示，ROS 提供了一个 Qt 架构的后台图形工具套件——rqt_

common_plugins，其中包含不少实用的工具。

在使用之前，需要使用以下命令安装该 Qt 工具箱：

```
$ sudo apt-get install ros-kinetic-rqt
$ sudo apt-get install ros-kinetic-rqt-common-plugins
```

4.3.1　日志输出工具（rqt_console）

rqt_console 工具用来图像化显示和过滤 ROS 系统运行状态中的所有日志消息，包括 info、warn、error 等级别的日志。使用以下命令即可启动该工具：

```
$ rqt_console
```

启动成功后可以看到如图 4-13 所示的可视化界面。

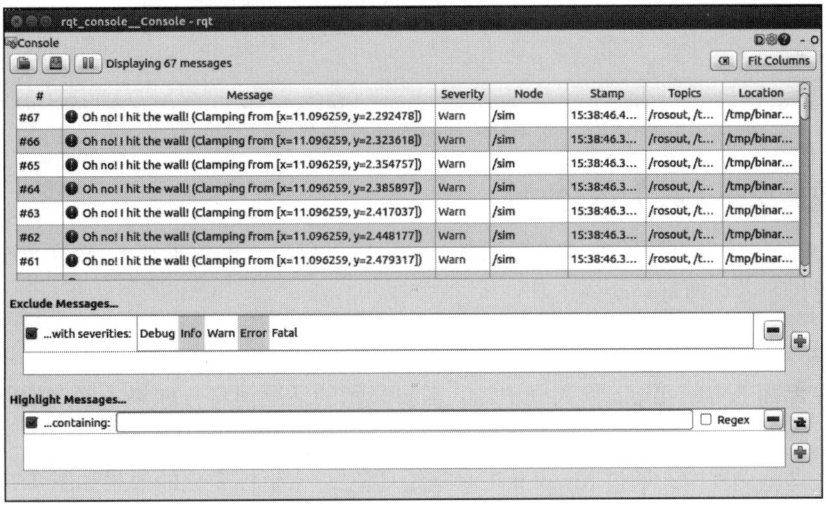

图 4-13　rqt_console 工具界面

当系统中有不同级别的日志消息时，rqt_console 的界面中就会依次显示这些日志的相关内容，包括日志内容、时间戳、级别等。当日志较多时，也可以使用该工具进行过滤显示。

4.3.2　计算图可视化工具（rqt_graph）

rqt_graph 工具可以图形化显示当前 ROS 系统中的计算图。在系统运行时，使用如下命令即可启动该工具：

```
$ rqt_graph
```

启动成功后的计算图显示如图 4-14 所示。

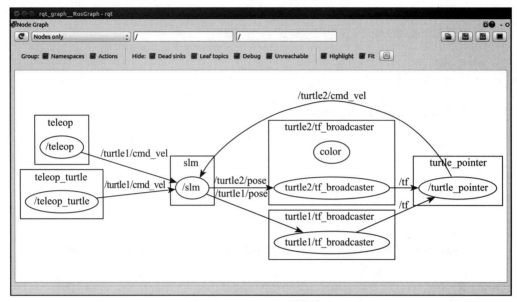

图 4-14　rqt_graph 工具界面

4.3.3　数据绘图工具（rqt_plot）

rqt_plot 是一个二维数值曲线绘制工具，可以将需要显示的数据在 xy 坐标系中使用曲线描绘。使用如下命令即可启动该工具：

```
$ rqt_plot
```

然后在界面上方的 Topic 输入框中输入需要显示的话题消息，如果不确定话题名称，可以在终端中使用"rostopic list"命令查看。

例如在乌龟例程中，通过 rqt_plot 工具描绘乌龟 x、y 坐标变化的效果如图 4-15 所示。

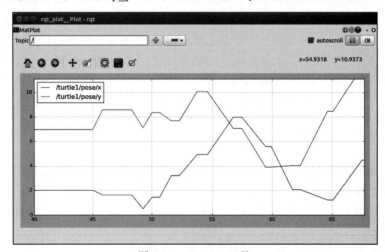

图 4-15　rqt_plot 工具

4.3.4　参数动态配置工具（rqt_reconfigure）

rqt_reconfigure 工具可以在不重启系统的情况下，动态配置 ROS 系统中的参数，但是该功能的使用需要在代码中设置参数的相关属性，从而支持动态配置。使用如下命令即可启动该工具：

```
$ rosrun rqt_reconfigure rqt_reconfigure
```

启动后的界面将显示当前系统中所有可动态配置的参数（见图 4-16），在界面中使用输入框、滑动条或下拉框进行设置即可实现参数的动态配置。关于 ROS 参数动态配置功能的实现，本书第 12 章会具体讲解。

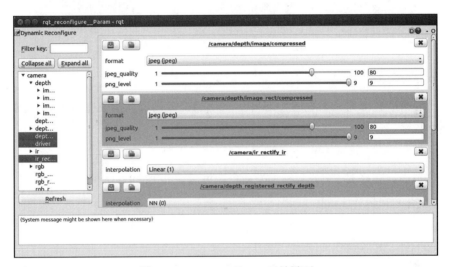

图 4-16　rqt_reconfigure 工具界面

4.4　rviz 三维可视化平台

机器人系统中存在大量数据，比如图像数据中 0~255 的 RGB 值。但是这种数据形态的值往往不利于开发者感受数据所描述的内容，所以常常需要将数据可视化显示，例如机器人模型的可视化、图像数据的可视化、地图数据的可视化等，如图 4-17 所示。

ROS 针对机器人系统的可视化需求，为用户提供了一款显示多种数据的三维可视化平台——rviz。

rviz 是一款三维可视化工具，很好地兼容了各种基于 ROS 软件框架的机器人平台。在 rviz 中，可以使用 XML 对机器人、周围物体等任何实物进行尺寸、质量、位置、材质、关节等属性的描述，并且在界面中呈现出来。同时，rviz 还可以通过图形化方式，实时显示机器人传感器的信息、机器人的运动状态、周围环境的变化等。总而言之，rviz 可以帮助开发者实现所有可监测信息的图形化显示，开发者也可以在 rviz 的控制界面下，通过按钮、滑动条、数值等方式控制机器人的行为。

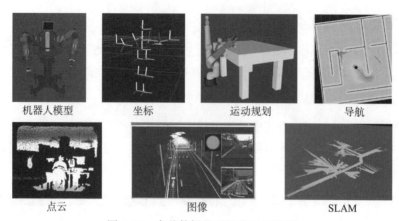

机器人模型   坐标   运动规划   导航

点云   图像   SLAM

图 4-17   多种数据的可视化显示效果

4.4.1   安装并运行 rviz

rviz 已经集成在桌面完整版的 ROS 中，如果已经成功安装桌面完整版的 ROS，可以直接跳过这一步骤，否则，请使用如下命令进行安装：

```
$ sudo apt-get install ros-kinetic-rviz
```

安装完成后，在终端中分别运行如下命令即可启动 ROS 和 rviz 平台：

```
$ roscore
$ rosrun rviz rviz
```

启动成功的 rviz 主界面如图 4-18 所示。

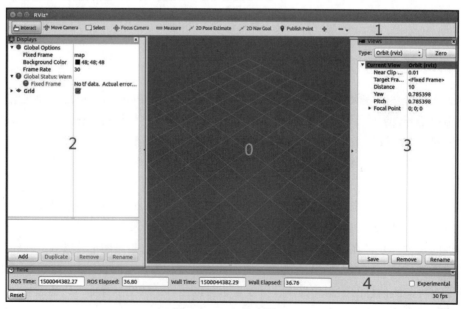

图 4-18   rviz 的主界面

rviz 主界面主要包含以下几个部分。

- 0：3D 视图区，用于可视化显示数据，目前没有任何数据，所以显示黑色。
- 1：工具栏，用于提供视角控制、目标设置、发布地点等工具。
- 2：显示项列表，用于显示当前选择的显示插件，可以配置每个插件的属性。
- 3：视角设置区，用于选择多种观测视角。
- 4：时间显示区，用于显示当前的系统时间和 ROS 时间。

rviz 的运行已经没问题，那么如何将数据在 rviz 中可视化显示出来呢？

4.4.2　数据可视化

进行数据可视化的前提当然是要有数据。假设需要可视化的数据以对应的消息类型发布，我们在 rviz 中使用相应的插件订阅该消息即可实现显示。

首先，需要添加显示数据的插件。点击 rviz 界面左侧下方的"Add"按钮，rviz 会将默认支持的所有数据类型的显示插件罗列出来，如图 4-19 所示。

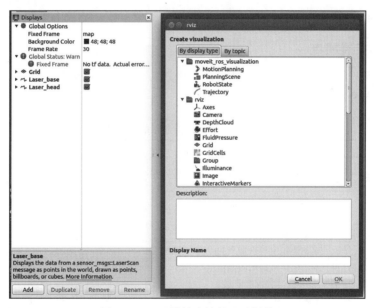

图 4-19　rviz 默认支持的显示插件

在图 4-19 所示的列表中选择需要的数据类型插件，然后在"Display Name"文本框中填入一个唯一的名称，用来识别显示的数据。例如显示两个激光传感器的数据，可以分别添加两个 Laser Scan 类型的插件，命名为 Laser_base 和 Laser_head 进行显示。

添加完成后，rviz 左侧的 Dispalys 中会列出已经添加的显示插件；点击插件列表前的加号，可以打开一个属性列表，根据需求设置属性。一般情况下，"Topic"属性较为重要，用来声明该显示插件所订阅的数据来源，如果订阅成功，在中间的显示区应该会出现可视化后的数据（见图 4-20）。

如果显示有问题，请检查属性区域的"Status"状态（见图 4-21）。Status 有四种状态：OK、Warning、Error 和 Disabled，如果显示的状态不是 OK，那么请查看错误信息，并仔细检查数据发布是否正常。

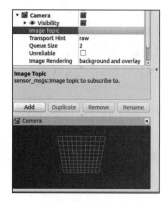

图 4-20　设置图像显示插件订阅的话题

图 4-21　显示插件的 Status 信息

4.4.3　插件扩展机制

rviz 是一个三维可视化平台，默认可以显示如表 4-1 所示的通用类型数据，其中包含坐标轴、摄像头图像、地图、激光等数据。

表 4-1　rviz 默认支持显示的数据类型

插件名	描　　述	消息类型
Axes	显示坐标轴	-
Effort	显示机器人转动关节的力	sensor_msgs/JointStates
Camera	打开一个新窗口并显示摄像头图像	sensor_msgs/Image sensor_msgs/CameraInfo
Grid	显示 2D 或者 3D 栅格	
Grid Cells	显示导航功能包中代价地图的障碍物栅格信息	nav_msgs/GridCells
Image	打开一个新窗口并显示图像信息 （不需要订阅摄像头校准信息）	sensor_msgs/Image
InteractiveMarker	显示 3D 交互式标记	visualization_msgs/InteractiveMarker
Laser Scan	显示激光雷达数据	sensor_msgs/LaserScan
Map	在大地平面上显示地图信息	nav_msgs/OccupancyGrid
Markers	绘制各种基本形状（箭头、立方体、球体、圆柱体、线带、线列表、立方体列表、球体列表、点、文本、mesh 数据、三角形列表等）	visualization_msgs/Marker visualization_msgs/MarkerArray
Path	显示导航过程中的路径信息	nav_msgs/Path
Point	使用圆球体绘制一个点	geometry_msgs/PointStamped
Pose	使用箭头或者坐标轴的方式绘制一个位姿	geometry_msgs/PoseStamped
Pose Array	根据位姿列表，绘制一组位姿箭头	geometry_msgs/PoseArray

（续）

插件名	描　　述	消息类型
Point Cloud (2)	显示点云数据	sensor_msgs/PointCloud sensor_msgs/PointCloud2
Polygon	绘制多边形轮廓	geometry_msgs/Polygon
Odometry	绘制一段时间内的里程计位姿信息	nav_msgs/Odometry
Range	显示声呐或者红外传感器反馈的测量数据（锥形范围）	sensor_msgs/Range
RobotModel	显示机器人模型（根据 TF 变换确定机器人模型的位姿）	—
TF	显示 TF 变换的层次关系	—
Wrench	显示力信息（力用箭头表示，转矩用箭头和圆表示）	geometry_msgs/WrenchStamped

　　但作为一个平台，rviz 可以显示的数据不仅仅如此。rviz 支持插件扩展机制，以上这些数据的显示都基于默认提供的相应插件。如果需要添加其他数据的显示，也可以通过编写插件的形式进行添加。关于 rviz 插件机制的使用，第 12 章中会详细讲解。

　　我们甚至可以基于 rviz 打造一款自己的人机交互软件，例如图 4-22 所示的是针对机械臂控制开发的一系列基于 rviz 的插件，可以完成类似工业机器人示教器的功能，关于该机器人的具体内容将在第 13 章进行介绍。

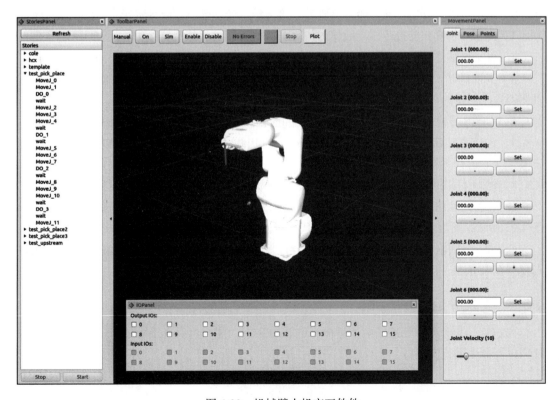

图 4-22　机械臂人机交互软件

4.5 Gazebo 仿真环境

仿真 / 模拟（Simulation）泛指基于实验或训练的目的，以及原本的系统、事务或流程，建立一个模型以表征其关键特性或者行为 / 功能，予以系统化与公式化，以便对关键特征进行模拟。当所研究的系统造价昂贵、实验的危险性大或需要很长时间才能了解系统参数变化所引起的后果时，仿真是一种特别有效的研究手段，目前已经广泛应用于电气、机械、化工、水力、热力、经济、生态、管理等领域。

Gazebo 是一个功能强大的三维物理仿真平台，具备强大的物理引擎、高质量的图形渲染、方便的编程与图形接口，最重要的还有其具备开源免费的特性。虽然 Gazebo 中的机器人模型与 rviz 使用的模型相同，但是需要在模型中加入机器人和周围环境的物理属性，例如质量、摩擦系数、弹性系数等。机器人的传感器信息也可以通过插件的形式加入仿真环境，以可视化的方式进行显示。

4.5.1 Gazebo 的特点

Gazebo 是一个优秀的开源物理仿真环境，它具备如下特点：

1）动力学仿真：支持多种高性能的物理引擎，如 ODE、Bullet、SimBody、DART 等。

2）三维可视化环境：支持显示逼真的三维环境，包括光线、纹理、影子。

3）传感器仿真：支持传感器数据的仿真，同时可以仿真传感器噪声。

4）可扩展插件：用户可以定制化开发插件以扩展 Gazebo 的功能，满足个性化的需求。

5）多种机器人模型：官方提供 PR2、Pioneer2 DX、TurtleBot 等机器人模型，当然也可以使用自己创建的机器人模型。

6）TCP/IP 传输：Gazebo 的后台仿真处理和前台图形显示可以通过网络通信实现远程仿真。

7）云仿真：Gazebo 仿真可以在 Amazon、Softlayer 等云端运行，也可以在自己搭建的云服务器上运行。

8）终端工具：用户可以使用 Gazebo 提供的命令行工具在终端实现仿真控制。

Gazebo 的社区维护非常积极，自 2013 年以来几乎每年都会有较大的版本变化。如图 4-23 所示，可以看到 Gazebo 的版本迭代，以及近几个 ROS 版本对应的 Gazebo 版本。

Gazebo 的版本变化虽然较大，但是兼容性保持得比较好，Indigo 中 2.2 版本的机器人仿真模型在 Kinetic 的 7.0 版本中运行依然不会有问题。

4.5.2 安装并运行 Gazebo

与 rviz 一样，如果已经安装了桌面完整版的 ROS，那么可以直接跳过这一步，否则，请使用以下命令进行安装：

```
$ sudo apt-get install ros-kinetic-gazebo-ros-pkgs ros-kinetic-gazebo-ros-control
```

安装完成后，在终端中使用如下命令启动 ROS 和 Gazebo：

```
$ roscore
$ rosrun gazebo_ros gazebo
```

Gazebo 启动成功后的界面如图 4-24 所示。

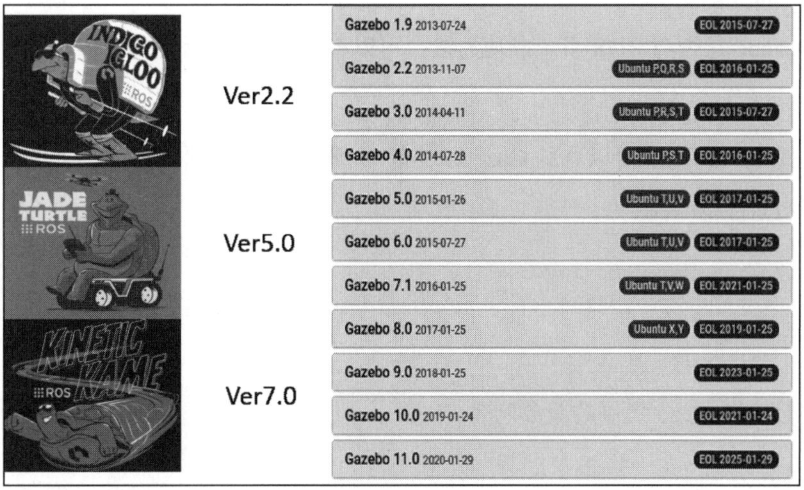

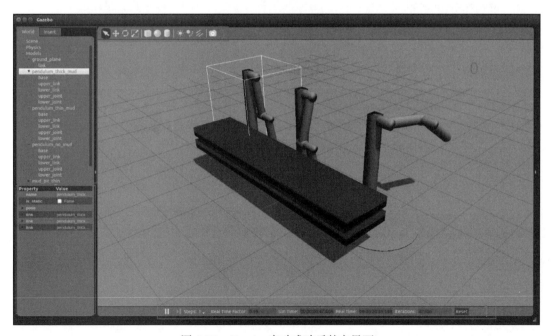

图 4-23 Gazebo 的版本迭代

图 4-24 Gazebo 启动成功后的主界面

主界面中主要包含以下几个部分。

- 0：3D 视图区。

- 1：工具栏。
- 2：模型列表。
- 3：模型属性项。
- 4：时间显示区。

验证 Gazebo 是否与 ROS 系统成功连接，可以查看 ROS 的话题列表：

```
$ rostopic list
```

如果连接成功，应该可以看到 Gazebo 发布 / 订阅的如下话题列表：

```
/gazebo/link_states
/gazebo/model_states
/gazebo/parameter_descriptions
/gazebo/parameter_updates
/gazebo/set_link_state
/gazebo/set_model_state
```

当然，还有 Gazebo 提供的服务列表：

```
$ rosservice list
/gazebo/apply_body_wrench
/gazebo/apply_joint_effort
/gazebo/clear_body_wrenches
/gazebo/clear_joint_forces
/gazebo/delete_model
/gazebo/get_joint_properties
/gazebo/get_link_properties
/gazebo/get_link_state
/gazebo/get_loggers
/gazebo/get_model_properties
/gazebo/get_model_state
/gazebo/get_physics_properties
/gazebo/get_world_properties
/gazebo/pause_physics
/gazebo/reset_simulation
/gazebo/reset_world
/gazebo/set_joint_properties
/gazebo/set_link_properties
/gazebo/set_link_state
/gazebo/set_logger_level
/gazebo/set_model_configuration
/gazebo/set_model_state
/gazebo/set_parameters
/gazebo/set_physics_properties
/gazebo/spawn_gazebo_model
/gazebo/spawn_sdf_model
/gazebo/spawn_urdf_model
/gazebo/unpause_physics
/rosout/get_loggers
/rosout/set_logger_level
```

4.5.3　构建仿真环境

在仿真之前需要构建一个仿真环境。Gazebo 中有两种创建仿真环境的方法。

1. 直接插入模型

在 Gazebo 左侧的模型列表中，有一个 insert 选项罗列了所有可使用的模型。选择需要使用的模型，放置在主显示区中（见图 4-25），就可以在仿真环境中添加机器人和外部物体等仿真实例。

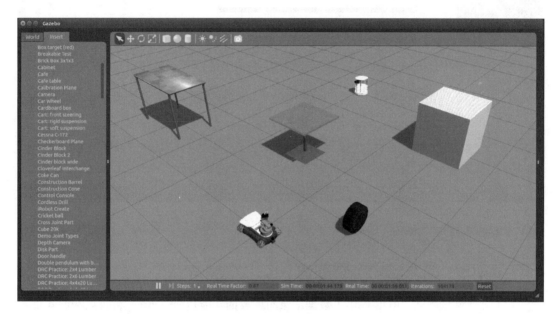

图 4-25　在 Gazebo 中直接插入仿真模型

模型的加载需要连接国外网站，为了保证模型顺利加载，可以提前将模型文件下载并放置到本地路径 ~/.gazebo/models 下，模型文件的下载地址：https://bitbucket.org/osrf/gazebo_models/downloads/。

2. Building Editor

第二种方法是使用 Gazebo 提供的 Building Editor 工具手动绘制地图。在 Gazebo 菜单栏中选择 Edit → Building Editor，可以打开如图 4-26 所示的 Building Editor 界面。选择左侧的绘制选项，然后在上侧窗口中使用鼠标绘制，下侧窗口中即可实时显示绘制的仿真环境。

模型创建完成后就可以加载机器人模型并进行仿真了，我们在后续的学习过程中会详细学习机器人仿真的过程，这里先对 Gazebo 有一个整体的认识即可。

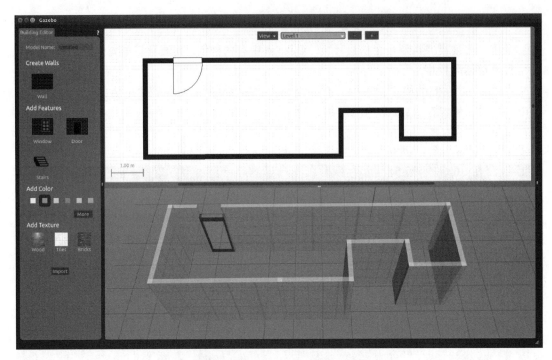

图 4-26   使用 Building Editor 工具创建仿真环境

4.6　rosbag 数据记录与回放

为了方便调试测试，ROS 提供了数据记录与回放的功能包——rosbag，可以帮助开发者收集 ROS 系统运行时的消息数据，然后在离线状态下回放。

本节将通过乌龟例程介绍 rosbag 数据记录和回放的实现方法。

4.6.1　记录数据

首先启动键盘控制乌龟例程所需的所有节点：

```
$ roscore
$ rosrun turtlesim turtlesim_node
$ rosrun turtlesim turtle_teleop_key
```

启动成功后，应该可以看到可视化界面中的小乌龟了，此时可以在终端中通过键盘控制小乌龟移动。

然后我们来查看在当前 ROS 系统中到底存在哪些话题：

```
$ rostopic list -v
```

应该会看到类似图 4-27 所示的话题列表。

```
→ ~ rostopic list -v

Published topics:
 * /turtle1/color_sensor [turtlesim/Color] 1 publisher
 * /turtle1/cmd_vel [geometry_msgs/Twist] 1 publisher
 * /rosout [rosgraph_msgs/Log] 2 publishers
 * /rosout_agg [rosgraph_msgs/Log] 1 publisher
 * /turtle1/pose [turtlesim/Pose] 1 publisher

Subscribed topics:
 * /turtle1/cmd_vel [geometry_msgs/Twist] 1 subscriber
 * /rosout [rosgraph_msgs/Log] 1 subscriber
```

图 4-27　查看 ROS 系统中的话题列表

接下来使用 rosbag 抓取这些话题的消息，并且打包成一个文件放置到指定文件夹中：

```
$ mkdir ~/bagfiles
$ cd ~/bagfiles
$ rosbag record -a
```

rosbag record 就是数据记录的命令，-a (all) 参数意为记录所有发布的消息。现在，消息记录已经开始，我们可以在终端中控制小乌龟移动一段时间，然后在数据记录运行的终端中按下“Ctrl+C”，即可终止数据记录。进入刚才创建的文件夹 ~/bagfiles 中，应该会有一个以时间命名并且以 .bag 为后缀的文件，这就是成功生成的数据记录文件了。

4.6.2　回放数据

数据记录完成后就可以使用该数据记录文件进行数据回放。rosbag 功能包提供了 info 命令，可以查看数据记录文件的详细信息，命令的使用格式如下：

```
$ rosbag info <your bagfile>
```

使用 info 命令来查看之前生成的数据记录文件，可以看到类似图 4-28 所示的信息。

```
→ bagfiles rosbag info 2017-10-11-22-11-51.bag
path:        2017-10-11-22-11-51.bag
version:     2.0
duration:    28.0s
start:       Oct 11 2017 22:11:51.35 (1507731111.35)
end:         Oct 11 2017 22:12:19.31 (1507731139.31)
size:        264.3 KB
messages:    3619
compression: none [1/1 chunks]
types:       geometry_msgs/Twist [9f195f881246fdfa2798d1d3eebca84a]
             rosgraph_msgs/Log   [acffd30cd6b6de30f120938c17c593fb]
             turtlesim/Color     [353891e354491c51aabe32df673fb446]
             turtlesim/Pose      [863b248d5016ca62ea2e895ae5265cf9]
topics:      /rosout                  4 msgs    : rosgraph_msgs/Log   (2 connections)
             /turtle1/cmd_vel       153 msgs    : geometry_msgs/Twist
             /turtle1/color_sensor 1732 msgs    : turtlesim/Color
             /turtle1/pose         1730 msgs    : turtlesim/Pose
```

图 4-28　查看数据记录文件的相关信息

从以上信息中我们可以看到，数据记录包中包含的所有话题、消息类型、消息数量等信息。终止之前打开的 turtle_teleop_key 控制节点并重启 turtlesim_node，使用如下命令回放所记录的话题数据：

```
$ rosbag play <your bagfile>
```

在短暂的等待时间后，数据开始回放，小乌龟的运动轨迹应该与之前数据记录过程中的状态完全相同。在终端中也可以看到如图 4-29 所示的回放时间信息。

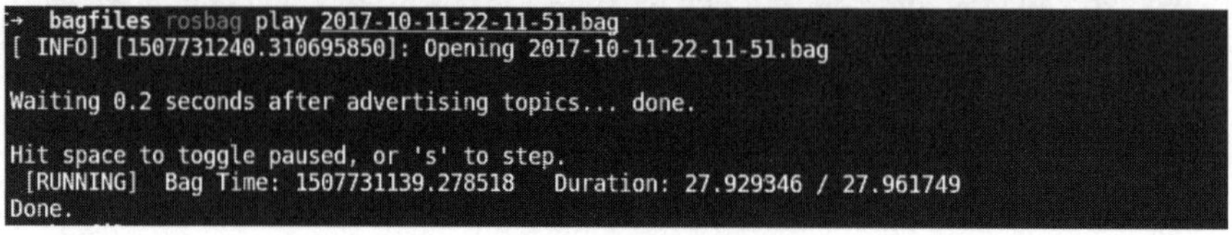

图 4-29　回放数据记录文件

4.7　本章小结

本章介绍了 ROS 中的常用组件，通过学习这些组件工具的使用方法，你应该明白以下问题。

1）如果我们希望一次性启动并配置多个 ROS 节点，应该使用什么方法？

2）ROS 中的 TF 是如何管理系统中繁杂的坐标系的，我们又该如何使用 TF 广播、监听系统中的坐标变换？

3）Qt 工具箱为我们提供了哪些可视化工具？

4）rviz 是什么，它又可以实现哪些功能？

5）如果我们没有真实机器人，那么有没有办法在 ROS 中通过仿真的方式来学习 ROS 开发呢？需要用到什么工具？

6）机器人往往涉及重复性调试工作，我们有没有办法使用 ROS 记录调试过程中的数据，并进行离线分析呢？

到现在为止，好像我们还没有真正接触机器人的相关内容，那么你知道什么是机器人吗？第 5 章将以真实机器人系统为例，介绍机器人系统的构成及实现方法。

第5章
机器人平台搭建

前四章主要讲解了 ROS 的基础知识，在掌握了这些 ROS 基础知识后，下面马上开始真正的机器人开发之旅。在开始之前，我们首先思考以下几个问题。

- 什么是机器人？
- 一个完整的机器人系统包含哪些部分？
- 如何构建一个真实的机器人系统？

学习完本章内容后，你就会有答案了！

5.1 机器人的定义

我们想象中的机器人可能类似于图 5-1 所示的样子。

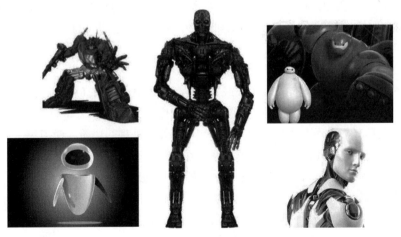

图 5-1 理想中的机器人

但实际上，"理想很丰满，现实很骨感"，目前的机器人不完全类似于人的外形，而是如图 5-2 所示的样子。

机器人这个词的诞生最早可以追溯到 20 世纪初。1920 年捷克斯洛伐克作家卡雷尔·恰佩克在他的科幻小说《罗萨姆的机器人万能公司》中，根据 Robota（捷克文，原意为"劳役、苦工"）和 Robotnik（波兰文，原意为"工人"）创造出"机器人"这个词。

图 5-2　现实中的机器人

百度百科关于机器人的解释是："机器人（Robot）是自动执行工作的机器装置。它既可以接受人类指挥，又可以运行预先编排的程序，也可以根据以人工智能技术制定的原则纲领行动。它的任务是协助或取代人类工作，如生产业、建筑业，或是危险的工作。"

美国机器人协会（RIA）关于机器人的定义是："机器人是用以搬运材料、零件、工具的可编程序的多功能操作器或是通过可改变程序动作来完成各种作业的特殊机械装置。"

我国科学家对机器人的定义是："机器人是一种自动化的机器，所不同的是这种机器具备一些与人或生物相似的智能能力，如感知能力、规划能力、动作能力和协同能力，是一种具有高级灵活性的自动化机器。"

国际标准化组织（ISO）对机器人的描述如下。

1）机器人的动作机构具有类似于人或其他生物体的某些器官（肢体、感受等）的功能。

2）机器人具有通用性，工作种类多样，动作程序灵活易变。

3）机器人具有不同程度的智能性，如记忆、感知、推理、决策、学习等。

4）机器人具有独立性，完整的机器人系统在工作中可以不依赖于人的干预。

随着数字化的进展、云计算等网络平台的充实，以及人工智能技术的进步，很多机器人仅仅通过智能控制系统就能够应用于社会的各个场景之中。如此一来，机器人的定义将有可能发生改变，下一代机器人将会涵盖更广泛的概念。以往并未定义成机器人的物体也将机器人化，如无人驾驶汽车、智能家电、智能手机、智能住宅等。

5.2　机器人的组成

机器人是一个机电一体化的设备，从控制的角度来看，机器人系统可以分成四大部分，即执行机构、驱动系统、传感系统和控制系统，如图 5-3 所示。

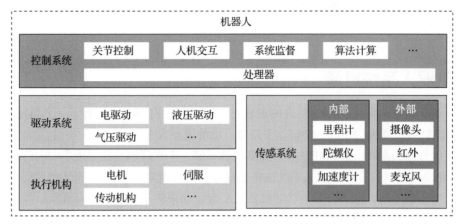

图 5-3 机器人的组成

各部分之间的控制关系如图 5-4 所示。

5.2.1 执行机构

执行机构是直接面向工作对象的机械装置，相当于人体的手和脚。根据不同的工作对象，适用的执行机构也各不相同。例如：常用的室内移动机器人一般采用直流电机作为移动的执行机构；而机械臂一般采用位置或力矩控制，需要使用伺服作为执行机构。

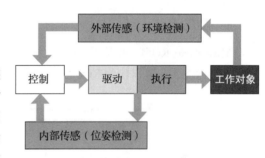

图 5-4 机器人四大组成部分之间的控制关系

5.2.2 驱动系统

驱动系统负责驱动执行机构，将控制系统下达的命令转换成执行机构需要的信号，相当于人体的肌肉和筋络。不同的执行机构所使用的驱动系统也不相同，如直流电机采用较为简单的 PWM 驱动板，而伺服则需要专业的伺服驱动器，工业上也常用气压、液压驱动执行机构。

5.2.3 传感系统

传感系统主要完成信号的输入和反馈，包括内部传感系统和外部传感系统，相当于人体的感官和神经。内部传感系统包括常用的里程计、陀螺仪等，可以通过自身信号反馈检测位姿状态；外部传感系统包括摄像头、红外、声呐等，可以检测机器人所处的外部环境信息。

5.2.4 控制系统

控制系统实现任务及信息的处理，输出控制命令信号，类似于人的大脑。机器人的控制系统需要基于处理器实现，一般常用的有 ARM、x86 等架构的处理器，其性能不同，可以根据机器人的应用选择。在处理器之上，控制系统需要完成机器人的算法处理、关节控制、人机交互等丰富的功能。

5.3 机器人系统搭建

在了解了机器人的定义和机器人的组成之后，我们对机器人系统有了一个整体的概念。接下来需要针对机器人的组成，尝试动手搭建自己的机器人平台。

完整的机器人制作过程可能一本书的篇幅都不够，本章就以一款低成本、入门级的机器人平台 MRobot 为例，介绍机器人系统的搭建过程，关键侧重于与 ROS 直接相关的控制系统部分。当然本章的内容也适合其他移动机器人平台，如果你手上暂时没有真实机器人也没有关系，本书绝大部分应用都可以在 PC 或仿真环境中实现，这也是 ROS 为开发者提供的一大"福利"。

5.3.1 MRobot

MRobot 是 ROSClub 基于 ROS 系统构建的一款差分轮式移动机器人（见图 5-5），成本较低，灵活性强，可以作为 ROS 学习过程中的实验平台。

图 5-5   MRobot

MRobot 作为一款学习平台，与 TurtleBot 类似，已经帮助我们实现了执行机构、驱动系统和内部传感器系统，开发者可以根据自己的需求，配置摄像头、激光雷达等外部传感器；此外还需要搭建控制系统，可以基于 TK1、RK3288、Odroid、树莓派或者笔记本电脑实现。

5.3.2 执行机构的实现

MRobot 的本体由三层空间构成，使用玻璃纤维板切割拼装，执行机构较为简单，由两个直流电机带动主轮，配合一个从动轮实现机器人的移动。

5.3.3 驱动系统的实现

MRobot 搭载了一块如图 5-6 所示的主控板，其中集成了电源驱动、电机驱动以及传感器接口等底层驱动功能。

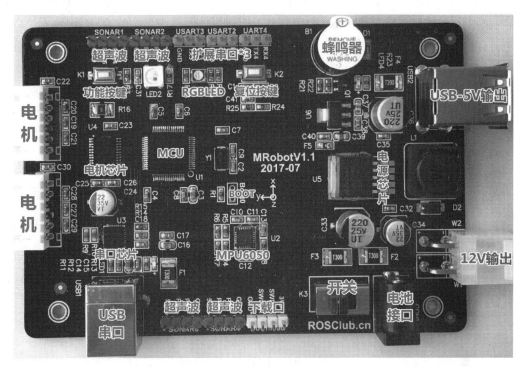

图 5-6 MRobot 的主控板

1. 电源子系统

机器人的动力来源是电力，一般使用电池作为提供电力的装置，为机器人的执行机构、传感器系统、控制系统提供源源不断的能量。但是机器人搭载的这些系统对能量的要求不同，有些需要 12V 电源，有些只需要 5V 或 3V 的电源，同时为保证机器人系统的稳定性，还要针对电源做保护、滤波等处理。所以一般针对电源，需要有一个电源子系统，以提供、维护整个机器人的电源需求。

2. 电机驱动子系统

直流电机驱动子系统自下而上可以分为两个部分。第一部分与电机直接相连的是电机驱动模块，可以将上层下达的控制信号转换成电机需要的电源信号，MRobot 可以输出 7~12V 的电机电源信号。第二部分是电机控制模块，接收控制系统的运动命令，实现对电机的闭环驱动控制。

3. 传感器接口

MRobot 将部分传感器接口集成到主控板卡上，可以处理超声波、里程计等传感器的信号，还可以通过扩展串口连接更多外围设备。

5.3.4　内部传感系统的实现

MRobot 使用的内部传感器主要是编码器，通过检测机器人两个主动轮单位时间转动的圈数，测量机器人的速度、角度、里程等信息，可以当作机器人的里程计。编码器采用霍尔传感器，体积较小，可直接安装到电机上，信号连接到主控板的编码器接口。

有了以上几个部分的实现，MRobot 根据输入的电机驱动命令就可以进行移动了。但是目前 MRobot 只能像"傀儡"一样移动，为了让机器人有自己的"思维"，还需要控制系统这个"大脑"的加入。接下来，我们就帮助 MRobot 实现这个"大脑"。

5.4　基于 Raspberry Pi 的控制系统实现

MRobot 的主控板可以通过串口与控制系统通信，所以在控制系统硬件的选择上具有较大灵活性。主要有以下两种方案。

1. 使用单处理器

直接使用 PC 作为控制系统平台，控制系统的功能在 PC 上使用 ROS 系统实现，通过 USB 串口与 MRobot 主控通信，采集机器人信息并且控制机器人移动。这种方案简单易用，处理器性能强大，可以很快实现 ROS 中的功能；但是 PC 体积较大，灵活性欠佳，接口种类、数量较少，而且无法进行远程监控，不作为推荐方案。

2. 使用多处理器

针对第一种方案的缺陷，可以利用 ROS 的分布式特性使用第二台 PC 实现远程监控，但是这无法解决其他问题。常用"PC+ 嵌入式系统"的方案：嵌入式系统具有灵活性强、接口丰富、功耗低等特点，可以在机器人上搭载嵌入式系统作为本体的控制系统，此外再配合 PC，实现远程监控、图形化显示，以及处理复杂功能的运算。

控制系统的结构如图 5-7 所示。

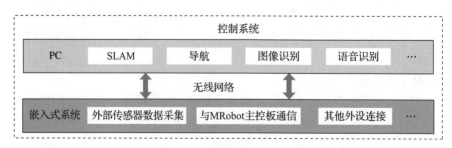

图 5-7　控制系统的结构

嵌入式系统的选择有很多，比如常用的 Raspberry Pi、TK1、RK3288、Odroid、Arduino 等，本书选择 Raspberry Pi 作为嵌入式系统的实现平台。Raspberry Pi 中同样搭载 Ubuntu 系统，运行 ROS。考虑到性能和功能包的移植问题，Raspberry Pi 主要实现与 MRobot 的相互通信、外部传感器（RGB-D 摄像头、彩色摄像头、激光雷达等）的数据采集、其他外设连接等控制系统的基础功能，PC 端运行需要图形化显示以及高性能处理的上层 ROS 功能包（图像处理、SLAM、导航等）。两者分工明确，使用无线网络通信。

5.4.1 硬件平台 Raspberry Pi

Raspberry Pi（树莓派）是一款基于 ARM 的微型计算机主板（见图 5-8），由注册于英国的慈善组织"Raspberry Pi 基金会"开发，其以 MicroSD 卡为内存硬盘，卡片主板周围有四个 USB 接口和一个以太网接口，可连接键盘、鼠标和网线，同时拥有 HDMI 高清视频输出接口。以上部件全部整合在一张仅比信用卡稍大的主板上，具备所有 PC 的基本功能，只需接通显示器和键盘，就能执行如电子表格、文字处理、玩游戏、播放高清视频等诸多功能。

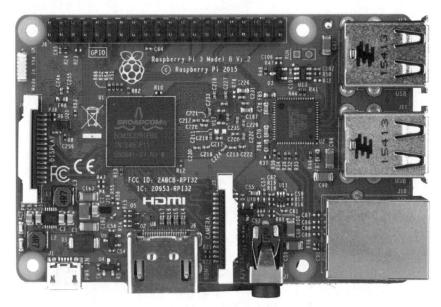

图 5-8　Raspberry Pi

5.4.2 安装 Ubuntu 16.04

Raspberry Pi 可以安装多种版本的 Linux，同时也可以安装 Windows 10 IoT 系统。为了运行 ROS，这里选择安装 Ubuntu 16.04 MATE 系统。Ubuntu MATE 是 Ubuntu Linux 官方的一个派生版，基于 GNOME 2 派生而来的 MATE 桌面环境。

1. 安装 Ubuntu 16.04 镜像

首先登录 Ubuntu MATE 的官方网站（https://ubuntu-mate.org/raspberry-pi/）找到 Raspberry Pi 的镜像下载地址，将镜像文件下载并解压到计算机。

镜像的安装需要准备 Win32DiskImager 软件，可以上网搜索下载；另外还需要准备一张

8GB 以上的 MicroSD 卡，作为系统的存储设备。

准备完成后打开 Win32DiskImager 软件，选择刚才下载好的镜像文件和 MicroSD 卡设

备，点击"Write"按钮即可烧写镜像
（见图 5-9）。

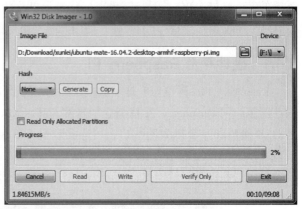

烧写完成后，将 MicroSD 卡插入
Raspberry Pi，连接显示器、键盘、鼠
标和电源，就可以启动系统。

第一次启动后会提示安装 Ubuntu
MATE 系统，安装流程与在 PC 上安装
Ubuntu 16.04 一致，需要设置用户名、
密码、计算机名等信息，安装完成后
就可以进入系统并看到如图 5-10 所示
的界面。

图 5-9   使用 Win32DiskImager 软件烧写镜像

图 5-10   Ubuntu MATE 系统

2. 设置 WiFi

在 Ubuntu MATE 桌面上点击右上角的网络连接图标，可以看到允许连接的无线网络。
网络连接后系统会自动记住密码，以后开机就会自动连接。为了方便与 PC 通信，也可以在
网络设置里手动配置 IP，这样每次启动后的 IP 地址就不会发生变化。

Raspberry Pi 3 板载 WiFi 模块，而 Raspberry Pi 2 需要通过 USB WiFi 设备实现无线网络
的功能。

3. 更新源

Ubuntu MATE 系统中默认的软件源可能存在连接不畅的问题，建议使用国内的软件源：

```
$ sudo cp /etc/apt/sources.list /etc/apt/sources.list.bak
$ sudo vi /etc/apt/sources.list
```

修改软件源之前，注意备份原配置文件。

添加清华大学的软件源，将以下内容复制到 sources.list 中，替换已有内容：

```
deb http://mirrors.tuna.tsinghua.edu.cn/ubuntu-ports/ xenial-updates main
restricted universe multiverse
    deb-src http://mirrors.tuna.tsinghua.edu.cn/ubuntu-ports/ xenial-updates main
restricted universe multiverse
    deb http://mirrors.tuna.tsinghua.edu.cn/ubuntu-ports/ xenial-security main
restricted universe multiverse
    deb-src http://mirrors.tuna.tsinghua.edu.cn/ubuntu-ports/ xenial-security main
restricted universe multiverse
    deb http://mirrors.tuna.tsinghua.edu.cn/ubuntu-ports/ xenial-backports main
restricted universe multiverse
    deb-src http://mirrors.tuna.tsinghua.edu.cn/ubuntu-ports/ xenial-backports main
restricted universe multiverse
    deb http://mirrors.tuna.tsinghua.edu.cn/ubuntu-ports/ xenial main universe
restricted
    deb-src http://mirrors.tuna.tsinghua.edu.cn/ubuntu-ports/ xenial main universe
restricted
```

然后使用如下命令更新系统软件源：

```
$ sudo apt-get update
```

5.4.3　安装 ROS

ROS 对 ARM 等开发板的支持越来越好，在 Raspberry Pi 上安装 ROS 的流程几乎与 PC 端的一样，这里简单梳理一下安装流程。

1）添加 Ubuntu 16.04 软件源，这里使用国内易科实验室的软件源。

```
$ sudo sh -c '. /etc/lsb-release && echo "deb http://ros.exbot.net/rospackage/
ros/ubuntu/ $DISTRIB_CODENAME main" > /etc/apt/sources.list.d/ros-latest.list'
```

2）设置密钥。

```
$ sudo apt-key adv --keyserver hkp://ha.pool.sks-keyservers.net:80 --recv-key
421C365BD9FF1F717815A3895523BAEEB01FA116
```

3）更新软件源。

```
$ sudo apt-get update
```

4）安装 ROS。

Raspberry Pi 性能有限，并不推荐在 Raspberry Pi 系统上运行 ROS 的 GUI 工具，所以安装 ROS 的基本功能包即可：

```
$ sudo apt-get install ros-kinetic-ros-base
```

5）安装 rosdep 工具。

```
$ sudo rosdep init
$ rosdep update
```

6）设置环境变量。

```
$ echo "source /opt/ros/kinetic/setup.bash" >> ~/.bashrc
$ source ~/.bashrc
```

7）安装其他工具包。

```
$ sudo apt-get install python-rosinstall python-rosinstall-generator python-wstool build-essential
```

如果安装顺利，现在 Raspberry Pi 上已经可以运行 roscore 命令了。

5.4.4　控制系统与 MRobot 通信

控制系统与 MRobot 驱动系统之间通过串口进行通信，控制系统下发机器人运动的速度指令，机器人上传里程计、超声波等传感器信息。所以为了实现控制系统与 MRobot 之间的通信，我们需要了解两者之间的通信协议：

```
[ 消息头 (2 字节 ) ] [ 命令 (2 字节 ) ] [ 长度 (1 字节 ) ] [ 数据 (n 字节，n = 长度 ) ] [ 校验 (1 字节 ) ]
[ 消息尾 (2 字节 ) ]
```

在该通信协议中，主要包含以下几个重要元素：

1）消息头，固定为 [0x55 0xaa]；消息尾，固定为 [0x0d 0x0a]。

2）命令段有两个字节，MRobot 接收和发送所使用的命令不同，如表 5-1 所示。

表 5-1　MRobot 通信协议中的命令段数据描述

MRobot →控制器	
命令	描　述
0x5a 0x5a	发送速度信息和电池信息
0x5a 0x55	发送速度信息、电池信息和超声波信息
0x5a 0xaa	发送速度信息、电池信息和六轴传感器信息
0x5a 0xa5	发送速度信息、电池信息，超声波信息和六轴传感器信息
0xa5 0x5a	发送速度信息
0xa5 0x55	发送电池信息
0xa5 0xaa	发送超声波信息
0xa5 0xa5	发送六轴传感器信息

（续）

控制器→ MRobot	
0x55 0xaa	请求发送速度信息和电池信息
0x55 0x55	请求发送速度信息、电池信息和超声波信息
0x55 0xa5	请求发送速度信息、电池信息和六轴传感器信息
0x55 0x5a	请求发送速度信息、电池信息、超声波信息和六轴传感器信息
0xaa 0xaa	请求发送速度信息
0xaa 0x55	请求发送电池信息
0xaa 0xa5	请求发送超声波信息
0xaa 0x5a	请求发送六轴传感器信息

3）数据段根据请求的类型会有不同，如表 5-2 所示。

表 5-2　MRobot 通信协议中的数据段数据描述

MRobot →控制器	
0x5a 0x5a	［左轮速度（4 字节浮点数），右轮速度（4 字节浮点数），电池电量（4 字节浮点数），电量百分比（4 字节浮点数）］
0x5a 0x55	［左轮速度（4 字节浮点数），右轮速度（4 字节浮点数），电池电量（4 字节浮点数），电量百分比（4 字节浮点数），前超声波（4 字节浮点数），后超声波（4 字节浮点数），左超声波（4 字节浮点数），右超声波（4 字节浮点数）］
0x5a 0xaa	［左轮速度（4 字节浮点数），右轮速度（4 字节浮点数），电池电量（4 字节浮点数），电量百分比（4 字节浮点数），pitch 角（4 字节浮点数），roll 角（4 字节浮点数），yaw 角（4 字节浮点数），温度（4 字节浮点数）］
0x5a 0xa5	［左轮速度（4 字节浮点数），右轮速度（4 字节浮点数），电池电量（4 字节浮点数），电量百分比（4 字节浮点数），pitch 角（4 字节浮点数），roll 角（4 字节浮点数），yaw 角（4 字节浮点数），温度（4 字节浮点数），前超声波（4 字节浮点数），后超声波（4 字节浮点数），左超声波（4 字节浮点数），右超声波（4 字节浮点数）］
0xa5 0x5a	［左轮速度（4 字节浮点数），右轮速度（4 字节浮点数）］
0xa5 0x55	［电池电量（4 字节浮点数），电量百分比（4 字节浮点数）］
0xa5 0xaa	［前超声波（4 字节浮点数），后超声波（4 字节浮点数），左超声波（4 字节浮点数），右超声波（4 字节浮点数）］
0xa5 0xa5	［pitch 角（4 字节浮点数），roll 角（4 字节浮点数），yaw 角（4 字节浮点数），温度（4 字节浮点数）］
控制器→ MRobot	
所有命令	［左轮速度（4 字节整数），右轮速度（4 字节整数）］

以上命令看似复杂，但目前只需要关注收发速度的命令，其他传感器暂时不会用到。有兴趣的读者可以在 MRobot 的 github 上找到更多相关资料：https://github.com/ROSClub/mrobot.git。

了解了 MRobot 的通信协议后，就可以设计一个控制器端节点，实现以下两个主要功能。

1）订阅速度控制指令，通过串口发送速度控制指令，实现 MRobot 运动。

2）通过串口读取编码器信息，发布 MRobot 里程计消息。

该节点的实现可以参见本书配套源码文件 mrobot_bringup/src/mrobot_bringup.cpp，这里仅列出机器人代码的主循环部分，以帮助你了解程序的执行流程。

```cpp
bool MRobot::spinOnce(double RobotV, double YawRate)
{
    // 下发机器人期望速度
    writeSpeed(RobotV, YawRate);

    // 读取机器人实际速度
    readSpeed();

    current_time_ = ros::Time::now();
    // 发布 TF
    geometry_msgs::TransformStamped odom_trans;
    odom_trans.header.stamp = current_time_;
    odom_trans.header.frame_id = "odom";
    odom_trans.child_frame_id = "base_footprint";

    geometry_msgs::Quaternion odom_quat;
    odom_quat = tf::createQuaternionMsgFromYaw(th_);
    odom_trans.transform.translation.x = x_;
    odom_trans.transform.translation.y = y_;
    odom_trans.transform.translation.z = 0.0;
    odom_trans.transform.rotation = odom_quat;

    odom_broadcaster_.sendTransform(odom_trans);

    // 发布里程计消息
    nav_msgs::Odometry msgl;
    msgl.header.stamp = current_time_;
    msgl.header.frame_id = "odom";

    msgl.pose.pose.position.x = x_;
    msgl.pose.pose.position.y = y_;
    msgl.pose.pose.position.z = 0.0;
    msgl.pose.pose.orientation = odom_quat;
    msgl.pose.covariance = odom_pose_covariance;

    msgl.child_frame_id = "base_footprint";
    msgl.twist.twist.linear.x = vx_;
    msgl.twist.twist.linear.y = vy_;
    msgl.twist.twist.angular.z = vth_;
    msgl.twist.covariance = odom_twist_covariance;

    pub_.publish(msgl);
}
```

通过主循环的代码可以看到，控制系统与 MRobot 通信的主要流程如下。

1）下发机器人期望速度。

2）读取机器人实际速度。

3）发布 TF 变换。

4）发布里程计消息。

5.4.5　PC 端控制 MRobot

目前我们已经实现了控制系统中 Raspberry Pi 部分的主要功能，接下来需要加入 PC 端的功能：通过类似于控制小乌龟的键盘控制节点，实现对 MRobot 的遥控操作。

Raspberry Pi 上实现的通信节点订阅了名为“cmd_vel”的话题。有没有想到在之前的小乌龟仿真中，键盘控制节点就是通过发布“cmd_vel”话题来控制乌龟运动的。类似于乌龟仿真中的“turtle_teleop_key”节点，我们只需要在 PC 端实现一个键盘遥控的节点，将键盘点击转换成 Twist 格式的速度控制消息，通过“cmd_vel”话题发布，Raspberry Pi 端接收到消息后就可以控制 MRobot 运动了。

MRobot 键盘控制节点的实现基于 TurtleBot 功能包中的相关代码，详细代码参见 mrobot_teleop/scripts/mrobot_teleop.py，其中的关键部分如下：

```
        ......
try:
    print msg
    print vels(speed,turn)
    while(1):
        key = getKey()
        # 运动控制方向键（1：正方向，-1：负方向）
        if key in moveBindings.keys():
            x = moveBindings[key][0]
            th = moveBindings[key][1]
            count = 0
        # 速度修改键
        elif key in speedBindings.keys():
            speed = speed * speedBindings[key][0]   # 线速度增加 0.1 倍
            turn = turn * speedBindings[key][1]     # 角速度增加 0.1 倍
            count = 0

            print vels(speed,turn)
            if (status == 14):
                print msg
            status = (status + 1) % 15
        # 停止键
        elif key == ' ' or key == 'k' :
            x = 0
            th = 0
            control_speed = 0
            control_turn = 0
        else:
            count = count + 1
            if count > 4:
                x = 0
                th = 0
            if (key == '\x03'):
                break
```

```
# 目标速度 = 速度值 * 方向值
target_speed = speed * x
target_turn = turn * th

# 速度限位，防止速度增减过快
if target_speed > control_speed:
    control_speed = min( target_speed, control_speed + 0.02 )
elif target_speed < control_speed:
    control_speed = max( target_speed, control_speed - 0.02 )
else:
    control_speed = target_speed

if target_turn > control_turn:
    control_turn = min( target_turn, control_turn + 0.1 )
elif target_turn < control_turn:
    control_turn = max( target_turn, control_turn - 0.1 )
else:
    control_turn = target_turn

# 创建并发布 twist 消息
twist = Twist()
twist.linear.x = control_speed;
twist.linear.y = 0;
twist.linear.z = 0
twist.angular.x = 0;
twist.angular.y = 0;
twist.angular.z = control_turn
pub.publish(twist)

except:
    print e
......
```

首先根据键盘输入确定线速度和角速度值；然后乘以一个方向值（1 或 –1），得到机器人的速度指令；接着对最后的速度控制指令值进行限位检查，防止速度增减过快；最后创建 twist 类型的消息，并且发布速度控制指令。

为保证 PC 和 Raspberry Pi 之间的通信顺畅，需要配置相应的 IP 地址和环境变量，可以参考 3.9 节的介绍进行配置。

现在就可以在 PC 和 Raspberry Pi 端启动相应的节点，运行机器人并开始进行遥控：

```
$ roscore                                     (PC)
$ roslaunch mrobot_bringup mrobot.launch      (Raspberry Pi)
$ rosrun mrobot_teleop mrobot_teleop.py       (PC)
```

Python 文件可以作为执行程序直接运行，但是在运行之前，必须使用系统命令为 Python 文件添加可执行权限：sudo chmod +x XXX.py。

在 PC 端的键盘控制节点终端中根据提示点击键盘，MRobot 就随之运动。

除了控制系统，外部传感系统也十分重要。外部传感器的类型较为丰富，针对不同的应用场景，机器人系统常会用到彩色摄像头、RGB-D 摄像头、激光雷达、超声波等外部传感器。

5.5　为机器人装配摄像头

USB 摄像头最为普遍，如笔记本电脑内置摄像头等，在 ROS 中使用这类设备非常轻松，可以直接使用 usb_cam 功能包驱动。

5.5.1　usb_cam 功能包

usb_cam 是针对 V4L 协议 USB 摄像头的 ROS 驱动包，核心节点是 usb_cam_node，相关的话题和参数设置如下。

（1）话题

如表 5-3 所示是 usb_cam 功能包发布的话题。

表 5-3　usb_cam 功能包中的话题

	名　称	类　型	描　述
话题发布	~<camera_name>/image	sensor_msgs/Image	发布图像数据

（2）参数

如表 5-4 所示是 usb_cam 功能包中可供配置的参数。

表 5-4　usb_cam 功能包中的参数

参　数	类　型	默　认　值	描　述
~video_device	string	"/dev/video0"	摄像头设备号
~image_width	int	640	图像横向分辨率
~image_height	int	480	图像纵向分辨率
~pixel_format	string	"mjpeg"	像素编码，可选值：mjpeg、yuyv、uyvy
~io_method	string	"mmap"	IO 通道，可选值：mmap、read、userptr
~camera_frame_id	string	"head_camera"	摄像头坐标系
~framerate	int	30	帧率
~brightness	int	32	亮度，0~255
~saturation	int	32	饱和度，0~255
~contrast	int	32	对比度，0~255
~sharpness	int	22	清晰度，0~255
~autofocus	bool	false	自动对焦
~focus	int	51	焦点（非自动对焦状态下有效）
~camera_info_url	string	—	摄像头校准文件路径
~camera_name	string	"head_camera"	摄像头名称

usb_cam 功能包可以使用如下命令安装：

```
$ sudo apt-get install ros-kinetic-usb-cam
```

5.5.2 PC 端驱动摄像头

usb_cam 安装成功后，可以使用以下命令启动计算机摄像头，进行测试：

```
$ roslaunch usb_cam usb_cam-test.launch
```

启动成功后会弹出显示图像的可视化界面（见图 5-11）。

图 5-11　使用 usb_cam 功能包驱动摄像头获取的图像信息

使用摄像头的 pixel_format 默认参数（mjpeg）有可能启动失败，这是因为有些设备的 pixel_format 是 yuyv 格式，需要在 usb_cam-test.launch 文件中修改 pixel_format 参数。

usb_cam-test.launch 文件的具体内容如下：

```
<launch>
    <node name="usb_cam" pkg="usb_cam" type="usb_cam_node" output="screen" >
        <param name="video_device" value="/dev/video0" />
        <param name="image_width" value="640" />
        <param name="image_height" value="480" />
        <param name="pixel_format" value="yuyv" />
        <param name="camera_frame_id" value="usb_cam" />
        <param name="io_method" value="mmap"/>
    </node>
```

```
        <node name="image_view" pkg="image_view" type="image_view" respawn="false"
output="screen">
            <remap from="image" to="/usb_cam/image_raw"/>
            <param name="autosize" value="true" />
        </node>
    </launch>
```

在运行 usb_cam-test.launch 时，首先启动摄像头的驱动节点 usb_cam_node，并配置相应的参数，摄像头的设备号需要根据实际情况进行设置；然后运行 image_view 节点订阅图像话题 /usb_cam/image_raw，将摄像头看到的世界可视化地呈现出来。

除此之外，ROS 为我们提供的 Qt 工具箱里还包含一个图像显示的小工具，可以通过以下命令运行这个工具。

```
$ rqt_image_view
```

命令运行后很快就会出现如图 5-12 所示界面，目前没有订阅图像消息，所以界面内没有任何显示。

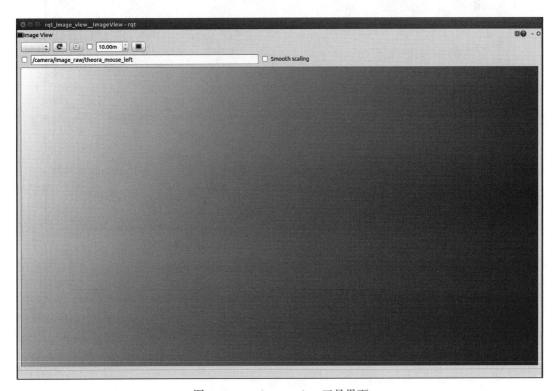

图 5-12　rqt_image_view 工具界面

点击图 5-12 所示界面左上角的下拉菜单，可以看到当前系统中所有可显示的图像话题列表（见图 5-13）。

图 5-13　在 rqt_image_view 中选择需要显示的图像话题

选择列表中的摄像头原始图像 /camera/image_raw 话题，应该就可以看到期盼已久的图像（见图 5-14）。在工具栏中还有截屏选项。

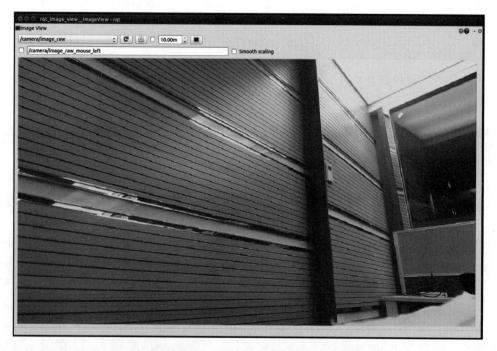

图 5-14　在 rqt_image_view 中显示的图像信息

5.5.3　Raspberry Pi 驱动摄像头

为了让 MRobot 看到周围的环境，笔者为它安装了一款如图 5-15 所示的 USB 高清摄像头。

该摄像头同样可以使用 usb_cam 功能包进行驱动。Raspberry Pi 上安装 usb_cam 功能包后，在主机 PC 端运行 ROS Master，并在 Raspberry Pi 上运行 usb_cam_node 节点：

```
$ roscore                       (PC)
$ rosrun usb_cam usb_cam_node   (Raspberry Pi)
```

运行成功后，在 PC 端使用 rostopic list 命令查看话题列表（见图 5-16）。

图 5-15　一款 USB 高清摄像头　　　　　图 5-16　查看 ROS 系统中的话题列表

可以看到摄像头启动成功，并且已经开始发布图像数据。使用 rqt_image_view 工具将图像数据可视化：

```
$ rqt_image_view
```

订阅 /usb_cam/image_raw 消息后就可以在界面中看到图像了（见图 5-17）。

图 5-17　在 Raspberry Pi 端获取的图像信息

由于 PC 和 Raspberry Pi 之间通过无线网络传输数据，所以根据网络状况，可能会存在图像反应慢的现象。

为了便于参数的设置与修改，可以使用 launch 文件在 Raspberry Pi 上驱动摄像头，只需要对 usb_cam-test.launch 进行简单的修改，去掉图像显示部分 image_view 节点的启动即可。

摄像头启动文件 mrobot_bringup/launch/usb_cam.launch 的详细内容如下：

```
<launch>

    <node name="usb_cam" pkg="usb_cam" type="usb_cam_node" output="screen" >
        <param name="video_device" value="/dev/video1" />
        <param name="image_width" value="640" />
        <param name="image_height" value="480" />
        <param name="pixel_format" value="yuyv" />
        <param name="camera_frame_id" value="usb_cam" />
        <param name="io_method" value="mmap"/>
    </node>

</launch>
```

现在，在 Raspberry Pi 上运行该 launch 文件即可启动摄像头了：

```
$ roslaunch mrobot_bringup usb_cam.launch
```

5.6 为机器人装配 Kinect

除了普通 USB 摄像头，很多应用场景下还会用到 RGB-D 摄像头来获取更加丰富的环境信息，如 Kinect 传感器（见图 5-18）。接下来我们就继续为机器人装配 Kinect，让机器人不仅可以看到周围的世界，还可以感受到周围物体的三维位置。

图 5-18 Kinect 传感器

5.6.1 freenect_camera 功能包

Kinect 在 Linux 下有两种开源的驱动包，即 OpenNI 和 Freenect。ROS 针对这两个驱动也有相应的功能包：openni_camera 和 freenect_camera。这里我们使用 freenect_camera 来驱动 Kinect。freenect_camera 功能包的相关话题和参数接口如下。

（1）话题与服务

表 5-5 所示是 freenect_camera 功能包中可以发布的话题和提供的服务。

表 5-5 freenect_camera 功能包中的话题和服务

	名　称	类　型	描　述
话题 发布	rgb/camera_info	sensor_msgs/CameraInfo	RGB 相机校准信息
	rgb/image_raw	sensor_msgs/Image	RGB 相机图像数据
	depth/camera_info	sensor_msgs/CameraInfo	深度相机校准信息
	depth/image_raw	sensor_msgs/Image	深度相机数据
	depth_registered/camera_info	sensor_msgs/CameraInfo	配准后的深度相机校准信息
	depth_registered/image_raw	sensor_msgs/Image	配准后的深度相机数据

（续）

	名　　称	类　　型	描　　述
话题 发布	ir/camera_info	sensor_msgs/CameraInfo	红外相机校准信息
	ir/image_raw	sensor_msgs/Image	红外相机数据
	projector/camera_info	sensor_msgs/CameraInfo	深度相机校准信息
	/diagnostics	diagnostic_msgs/DiagnosticArray	传感器诊断信息
服务	rgb/set_camera_info	sensor_msgs/SetCameraInfo	设置 RGB 相机的校准信息
	ir/set_camera_info	sensor_msgs/SetCameraInfo	设置红外相机的校准信息

（2）参数

表 5-6 所示是 freenect_camera 功能包中可供配置的参数。

表 5-6　freenect_camera 功能包中的参数

参　　数	类型	默　认　值	描　　述
~device_id	string	"#1"	设备号
~rgb_frame_id	string	"/openni_rgb_optical_frame"	RGB 摄像头坐标系
~depth_frame_id	string	"/openni_depth_optical_frame"	红外 / 深度摄像头坐标系
~rgb_camera_info_url	string	"file://${ROS_HOME}/ camera_info/${NAME}.yaml"	RGB 摄像头校准文件路径
~depth_camera_info_url	string	«file://${ROS_HOME}/ camera_info/${NAME}.yaml"	深度摄像头校准文件路径
~time_out	double	—	产生数据的超时时间值
~debug	bool	false	调试信息使能
enable_rgb_diagnostics	bool	false	RGB 摄像头诊断使能
enable_ir_diagnostics	bool	false	红外相机诊断使能
enable_depth_diagnostics	bool	false	深度相机诊断使能
diagnostics_max_frequency	double	30.0（Hz）	诊断信息发布的最大频率
diagnostics_min_frequency	double	30.0（Hz）	诊断信息发布的最小频率
diagnostics_tolerance	double	0.05	诊断信息发布频率的允许误差
diagnostics_window_time	double	5.0	焦点（非自动对焦状态下有效）
~image_mode	int	2	RGB 相机输出图像模式： SXGA (1)：1280 × 1024； VGA (2)：640 × 480
~depth_mode	int	2	深度相机输出图像模式： SXGA (1)：1280 × 1024； VGA (2)：640 × 480
~depth_registration	bool	true	深度数据配准
~data_skip	int	0	每次发布图像跳过的帧数，0~10
~depth_time_offset	double	0.0	深度数据的时间偏移量， −1.0~1.0
~image_time_offset	double	0.0	RGB 图像数据的时间偏移量， −1.0~1.0

（续）

参　数	类型	默　认　值	描　述
~depth_ir_offset_x	double	5.0	红外图像与深度图像之间的 X 向偏移量，−10.0~10.0
~depth_ir_offset_y	double	4.0	红外图像与深度图像之间的 Y 向偏移量，−10.0~10.0
~z_offset_mm	int	0（mm）	Z 向数据偏移量，−50~50

可以使用如下命令安装 freenect_camera 功能包：

```
$ sudo apt-get install ros-kinetic-freenect-*
```

在 PC 或者 ARM 板上运行时，Kinect 连接正常的情况下可能会出现找不到设备的日志提示，如图 5-19 所示。

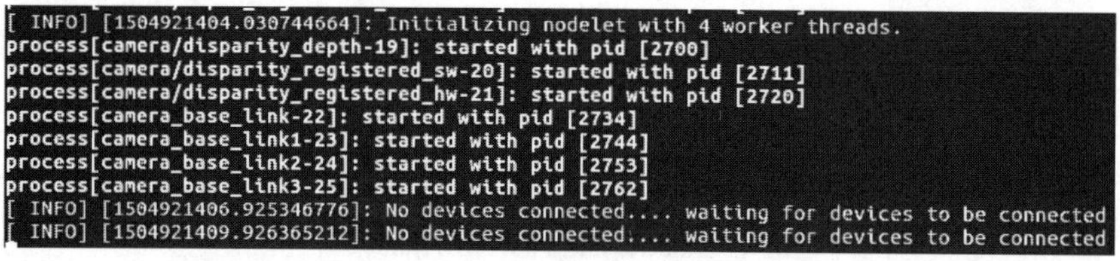

```
[ INFO] [1504921404.030744664]: Initializing nodelet with 4 worker threads.
process[camera/disparity_depth-19]: started with pid [2700]
process[camera/disparity_registered_sw-20]: started with pid [2711]
process[camera/disparity_registered_hw-21]: started with pid [2720]
process[camera_base_link-22]: started with pid [2734]
process[camera_base_link1-23]: started with pid [2744]
process[camera_base_link2-24]: started with pid [2753]
process[camera_base_link3-25]: started with pid [2762]
[ INFO] [1504921406.925346776]: No devices connected.... waiting for devices to be connected
[ INFO] [1504921409.926365212]: No devices connected.... waiting for devices to be connected
```

图 5-19　找不到 Kinect 设备的日志提示

这是由驱动识别异常导致的，需要手动下载驱动并进行安装：

```
$ git clone https://github.com/avin2/SensorKinect.git
$ cd SensorKinect/Bin
$ tar xvf SensorKinect093-Bin-Linux-x86-v5.1.2.1.tar.bz2
$ sudo ./install.sh
```

5.6.2　PC 端驱动 Kinect

将 Kinect 连接到 PC 端的 USB 接口，然后使用 lsusb 命令查看是否连接成功。如图 5-20 所示，在打印的信息中可以找到 Kinect 的相关信息。

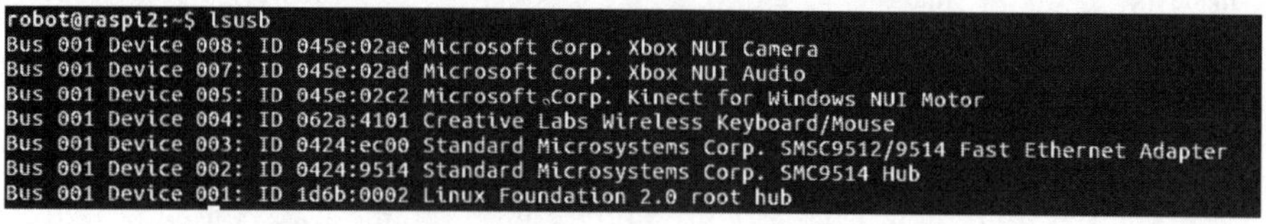

```
robot@raspi2:~$ lsusb
Bus 001 Device 008: ID 045e:02ae Microsoft Corp. Xbox NUI Camera
Bus 001 Device 007: ID 045e:02ad Microsoft Corp. Xbox NUI Audio
Bus 001 Device 005: ID 045e:02c2 Microsoft Corp. Kinect for Windows NUI Motor
Bus 001 Device 004: ID 062a:4101 Creative Labs Wireless Keyboard/Mouse
Bus 001 Device 003: ID 0424:ec00 Standard Microsystems Corp. SMSC9512/9514 Fast Ethernet Adapter
Bus 001 Device 002: ID 0424:9514 Standard Microsystems Corp. SMC9514 Hub
Bus 001 Device 001: ID 1d6b:0002 Linux Foundation 2.0 root hub
```

图 5-20　使用 lsusb 命令查看 Kinect 的相关信息

freenect_camera 功能包的 launch 文件夹下包含一个驱动节点的启动文件 freenect.launch，运行该文件可以直接驱动 Kinect 传感器。为了方便节点参数的配置，最好还是单独创建一个 launch 文件来启动 Kinect，这里创建的 mrobot_bringup/launch/freenect.launch 文件内容如下：

```
<launch>

    <!-- 启动 freenect 驱动 -->
    <include file="$(find freenect_launch)/launch/freenect.launch">
        <arg name="publish_tf"                         value="false" />
        <arg name="depth_registration"                 value="true" />
        <arg name="rgb_processing"                      value="true" />
        <arg name="ir_processing"                       value="false" />
        <arg name="depth_processing"                    value="false" />
        <arg name="depth_registered_processing"         value="true" />
        <arg name="disparity_processing"                value="false" />
        <arg name="disparity_registered_processing"     value="false" />
        <arg name="sw_registered_processing"            value="false" />
        <arg name="hw_registered_processing"            value="true" />
    </include>

</launch>
```

这个 launch 文件设置了一些 Kinect 的驱动参数，其中有一个参数是 depth_registration，设置这个选项为 true 后，在驱动 Kinect 时会把深度数据和摄像头数据进行配准，尽量保证每个像素点的深度信息和图像数据一致，减少偏移。

运行 freenect.launch 文件，启动 Kinect：

```
$ roslaunch mrobot_bringup freenect.launch
```

启动过程中，终端会出现类似图 5-21 所示的提示。

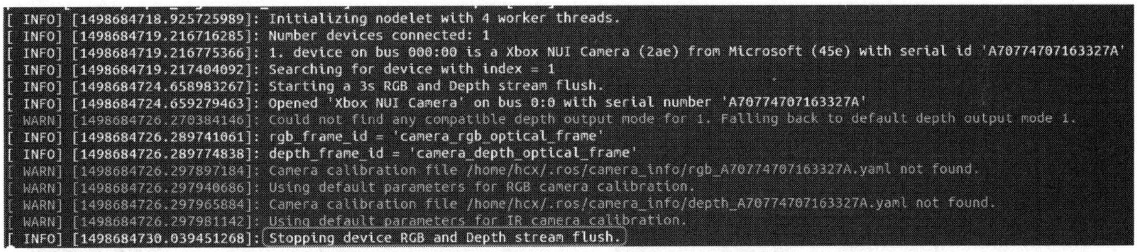

```
[ INFO] [1498684718.925725989]: Initializing nodelet with 4 worker threads.
[ INFO] [1498684719.216716285]: Number devices connected: 1
[ INFO] [1498684719.216775366]: 1. device on bus 000:00 is a Xbox NUI Camera (2ae) from Microsoft (45e) with serial id 'A70774707163327A'
[ INFO] [1498684719.217404092]: Searching for device with index = 1
[ INFO] [1498684724.658983267]: Starting a 3s RGB and Depth stream flush.
[ INFO] [1498684724.659279463]: Opened 'Xbox NUI Camera' on bus 0:0 with serial number 'A70774707163327A'
[ WARN] [1498684726.270384146]: Could not find any compatible depth output mode for 1. Falling back to default depth output mode 1.
[ INFO] [1498684726.289741061]: rgb_frame_id = 'camera_rgb_optical_frame'
[ INFO] [1498684726.289774838]: depth_frame_id = 'camera_depth_optical_frame'
[ WARN] [1498684726.297897184]: Camera calibration file /home/hcx/.ros/camera_info/rgb_A70774707163327A.yaml not found.
[ WARN] [1498684726.297940686]: Using default parameters for RGB camera calibration.
[ WARN] [1498684726.297965884]: Camera calibration file /home/hcx/.ros/camera_info/depth_A70774707163327A.yaml not found.
[ WARN] [1498684726.297981142]: Using default parameters for IR camera calibration.
[ INFO] [1498684730.039451268]: Stopping device RGB and Depth stream flush.
```

图 5-21　启动 Kinect 后的日志信息

终端中有一个 INFO 信息："Stopping device RGB and Depth stream flush"，但是并不影响 Kinect 的使用，可以忽略。

Kinect 启动后并没有直观的感受，无法确定传感器数据是否正常，可以使用 ROS 中的可视化工具 rviz 来查看 Kinect 发布的三维数据到底是什么样的。

使用如下命令启动 rviz：

```
$ rosrun rviz rviz
```

rviz 界面成功启动后，点击列表栏左下角的"Add"按钮，添加一个显示 Kinect 传感器的可视化插件，选择"PointCloud2"类型，然后点击"OK"按钮（见图 5-22）。

此时还看不到任何数据显示在主界面中，左侧列表栏中甚至还会提示一些错误或警告信息。如图 5-23 所示，修改"Fixed Frame"参数，以及点云显示插件中的订阅话题"Topic"，即可消除错误。

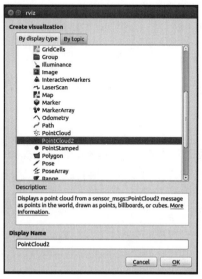

图 5-22　选择显示 Kinect 信息的"PointCloud2"　图 5-23　设置 Kinect 点云数据的坐标系和话题名
　　　数据类型

修改完成后，在右侧的主界面中应该就可以看到如图 5-24 所示的 Kinect 点云数据了。

由于选择的坐标系使数据对应真实空间坐标发生了旋转，可以使用鼠标拖动界面以调整点云数据，就可以看到真实环境的信息了（见图 5-25）。

图 5-24　Kinect 获取到的点云信息　　　　　　　图 5-25　Kinect 获取到的点云信息

从图 5-25 所示的点云信息中，可以清晰地看到 Kinect 眼中的三维世界与人眼反馈的信息类似，不仅包含颜色信息，而且包含每个像素点的深度信息。还可以调整点云的信息格式，如选择 Color Transformer 为 AxisColor，通过颜色表示点云的深度（见图 5-26）。

Topic	/camera/depth_registered/points
Unreliable	☐
Selectable	☑
Style	Points
Size (Pixels)	3
Alpha	1
Decay Time	0
Position Transformer	XYZ
Color Transformer	AxisColor
Queue Size	10

图 5-26　修改点云的信息格式

点云数据会变成如图 5-27 所示的显示效果。

5.6.3　Raspberry Pi 驱动 Kinect

在 Raspberry Pi 上驱动 Kinect 与在 PC 平台上的操作相同，安装 freenect 功能包和驱动后，可以分别在 PC 和 Raspberry Pi 上运行如下命令：

```
$ roscore                                              (PC)
$ roslaunch freenect_launch freenect.launch            (Raspberry Pi)
```

然后在 PC 端使用 rviz 就可以看到三维点云数据了。

5.6.4　Kinect 电源改造

Kinect 有两个线路接头：一个是电源稳压器，需要接在 220V 交流电源上，输出 12V 直流电源给 Kinect 供电；另外一个是信号线，需要连接控制系统的 USB 接口，通过驱动获取数据。信号线可以直接连接到 Raspberry Pi 的 USB 接口上，但是机器人没有交流电源，不可能直接连接 Kinect 电源，所以需要做线路改造。

改造的第一步就是拿起剪刀，勇敢地在 Kinect 电源线长度合适的地方将其剪断，在两个断面可以分别看到两根直流电源线：一根是 12V 高电平，一根是接地的低电平。不用心疼，我们可以在剪断的地方安装一套接插件，依然可以继续使用适配器（见图 5-28）。

图 5-27　通过颜色表示点云的深度信息

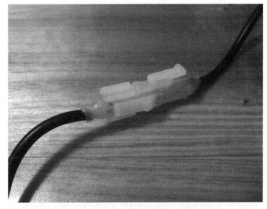

图 5-28　Kinect 的电源改造

更重要的是，安装完接插件后，Kinect 的电源线就可以直接连接到 MRobot 电源板的

12V 电源上了，由机器人本体的电源为 Kinect 提供电源，让机器人"无线"运动。

在安装接插件的时候需要注意：适配器端的接插件和 MRobot 电源板上的接插件必须匹配，这样 Kinect 才能两者通用。

5.7   为机器人装配激光雷达

移动机器人在环境中获取障碍物的具体位置、房间的内部轮廓等信息都是非常必要的，这些信息是机器人创建地图、进行导航的基础数据，除上面所讲的 Kinect，还可以使用激光雷达作为这种场景应用下的传感器。

激光雷达可用于测量机器人和其他物体之间的距离。本书采用 SLAMTEC 公司的低成本激光雷达——rplidar A1（见图 5-29），这款雷达适合室内移动机器人使用，可以最快 10Hz 的频率检测 360° 范围内的障碍信息，最远检测距离是 6m。

图 5-29   rplidar A1

5.7.1   rplidar 功能包

针对 rplidar A1 这款激光雷达，ROS 中有相应的驱动功能包——rplidar，该功能包的相关话题、参数设置接口如表 5-7、表 5-8 所示。

（1）话题与服务

表 5-7 所示是 rplidar 功能包发布的话题和提供的服务。

表 5-7   rplidar 功能包中的话题和服务

	名 称	类 型	描 述
话题发布	Scan	sensor_msgs/LaserScan	发布激光雷达数据
服务	stop_motor	std_srvs/Empty	停止旋转电机
	start_motor	std_srvs/Empty	开始旋转电机

（2）参数

表 5-8 所示是 rplidar 功能包中可供配置的参数。

表 5-8   rplidar 功能包中的参数

参 数	类 型	默认值	描 述
serial_port	string	"/dev/ttyUSB0"	激光雷达串口名称
serial_baudrate	int	115200	串口波特率

（续）

参　数	类　型	默认值	描　　述
frame_id	string	"laser"	激光雷达坐标系
inverted	bool	false	是否倒置安装
angle_compensate	bool	true	角度补偿

rplidar 功能包的安装可以使用如下命令完成：

```
$ sudo apt-get install ros-kinetic-rplidar-ros
```

5.7.2　PC 端驱动 rplidar

将 rplidar 连接到 PC 端的 USB 接口，使用 lsusb 命令检测是否连接成功（见图 5-30）。

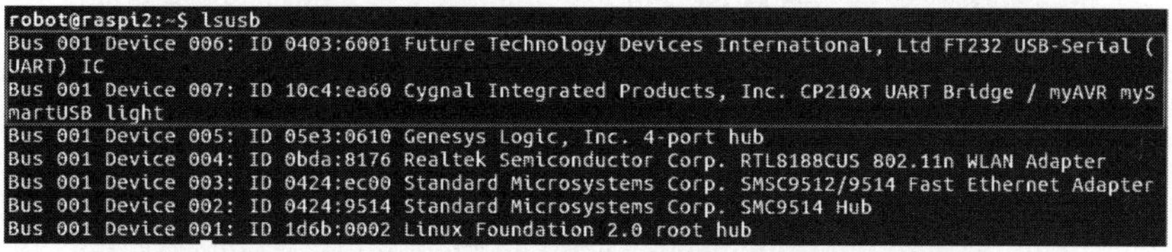

```
robot@raspi2:~$ lsusb
Bus 001 Device 006: ID 0403:6001 Future Technology Devices International, Ltd FT232 USB-Serial (UART) IC
Bus 001 Device 007: ID 10c4:ea60 Cygnal Integrated Products, Inc. CP210x UART Bridge / myAVR mySmartUSB light
Bus 001 Device 005: ID 05e3:0610 Genesys Logic, Inc. 4-port hub
Bus 001 Device 004: ID 0bda:8176 Realtek Semiconductor Corp. RTL8188CUS 802.11n WLAN Adapter
Bus 001 Device 003: ID 0424:ec00 Standard Microsystems Corp. SMSC9512/9514 Fast Ethernet Adapter
Bus 001 Device 002: ID 0424:9514 Standard Microsystems Corp. SMC9514 Hub
Bus 001 Device 001: ID 1d6b:0002 Linux Foundation 2.0 root hub
```

图 5-30　使用 lsusb 命令查看 rplidar 的连接情况

启动激光雷达的过程中有可能遇到如图 5-31 所示的串口权限问题。

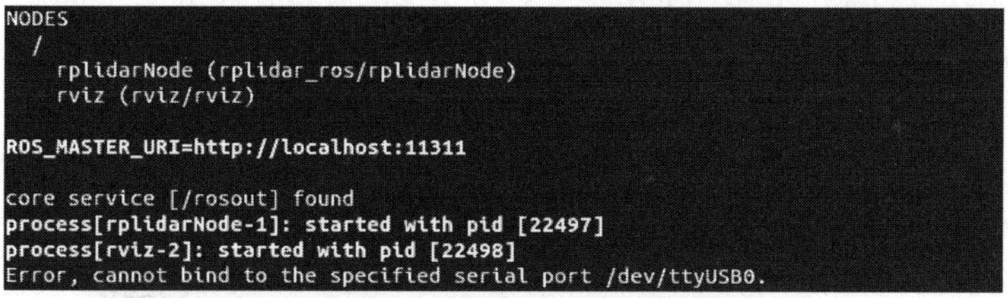

```
NODES
  /
    rplidarNode (rplidar_ros/rplidarNode)
    rviz (rviz/rviz)

ROS_MASTER_URI=http://localhost:11311

core service [/rosout] found
process[rplidarNode-1]: started with pid [22497]
process[rviz-2]: started with pid [22498]
Error, cannot bind to the specified serial port /dev/ttyUSB0.
```

图 5-31　激光雷达启动时遇到串口权限问题后的日志信息

使用以下命令添加用户权限可以解决该问题。其中 USER_NAME 是当前用户名，设置后需要注销并重新登录 Ubuntu 系统：

```
$ sudo gpasswd --add USER_NAME dialout
```

一切正常工作后，就可以使用激光雷达获取信息了，使用以下命令启动激光节点：

```
$ rosrun rplidar_ros rplidarNode
```

如果终端中的输出信息如图 5-32 所示，则说明 rplidar 启动成功：

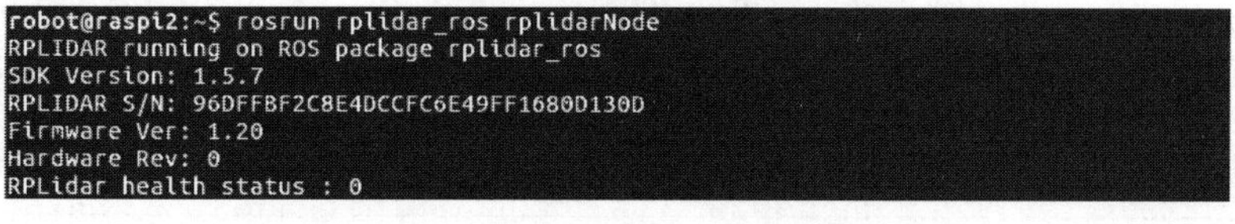

```
robot@raspi2:~$ rosrun rplidar_ros rplidarNode
RPLIDAR running on ROS package rplidar_ros
SDK Version: 1.5.7
RPLIDAR S/N: 96DFFBF2C8E4DCCFC6E49FF1680D130D
Firmware Ver: 1.20
Hardware Rev: 0
RPLidar health status : 0
```

图 5-32　rplidar 启动成功后的日志信息

使用 rostopic 命令查看当前系统中的话题列表（见图 5-33）：

```
$ rostopic list
```

如果想查看更多关于激光雷达发布的信息，可以使用以下命令打印（见图 5-34）：

图 5-33　查看 ROS 系统中的话题列表

```
$ rostopic echo /scan
```

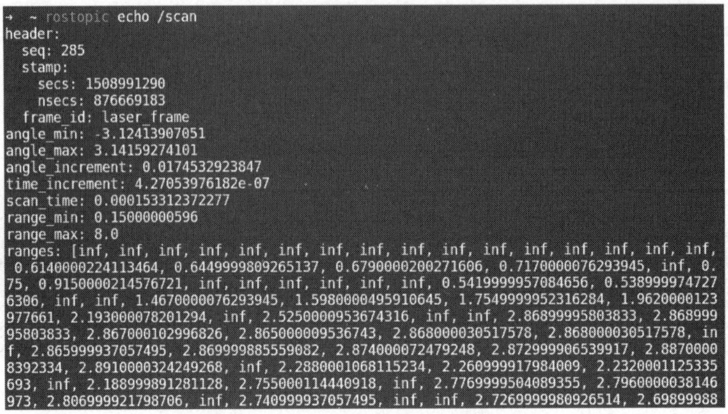

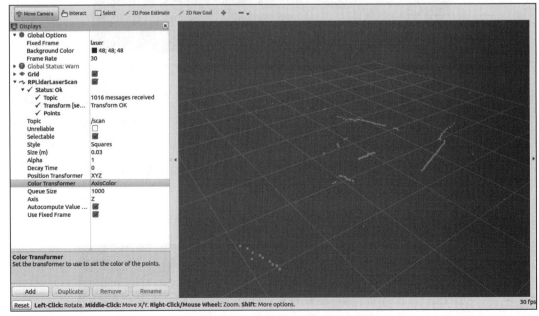

图 5-34　打印激光雷达发布的话题消息

终端中的激光数据并不形象，难以理解，可以使用 rviz 在图形化界面下显示激光雷达数据。修改"Fixed Frame"为"laser"，点击"Add"按钮添加 LaserScan 显示插件，设置插件订阅"/scan"话题，就可以看到如图 5-35 所示的激光雷达信息了。

图 5-35　在 rviz 中显示激光雷达信息

也可以使用 rplidar 功能包中的命令直接在 rviz 中查看激光数据，效果与图 5-35 一致：

```
$ roslaunch rplidar_ros view_rplidar.launch
```

5.7.3　Raspberry Pi 驱动 rplidar

在 Raspberry Pi 上驱动 rplidar 的方法与在 PC 端上的相同，分别在 PC 和 Raspberry Pi 上运行如下命令：

```
$ roscore                        (PC)
$ rosrun rplidar_ros rplidarNode (Raspberry Pi)
```

然后在 PC 端使用 rviz 就可以看到激光雷达数据。

Raspberry Pi 的 USB 输出口最大输出电流是 1200mA，而 rplidar 的启动电流需要 1500mA，所以热插拔 rplidar 会导致系统重启，而且启动后可能无法获得 "/scan" 数据。为了满足 USB 接口的电流需求，可以使用带有外部供电的 USB hub。

5.8　本章小结

在动手制作机器人之前，我们需要了解机器人系统的概念和搭建方法，本章为你介绍了以下机器人系统的相关内容。

1）机器人的定义和组成：机器人的定义多种多样，而且随着人工智能等新技术的发展，下一代机器人也将会涵盖更广泛的概念；但是从控制的角度来看，机器人系统一般都可以分成四大部分，即执行机构、驱动系统、传感系统和控制系统。

2）机器人系统的搭建方法：以 MRobot 为例，执行机构主要是两个驱动电机带动的轮子；驱动系统包含电源驱动、电机驱动以及传感器接口等底层驱动；传感系统由内部传感器（编码器）和外部传感器（摄像头、Kinect、激光雷达等）组成；控制系统由嵌入式系统和 PC 组成，搭载于机器人的嵌入式系统完成本地运动控制以及传感器数据采集，远端 PC 完成远程监控、图形化显示，以及复杂功能的运算。

我们不一定有搭建真实机器人系统的条件，没有关系，ROS 提供了多种强大的仿真工具，可以帮助我们在计算机上仿真出任何想要的机器人。第 6 章我们将一起学习如何在 ROS 中创建机器人仿真环境，并且实现丰富的仿真功能。

第 6 章
机器人建模与仿真

在第 5 章我们一起学习了如何构建一个机器人系统，希望能够帮助你整理思路，考虑如何设计一个自己的机器人。当然，没有真实机器人也没有关系，下面我们将一起学习 ROS 机器人建模和仿真的具体方法。

- URDF 是 ROS 中机器人模型的描述格式，包含对机器人刚体外观、物理属性、关节类型等方面的描述。
- 使用 xacro 优化模型后，可以为复杂模型添加更多可编程的功能。
- 机器人模型中还可以添加 <gazebo> 标签，实现传感器、传动机构等环节的仿真功能。
- 使用 rviz+ArbotiX 搭建简单的仿真环境，可以实现机器人运动控制等功能的仿真。
- 配合 ros_control 中的控制功能，可以在 Gazebo 物理仿真环境中创建一个逼真的世界，不仅可以控制机器人运动时的物理状态，还可以获得带有噪声的传感器参数。

6.1　统一机器人描述格式——URDF

URDF（Unified Robot Description Format，统一机器人描述格式）是 ROS 中一个非常重要的机器人模型描述格式，ROS 同时也提供 URDF 文件的 C++ 解析器，可以解析 URDF 文件中使用 XML 格式描述的机器人模型。

在使用 URDF 文件构建机器人模型之前，有必要先梳理一下 URDF 文件中常用的 XML 标签，对 URDF 有一个大概的了解。

6.1.1　<link> 标签

<link> 标签用于描述机器人某个刚体部分的外观和物理属性，包括尺寸（size）、颜色（color）、形状（shape）、惯性矩阵（inertial matrix）、碰撞参数（collision properties）等。

机器人的 link 结构一般如图 6-1 所示，其基本的 URDF 描述语法如下：

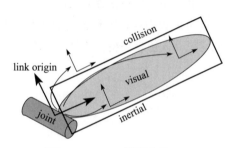

图 6-1　URDF 模型中的 link

```
<link name="<link name>">
<inertial> . . . . . . </inertial>
    <visual> . . . . . . </visual>
    <collision> . . . . . . </collision>
 </link>
```

<visual> 标签用于描述机器人 link 部分的外观参数，<inertial> 标签用于描述 link 的惯性参数，而 <collision> 标签用于描述 link 的碰撞属性。从图 6-1 可以看到，检测碰撞的 link 区域大于外观可视的区域，这就意味着只要有其他物体与 collision 区域相交，就认为 link 发生碰撞。

6.1.2　<joint> 标签

<joint> 标签用于描述机器人关节的运动学和动力学属性，包括关节运动的位置和速度限制。根据机器人的关节运动形式，可以将其分为六种类型（见表 6-1）。

表 6-1　URDF 模型中的 joint 类型

关节类型	描　　述
continuous	旋转关节，可以围绕单轴无限旋转
revolute	旋转关节，类似于 continuous，但是有旋转的角度极限
prismatic	滑动关节，沿某一轴线移动的关节，带有位置极限
planar	平面关节，允许在平面正交方向上平移或者旋转
floating	浮动关节，允许进行平移、旋转运动
fixed	固定关节，不允许运动的特殊关节

与人的关节一样，机器人关节的主要作用是连接两个刚体 link，这两个 link 分别称为 parent link 和 child link，如图 6-2 所示。

<joint> 标签的描述语法如下：

```
<joint name="<name of the joint>">
    <parent link="parent_link"/>
    <child link="child_link"/>
    <calibration .... />
    <dynamics damping ..../>
    <limit effort .... />
    ....
</joint>
```

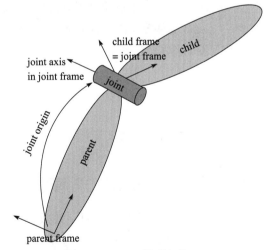

图 6-2　URDF 模型中的 joint

其中必须指定 joint 的 parent link 和 child link，还可以设置关节的其他属性。

- <calibration>：关节的参考位置，用来校准关节的绝对位置。
- <dynamics>：用于描述关节的物理属性，例如阻尼值、物理静摩擦力等，经常在动力学仿真中用到。

- <limit>：用于描述运动的一些极限值，包括关节运动的上下限位置、速度限制、力矩限制等。
- <mimic>：用于描述该关节与已有关节的关系。
- <safety_controller>：用于描述安全控制器参数。

6.1.3   <robot> 标签

<robot> 是完整机器人模型的最顶层标签，<link> 和 <joint> 标签都必须包含在 <robot> 标签内。如图 6-3 所示，一个完整的机器人模型由一系列 <link> 和 <joint> 组成。

<robot> 标签内可以设置机器人的名称，其基本语法如下：

```
<robot name="<name of the robot>">
    <link> ....... </link>
    <link> ....... </link>
    <joint> ....... </joint>
    <joint> ....... </joint>
</robot>
```

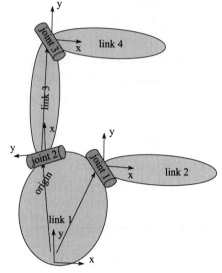

图 6-3   URDF 模型中的 robot

6.1.4   <gazebo> 标签

<gazebo> 标签用于描述机器人模型在 Gazebo 中仿真所需要的参数，包括机器人材料的属性、Gazebo 插件等。该标签不是机器人模型必需的部分，只有在 Gazebo 仿真时才需加入。

该标签的基本语法如下：

```
<gazebo reference="link_1">
    <material>Gazebo/Black</material>
</gazebo>
```

本章后续内容还会通过实例继续深入讲解这些 URDF 文件中 XML 标签的使用方法。

6.2   创建机器人 URDF 模型

在 ROS 中，机器人的模型一般放在 RobotName_description 功能包下。下面尝试仿照 MRobot 机器人从零开始创建一个移动机器人的 URDF 模型。

6.2.1   创建机器人描述功能包

本书配套源码包中已经包含了 mrobot_description 功能包，其中有创建好的机器人模型和配置文件。你也可以使用如下命令创建一个新的功能包：

```
$ catkin_create_pkg mrobot_description urdf xacro
```

mrobot_description 功能包中包含 urdf、meshes、launch 和 config 四个文件夹。

- urdf：用于存放机器人模型的 URDF 或 xacro 文件。
- meshes：用于放置 URDF 中引用的模型渲染文件。
- launch：用于保存相关启动文件。
- config：用于保存 rviz 的配置文件。

6.2.2　创建 URDF 模型

在之前的学习中，我们已经大致了解了 URDF 模型中常用的标签和语法，接下来使用这些基本语法创建一个如图 6-4 所示的机器人底盘模型。

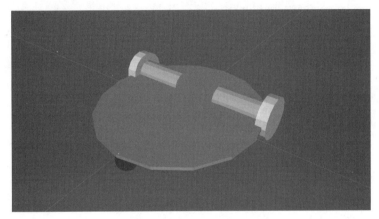

图 6-4　机器人底盘模型

这个机器人底盘模型有 7 个 link 和 6 个 joint。7 个 link 包括 1 个机器人底板、2 个电机、2 个驱动轮和 2 个万向轮；6 个 joint 负责将驱动轮、万向轮、电机安装到底板上，并设置相应的连接方式。

先来看一下该模型文件 mrobot_description/urdf/mrobot_chassis.urdf 的具体内容：

```
<?xml version="1.0" ?>
<robot name="mrobot_chassis">

    <link name="base_link">
        <visual>
            <origin xyz=" 0 0 0" rpy="0 0 0" />
            <geometry>
                <cylinder length="0.005" radius="0.13"/>
            </geometry>
            <material name="yellow">
                <color rgba="1 0.4 0 1"/>
            </material>
```

```
        </visual>
    </link>

    <joint name="base_left_motor_joint" type="fixed">
        <origin xyz="-0.055 0.075 0" rpy="0 0 0" />
        <parent link="base_link"/>
        <child link="left_motor" />
    </joint>

    <link name="left_motor">
        <visual>
            <origin xyz="0 0 0" rpy="1.5707 0 0" />
            <geometry>
                <cylinder radius="0.02" length = "0.08"/>
            </geometry>
            <material name="gray">
                <color rgba="0.75 0.75 0.75 1"/>
            </material>
        </visual>
    </link>

    <joint name="left_wheel_joint" type="continuous">
        <origin xyz="0 0.0485 0" rpy="0 0 0"/>
        <parent link="left_motor"/>
        <child link="left_wheel_link"/>
        <axis xyz="0 1 0"/>
    </joint>

    <link name="left_wheel_link">
        <visual>
            <origin xyz="0 0 0" rpy="1.5707 0 0" />
            <geometry>
                <cylinder radius="0.033" length = "0.017"/>
            </geometry>
            <material name="white">
                <color rgba="1 1 1 0.9"/>
            </material>
        </visual>
    </link>

    <joint name="base_right_motor_joint" type="fixed">
        <origin xyz="-0.055 -0.075 0" rpy="0 0 0" />
        <parent link="base_link"/>
        <child link="right_motor" />
    </joint>

    <link name="right_motor">
        <visual>
            <origin xyz="0 0 0" rpy="1.5707 0 0" />
            <geometry>
```

```
                <cylinder radius="0.02" length = "0.08" />
            </geometry>
            <material name="gray">
                <color rgba="0.75 0.75 0.75 1"/>
            </material>
        </visual>
    </link>

    <joint name="right_wheel_joint" type="continuous">
        <origin xyz="0 -0.0485 0" rpy="0 0 0"/>
        <parent link="right_motor"/>
        <child link="right_wheel_link"/>
        <axis xyz="0 1 0"/>
    </joint>

    <link name="right_wheel_link">
        <visual>
            <origin xyz="0 0 0" rpy="1.5707 0 0" />
            <geometry>
                <cylinder radius="0.033" length = "0.017"/>
            </geometry>
            <material name="white">
                <color rgba="1 1 1 0.9"/>
            </material>
        </visual>
    </link>

    <joint name="front_castor_joint" type="fixed">
        <origin xyz="0.1135 0 -0.0165" rpy="0 0 0"/>
        <parent link="base_link"/>
        <child link="front_castor_link"/>
        <axis xyz="0 1 0"/>
    </joint>

    <link name="front_castor_link">
        <visual>
            <origin xyz="0 0 0" rpy="1.5707 0 0"/>
            <geometry>
                <sphere radius="0.0165" />
            </geometry>
            <material name="black">
                <color rgba="0 0 0 0.95"/>
            </material>
        </visual>
    </link>

</robot>
```

URDF 提供了一些命令行工具，可以帮助我们检查、梳理模型文件，需要在终端中独立安装：

```
$ sudo apt-get install liburdfdom-tools
```

然后使用 check_urdf 命令对 mrobot_chassis.urdf 文件进行检查：

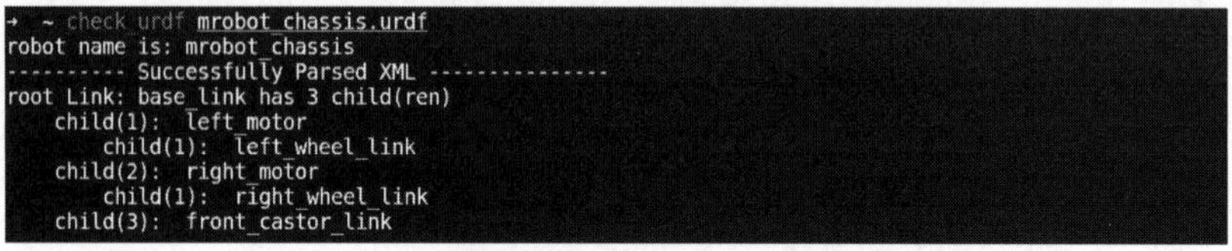

```
$ check_urdf mrobot_chassis.urdf
```

check_urdf 命令会解析 URDF 文件，并且显示解析过程中发现的错误。如果一切正常，在终端中会输出如图 6-5 所示的信息。

```
→ ~ check_urdf mrobot_chassis.urdf
robot name is: mrobot_chassis
---------- Successfully Parsed XML ---------------
root Link: base_link has 3 child(ren)
    child(1):  left_motor
        child(1):  left_wheel_link
    child(2):  right_motor
        child(1):  right_wheel_link
    child(3):  front_castor_link
```

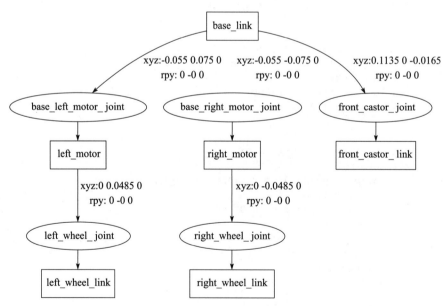

图 6-5　使用 check_urdf 解析 URDF 文件

还可以使用 urdf_to_graphiz 命令查看 URDF 模型的整体结构：

```
$ urdf_to_graphiz mrobot_chassis.urdf
```

执行 urdf_to_graphiz 命令后，会在当前目录下生成一个 pdf 文件，打开该文件，可以看到模型的整体结构图（见图 6-6）。

图 6-6　使用 urdf_to_graphiz 命令生成的 URDF 模型整体结构图

6.2.3　URDF 模型解析

针对上面创建的 URDF 模型，下面将对其关键部分进行解析。

```
<?xml version="1.0" ?>
<robot name="mrobot_chassis">
```

首先需要声明该文件使用 XML 描述，然后使用 <robot> 根标签定义一个机器人模型，并定义该机器人模型的名称是 "mrobot_chassis"。根标签内的内容即为对机器人模型的详细定义。

```
<link name="base_link">
    <visual>
        <origin xyz=" 0 0 0" rpy="0 0 0" />
        <geometry>
            <cylinder length="0.005" radius="0.13"/>
        </geometry>
        <material name="yellow">
            <color rgba="1 0.4 0 1"/>
        </material>
    </visual>
</link>
```

这一段代码用来描述机器人的底盘 link，<visual> 标签用来定义底盘的外观属性，在显示和仿真中，rviz 或 Gazebo 会按照这里的描述将机器人模型呈现出来。我们将机器人底盘抽象成一个圆柱结构，使用 <cylinder> 标签定义这个圆柱的半径和高；然后声明这个底盘圆柱在空间内的三维坐标位置和旋转姿态，底盘中心位于界面的中心点，所以使用 <origin> 设置起点坐标为界面的中心坐标。此外，使用 <material> 标签设置机器人底盘的颜色——黄色，其中的 <color> 便是黄色的 RGBA 值。

```
<joint name="base_left_motor_joint" type="fixed">
    <origin xyz="-0.055 0.075 0" rpy="0 0 0" />
    <parent link="base_link"/>
    <child link="left_motor" />
</joint>
```

这一段代码定义了第一个关节 joint，用来连接机器人底盘和左边驱动电机，joint 的类型是 fixed 类型，这种类型的 joint 是固定的，不允许关节发生运动。<origin> 标签定义了 joint 的起点，我们将起点设置在需要安装电机的底盘位置。

```
<link name="left_motor">
    <visual>
        <origin xyz="0 0 0" rpy="1.5707 0 0" />
        <geometry>
            <cylinder radius="0.02" length = "0.08"/>
        </geometry>
        <material name="gray">
            <color rgba="0.75 0.75 0.75 1"/>
        </material>
    </visual>
</link>
```

上面这一段代码描述了左侧电机的模型。电机的外形抽象成圆柱体，圆柱体的半径为 0.02m，高为 0.08m。下边的描述和机器人底盘的类似，定义了电机中心的起点位置和外观颜色。

之前定义了一个 joint 将电机连接到底盘上，电机的坐标位置是相对于 joint 计算的。在 joint 的位置坐标设置中，我们已经将 joint 放置到了安装电机的底盘位置，所以在电机模型的坐标设置中，不需要位置偏移，放置到（0，0，0）坐标即可。由于圆柱体默认是垂直地面创建的，需要把圆柱体围绕 x 轴旋转 90°（使用弧度表示大约为 1.5707），才能成为电机的模样。

```
<joint name="left_wheel_joint" type="continuous">
    <origin xyz="0 0.0485 0" rpy="0 0 0"/>
    <parent link="left_motor"/>
    <child link="left_wheel_link"/>
    <axis xyz="0 1 0"/>
</joint>
```

接着需要定义电机和轮子之间的 joint。joint 的类型是 continuous 型，这种类型的 joint 可以围绕一个轴进行旋转，很适合轮子这种模型。<origin> 标签定义了 joint 的起点，将起点设置到安装轮子的位置，即电机的一端。<axis> 标签定义该 joint 的旋转轴是正 y 轴，轮子在运动时就会围绕 y 轴旋转。

机器人底盘模型的其他部分都采用类似的方式在后续代码中描述，这里不再赘述，建议你一定要动手从无到有尝试写一个机器人的 URDF 文件，在实践中才能更加深刻理解 URDF 中坐标、旋转轴、关节类型等关键参数的意义和设置方法。

6.2.4　在 rviz 中显示模型

完成 URDF 模型的设计后，可以使用 rviz 将该模型可视化显示出来，检查是否符合设计目标。

在 mrobot_description 功能包 launch 文件夹中已经创建用于显示 mrobot_chassis 模型的 launch 文件 mrobot_description/launch/display_mrobot_chassis_urdf.launch，详细内容如下：

```
<launch>
<param name="robot_description" textfile="$(find mrobot_description)/urdf/
mrobot_chassis.urdf" />

<!-- 设置 GUI 参数，显示关节控制插件 -->
<param name="use_gui" value="true"/>

<!-- 运行 joint_state_publisher 节点，发布机器人的关节状态 -->
<node name="joint_state_publisher" pkg="joint_state_publisher" type="joint_
state_publisher" />
```

```
<!-- 运行 robot_state_publisher 节点，发布 TF -->
<node name="robot_state_publisher" pkg="robot_state_publisher" type="state_
publisher" />

<!-- 运行 rviz 可视化界面 -->
<node name="rviz" pkg="rviz" type="rviz" args="-d $(find mrobot_description)/
config/mrobot_urdf.rviz" required="true" />
</launch>
```

打开终端运行该 launch 文件，如果一切正常，可以在打开的 rviz 中看到如图 6-7 所示的机器人模型。

```
$ roslaunch mrobot_description display_mrobot_chassis_urdf.launch
```

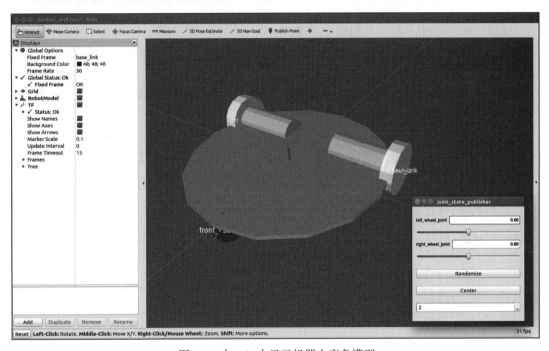

图 6-7　在 rviz 中显示机器人底盘模型

运行成功后，不仅启动了 rviz，而且出现了一个名为"joint_state_publisher"的 UI。这是因为我们在启动文件中启动了 joint_state_publisher 节点，该节点可以发布每个 joint（除 fixed 类型）的状态，而且可以通过 UI 对 joint 进行控制。所以在控制界面中用鼠标滑动控制条，rviz 中对应的轮子就会开始转动。

除了 joint_state_publisher，launch 文件还会启动一个名为"robot_state_publisher"的节点，这两个节点的名称相似，所以很多开发者会把两者混淆，分不清楚它们各自的功能。与 joint_state_publisher 节点不同，robot_state_publisher 节点的功能是将机器人各个 link、joint 之间的关系，通过 TF 的形式整理成三维姿态信息发布出去。在 rviz 中，可以选择添加 TF

插件来显示各部分的坐标系（见图 6-8）。

6.3 改进 URDF 模型

到目前为止，我们创建的机器人模型
还非常简陋，仅可以在 rviz 中可视化显示，
如果要将其放入仿真环境中，还需要进行
一些改进。

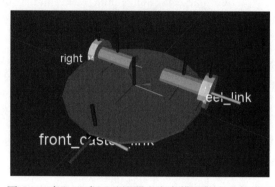

6.3.1 添加物理和碰撞属性

图 6-8 在 rviz 中显示机器人底盘模型的多个坐标系

在之前的模型中，我们仅创建了模型
外观的可视化属性，除此之外，还需要添加物理属性和碰撞属性。这里以机器人底盘 base_
link 为例，介绍如何添加这些属性。

在 base_link 中加入 <inertial> 和 <collision> 标签，描述机器人的物理惯性属性和碰撞属性：

```
<link name="base_link">
    <inertial>
        <mass value="2" />
        <origin xyz="0 0 0.0" />
        <inertia ixx="0.01" ixy="0.0" ixz="0.0"
                 iyy="0.01" iyz="0.0" izz="0.5" />
    </inertial>

    <visual>
        <origin xyz=" 0 0 0" rpy="0 0 0" />
        <geometry>
            <cylinder length="${base_link_length}" radius="${base_link_radius}"/>
        </geometry>
        <material name="yellow" />
    </visual>

    <collision>
        <origin xyz="0 0 0" rpy="0 0 0" />
        <geometry>
            <cylinder length="${base_link_length}" radius="${base_link_radius}"/>
        </geometry>
    </collision>
</link>
```

其中，惯性参数的设置主要包含质量和惯性矩阵。如果是规则物体，可以通过尺寸、质量等
公式计算得到惯性矩阵，你可以自行上网搜索相应的计算公式，这里使用一组虚拟的惯性矩
阵数据。<collision> 标签中的内容和 <visual> 标签中的内容几乎一致，这是因为我们使用的
模型都是较为简单的规则模型，如果使用真实机器人的设计模型，<visual> 标签内可以显示

复杂的机器人外观,但是为了减少碰撞检测时的计算量,<collision> 中往往使用简化后的机器人模型,例如可以将机械臂的一根连杆简化成圆柱体或长方体。

6.3.2　使用 xacro 优化 URDF

回顾现在的机器人模型,我们似乎创建了一个十分冗长的模型文件,其中有很多内容除了参数,几乎都是重复的内容。但是 URDF 文件并不支持代码复用的特性,如果为一个复杂的机器人建模,那么 URDF 文件会有多么复杂!

ROS 当然不会容忍这种冗长重复的情况,因为它的设计目标就是提高代码的复用率。于是,针对 URDF 模型产生了另外一种精简化、可复用、模块化的描述形式——xacro,它具备以下几点突出的优势。

- 精简模型代码:xacro 是一个精简版本的 URDF 文件,在 xacro 文件中,可以通过创建宏定义的方式定义常量或者复用代码,不仅可以减少代码量,而且可以让模型代码更加模块化、更具可读性。
- 提供可编程接口:xacro 的语法支持一些可编程接口,如常量、变量、数学公式、条件语句等,可以让建模过程更加智能有效。

xacro 是 URDF 的升级版,模型文件的后缀名由 .urdf 变为 .xacro,而且在模型 <robot> 标签中需要加入 xacro 的声明:

```
<?xml version="1.0"?>
<robot name="robot_name" xmlns:xacro="http://www.ros.org/wiki/xacro>"
```

1. 使用常量定义

在之前的 URDF 模型中有很多尺寸、坐标等常量的使用,但是这些常量分布在整个文件中,不仅可读性差,而且后期修改起来十分困难。xacro 提供了一种常量属性的定义方式:

```
<xacro:property name="M_PI" value="3.14159"/>
```

当需要使用该常量时,使用如下语法调用即可:

```
<origin xyz="0 0 0" rpy="${M_PI/2} 0 0" />
```

现在,各种参数的定义都可以使用常量定义的方式进行声明:

```
<xacro:property name="wheel_radius" value="0.033"/>
<xacro:property name="wheel_length" value="0.017"/>
<xacro:property name="base_link_radius" value="0.13"/>
<xacro:property name="base_link_length" value="0.005"/>
<xacro:property name="motor_radius" value="0.02"/>
<xacro:property name="motor_length" value="0.08"/>
<xacro:property name="motor_x" value="-0.055"/>
<xacro:property name="motor_y" value="0.075"/>
<xacro:property name="plate_height" value="0.07"/>
<xacro:property name="standoff_x" value="0.12"/>
```

```
<xacro:property name="standoff_y" value="0.10"/>
```

如果改动机器人模型，只需要修改这些参数即可，十分方便。

2. 调用数学公式

在"${}"语句中，不仅可以调用常量，还可以使用一些常用的数学运算，包括加、减、乘、除、负号、括号等，例如：

```
<origin xyz="0 ${(motor_length+wheel_length)/2} 0" rpy="0 0 0"/>
```

所有数学运算都会转换成浮点数进行，以保证运算精度。

3. 使用宏定义

xacro 文件可以使用宏定义来声明重复使用的代码模块，而且可以包含输入参数，类似编程中的函数概念。例如，在 MRobot 底盘上还有两层支撑板，支撑板之间共需八根支撑柱，支撑柱的模型是一样的，只是位置不同，如果用 URDF 文件描述需要实现八次。在 xacro 中，这种相同的模型就可以通过定义一种宏定义模块的方式来重复使用。

```
<xacro:macro name="mrobot_standoff_2in" params="parent number x_loc y_loc z_loc">
    <joint name="standoff_2in_${number}_joint" type="fixed">
        <origin xyz="${x_loc} ${y_loc} ${z_loc}" rpy="0 0 0" />
        <parent link="${parent}"/>
        <child link="standoff_2in_${number}_link" />
    </joint>

    <link name="standoff_2in_${number}_link">
        <inertial>
            <mass value="0.001" />
            <origin xyz="0 0 0" />
            <inertia ixx="0.0001" ixy="0.0" ixz="0.0"
                     iyy="0.0001" iyz="0.0"
                     izz="0.0001" />
        </inertial>

        <visual>
            <origin xyz=" 0 0 0 " rpy="0 0 0" />
            <geometry>
                <box size="0.01 0.01 0.07" />
            </geometry>
            <material name="black">
                <color rgba="0.16 0.17 0.15 0.9"/>
            </material>
        </visual>

        <collision>
            <origin xyz="0.0 0.0 0.0" rpy="0 0 0" />
```

```
        <geometry>
            <box size="0.01 0.01 0.07" />
        </geometry>
    </collision>
    </link>
</xacro:macro>
```

以上宏定义中包含五个输入参数：joint 的 parent link，支撑柱的序号，支撑柱在 x、y、z 三个方向上的偏移。需要该宏模块时，使用如下语句调用，设置输入参数即可：

```
<mrobot_standoff_2in parent="base_link" number="4" x_loc="${standoff_x/2}" y_
loc="${standoff_y}" z_loc="${plate_height/2}"/>
```

6.3.3 xacro 文件引用

改进后的机器人模型文件是 mrobot_description/urdf/mrobot.urdf.xacro，详细内容如下：

```
<?xml version="1.0"?>
<robot name="mrobot" xmlns:xacro="http://www.ros.org/wiki/xacro">

    <xacro:include filename="$(find mrobot_description)/urdf/mrobot_body.urdf.xacro" />

    <!-- MRobot 机器人平台 -->
    <mrobot_body/>

</robot>
```

<robot> 标签之间只有两行代码。

```
<xacro:include filename="$(find mrobot_description)/urdf/mrobot_body.urdf.xacro" />
```

第一行代码描述该 xacro 文件所包含的其他 xacro 文件，类似于 C 语言中的 include 文件。声明包含关系后，该文件就可以使用被包含文件中的模块了。

```
<mrobot_body/>
```

第二行代码就调用了被包含文件 mrobot_body.urdf.xacro 中的机器人模型宏定义。也就是说，机器人的模型文件全部是在 mrobot_body.urdf.xacro 中使用一个宏来描述的，那么为什么还需要 mrobot.urdf.xacro 来包含调用呢？这是因为我们把机器人本体看作一个模块，如果需要与其他模块集成，使用这种方法就不需要修改机器人的模型文件，只需要在上层实现一个拼装模块的顶层文件即可，灵活性更强。比如后续在机器人模型上装配 camera、Kinect、rplidar，只需要修改这里的 mrobot.urdf.xacro 即可。

6.3.4 显示优化后的模型

xacro 文件设计完成后，可以通过两种方式将优化后的模型显示在 rviz 中：

1. 将 xacro 文件转换成 URDF 文件

使用如下命令可以将 xacro 文件转换成 URDF 文件：

```
$ rosrun xacro xacro.py mrobot.urdf.xacro > mrobot.urdf
```

当前目录下会生成一个转化后的 URDF 文件，然后使用上面介绍的 launch 文件可将该 URDF 模型显示在 rviz 中。

2. 直接调用 xacro 文件解析器

也可以省略手动转换模型的过程，直接在启动文件中调用 xacro 解析器，自动将 xacro 转换成 URDF 文件。该过程可以在 launch 文件中使用如下语句进行配置：

```
<arg name="model" default="$(find xacro)/xacro --inorder '$(find mrobot_
description)/urdf/mrobot.urdf.xacro'" />
<param name="robot_description" command="$(arg model)" />
```

在终端中运行修改之后的 launch 文件 mrobot_description/launch/display_mrobot.launch，即可启动 rviz 并看到优化后的机器人模型（见图 6-9）：

```
$ roslaunch mrobot_description display_mrobot.launch
```

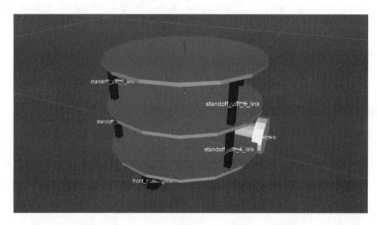

图 6-9   使用 xacro 文件创建的机器人模型

6.4   添加传感器模型

6.3 节创建的机器人模型相比之前创建的 URDF 模型又复杂了一些，机器人底盘上安装了八根支撑柱，架起了两层支撑板，可以在这些支撑板上放置电池、控制板、传感器等硬件设备。通常室内移动机器人会装配彩色摄像头、RGB-D 摄像头、激光雷达等传感器，也许现实中我们无法拥有这些传感器，但是在虚拟的机器人模型世界里我们可以创造一切。

6.4.1   添加摄像头

首先尝试创建一个摄像头的模型。笔者仿照真实摄像头画了一个长方体，以此代表摄像头模型。对应的模型文件是 mrobot_description/urdf/camera.xacro：

```xml
<?xml version="1.0"?>
<robot xmlns:xacro="http://www.ros.org/wiki/xacro" name="camera">

    <xacro:macro name="usb_camera" params="prefix:=camera">
        <link name="${prefix}_link">
            <inertial>
                <mass value="0.1" />
                <origin xyz="0 0 0" />
                <inertia ixx="0.01" ixy="0.0" ixz="0.0"
                         iyy="0.01" iyz="0.0"
                         izz="0.01" />
            </inertial>

            <visual>
                <origin xyz=" 0 0 0 " rpy="0 0 0" />
                <geometry>
                    <box size="0.01 0.04 0.04" />
                </geometry>
                <material name="black"/>
            </visual>

            <collision>
                <origin xyz="0.0 0.0 0.0" rpy="0 0 0" />
                <geometry>
                    <box size="0.01 0.04 0.04" />
                </geometry>
            </collision>
        </link>
    </xacro:macro>

</robot>
```

以上代码中使用了一个名为 usb_camera 的宏来描述摄像头，输入参数是摄像头的名称，宏中包含了表示摄像头长方体 link 的参数。

然后还需要创建一个顶层 xacro 文件，把机器人和摄像头这两个模块拼装在一起。顶层 xacro 文件 mrobot_description/urdf/mrobot_with_camera.urdf.xacro 的内容如下：

```xml
<?xml version="1.0"?>
<robot name="mrobot" xmlns:xacro="http://www.ros.org/wiki/xacro">

    <xacro:include filename="$(find mrobot_description)/urdf/mrobot_body.urdf.xacro" />
    <xacro:include filename="$(find mrobot_description)/urdf/camera.xacro" />

    <xacro:property name="camera_offset_x" value="0.1" />
    <xacro:property name="camera_offset_y" value="0" />
    <xacro:property name="camera_offset_z" value="0.02" />

    <!-- MRobot 机器人平台 -->
```

```
    <mrobot_body/>

    <!-- Camera -->
    <joint name="camera_joint" type="fixed">
        <origin xyz="${camera_offset_x} ${camera_offset_y} ${camera_offset_z}" rpy="0 0 0" />
        <parent link="plate_2_link"/>
        <child link="camera_link"/>
    </joint>

    <xacro:usb_camera prefix="camera"/>

</robot>
```

在这个顶层 xacro 文件中，包含了描述摄像头的模型文件，然后使用一个 fixed 类型的 joint 把摄像头固定到机器人顶部支撑板靠前的位置。

运行如下命令，在 rviz 中查看安装有摄像头的机器人模型（见图 6-10）：

```
$ roslaunch mrobot_description display_mrobot_with_camera.launch
```

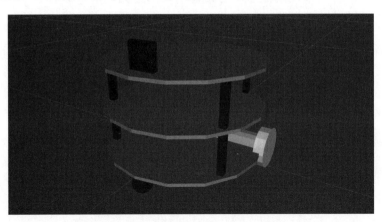

图 6-10　安装有摄像头的机器人模型

此时你可能会想：这么简单的摄像头模型，会不会太草率了！不要着急，一会儿在 Gazebo 中仿真时，你就会发现这个黑方块是"简约而不简单"。另外，也可以在 Solidworks 等软件中创建更加形象、具体的传感器模型，然后转换成 URDF 模型格式装配到机器人上。

6.4.2　添加 Kinect

Kinect 是一种常用的 RGB-D 摄像头，三维模型文件 kinect.dae 可以在 TurtleBot 功能包中找到。Kinect 模型描述文件 mrobot_description/urdf/kinect.xacro 的内容如下：

```
<?xml version="1.0"?>
<robot xmlns:xacro="http://www.ros.org/wiki/xacro" name="kinect_camera">

    <xacro:macro name="kinect_camera" params="prefix:=camera">
```

```
        <link name="${prefix}_link">
            <origin xyz="0 0 0" rpy="0 0 0"/>
            <visual>
                <origin xyz="0 0 0" rpy="0 0 ${M_PI/2}"/>
                <geometry>
                    <mesh filename="package://mrobot_description/meshes/kinect.
dae" />
                </geometry>
            </visual>
            <collision>
                <geometry>
                    <box size="0.07 0.3 0.09"/>
                </geometry>
            </collision>
        </link>

        <joint name="${prefix}_optical_joint" type="fixed">
            <origin xyz="0 0 0" rpy="-1.5708 0 -1.5708"/>
            <parent link="${prefix}_link"/>
            <child link="${prefix}_frame_optical"/>
        </joint>

        <link name="${prefix}_frame_optical"/>
    </xacro:macro>

</robot>
```

在可视化设置中使用 <mesh> 标签可以导入该模型的 mesh 文件，<collision> 标签中可将模型简化为一个长方体，精简碰撞检测的数学计算。

然后将 Kinect 和机器人拼装到一起，顶层 xacro 文件 mrobot_description/launch/mrobot_with_kinect.urdf.xacro 的内容如下：

```
<?xml version="1.0"?>
<robot name="mrobot" xmlns:xacro="http://www.ros.org/wiki/xacro">

    <xacro:include filename="$(find mrobot_description)/urdf/mrobot_body.urdf.xacro" />
    <xacro:include filename="$(find mrobot_description)/urdf/kinect.xacro" />

    <xacro:property name="kinect_offset_x" value="-0.06" />
    <xacro:property name="kinect_offset_y" value="0" />
    <xacro:property name="kinect_offset_z" value="0.035" />

    <!-- MRobot 机器人平台 -->
    <mrobot_body/>

    <!-- Kinect -->
    <joint name="kinect_frame_joint" type="fixed">
        <origin xyz="${kinect_offset_x} ${kinect_offset_y} ${kinect_offset_z}" rpy="0 0 0" />
        <parent link="plate_2_link"/>
        <child link="camera_link"/>
```

```
</joint>
<xacro:kinect_camera prefix="camera"/>

</robot>
```

运行如下命令，即可在 rviz 中看到安装有 Kinect 的机器人模型了（见图 6-11）：

```
$ roslaunch mrobot_description display_mrobot_with_kinect.launch
```

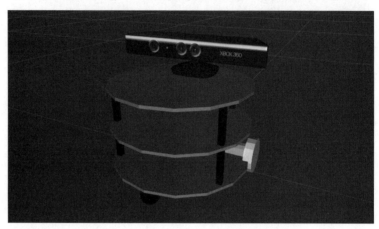

图 6-11　安装有 Kinect 的机器人模型

6.4.3　添加激光雷达

使用类似的方式还可以为机器人添加一个激光雷达模型，这里不再赘述，你可以参考本书配套源码中激光雷达的模型文件 mrobot_description/urdf/rplidar.xacro，顶层装配文件为 mrobot_description/launch/mrobot_with_rplidar.urdf.xacro。

运行以下命令，即可看到安装有激光雷达的机器人模型（见图 6-12）：

```
$ roslaunch mrobot_description display_mrobot_with_laser.launch
```

图 6-12　安装有激光雷达的机器人模型

现在机器人模型已经创建完成，为了实现机器人仿真，还需要想办法控制机器人在虚拟环境中的运动。另外，如果仿真中的传感器可以像真实设备一样获取周围的信息就更好了。别着急，这些功能本章都会实现，我们先来学习如何在 rviz 中搭建一个简单的运动仿真环境。

6.5　基于 ArbotiX 和 rviz 的仿真器

在之前 rviz 的模型显示中使用了一个小插件来控制机器人的轮子转动，既然轮子可以转动，那么机器人就应该可以在 rviz 中运动。

ArbotiX 是一款控制电机、舵机的控制板，并提供相应的 ROS 功能包，但是这个功能包的功能不仅可以驱动真实的 ArbotiX 控制板，它还提供一个差速控制器，通过接收速度控制指令更新机器人的 joint 状态，从而帮助我们实现机器人在 rviz 中的运动。

本节将为机器人模型配置 ArbotiX 差速控制器，配合 rviz 创建一个简单的仿真环境。

6.5.1　安装 ArbotiX

在 Indigo 版本的 ROS 软件源中已经集成了 ArbotiX 功能包的二进制安装文件，可以使用如下命令进行安装：

```
$ sudo apt-get install ros-indigo-arbotix-*
```

但是笔者在创作过程中，ROS Kinetic 软件源中还没集成 ArbotiX 功能包的二进制安装文件，所以需要使用源码编译的方式进行安装。ArbotiX 功能包的源码在 GitHub 上托管，使用以下命令可以将代码下载到工作空间中：

```
$ git clone https://github.com/vanadiumlabs/arbotix_ros.git
```

下载成功后在工作空间的根路径下使用 catkin_make 命令进行编译。

6.5.2　配置 ArbotiX 控制器

ArbotiX 功能包安装完成后，就可以针对机器人模型进行配置了。配置步骤较为简单，不需要修改机器人的模型文件，只需要创建一个启动 ArbotiX 节点的 launch 文件，再创建一个控制器相关的配置文件即可。

1. 创建 launch 文件

以装配了 Kinect 的机器人模型为例，创建启动 ArbotiX 节点的 launch 文件 mrobot_description/launch/arbotix_mrobot_with_kinect.launch，代码如下：

```
<launch>
    <param name="/use_sim_time" value="false" />

    <!-- 加载机器人 URDF/Xacro 模型 -->
    <arg name="urdf_file" default="$(find xacro)/xacro --inorder '$(find
```

```
mrobot_description)/urdf/mrobot_with_kinect.urdf.xacro'" />
        <arg name="gui" default="false" />

        <param name="robot_description" command="$(arg urdf_file)" />
        <param name="use_gui" value="$(arg gui)"/>

        <node name="arbotix" pkg="arbotix_python" type="arbotix_driver" output=
"screen">
            <rosparam file="$(find mrobot_description)/config/fake_mrobot_arbotix.
yaml" command= "load" />
            <param name="sim" value="true"/>
        </node>

        <node name="joint_state_publisher" pkg="joint_state_publisher" type="joint_
state_publisher" />

        <node name="robot_state_publisher" pkg="robot_state_publisher" type="robot_
state_publisher">
            <param name="publish_frequency" type="double" value="20.0" />
        </node>

        <node name="rviz" pkg="rviz" type="rviz" args="-d $(find mrobot_description)/
config/mrobot_arbotix.rviz" required="true" />
    </launch>
```

这个 launch 文件和之前显示机器人模型的 launch 文件几乎一致，只是添加了启动 arbotix_driver 节点的相关内容：

```
<node name="arbotix" pkg="arbotix_python" type="arbotix_driver" output= "screen">
<rosparam file="$(find mrobot_description)/config/fake_mrobot_arbotix.yaml" command=
"load" />
        <param name="sim" value="true"/>
</node>
```

arbotix_driver 可以针对真实控制板进行控制，也可以在仿真环境中使用，需要配置 "sim" 参数为 true。另外，该节点的启动还需要加载控制器相关的配置文件，该配置文件在功能包的 config 路径下。

2. 创建配置文件

配置文件 mrobot_description/config/fake_mrobot_arbotix.yaml 的内容如下：

```
controllers: {
    base_controller: {type: diff_controller, base_frame_id: base_footprint, base_
width: 0.26, ticks_meter: 4100, Kp: 12, Kd: 12, Ki: 0, Ko: 50, accel_limit: 1.0 }
    }
```

控制器命名为 base_controller，类型是 diff_controller，也就是差速控制器，刚好可以控制机器人模型的双轮差速运动。此外，还需要配置参考坐标系、底盘尺寸、PID 控制等参数。

6.5.3　运行仿真环境

完成上述配置后，rviz+ArbotiX 的仿真环境就搭建完成，通过以下命令即可运行该仿真环境：

```
$ roslaunch mrobot_description arbotix_mrobot_with_kinect.launch
```

启动成功后，可以看到机器人模型已经静静地在 rviz 中准备就绪，如图 6-13 所示。

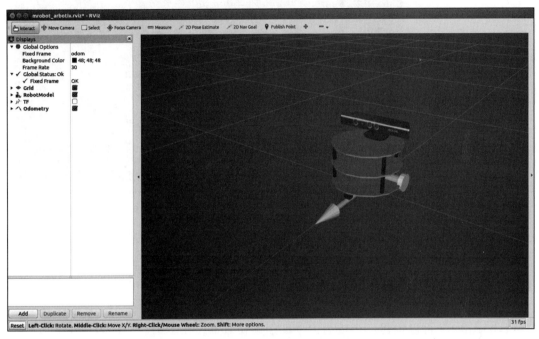

图 6-13　基于 rviz 和 ArbotiX 的仿真环境

查看当前 ROS 系统中的话题列表（见图 6-14）。cmd_vel 话题赫然在列，如果你还记得小乌龟例程或者键盘控制 MRobot 运动的例程，当时使用的就是该 Topic 控制小乌龟或者 MRobot 运动的。类似地，arbotix_driver 节点订阅 cmd_vel 话题，然后驱动模型运动。

运行键盘控制程序，然后在终端中根据提示信息点击键盘，就可以控制 rviz 中的机器人模型运动了。

图 6-14　查看 ROS 系统中的话题列表

```
$ roslaunch mrobot_teleop mrobot_teleop.launch
```

如图 6-15 所示，rviz 中的机器人模型已经按照速度控制指令开始运动，箭头代表机器人运动过程中的姿态。

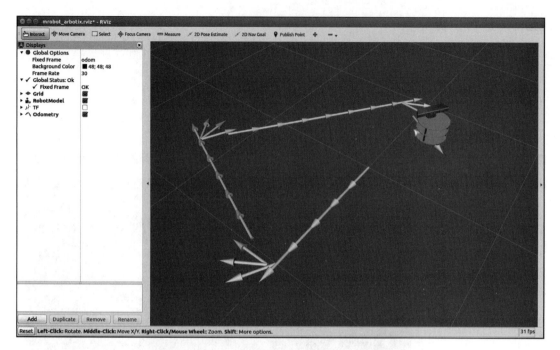

图 6-15　rviz 中的机器人模型根据指令开始运动

此时 rviz 中设置的 "Fixed Frame" 是 odom，也就是机器人的里程计坐标系。这是一个全局坐标系，通过里程计记录机器人当前的运动位姿，从而更新 rviz 中的模型状态。

rviz+ArbotiX 可以构建一个较为简单的运动仿真器，在本书后续内容中还会多次使用这个仿真器实现导航等功能。除此之外，ROS 还集成了更为强大的物理仿真平台——Gazebo，可以做到类似真实机器人的高度仿真状态，包括物理属性、传感器数据、环境模型等。

在真正开始学习 Gazebo 之前，首先要对这里使用的 ArbotiX 差速控制器做一个升级，为 Gazebo 仿真做好准备。

6.6　ros_control

在 rviz+ArbotiX 构建的仿真器中使用了一款 ArbotiX 差速控制器以实现对机器人模型的控制，但是这款控制器有很大的局限性，无法在 ROS 丰富的机器人应用中通用。如图 6-16 所示，如果要将 SLAM、导航、MoveIt! 等功能包应用到机器人模型，甚至真实机器人之上时，应该如何实现这其中的控制环节呢？

ros_control 就是 ROS 为开发者提供的机器人控制中间件，包含一系列控制器接口、传动装置接口、硬件接口、控制器工具箱等，可以帮助机器人应用功能包快速落地，提高开发效率。

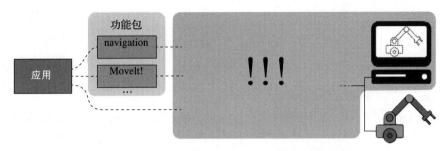

图 6-16 真实机器人 / 仿真模型与应用功能包之间缺少控制环节

6.6.1 ros_control 框架

图 6-17 是 ros_control 的总体框架，针对不同类型的机器人（移动机器人、机械臂等），ros_control 可以提供多种类型的控制器（controller），但是这些控制器的接口各不相同。为了提高代码的复用率，ros_control 还提供一个硬件抽象层，负责机器人硬件资源的管理，而 controller 从抽象层请求资源即可，并不直接接触硬件。

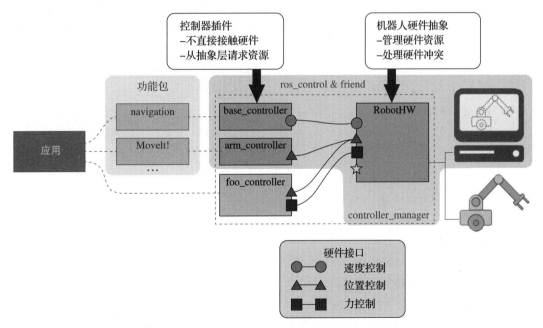

图 6-17 ros_control 的总体框架

图 6-18 是 ros_control 的数据流图，可以更加清晰地看到每个层次所包含的功能。

（1）控制器管理器（Controller Manager）

每个机器人可能有多个控制器，所以这里有一个控制器管理器的概念，提供一种通用的接口来管理不同的控制器。控制器管理器的输入就是 ROS 上层应用功能包的输出。

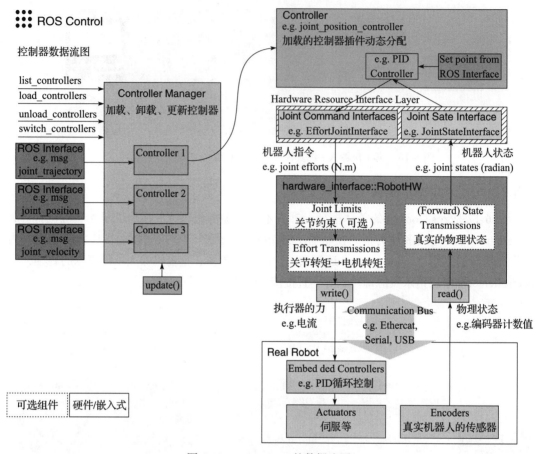

图 6-18　ros_control 的数据流图

（2）控制器（Controller）

控制器可以完成每个 joint 的控制，读取硬件资源接口中的状态，再发布控制命令，并且提供 PID 控制器。

（3）硬件资源（Hardware Resource）

为上下两层提供硬件资源的接口。

（4）机器人硬件抽象（RobotHW）

机器人硬件抽象和硬件资源直接打交道，通过 write 和 read 方法完成硬件操作，这一层也包含关节约束、力矩转换、状态转换等功能。

（5）真实机器人（Real Robot）

真实机器人上也需要有自己的嵌入式控制器，将接收到的命令反映到执行器上，比如接收到旋转 90 度的命令后，就需要让执行器快速、稳定地旋转 90 度。

6.6.2　控制器

目前 ROS 中的 ros_controllers 功能包提供了以下控制器（见图 6-19）。

- effort_controllers
  - ❏ joint_effort_controller
  - ❏ joint_position_controller
  - ❏ joint_velocity_controller
- joint_state_controller
  - ❏ joint_state_controller
- position_controllers
  - ❏ joint_position_controller
- velocity_controllers
  - ❏ joint_velocity_controller

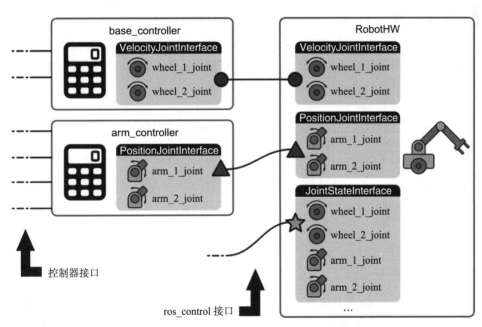

图 6-19　ros_controllers 与 ros_control 之间的多种控制接口

当然，我们也可以根据自己的需求创建需要的控制器，然后通过控制器管理器来管理自己创建的控制器。创建控制器的具体方法可以参考 wiki：https://github.com/ros-controls/ros_control/wiki/controller_interface。

6.6.3　硬件接口

硬件接口是控制器和 RobotHW 沟通的接口，基本与控制器的种类相互对应（见图 6-20），同样可以自己创建需要的接口，具体实现方法可以参考 wiki：https://github.com/ros-controls/ros_control/wiki/hardware_interface。

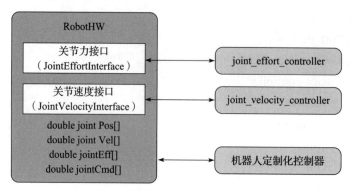

图 6-20　硬件接口

6.6.4　传动系统

传动系统（Transmission）可以将机器人的关节指令转换成执行器的控制信号。机器人每个需要运动的关节都需要配置相应的传动系统，可以在机器人的 URDF 模型文件中按照以下方法配置：

```
<transmission name="simple_trans">
    <type>transmission_interface/SimpleTransmission</type>
    <joint name="foo_joint">
        <hardwareInterface>EffortJointInterface</hardwareInterface>
    </joint>
    <actuator name="foo_motor">
        <mechanicalReduction>50</mechanicalReduction>
        <hardwareInterface>EffortJointInterface</hardwareInterface>
    </actuator>
</transmission>
```

6.6.5　关节约束

关节约束（Joint Limits）是硬件抽象层中的一部分，维护一个关节约束的数据结构，这些约束数据可以从机器人的 URDF 文件中加载，也可以在 ROS 的参数服务器上加载（需要先用 YAML 配置文件导入 ROS 参数服务器），不仅包含关节速度、位置、加速度、加加速度、力矩等方面的约束，还包含起安全作用的位置软限位、速度边界（k_v）和位置边界（k_p）等。

可以使用如下方式在 URDF 中设置 Joint Limits 参数：

```
<joint name="$foo_joint" type="revolute">
    <!-- other joint description elements -->
    <!-- Joint limits -->
    <limit lower="0.0" upper="1.0" effort="10.0"  ="5.0" />
```

```
    <!-- Soft limits -->
    <safety_controller k_position="100" k_velocity="10"
                      soft_lower_limit="0.1" soft_upper_limit="0.9" />
</joint>
```

还有一些参数需要通过 YAML 配置文件事先加载到参数服务器中，YAML 文件的格式如下：

```
joint_limits:
    foo_joint:
        has_position_limits: true
        min_position: 0.0
        max_position: 1.0
        has_velocity_limits: true
        max_velocity: 2.0
        has_acceleration_limits: true
        max_acceleration: 5.0
        has_jerk_limits: true
        max_jerk: 100.0
        has_effort_limits: true
        max_effort: 5.0
    bar_joint:
        has_position_limits: false # Continuous joint
        has_velocity_limits: true
        max_velocity: 4.0
```

6.6.6　控制器管理器

controller_manager 提供了一种多控制器控制的机制，可以实现控制器的加载、开始运行、停止运行、卸载等多种操作。图 6-21 所示的就是 controller_manager 控制控制器实现的状态跳转。

controller_manager 还提供多种工具来辅助完成这些操作。

图 6-21　控制器的状态跳转

1. 命令行工具

controller_manager 命令的格式为：

```
$ rosrun controller_manager controller_manager <command> <controller_name>
```

支持的 <command> 如下：

- load：加载一个控制器。
- unload：卸载一个控制器。
- start：启动控制器。
- stop：停止控制器。
- spawn：加载并启动一个控制器。
- kill：停止并卸载一个控制器。

如果希望查看某个控制器的状态，可以使用如下命令：

```
$ rosrun controller_manager controller_manager <command>
```

支持的 <command> 如下：

- list：根据执行顺序列出所有控制器，并显示每个控制器的状态。
- list-types：显示所有控制器的类型。
- reload-libraries：以插件的形式重载所有控制器的库，不需要重新启动，方便对控制器的开发和测试。
- reload-libraries --restore：以插件的形式重载所有控制器的库，并恢复到初始状态。

但是，很多时候我们需要控制的控制器有很多，比如六轴机器人至少有六个控制器，这时也可以使用 spawner 命令一次控制多个控制器：

```
$ rosrun controller_manager spawner [--stopped] name1 name2 name3
```

上面的命令可以自动加载、启动控制器，如果加上 --stopped 参数，那么控制器则只会被加载，但是并不会开始运行。如果想要停止一系列控制器，但是不需要卸载，可以使用如下命令：

```
$ rosrun controller_manager unspawner name1 name2 name3
```

2. launch 工具

在 launch 文件中，同样可以通过运行 controller_manager 命令，加载和启动一系列控制器：

```
<launch>
        <node pkg="controller_manager" type="spawner" args="controller_name1
controller_name2" />
    </launch>
```

以上 launch 文件会加载并启动 controller，如果只需加载不必启动，可以使用以下配置：

```
<launch>
        <node pkg="controller_manager" type="spawner" args="--stopped controller_name1
controller_name2" />
    </launch>
```

3. 可视化工具 rqt_controller_manager

controller_manager 还提供了可视化工具 rqt_controller_manager，安装成功后，直接使用以下命令即可打开界面：

```
$ rosrun rqt_controller_manager rqt_controller_manager
```

6.7   Gazebo 仿真

6.7.1   机器人模型添加 Gazebo 属性

使用 xacro 设计的机器人 URDF 模型已经描述了机器人的外观特征和物理特性，虽然已经具备在 Gazebo 中仿真的基本条件，但是，由于没有在模型中加入 Gazebo 的相关属性，还是无法让模型在 Gazebo 仿真环境中动起来。那么如何开始仿真呢？

　　首先我们需要确保每个 link 的 <inertia> 元素已经进行了合理的设置，然后要为每个必要的 <link>、<joint>、<robot> 设置 <gazebo> 标签。<gazebo> 标签是 URDF 模型中描述 gazebo 仿真时所需要的扩展属性。

　　添加 Gazebo 属性之后的模型文件放置在本书配套源码 mrobot_gazebo 功能包的 urdf 文件夹下，以区别于 mrobot_description 中的 URDF 模型。

---

1. 为 link 添加 <gazebo> 标签

　　针对机器人模型，需要对每一个 link 添加 <gazebo> 标签，包含的属性仅有 material。material 属性的作用与 link 里 <visual> 中 material 属性的作用相同，Gazebo 无法通过 <visual> 中的 material 参数设置外观颜色，所以需要单独设置，否则默认情况下 Gazebo 中显示的模型全是灰白色。

　　以 base_link 为例，<gazebo> 标签的内容如下：

```
<gazebo reference="wheel_${lr}_link">
    <material>Gazebo/Black</material>
</gazebo>
```

2. 添加传动装置

　　我们的机器人模型是一个两轮差速驱动的机器人，通过调节两个轮子的速度比例，完成前进、转向、倒退等动作。火车跑得快，全靠车头带，在之前的模型中，并没有加入驱动机器人运动的动力源，这当然是仿真必不可少的部分。

　　为了使用 ROS 控制器驱动机器人，需要在模型中加入 <transmission> 元素，将传动装置与 joint 绑定：

```
<transmission name="wheel_${lr}_joint_trans">
    <type>transmission_interface/SimpleTransmission</type>
    <joint name="base_to_wheel_${lr}_joint" />
    <actuator name="wheel_${lr}_joint_motor">
        <hardwareInterface>VelocityJointInterface</hardwareInterface>
        <mechanicalReduction>1</mechanicalReduction>
    </actuator>
</transmission>
```

　　以上代码中，<joint name = " "> 定义了将要绑定驱动器的 joint，<type> 标签声明了所使用的传动装置类型，<hardwareInterface> 定义了硬件接口的类型，这里使用的是速度控制接口。

　　到现在为止，机器人还是一个静态显示的模型，如果要让它动起来，还需要使用 Gazebo 插件。Gazebo 插件赋予了 URDF 模型更加强大的功能，可以帮助模型绑定 ROS 消息，从而完成传感器的仿真输出以及对电机的控制，让机器人模型更加真实。

3. 添加 Gazebo 控制器插件

Gazebo 插件可以根据插件的作用范围应用到 URDF 模型的 <robot>、<link>、<joint> 上，需要使用 <gazebo> 标签作为封装。

（1）为 <robot> 元素添加插件

为 <robot> 元素添加 Gazebo 插件的方式如下：

```
<gazebo>
    <plugin name="unique_name" filename="plugin_name.so">
        ... plugin parameters ...
    </plugin>
</gazebo>
```

与其他的 <gazebo> 元素相同，如果 <gazebo> 元素中没有设置 reference="x" 属性，则默认应用于 <robot> 标签。

（2）为 <link>、<joint> 标签添加插件

如果需要为 <link>、<joint> 标签添加插件，则需要设置 <gazebo> 标签中的 reference= "x" 属性：

```
<gazebo reference="your_link_name">
    <plugin name=" unique_name " filename="plugin_name.so">
        ... plugin parameters ...
    </plugin>
</gazebo>
```

至于 Gazebo 目前支持的插件种类，可以查看 ROS 默认安装路径下的 /opt/ros/kinetic/lib 文件夹，所有插件都是以 libgazeboXXX.so 的形式命名的。

Gazebo 已经提供了一个用于差速控制的插件 libgazebo_ros_diff_drive.so，可以将其应用到现有的机器人模型上。在 mrobot_gazebo/urdf/mrobot_body.urdf.xacro 文件中添加如下插件声明：

```
<!-- controller -->
<gazebo>
    <plugin name="differential_drive_controller" filename="libgazebo_ros_diff_
drive.so">
        <rosDebugLevel>Debug</rosDebugLevel>
        <publishWheelTF>true</publishWheelTF>
        <robotNamespace>/</robotNamespace>
        <publishTf>1</publishTf>
        <publishWheelJointState>true</publishWheelJointState>
        <alwaysOn>true</alwaysOn>
        <updateRate>100.0</updateRate>
        <legacyMode>true</legacyMode>
        <leftJoint>base_to_wheel_left_joint</leftJoint>
        <rightJoint>base_to_wheel_right_joint</rightJoint>
```

```
            <wheelSeparation>${base_link_radius*2}</wheelSeparation>
            <wheelDiameter>${2*wheel_radius}</wheelDiameter>
            <broadcastTF>1</broadcastTF>
            <wheelTorque>30</wheelTorque>
            <wheelAcceleration>1.8</wheelAcceleration>
            <commandTopic>cmd_vel</commandTopic>
            <odometryFrame>odom</odometryFrame>
            <odometryTopic>odom</odometryTopic>
            <robotBaseFrame>base_footprint</robotBaseFrame>
        </plugin>
    </gazebo>
```

在加载差速控制器插件的过程中，需要配置一系列参数，其中比较关键的参数如下。

- <robotNamespace>：机器人的命名空间，插件所有数据的发布、订阅都在该命名空间下。
- <leftJoint> 和 <rightJoint>：左右轮转动的关节 joint，控制器插件最终需要控制这两个 joint 转动。
- <wheelSeparation> 和 <wheelDiameter>：这是机器人模型的相关尺寸，在计算差速参数时需要用到。
- <wheelAcceleration>：车轮转动的加速度。
- <commandTopic>：控制器订阅的速度控制指令，ROS 中一般都命名为 cmd_vel，生成全局命名时需要结合 <robotNamespace> 中设置的命名空间。
- <odometryFrame>：里程计数据的参考坐标系，ROS 中一般都命名为 odom。

6.7.2   在 Gazebo 中显示机器人模型

创建一个启动文件 robot_mrobot/mrobot_gazebo/view_mrobot_gazebo.launch，运行 Gazebo，加载机器人模型，并且启动一些必要的节点：

```
<launch>

    <!-- 设置 launch 文件的参数 -->
    <arg name="world_name" value="$(find mrobot_gazebo)/worlds/playground.world"/>
    <arg name="paused" default="false"/>
    <arg name="use_sim_time" default="true"/>
    <arg name="gui" default="true"/>
    <arg name="headless" default="false"/>
    <arg name="debug" default="false"/>

    <!-- 运行 Gazebo 仿真环境 -->
    <include file="$(find gazebo_ros)/launch/empty_world.launch">
        <arg name="world_name" value="$(arg world_name)" />
        <arg name="debug" value="$(arg debug)" />
        <arg name="gui" value="$(arg gui)" />
        <arg name="paused" value="$(arg paused)"/>
```

```
        <arg name="use_sim_time" value="$(arg use_sim_time)"/>
        <arg name="headless" value="$(arg headless)"/>
    </include>

    <!-- 加载机器人模型描述参数 -->
    <param name="robot_description" command="$(find xacro)/xacro --inorder '$(find
mrobot_gazebo)/urdf/mrobot.urdf.xacro'" />

    <!-- 运行 joint_state_publisher 节点，发布机器人的关节状态  -->
    <node name="joint_state_publisher" pkg="joint_state_publisher" type="joint_
state_publisher" ></node>

    <!-- 运行 robot_state_publisher 节点，发布 TF  -->
    <node name="robot_state_publisher" pkg="robot_state_publisher" type="robot_
state_publisher"  output="screen" >
        <param name="publish_frequency" type="double" value="50.0" />
    </node>

    <!-- 在 gazebo 中加载机器人模型 -->
    <node name="urdf_spawner" pkg="gazebo_ros" type="spawn_model" respawn=
"false" output="screen"
        args="-urdf -model mrobot -param robot_description"/>

</launch>
```

以上 launch 文件主要做了两项工作：

1）启动机器人的状态发布节点，同时加载带有 Gazebo 属性的机器人 URDF 模型。

2）启动 Gazebo，并且将机器人模型加载到 Gazebo 仿真环境中。

现在，启动这个 launch 文件，如果一切正常，应该可以看到如图 6-22 所示的界面，机器人模型已经加载进入仿真环境中。

```
$ roslaunch mrobot_gazebo view_mrobot_gazebo.launch
```

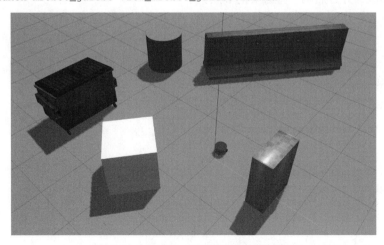

图 6-22　Gazebo 中的机器人仿真环境

久违的 Gazebo 中终于出现了我们设计的机器人模型，而且还换了一个全新的"涂装"，变成了靓丽的蓝色。

6.7.3　控制机器人在 Gazebo 中运动

机器人模型中已经加入了 libgazebo_ros_diff_drive.so 插件，可以使用差速控制器实现机器人运动。查看系统当前的话题列表（见图 6-23）。

从图 6-23 中可以看到，Gazebo 仿真中已经开始订阅 cmd_vel 话题了。接下来可以运行键盘控制节点，发布该话题的速度控制消息，机器人就会在 Gazebo 中开始运动了（见图 6-24）。

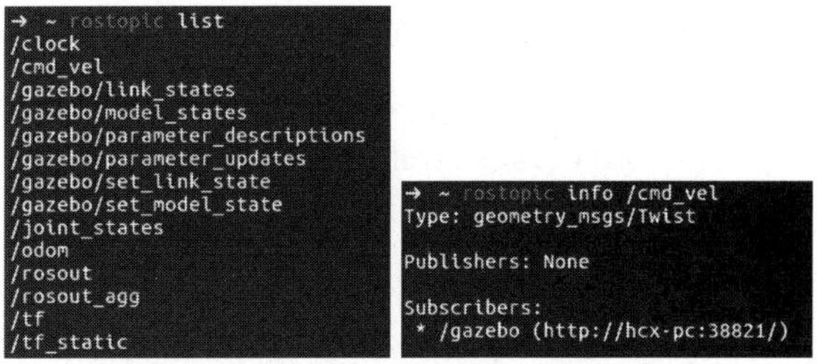

图 6-23　查看 ROS 系统中的话题列表

```
$ roslaunch mrobot_teleop mrobot_teleop.launch
```

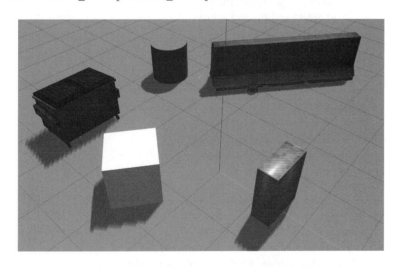

图 6-24　通过键盘控制机器人在 Gazebo 中运动

当机器人在仿真环境中撞到障碍物时，会根据两者的物理属性决定机器人是否反弹，或者障碍物是否会被推动，这也证明了 Gazebo 是一种贴近真实环境的物理仿真平台。

6.7.4　摄像头仿真

在之前 rviz+ArbotiX 搭建的机器人仿真环境中，机器人装配了多种传感器模型，但是这些模型并无法获取任何环境数据。Gazebo 的强大之处还在于提供了一系列传感器插件，可以帮助我们仿真传感器数据，获取 Gazebo 虚拟环境中的传感信息。

首先为机器人模型添加一个摄像头插件，让机器人看到 Gazebo 中的虚拟世界。

1. 为摄像头模型添加 Gazebo 插件

类似于机器人模型中的差速控制器插件，传感器的 Gazebo 插件也需要在 URDF 模型中配置。复制 mrobot_description 中的传感器模型到 mrobot_gazebo 包中，然后在摄像头的模型文件 mrobot_gazebo/urdf/camera.xacro 中添加 <gazebo> 的相关标签，代码如下：

```xml
<gazebo reference="${prefix}_link">
    <material>Gazebo/Black</material>
</gazebo>

<gazebo reference="${prefix}_link">
    <sensor type="camera" name="camera_node">
        <update_rate>30.0</update_rate>
        <camera name="head">
            <horizontal_fov>1.3962634</horizontal_fov>
            <image>
                <width>1280</width>
                <height>720</height>
                <format>R8G8B8</format>
            </image>
            <clip>
                <near>0.02</near>
                <far>300</far>
            </clip>
            <noise>
                <type>gaussian</type>
                <mean>0.0</mean>
                <stddev>0.007</stddev>
            </noise>
        </camera>
        <plugin name="gazebo_camera" filename="libgazebo_ros_camera.so">
            <alwaysOn>true</alwaysOn>
            <updateRate>0.0</updateRate>
            <cameraName>/camera</cameraName>
            <imageTopicName>image_raw</imageTopicName>
            <cameraInfoTopicName>camera_info</cameraInfoTopicName>
            <frameName>camera_link</frameName>
            <hackBaseline>0.07</hackBaseline>
            <distortionK1>0.0</distortionK1>
            <distortionK2>0.0</distortionK2>
            <distortionK3>0.0</distortionK3>
            <distortionT1>0.0</distortionT1>
            <distortionT2>0.0</distortionT2>
        </plugin>
    </sensor>
```

```
</gazebo>
```

新的摄像头模型文件在模型描述部分没有变化，只需要加入两个 <gazebo> 标签。

第一个 <gazebo> 标签用来设置摄像头模型在 Gazebo 中的 material，与机器人模型的配置相似，只需要设置颜色参数。

重点是第二个设置摄像头插件的 <gazebo> 标签。在加载传感器插件时，需要使用 <sensor> 标签来包含传感器的各种属性。例如现在使用的是摄像头传感器，需要设置 type 为 camera，传感器的命名（name）可以自由设置；然后使用 <camera> 标签具体描述摄像头的参数，包括分辨率、编码格式、图像范围、噪音参数等；最后需要使用 <plugin> 标签加载摄像头的插件 libgazebo_ros_camera.so，同时设置插件的参数，包括命名空间、发布图像的话题、参考坐标系等。

2. 运行仿真环境

现在摄像头插件已经配置完成，使用如下命令启动仿真环境，并加载装配了摄像头的机器人模型：

```
$ roslaunch mrobot_gazebo view_mrobot_with_camera_gazebo.launch
```

启动成功后，可以看到机器人已经在仿真环境中就位了，如图 6-25 所示：

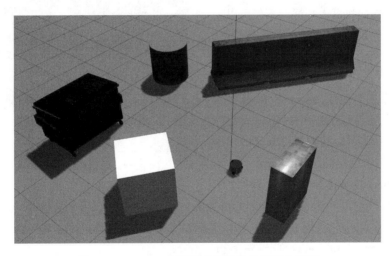

图 6-25　Gazebo 中装配有摄像头的机器人模型

查看当前系统中的话题列表（见图 6-26）。

从图 6-26 发布的话题中可以看到摄像头已经开始发布图像消息了，使用 rqt 工具查看当前机器人眼前的世界：

```
$ rqt_image_view
```

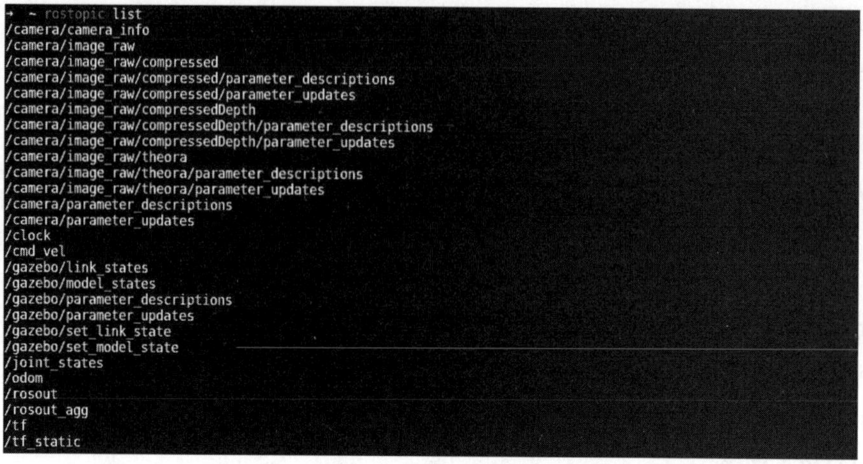

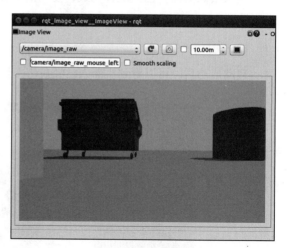

图 6-26   查看 ROS 系统中的话题列表

选择仿真摄像头发布的图像话题 /camera/
image_raw，即可看到如图 6-27 所示的图像
信息。

现在是不是感觉 Gazebo 仿真环境中的
机器人就像真实的机器人一样，不仅可以进
行运动控制，还可以获取传感器的反馈信息。

6.7.5   Kinect 仿真

很多应用还会使用 Kinect 等 RGB-D 传
感器，接下来就为 Gazebo 中的机器人装配
一个 Kinect，让它可以获取更加丰富的三维
信息。

图 6-27   仿真摄像头发布的图像信息

1. 为 Kinect 模型添加 Gazebo 插件

在 Kinect 模型文件 mrobot_gazebo/urdf/kinect.xacro 中添加以下 <gazebo> 标签：

```
<gazebo reference="${prefix}_link">
    <sensor type="depth" name="${prefix}">
        <always_on>true</always_on>
        <update_rate>20.0</update_rate>
        <camera>
            <horizontal_fov>${60.0*M_PI/180.0}</horizontal_fov>
            <image>
                <format>R8G8B8</format>
                <width>640</width>
                <height>480</height>
            </image>
            <clip>
```

```
                    <near>0.05</near>
                    <far>8.0</far>
                </clip>
            </camera>
            <plugin name="kinect_${prefix}_controller" filename="libgazebo_ros_
openni_kinect.so">
                <cameraName>${prefix}</cameraName>
                <alwaysOn>true</alwaysOn>
                <updateRate>10</updateRate>
                <imageTopicName>rgb/image_raw</imageTopicName>
                <depthImageTopicName>depth/image_raw</depthImageTopicName>
                <pointCloudTopicName>depth/points</pointCloudTopicName>
                <cameraInfoTopicName>rgb/camera_info</cameraInfoTopicName>
                <depthImageCameraInfoTopicName>depth/camera_info</depthImageCameraInfo-
TopicName>
                <frameName>${prefix}_frame_optical</frameName>
                <baseline>0.1</baseline>
                <distortion_k1>0.0</distortion_k1>
                <distortion_k2>0.0</distortion_k2>
                <distortion_k3>0.0</distortion_k3>
                <distortion_t1>0.0</distortion_t1>
                <distortion_t2>0.0</distortion_t2>
                <pointCloudCutoff>0.4</pointCloudCutoff>
            </plugin>
        </sensor>
    </gazebo>
```

这里需要选择的传感器类型是 depth，<camera> 中的参数与摄像头的类似，分辨率和检测距离都可以在 Kinect 的说明手册中找到，<plugin> 标签中加载的 Kinect 插件是 libgazebo_ros_openni_kinect.so，同时需要设置发布的各种数据话题名以及参考坐标系等参数。

2. 运行仿真环境

使用如下命令启动仿真环境，并加载装配了 Kinect 的机器人模型（见图 6-28）：

```
$ roslaunch mrobot_gazebo view_mrobot_with_kinect_gazebo.launch
```

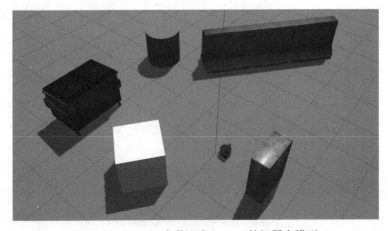

图 6-28　Gazebo 中装配有 Kinect 的机器人模型

查看当前系统的话题列表，确保 Kinect 插件已经启动成功（见图 6-29）。

```
→ ~ rostopic list
/camera/depth/camera_info
/camera/depth/image_raw
/camera/depth/points
/camera/parameter_descriptions
/camera/parameter_updates
/camera/rgb/camera_info
/camera/rgb/image_raw
/camera/rgb/image_raw/compressed
/camera/rgb/image_raw/compressed/parameter_descriptions
/camera/rgb/image_raw/compressed/parameter_updates
/camera/rgb/image_raw/compressedDepth
/camera/rgb/image_raw/compressedDepth/parameter_descriptions
/camera/rgb/image_raw/compressedDepth/parameter_updates
/camera/rgb/image_raw/theora
/camera/rgb/image_raw/theora/parameter_descriptions
/camera/rgb/image_raw/theora/parameter_updates
/clock
/cmd_vel
/gazebo/link_states
/gazebo/model_states
/gazebo/parameter_descriptions
/gazebo/parameter_updates
/gazebo/set_link_state
/gazebo/set_model_state
/joint_states
/odom
/rosout
/rosout_agg
/tf
/tf_static
```

图 6-29　查看 ROS 系统中的话题列表

然后使用如下命令打开 rviz，查看 Kinect 的点云数据：

```
$ rosrun rviz rviz
```

在 rviz 中需要设置 "Fixed Frame" 为 "camera_frame_optical"，然后添加一个 PointCloud2 类型的插件，修改插件订阅的话题为 /camera/depth/points，此时就可以在主界面中看到如图 6-30 所示的点云信息了。

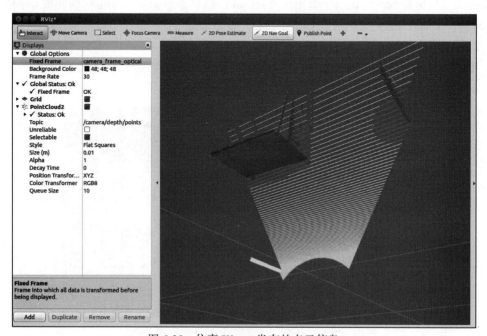

图 6-30　仿真 Kinect 发布的点云信息

6.7.6 激光雷达仿真

在 SLAM 和导航等机器人应用中，为了获取更精确的环境信息，往往会使用激光雷达作为主要传感器。同样我们可以在 Gazebo 中为仿真机器人装载一款激光雷达。

1. 为 rplidar 模型添加 Gazebo 插件

我们使用的激光雷达是 rplidar，在 rplidar 的模型文件 mrobot_gazebo/urdf/rplidar.xacro 中添加以下 <gazebo> 标签：

```
<gazebo reference="${prefix}_link">
    <material>Gazebo/Black</material>
</gazebo>


<gazebo reference="${prefix}_link">
    <sensor type="ray" name="rplidar">
        <pose>0 0 0 0 0 0</pose>
        <visualize>false</visualize>
        <update_rate>5.5</update_rate>
        <ray>
            <scan>
              <horizontal>
                <samples>360</samples>
                <resolution>1</resolution>
                <min_angle>-3</min_angle>
                <max_angle>3</max_angle>
              </horizontal>
            </scan>
            <range>
              <min>0.10</min>
              <max>6.0</max>
              <resolution>0.01</resolution>
            </range>
            <noise>
              <type>gaussian</type>
              <mean>0.0</mean>
              <stddev>0.01</stddev>
            </noise>
        </ray>
        <plugin name="gazebo_rplidar" filename="libgazebo_ros_laser.so">
            <topicName>/scan</topicName>
            <frameName>laser_link</frameName>
        </plugin>
    </sensor>
</gazebo>
```

激光雷达的传感器类型是 ray，rplidar 的相关参数在产品手册中可以找到。为了获取尽量贴近真实的仿真效果，需要根据实际参数配置 <ray> 中的雷达参数：360° 检测范围、单圈

360 个采样点、5.5Hz 采样频率，最远 6m 检测范围等。最后使用 <plugin> 标签加载激光雷达的插件 libgazebo_ros_laser.so，所发布的激光雷达话题是 "/scan"。

2. 运行仿真环境

使用如下命令启动仿真环境，并加载装配了激光雷达的机器人（见图 6-31）：

```
$ roslaunch mrobot_gazebo view_mrobot_with_laser_gazebo.launch
```

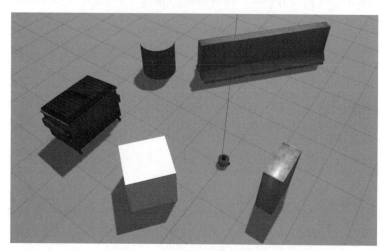

图 6-31　Gazebo 中装配有激光雷达的机器人模型

查看当前系统中的话题列表，确保 laser 插件已经启动成功（见图 6-32）。

```
→ ~ rostopic list
/clock
/cmd_vel
/gazebo/link_states
/gazebo/model_states
/gazebo/parameter_descriptions
/gazebo/parameter_updates
/gazebo/set_link_state
/gazebo/set_model_state
/joint_states
/odom
/rosout
/rosout_agg
/scan
/tf
/tf_static
```

图 6-32　查看 ROS 系统中的话题列表

然后使用如下命令打开 rviz，查看 rplidar 的激光数据：

```
$ rosrun rviz rviz
```

在 rviz 中设置 "Fixed Frame" 为 "base_footprint"，然后添加一个 LaserScan 类型的插件，修改插件订阅的话题为 "/scan"，就可以看到界面中的激光数据了（见图 6-33）。

到目前为止，Gazebo 中的机器人模型已经比较完善了，接下来我们就可以在这个仿真环境的基础上实现丰富的机器人功能。

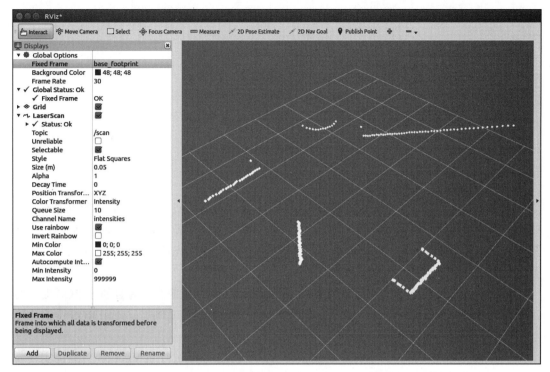

图 6-33　仿真激光雷达发布的激光信息

6.8　本章小结

仿真是系统开发中的重要步骤，学习完本章内容后，你应该已经了解如何使用 URDF 文件创建一个机器人模型，然后使用 xacro 文件优化该模型，并且放置到 rviz+ArbotiX 或 Gazebo 仿真环境中，以实现丰富的 ROS 功能。

到目前为止，我们学习了 ROS 基础知识，也了解了真实或仿真机器人系统的搭建方法。第 7 章将从机器视觉开始，正式走向机器人应用层面的开发实践。

第 7 章
机 器 视 觉

虽然机器人的视觉系统与人的眼睛大不相同，但是也有类似之处。人眼之所以能看到物体，是因为物体反射的光线刺激人眼的感光细胞，然后视觉神经在大脑中形成物体的像。计算机通过摄像头看到的东西要简单很多，摄像头的光敏元件将光信号转化成数字信号，并将其量化为数字矩阵，表示物体反射光的强弱。

第 5 章我们已经学习了如何驱动 USB 摄像头和 RGB-D 摄像头，并且通过 ROS 提供的工具将这些图像数据显示出来。本章我们将在这些图像数据的基础上，使用 ROS 中的功能包实现以下常用的机器视觉应用。

- 摄像头标定：摄像头本身存在光学畸变，可以使用 camera_calibration 功能包实现双目和单目摄像头的标定。
- 基于 OpenCV 的人脸识别和物体跟踪：OpenCV 是图像处理中的"利器"，ROS 中的 cv_bridge 功能包为两者提供了接口，赋予 ROS 应用强大的图像处理能力，可以轻松实现人脸识别、物体跟踪等多种功能。
- 二维码识别：ROS 中的 ar_track_alvar 功能包允许我们创建多种二维码标签，并且可以使用摄像头或 Kinect 实现二维码的识别与定位，为上层应用提供标识信息。
- 物体识别：ORK 是 ROS 中的物体识别框架，提供了多种物体识别的方法，需要将已知的物体模型进行训练，通过模式匹配的方式识别三维物体的位置。

7.1 ROS 中的图像数据

无论是 USB 摄像头还是 RGBD 摄像头，发布的图像数据格式多种多样，在处理这些数据之前，我们首先需要了解这些数据的格式。

7.1.1 二维图像数据

连接 USB 摄像头到 PC 端的 USB 接口，通过以下命令启动摄像头：

```
$ roslaunch usb_cam usb_cam-test.launch
```

启动成功后，使用以下命令查看当前系统中的图像话题信息（见图 7-1）：

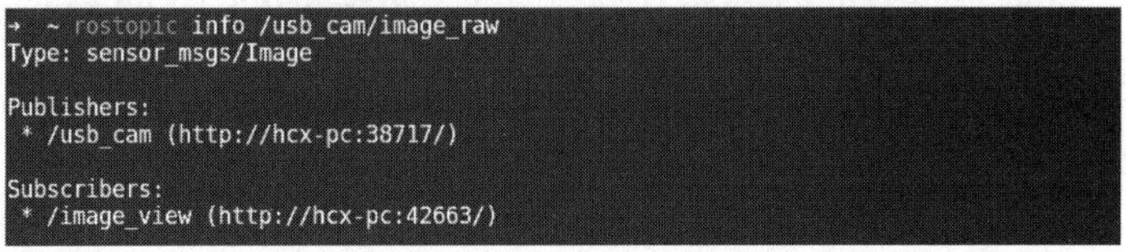

```
$ rostopic info /usb_cam/image_raw
```

图 7-1　查看图像话题信息

从图 7-1 打印的信息中可以看到，图像话题的消息类型是 sensor_msgs/Image，这是 ROS 定义的一种摄像头原始图像的消息类型，可以使用以下命令查看该图像消息的详细定义（见图 7-2）：

```
$ rosmsg show sensor_msgs/Image
```

图 7-2　原始图像消息类型 sensor_msgs/Image 的具体定义

该类型图像数据的具体内容如下。

1）header：消息头，包含图像的序号、时间戳和绑定坐标系。

2）height：图像的纵向分辨率，即图像包含多少行的像素点，这里使用的摄像头为 720。

3）width：图像的横向分辨率，即图像包含多少列的像素点，这里使用的摄像头为 1280。

4）encoding：图像的编码格式，包含 RGB、YUV 等常用格式，不涉及图像压缩编码。

5）is_bigendian：图像数据的大小端存储模式。

6）step：一行图像数据的字节数量，作为数据的步长参数，这里使用的摄像头为 width×3=1280×3=3840 字节。

7）data：存储图像数据的数组，大小为 step×height 字节，根据该公式可以算出这里使用的摄像头产生一帧图像的数据大小是：3840×720=2 764 800 字节，即 2.7648MB。

一帧 720×1280 分辨率的图像数据量就是 2.76MB，如果按照 30 帧 / 秒的帧率计算，那么一秒钟摄像头产生的数据量就高达 82.944MB！这个数据量在实际应用中是接受不了的，尤其是在远程传输图像的场景中，图像占用的带宽过大，会对无线网络造成很大压力。实际应用中，图像在传输前往往会进行压缩处理，ROS 也设计了压缩图像的消息类型——sensor_msgs/CompressedImage，该消息类型的定义如图 7-3 所示。

```
 → ~ rosmsg show sensor_msgs/CompressedImage
std_msgs/Header header
  uint32 seq
  time stamp
  string frame_id
string format
uint8[] data
```

图 7-3   压缩图像消息类型 sensor_msgs/CompressedImage 的具体定义

这个消息类型相比原始图像的定义要简洁不少，除了消息头外，只包含图像的压缩编码格式"format"和存储图像数据的"data"数组。图像压缩编码格式包含 JPEG、PNG、BMP 等，每种编码格式对数据的结构已经进行了详细定义，所以在消息类型的定义中省去了很多不必要的信息。

7.1.2   三维点云数据

在 5.6 节的 Kinect 数据显示中，rviz 订阅 camera/depth_registered/points 话题后，主界面即可显示三维点云数据。那么这种三维点云数据的消息类型是什么呢？可以使用如下命令查看（见图 7-4）：

```
$ rostopic info /camera/depth_registered/points
```

```
 → ~ rostopic info /camera/depth_registered/points
Type: sensor_msgs/PointCloud2

Publishers:
 * /camera/camera_nodelet_manager (http://hcx-pc:36273/)

Subscribers: None
```

图 7-4   查询三维点云数据的消息类型

该消息类型对应于 rviz 中 Add 可视化插件时所选择的插件类型，使用以下命令查看该消息类型的具体结构（见图 7-5）：

```
$ rosmsg show sensor_msgs/PointCloud2
```

```
 → ~ rosmsg show sensor_msgs/PointCloud2
std_msgs/Header header
  uint32 seq
  time stamp
  string frame_id
uint32 height
uint32 width
sensor_msgs/PointField[] fields
  uint8 INT8=1
  uint8 UINT8=2
  uint8 INT16=3
  uint8 UINT16=4
  uint8 INT32=5
  uint8 UINT32=6
  uint8 FLOAT32=7
  uint8 FLOAT64=8
  string name
  uint32 offset
  uint8 datatype
  uint32 count
bool is_bigendian
uint32 point_step
uint32 row_step
uint8[] data
bool is_dense
```

图 7-5   三维点云消息类型 sensor_msgs/PointCloud2 的具体定义

三维点云的消息定义如下。

1）height：点云图像的纵向分辨率，即图像包含多少行像素点。

2）width：点云图像的横向分辨率，即图像包含多少列像素点。

3）fields：每个点的数据类型。

4）is_bigendian：数据的大小端存储模式。

5）point_step：单点的数据字节步长。

6）row_step：一列数据的字节步长。

7）data：点云数据的存储数组，总字节大小为 row_step × height。

8）is_dense：是否有无效点。

点云数据中每个像素点的三维坐标都是浮点数，而且包含图像数据，所以单帧数据量也很大。如果使用分布式网络传输，在带宽有限的前提下，需要考虑能否满足数据的传输要求，或者针对数据进行压缩。

7.2　摄像头标定

摄像头这种精密仪器对光学器件的要求较高，由于摄像头内部与外部的一些原因，生成的物体图像往往会发生畸变，为了避免数据源造成的误差，需要针对摄像头的参数进行标定。ROS 官方提供了用于双目和单目摄像头标定的功能包——camera_calibration。

7.2.1　camera_calibration 功能包

首先使用以下命令安装摄像头标定功能包 camera_calibration：

```
$ sudo apt-get install ros-kinetic-camera-calibration
```

标定需要用到图 7-6 所示棋盘格图案的标定靶，可以在本书配套源码中找到（robot_vision/doc/checkerboard.pdf），请你将该标定靶打印出来贴到平面硬纸板上以备使用。

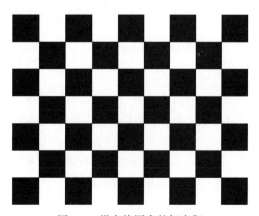

7.2.2　启动标定程序

一切就绪后准备开始标定摄像头。首先使用以下命令启动 USB 摄像头：

```
$ roslaunch robot_vision usb_cam.launch
```

然后使用以下命令启动标定程序：

图 7-6　棋盘格图案的标定靶

```
$ rosrun camera_calibration cameracalibrator.py --size 8x6 --square 0.024
image:=/usb_cam/image_raw camera:=/usb_cam
```

cameracalibrator.py 标定程序需要以下几个输入参数。

1）size：标定棋盘格的内部角点个数，这里使用的棋盘一共有 6 行，每行有 8 个内部角点。

2）square：这个参数对应每个棋盘格的边长，单位是米。

3）image 和 camera：设置摄像头发布的图像话题。

根据使用的摄像头和标定靶棋盘格尺寸，相应修改以上参数，即可启动标定程序。

7.2.3　标定摄像头

标定程序启动成功后，将标定靶放置在摄像头视野范围内，应该可以看到如图 7-7 所示的图形界面。

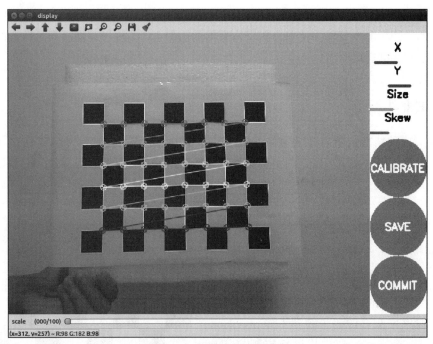

图 7-7　摄像头标定程序

在没有标定成功前，右边的按钮都为灰色，不能点击。为了提高标定的准确性，应该尽量让标定靶出现在摄像头视野范围内的各个区域，界面右上角的进度条会提示标定进度。

1）X：标定靶在摄像头视野中的左右移动。

2）Y：标定靶在摄像头视野中的上下移动。

3）Size：标定靶在摄像头视野中的前后移动。

4）Skew：标定靶在摄像头视野中的倾斜转动。

不断在视野中移动标定靶，直到"CALIBRATE"按钮变色，表示标定程序的参数采集完成。点击"CALIBRATE"按钮，标定程序开始自动计算摄像头的标定参数，这个过程需要等待一段时间，界面可能会变成灰色无响应状态，注意千万不要关闭。

参数计算完成后界面恢复，而且在终端中会有标定结果的显示（见图 7-8）。

```
('D = ', [0.03172285924641212, -0.04513796090551495, 0.004146197393863798, 0.006204520963568228, 0.0])
('K = ', [514.4538649142406, 0.0, 368.31123198655376, 0.0, 514.428903410344, 224.58090408672336, 0.0, 0.0, 1.0])
('R = ', [1.0, 0.0, 0.0, 0.0, 1.0, 0.0, 0.0, 0.0, 1.0])
('P = ', [516.4229736328125, 0.0, 372.8872462120489, 0.0, 0.0, 520.513671875, 226.4447006538976, 0.0, 0.0, 0.0, 1.0, 0.0])
None
# oST version 5.0 parameters


[image]

width
640

height
480

[narrow_stereo]

camera matrix
514.453865 0.000000 368.311232
0.000000 514.428903 224.580904
0.000000 0.000000 1.000000

distortion
0.031723 -0.045138 0.004146 0.006205 0.000000

rectification
1.000000 0.000000 0.000000
0.000000 1.000000 0.000000
0.000000 0.000000 1.000000

projection
516.422974 0.000000 372.887246 0.000000
0.000000 520.513672 226.444701 0.000000
0.000000 0.000000 1.000000 0.000000
```

图 7-8　终端中的标定结果

点击界面中的"SAVE"按钮，标定参数将被保存到默认的文件夹下，并在终端中看到该路径，如图 7-9 所示。

```
('Wrote calibration data to', '/tmp/calibrationdata.tar.gz')
```

图 7-9　标定参数的保存路径

点击"COMMIT"按钮，提交数据并退出程序。然后打开 /tmp 文件夹，就可以看到标定结果的压缩文件 calibrationdata.tar.gz；解压该文件后的内容如图 7-10 所示，从中可以找到 ost.yaml 命名的标定结果文件，将该文件复制出来，重新命名就可以使用了。

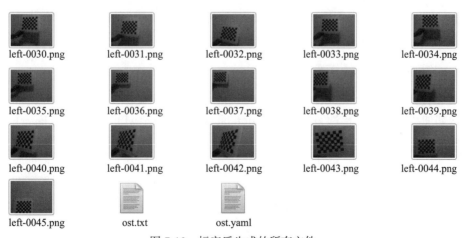

left-0030.png	left-0031.png	left-0032.png	left-0033.png	left-0034.png
left-0035.png	left-0036.png	left-0037.png	left-0038.png	left-0039.png
left-0040.png	left-0041.png	left-0042.png	left-0043.png	left-0044.png
left-0045.png	ost.txt	ost.yaml		

图 7-10　标定后生成的所有文件

7.2.4　标定 Kinect

除了一个 RGB 摄像头，Kinect 还有一个红外深度摄像头，两个摄像头需要分别标定，方法与 USB 摄像头的标定相同。

启动 Kinect 后，分别使用以下命令，按照 7.2.3 节介绍的流程即可完成标定（见图 7-11）。

```
$ roslaunch robot_vision freenect.launch
$ rosrun camera_calibration cameracalibrator.py image:=/camera/rgb/image_raw
camera:=/camera/rgb --size 8x6 --square 0.024
$ rosrun camera_calibration cameracalibrator.py image:=/camera/ir/image_raw
camera:=/camera/ir --size 8x6 --square 0.024
```

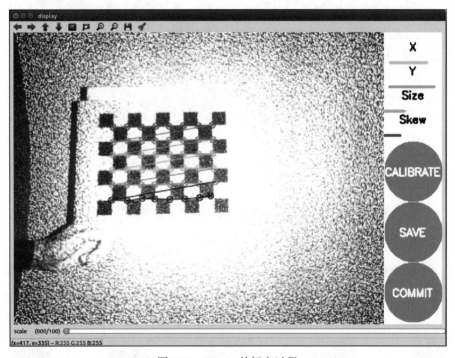

图 7-11　Kinect 的标定过程

7.2.5　加载标定参数的配置文件

标定摄像头生成的配置文件是 YAML 格式的，可以在启动摄像头的 launch 文件中进行加载，例如加载摄像头标定文件的 robot_vision/launch/usb_cam_with_calibration.launch：

```
<launch>

    <node name="usb_cam" pkg="usb_cam" type="usb_cam_node" output="screen" >
        <param name="video_device" value="/dev/video0" />
        <param name="image_width" value="1280" />
        <param name="image_height" value="720" />
        <param name="pixel_format" value="yuyv" />
```

```
        <param name="camera_frame_id" value="usb_cam" />
        <param name="io_method" value="mmap"/>

        <param name="camera_info_url" type="string" value="file://$(find robot_vision)/
camera_calibration.yaml" />
    </node>

</launch>
```

Kinect 标定文件的加载方法相同，分别设置 RGB 摄像头和红外深度摄像头的标定文件即可，详见 robot_vision/launch/freenect_with_calibration.launch：

```
<launch>

    <!-- Launch the freenect driver -->
    <include file="$(find freenect_launch)/launch/freenect.launch">
        <arg name="publish_tf"                        value="false" />

        <!-- use device registration -->
        <arg name="depth_registration"                value="true" />

        <arg name="rgb_processing"                    value="true" />
        <arg name="ir_processing"                     value="false" />
        <arg name="depth_processing"                  value="false" />
        <arg name="depth_registered_processing"       value="true" />
        <arg name="disparity_processing"              value="false" />
        <arg name="disparity_registered_processing"   value="false" />
        <arg name="sw_registered_processing"          value="false" />
        <arg name="hw_registered_processing"          value="true" />

        <arg name="rgb_camera_info_url"
                value="file://$(find robot_vision)/kinect_rgb_calibration.yaml" />
        <arg name="depth_camera_info_url"
                value="file://$(find robot_vision)/kinect_depth_calibration.yaml" />
    </include>

</launch>
```

启动加载了标定文件的传感器后，可能会看到如图 7-12 所示的警告信息。

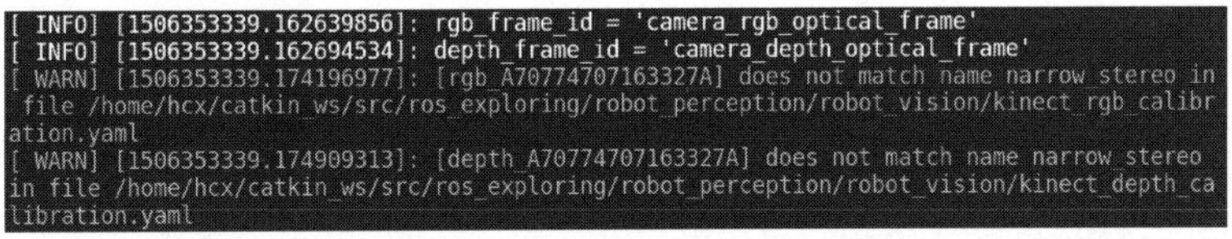

图 7-12　标定文件中参数不匹配导致的警告信息

这是因为标定文件中的 camera_name 参数与实际传感器的名称不匹配，按照警告提示的信息进行修改即可。比如根据图 7-12 所示的警告，分别将两个标定文件中的 camera_name 参数修改为 "rgb_A70774707163327A"、"depth_A70774707163327A" 即可。

7.3 OpenCV 库

OpenCV 库（Open Source Computer Vision Library）是一个基于 BSD 许可发行的跨平台开源计算机视觉库，可以运行在 Linux、Windows 和 mac OS 等操作系统上。OpenCV 由一系列 C 函数和少量 C++ 类构成，同时提供 C++、Python、Ruby、MATLAB 等语言的接口，实现了图像处理和计算机视觉方面的很多通用算法，而且对非商业应用和商业应用都是免费的。同时 OpenCV 可以直接访问硬件摄像头，并且还提供一个简单的 GUI 系统——highgui。

7.3.1 安装 OpenCV

基于 OpenCV 库，我们可以快速开发机器视觉方面的应用，而且 ROS 中已经集成了 OpenCV 库和相关的接口功能包，使用以下命令即可安装：

```
$ sudo apt-get install ros-kinetic-vision-opencv libopencv-dev python-opencv
```

7.3.2 在 ROS 中使用 OpenCV

ROS 为开发者提供了与 OpenCV 的接口功能包——cv_bridge。如图 7-13 所示，开发者可以通过该功能包将 ROS 中的图像数据转换成 OpenCV 格式的图像，并且调用 OpenCV 库进行各种图像处理；或者将 OpenCV 处理过后的数据转换成 ROS 图像，通过话题进行发布，实现各节点之间的图像传输。

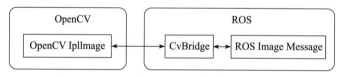

图 7-13 cv_bridge 功能包的作用

下面通过一个简单的例子了解如何使用 cv_bridge 完成 ROS 与 OpenCV 之间的图像转换。在该例程中，一个 ROS 节点订阅摄像头驱动发布的图像消息，然后将其转换成 OpenCV 的图像格式进行显示，最后再将该 OpenCV 格式的图像转换成 ROS 图像消息进行发布并显示。

通过以下命令启动该例程：

```
$ roslaunch robot_vision usb_cam.launch
$ rosrun robot_vision cv_bridge_test.py
$ rqt_image_view
```

例程运行的效果如图 7-14 所示，图中左边是通过 cv_bridge 将 ROS 图像转换成 OpenCV 图像数据之后的显示效果，使用 OpenCV 库在图像左上角绘制了一个红色的圆；图中右边是将 OpenCV 图像数据再次通过 cv_bridge 转换成 ROS 图像后的显示效果，左右两幅图像应该完全一致。

图 7-14　cv_bridge 例程的运行效果

实现该例程的源码 robot_vision/scripts/cv_bridge_test.py 的内容如下：

```python
import rospy
import cv2
from cv_bridge import CvBridge, CvBridgeError
from sensor_msgs.msg import Image

class image_converter:
    def __init__(self):
        # 创建 cv_bridge，声明图像的发布者和订阅者
        self.image_pub = rospy.Publisher("cv_bridge_image", Image, queue_size=1)
        self.bridge = CvBridge()
        self.image_sub = rospy.Subscriber("/usb_cam/image_raw", Image, self.callback)

    def callback(self,data):
        # 使用 cv_bridge 将 ROS 的图像数据转换成 OpenCV 的图像格式
        try:
            cv_image = self.bridge.imgmsg_to_cv2(data, "bgr8")
        except CvBridgeError as e:
            print e

        # 在 opencv 的显示窗口中绘制一个圆作为标记
        (rows,cols,channels) = cv_image.shape
        if cols > 60 and rows > 60 :
            cv2.circle(cv_image, (60, 60), 30, (0,0,255), -1)

        # 显示 OpenCV 格式的图像
        cv2.imshow("Image window", cv_image)
        cv2.waitKey(3)

        # 再将 OpenCV 格式的数据转换成 ROS image 格式的数据发布
        try:
            self.image_pub.publish(self.bridge.cv2_to_imgmsg(cv_image, "bgr8"))
        except CvBridgeError as e:
```

```
            print e

if __name__ == '__main__':
    try:
        # 初始化 ROS 节点
        rospy.init_node("cv_bridge_test")
        rospy.loginfo("Starting cv_bridge_test node")
        image_converter()
        rospy.spin()
    except KeyboardInterrupt:
        print "Shutting down cv_bridge_test node."
        cv2.destroyAllWindows()
```

分析以上例程代码的关键部分：

```
import cv2
from cv_bridge import CvBridge, CvBridgeError
```

要调用 OpenCV，必须先导入 OpenCV 模块，另外还应导入 cv_bridge 所需要的一些模块。

```
self.image_pub = rospy.Publisher("cv_bridge_image", Image, queue_size=1)
self.bridge = CvBridge()
self.image_sub = rospy.Subscriber("/usb_cam/image_raw", Image, self.callback)
```

定义一个 Subscriber 接收原始图像消息，再定义一个 Publisher 发布 OpenCV 处理后的图像消息，还要定义一个 CvBridge 的句柄，便于调用相关的转换接口。

```
try:
    cv_image = self.bridge.imgmsg_to_cv2(data, "bgr8")
except CvBridgeError as e:
    print e
```

imgmsg_to_cv2() 接口的功能就是将 ROS 图像消息转换成 OpenCV 图像数据，该接口有两个输入参数：第一个参数指向图像消息流，第二个参数用来定义转换的图像数据格式。

```
try:
    self.image_pub.publish(self.bridge.cv2_to_imgmsg(cv_image, "bgr8"))
except CvBridgeError as e:
    print e
```

cv2_to_imgmsg() 接口的功能是将 OpenCV 格式的图像数据转换成 ROS 图像消息，该接口同样要求输入图像数据流和数据格式这两个参数。

从这个例程来看，ROS 中调用 OpenCV 的方法并不复杂，主要熟悉 imgmsg_to_cv2()、cv2_to_imgmsg() 这两个接口函数的使用方法就可以了。

7.4 人脸识别

人脸识别需要在输入的图像中确定人脸（如果存在）的位置、大小和姿态，往往用于生物特征识别、视频监听、人机交互等应用中。2001 年，Viola 和 Jones 提出了基于 Haar 特征的级联分类器对象检测算法，并在 2002 年由 Lienhart 和 Maydt 进行改进，为快速、可靠的人脸检测应用提供了一种有效方法。OpenCV 已经集成了该算法的开源实现，利用大量样本的 Haar 特征进行分类器训练，然后调用训练好的瀑布级联分类器 cascade 进行模式匹配。

如图 7-15 所示，OpenCV 中的人脸识别算法首先将获取的图像进行灰度化转换，并进行边缘处理与噪声过滤；然后将图像缩小、直方图均衡化，同时将匹配分类器放大相同倍数，直到匹配分类器的大小大于检测图像，则返回匹配结果。匹配过程中，可以根据 cascade 分类器中的不同类型分别进行匹配，例如正脸和侧脸。关于该算法的更多内容，可以参考相关专业书籍。

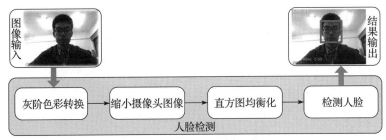

图 7-15　人脸识别的算法流程

7.4.1　应用效果

OpenCV 已经集成了人脸识别算法，所以我们不需要重新开发该算法，只需要调用 OpenCV 相应的接口就可以实现人脸识别的功能。

先不深究如何使用 ROS 和 OpenCV 实现人脸识别的功能，本书源码包中已经提供了该例程。下面运行例程看一下人脸识别是一种怎样的效果。

使用以下命令启动摄像头，然后运行 face_detector.launch 文件启动人脸识别功能：

```
$ roslaunch robot_vision usb_
cam.launch
$ roslaunch robot_vision face_
detector.launch
```

对着镜头来个微笑，应该就可以看到自己"美丽帅气"的脸庞已经被识别出来了，识别到的人脸区域使用绿色矩形框标识（见图 7-16）。

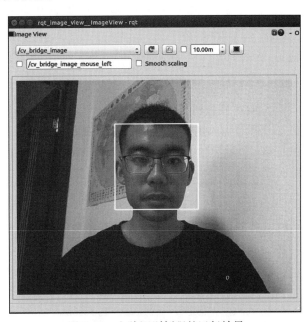

图 7-16　人脸识别例程的运行效果

7.4.2　源码实现

现在再回头研究这个例程的源码实现方法。该应用的实现代码只有一个文件，即 robot_vision/script/face_detector.py，主要分成以下三个部分。

1. 初始化部分

初始化部分主要完成 ROS 节点、图像、识别参数的设置。

```python
def __init__(self):
    rospy.on_shutdown(self.cleanup);

    # 创建 cv_bridge
    self.bridge = CvBridge()
    self.image_pub = rospy.Publisher("cv_bridge_image", Image, queue_size=1)

    # 获取 haar 特征的级联表的 XML 文件，文件路径在 launch 文件中传入
    cascade_1 = rospy.get_param("~cascade_1", "")
    cascade_2 = rospy.get_param("~cascade_2", "")

    # 使用级联表初始化 haar 特征检测器
    self.cascade_1 = cv2.CascadeClassifier(cascade_1)
    self.cascade_2 = cv2.CascadeClassifier(cascade_2)

    # 设置级联表的参数，优化人脸识别，可以在 launch 文件中重新配置
    self.haar_scaleFactor  = rospy.get_param("~haar_scaleFactor", 1.2)
    self.haar_minNeighbors = rospy.get_param("~haar_minNeighbors", 2)
    self.haar_minSize      = rospy.get_param("~haar_minSize", 40)
    self.haar_maxSize      = rospy.get_param("~haar_maxSize", 60)
    self.color = (50, 255, 50)

    # 初始化订阅 rgb 格式图像数据的订阅者，此处图像 topic 的话题名可以在 launch 文件中重映射
    self.image_sub = rospy.Subscriber("input_rgb_image", Image, self.image_callback,
queue_size=1)
```

2. ROS 图像回调函数

例程节点收到摄像头发布的 RGB 图像数据后进入回调函数，将图像转换成 OpenCV 的数据格式，然后预处理之后开始调用人脸识别的功能函数，最后发布识别结果。

```python
def image_callback(self, data):
    # 使用 cv_bridge 将 ROS 的图像数据转换成 OpenCV 的图像格式
    try:
        cv_image = self.bridge.imgmsg_to_cv2(data, "bgr8")
        frame = np.array(cv_image, dtype=np.uint8)
    except CvBridgeError, e:
        print e

    # 创建灰度图像
    grey_image = cv2.cvtColor(frame, cv2.COLOR_BGR2GRAY)
```

```
# 创建平衡直方图，减少光线影响
grey_image = cv2.equalizeHist(grey_image)

# 尝试检测人脸
faces_result = self.detect_face(grey_image)

# 在 OpenCV 的窗口中框出所有人脸区域
if len(faces_result)>0:
    for face in faces_result:
        x, y, w, h = face
        cv2.rectangle(cv_image, (x, y), (x+w, y+h), self.color, 2)

# 将识别后的图像转换成 ROS 消息并进行发布
self.image_pub.publish(self.bridge.cv2_to_imgmsg(cv_image, "bgr8"))
```

3. 人脸识别

人脸识别部分没有很多代码，直接调用 OpenCV 提供的人脸识别接口，与数据库中的人脸特征进行匹配。

```
def detect_face(self, input_image):
    # 首先匹配正面人脸的模型
    if self.cascade_1:
        faces = self.cascade_1.detectMultiScale(input_image,
                self.haar_scaleFactor,
                self.haar_minNeighbors,
                cv2.CASCADE_SCALE_IMAGE,
                (self.haar_minSize, self.haar_maxSize))

    # 如果正面人脸匹配失败，那么就尝试匹配侧面人脸的模型
    if len(faces) == 0 and self.cascade_2:
        faces = self.cascade_2.detectMultiScale(input_image,
                self.haar_scaleFactor,
                self.haar_minNeighbors,
                cv2.CASCADE_SCALE_IMAGE,
                (self.haar_minSize, self.haar_maxSize))

    return faces
```

代码中有一些参数和话题名需要在 launch 文件中设置，所以还需要编写一个运行例程的 launch 文件 robot_vision/launch/face_detector.launch：

```
<launch>
    <node pkg="robot_vision" name="face_detector" type="face_detector.py"
output="screen">
        <remap from="input_rgb_image" to="/usb_cam/image_raw" />
        <rosparam>
            haar_scaleFactor: 1.2
            haar_minNeighbors: 2
            haar_minSize: 40
```

```
        haar_maxSize: 60
    </rosparam>
    <param name="cascade_1" value="$(find robot_vision)/data/haar_detectors/
haarcascade_frontalface_alt.xml" />
    <param name="cascade_2" value="$(find robot_vision)/data/haar_detectors/
haarcascade_profileface.xml" />
    </node>
</launch>
```

以上我们结合 ROS 和 OpenCV 实现了一个人脸识别的机器视觉应用。

7.5 物体跟踪

物体跟踪与物体识别有相似之处，同样使用特征点检测的方法，但侧重点并不相同。物体识别针对的物体可以是静态的或动态的，根据物体特征点建立的模型作为识别的数据依据；物体跟踪更强调对物体位置的准确定位，输入图像一般需要具有动态特性。

如图 7-17 所示，物体跟踪功能首先根据输入的图像流和选择跟踪的物体，采样物体在图像当前帧中的特征点；然后将当前帧和下一帧图像进行灰度值比较，估计出当前帧中跟踪物体的特征点在下一帧图像中的位置；再过滤位置不变的特征点，余下的点就是跟踪物体在第二帧图像中的特征点，其特征点集群即为跟踪物体的位置。该功能依然基于 OpenCV 提供的图像处理算法。关于物体跟踪算法的更多内容，可以参考相关专业书籍。

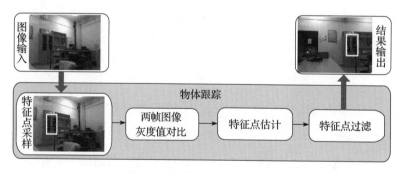

图 7-17 物体跟踪的算法流程

7.5.1 应用效果

使用以下命令启动摄像头，然后运行 motion_detector.launch 文件启动物体跟踪例程：

```
$ roslaunch robot_vision usb_cam.launch
$ roslaunch robot_vision motion_detector.launch
```

尽量选用纯色背景和色彩差异较大的测试物体。在画面中移动识别物体，即可看到矩

形框标识出了运动物体的实时位置（见图7-18），可以针对实验环境调整识别区域、阈值等
参数。

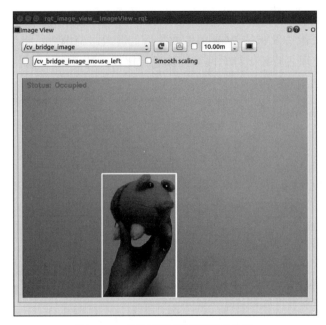

图7-18 物体跟踪例程的运行效果

7.5.2 源码实现

类似于人脸识别，物体跟踪的实现同样使用OpenCV提供的图像处理接口。该应用实现
的完整代码是robot_vision/script/face_detector.py/motion_detector.py，主要有以下两个部分。

1. 初始化部分

初始化部分主要完成ROS节点、图像、识别参数的设置，代码如下：

```
def __init__(self):
    rospy.on_shutdown(self.cleanup);

    # 创建 cv_bridge
    self.bridge = CvBridge()
    self.image_pub = rospy.Publisher("cv_bridge_image", Image, queue_size=1)

    # 设置参数：最小区域、阈值
    self.minArea   = rospy.get_param("~minArea",   500)
    self.threshold = rospy.get_param("~threshold", 25)

    self.firstFrame = None
    self.text = "Unoccupied"
```

```
    # 初始化订阅 rgb 格式图像数据的订阅者，此处图像 topic 的话题名可以在 launch 文件中重映射
    self.image_sub = rospy.Subscriber("input_rgb_image", Image, self.image_callback,
queue_size=1)
```

2. 图像处理部分

例程节点收到摄像头发布的 RGB 图像数据后，进入回调函数，将图像转换成 OpenCV 格式；完成图像预处理之后开始针对两帧图像进行比较，基于图像差异识别到运动的物体，最后标识识别结果并进行发布。

```
def image_callback(self, data):
    # 使用 cv_bridge 将 ROS 的图像数据转换成 OpenCV 的图像格式
    try:
        cv_image = self.bridge.imgmsg_to_cv2(data, "bgr8")
        frame = np.array(cv_image, dtype=np.uint8)
    except CvBridgeError, e:
        print e

    # 创建灰度图像
    gray = cv2.cvtColor(frame, cv2.COLOR_BGR2GRAY)
    gray = cv2.GaussianBlur(gray, (21, 21), 0)

    # 使用两帧图像做比较，检测移动物体的区域
    if self.firstFrame is None:
        self.firstFrame = gray
        return
    frameDelta = cv2.absdiff(self.firstFrame, gray)
    thresh = cv2.threshold(frameDelta, self.threshold, 255, cv2.THRESH_BINARY)[1]

    thresh = cv2.dilate(thresh, None, iterations=2)
     binary, cnts, hierarchy= cv2.findContours(thresh.copy(), cv2.RETR_EXTERNAL,
cv2.CHAIN_APPROX_SIMPLE)

    for c in cnts:
        # 如果检测到的区域小于设置值，则忽略
        if cv2.contourArea(c) < self.minArea:
          continue

        # 在输出画面上框出识别到的物体
        (x, y, w, h) = cv2.boundingRect(c)
        cv2.rectangle(frame, (x, y), (x + w, y + h), (50, 255, 50), 2)
        self.text = "Occupied"

    # 在输出画面上标出当前状态和时间戳信息
    cv2.putText(frame, "Status: {}".format(self.text), (10, 20),
        cv2.FONT_HERSHEY_SIMPLEX, 0.5, (0, 0, 255), 2)

    # 将识别后的图像转换成 ROS 消息并进行发布
    self.image_pub.publish(self.bridge.cv2_to_imgmsg(frame, "bgr8"))
```

代码中有一些参数和话题名需要在 launch 文件中进行设置，所以还需要编写一个运行节

点的 launch 文件 robot_vision/launch/motion_detector.launch：

```
<launch>
    <node pkg="robot_vision" name="motion_detector" type="motion_detector.py"
output="screen">
        <remap from="input_rgb_image" to="/usb_cam/image_raw" />
        <rosparam>
            minArea: 500
            threshold: 25
        </rosparam>
    </node>
</launch>
```

7.6 二维码识别

生活中越来越多的场景会用到二维码，无论是商场购物还是共享单车，二维码作为一种入口标志已经得到广泛应用。你是否也想用 ROS 尝试一下二维码的识别呢？ROS 中提供了多种二维码识别的功能包，本节我们就选用其中一个功能包（ar_track_alvar）来介绍二维码的识别方法。

7.6.1 ar_track_alvar 功能包

功能包 ar_track_alvar 的安装非常简单，直接使用以下命令即可：

```
$ sudo apt-get install ros-kinetic-ar-track-alvar
```

安装完成后，在 ROS 的默认安装目录中找到 ar_track_alvar 功能包。打开该功能包下的 launch 文件夹，可以看到多个 launch 文件（见图 7-19）。这些都是针对 PR2 机器人使用的二维码识别例程，我们可以在这些文件的基础上进行修改，让自己的机器视觉具备二维码识别的功能。

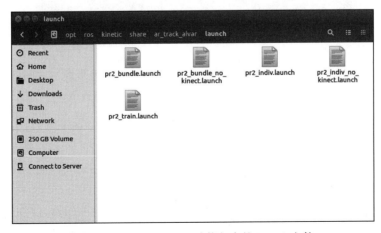

图 7-19 ar_track_alvar 功能包中的 launch 文件

7.6.2 创建二维码

ar_track_alvar 功能包提供了二维码标签的生成功能，可以使用如下命令创建相应标号的二维码标签：

```
$ rosrun ar_track_alvar createMarker AR_ID
```

其中 AR_ID 可以是从 0 到 65535 之间任意数字的标号，例如：

```
$ rosrun ar_track_alvar createMarker 0
```

可以创建一个标号为 0 的二维码标签图片，命名为 MarkerData_0.png，并放置到终端的当前路径下。也可以直接使用系统图片查看器打开该二维码文件（见图 7-20）。

createMarker 工具还有很多参数可以进行配置，使用以下命令即可看到图 7-21 所示的使用帮助：

```
$ rosrun ar_track_alvar createMarker
```

图 7-20　标号为 0 的二维码

```
 → ~ rosrun ar_track_alvar createMarker
SampleMarkerCreator
===================

Description:
    This is an example of how to use the 'MarkerData' and 'MarkerArtoolkit'
    classes to generate marker images. This application can be used to
    generate markers and multimarker setups that can be used with
    SampleMarkerDetector and SampleMultiMarker.

Usage:
    /opt/ros/kinetic/lib/ar_track_alvar/createMarker [options] argument

    65535                 marker with number 65535
    -f 65535              force hamming(8,4) encoding
    -1 "hello world"      marker with string
    -2 catalog.xml        marker with file reference
    -3 www.vtt.fi         marker with URL
    -u 96                 use units corresponding to 1.0 unit per 96 pixels
    -uin                  use inches as units (assuming 96 dpi)
    -ucm                  use cm's as units (assuming 96 dpi) <default>
    -s 5.0                use marker size 5.0x5.0 units (default 9.0x9.0)
    -r 5                  marker content resolution -- 0 uses default
    -m 2.0                marker margin resolution -- 0 uses default
    -a                    use ArToolkit style matrix markers
    -p                    prompt marker placements interactively from the user
```

图 7-21　createMarker 工具的帮助信息

从图 7-21 中可以看到，createMarker 不仅可以使用数字标号生成二维码标签，也可以使用字符串、文件名、网址等，还可以使用 -s 参数设置生成二维码的尺寸。

可以使用如下命令创建一系列二维码标签：

```
$ roscd robot_vision/config
$ rosrun ar_track_alvar createMarker -s 5 0
$ rosrun ar_track_alvar createMarker -s 5 1
$ rosrun ar_track_alvar createMarker -s 5 2
```

生成的二维码如图 7-22 所示，最好将这些二维码打印出来粘贴到硬纸板上，以备使用。

图 7-22　标号为 0、1、2 的二维码

7.6.3　摄像头识别二维码

　　ar-track-alvar 功能包支持 USB 摄像头或 RGB-D 摄像头作为识别二维码的视觉传感器，分别对应于 individualMarkersNoKinect 和 individualMarkers 这两个不同的识别节点。

　　首先使用最为常用的 USB 摄像头进行识别。复制 ar-track-alvar 功能包 launch 文件夹中的 pr2_indiv_no_kinect.launch 文件作为蓝本，针对使用的 USB 摄像头进行修改设置，重命名为 robot_vision/launch/ar_track_camera.launch：

```
<launch>

    <node pkg="tf" type="static_transform_publisher" name="world_to_cam"
        args="0 0 0.5 0 1.57 0 world usb_cam 10" />

    <arg name="marker_size" default="5" />
    <arg name="max_new_marker_error" default="0.08" />
    <arg name="max_track_error" default="0.2" />
    <arg name="cam_image_topic" default="/usb_cam/image_raw" />
    <arg name="cam_info_topic" default="/usb_cam/camera_info" />
    <arg name="output_frame" default="/usb_cam" />

    <node name="ar_track_alvar" pkg="ar_track_alvar" type="individualMarkersNoK
inect" respawn="false" output="screen">
        <param name="marker_size"              type="double" value="$(arg marker_
size)" />
        <param name="max_new_marker_error"  type="double" value="$(arg max_new_
marker_error)" />
        <param name="max_track_error"          type="double" value="$(arg max_track_
error)" />
        <param name="output_frame"            type="string" value="$(arg output_
frame)" />

        <remap from="camera_image"  to="$(arg cam_image_topic)" />
        <remap from="camera_info"   to="$(arg cam_info_topic)" />
    </node>

    <!-- rviz view /-->
    <node pkg="rviz" type="rviz" name="rviz" args="-d $(find robot_vision)/config/
ar_track_camera.rviz"/>
```

```
</launch>
```

该 launch 文件主要进行了以下几点设置。

1）设置 world 与 camera 之间的坐标变换。

2）设置 individualMarkersNoKinect 节点所需要的参数，主要是订阅图像数据的话题名，还有所使用二维码的实际尺寸，单位是厘米。

3）启动 rviz 界面，将识别结果可视化。

启动摄像头，并且运行 launch 文件启动二维码识别功能：

```
$ roslaunch robot_vision usb_cam_with_calibration.launch
$ roslaunch robot_vision ar_track_camera.launch
```

启动摄像头时，需要加载标定文件，否则可能无法识别二维码。

运行成功后可以在打开的 rviz 界面中看到摄像头信息，主界面中还有 world 和 camera 两个坐标系的显示。现在将二维码标签放置到摄像头的视野范围内，很快就可以看到如图 7-23 所示的识别结果。

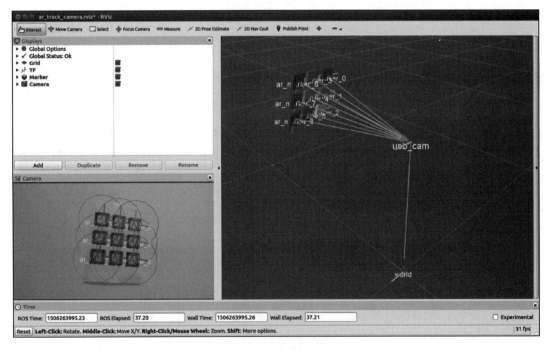

图 7-23   摄像头识别二维码的运行效果

在显示的图像中，可以看到多个二维码被同时准确识别出来，图像中的二维码上会出现坐标轴，代表识别到的二维码姿态。ar_track_alvar 功能包不仅可以识别图像中的二维码，而且可以确定二维码的空间位姿。在使用摄像头的情况下，因为二维码尺寸已知，所以根据图像变化可以计算二维码的姿态，还可以计算二维码相对摄像头的空间位置。

查看当前 ROS 系统中的话题列表（见图 7-24）。

```
➜  ~ rostopic list
/ar_pose_marker
/ar_track_alvar/enable_detection
/ar_track_alvar/parameter_descriptions
/ar_track_alvar/parameter_updates
/clicked_point
/initialpose
/move_base_simple/goal
/rosout
/rosout_agg
/tf
/tf_static
/usb_cam/camera_info
/usb_cam/image_raw
/usb_cam/image_raw/compressed
/usb_cam/image_raw/compressed/parameter_descriptions
/usb_cam/image_raw/compressed/parameter_updates
/usb_cam/image_raw/compressedDepth
/usb_cam/image_raw/compressedDepth/parameter_descriptions
/usb_cam/image_raw/compressedDepth/parameter_updates
/usb_cam/image_raw/theora
/usb_cam/image_raw/theora/parameter_descriptions
/usb_cam/image_raw/theora/parameter_updates
/visualization_marker
/visualization_marker_array
```

图 7-24　查看 ROS 系统中的话题列表

其中，ar_pose_marker 列出了所有识别到的二维码信息，包括 ID 号和二维码的位姿状态，可以使用“rostopic echo”打印该消息的数据（见图 7-25）。

```
markers:
  -
    header:
      seq: 0
      stamp:
        secs: 1506264295
        nsecs: 261290716
      frame_id: /usb_cam
    id: 5
    confidence: 0
    pose:
      header:
        seq: 0
        stamp:
          secs: 0
          nsecs:         0
        frame_id: ''
      pose:
        position:
          x: -0.050358386788
          y: -0.0286603534611
          z: 0.493313470257
        orientation:
          x: 0.98092476878
          y: 0.00292648513227
          z: 0.183482106987
          w: 0.0641276078974
```

图 7-25　二维码识别结果的消息数据

获取这些数据后，我们就可以实现进一步的应用了，例如可以实现导航中的二维码定位、引导机器人跟随运动等功能。

7.6.4 Kinect 识别二维码

同样可以使用 Kinect 等 RGB-D 摄像头识别二维码，对 ar-track-alvar 功能包 launch 文件夹中的 pr2_indiv.launch 进行一些修改，重命名为 robot_vision/launch/ar_track_kinect.launch：

```
<launch>

    <node pkg="tf" type="static_transform_publisher" name="world_to_cam"
        args="0 0 0.5 0 1.57 0 world camera_rgb_optical_frame 10" />

    <arg name="marker_size" default="5.0" />
    <arg name="max_new_marker_error" default="0.08" />
    <arg name="max_track_error" default="0.2" />

    <arg name="cam_image_topic" default="/camera/depth_registered/points" />
    <arg name="cam_info_topic" default="/camera/rgb/camera_info" />
    <arg name="output_frame" default="/camera_rgb_optical_frame" />

    <node name="ar_track_alvar" pkg="ar_track_alvar" type="individualMarkers"
respawn="false" output="screen">
        <param name="marker_size" type="double" value="$(arg marker_size)" />
        <param name="max_new_marker_error" type="double" value="$(arg max_new_
marker_error)" />
        <param name="max_track_error" type="double" value="$(arg max_track_
error)" />
        <param name="output_frame" type="string" value="$(arg output_frame)" />

        <remap from="camera_image"  to="$(arg cam_image_topic)" />
        <remap from="camera_info"   to="$(arg cam_info_topic)" />
    </node>

    <!-- rviz view /-->
    <node pkg="rviz" type="rviz" name="rviz" args="-d $(find robot_vision)/
config/ar_track_kinect.rviz"/>

</launch>
```

内容与 ar_track_camera.launch 的基本一致，只是在调用二维码识别时改用 individualMarkers 节点。

接下来使用以下命令启动 Kinect，并且运行 ar_track_kinect.launch 文件启动二维码识别功能：

```
$ roslaunch robot_vision freenect.launch
$ roslaunch robot_vision ar_track_kinect.launch
```

启动成功后，将二维码放置在 Kinect 视野范围内，可以在 rviz 中看到识别结果（见图 7-26 ）。

图 7-26　Kinect 识别二维码的运行效果

7.7　物体识别

ROS 中集成了一个强大的物体识别框架——Object Recognition Kitchen（ORK），其中包含了多种三维物体识别的方法。本节将探索如何使用这个框架识别一个可乐罐。

7.7.1　ORK 功能包

首先需要安装 ORK 的相关功能包，如果你使用的是 Indigo 版本的 ROS，可直接使用以下命令安装所有相关功能包：

```
$ sudo apt-get install ros-indigo-object-recognition-kitchen-*
```

该命令会安装以下 ORK 框架中的功能包：

- object-recognition-core：核心功能包，提供多种物体识别的算法，以及模型训练和模型数据库配置的工具。
- object-recognition-linemod：基于 OpenCV 中 linemod 方法的物体识别，擅长刚性物体的识别。

- object-recognition-tabletop：用于同一平面上 pick-and-place 操作中的物体识别方法。
- object-recognition-tod：Textured Object Recognition，基于物体外部纹理的识别方法。
- object-recognition-reconstruction：使用 RGB-D 摄像头构建物体 3D 模型。
- object-recognition-renderer：渲染物体模型的可视化显示。
- object-recognition-msgs：定义 object-recognition-core 功能包中所需要的 message 和 action。
- object-recognition-capture：从 3D 视图中获取物体信息。
- object-recognition-transparent-objects：识别和估计物体的位姿。
- object-recognition-ros-visualization：物体识别可视化显示的 rviz 插件。

如果你使用的是 Kinetic 版本的 ROS，在本书创作过程中，该版本并没有集成所有 ORK 相关功能包的二进制安装文件，只能通过以下方式进行源码编译安装。

首先使用以下命令安装依赖库：

```
$ sudo apt-get install meshlab
$ sudo apt-get install libosmesa6-dev
$ sudo apt-get install python-pyside.qtcore
$ sudo apt-get install python-pyside.qtgui
```

接下来就可以下载源码并且进行编译了。由于下载的功能包较多，所以建议重新创建一个工作空间 ork_ws，并且使用 wstool 工具初始化工作空间中的代码设置：

```
$ mkdir ork_ws && cd ork_ws
$ wstool init src https://raw.github.com/wg-perception/object_recognition_core/master/doc/source/ork.rosinstall.kinetic.plus
```

然后下载所有需要的功能包源码：

```
$ cd src && wstool update -j8
$ cd .. && rosdep install --from-paths src -i -y
```

下载过程中可能会出现如图 7-27 所示的错误，这是由于缺少 xdot 功能包所导致的，需要在 src 文件夹中使用如下命令下载 xdot 功能包的源码，之后再重新下载 ORK 源码：

```
$ cd src && git clone https://github.com/jbohren/xdot.git
```

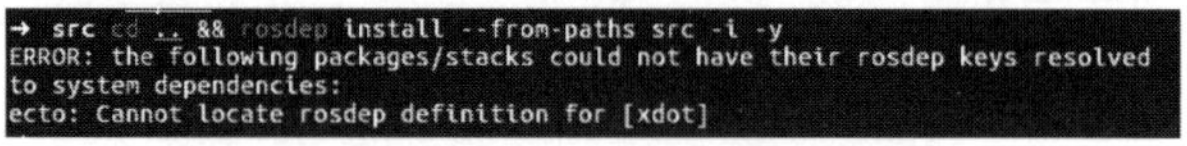

图 7-27 ORK 功能包下载过程中的错误提示

下载完成后，文件夹中会出现如图 7-28 所示的功能包源码。

现在就可以开始编译这些源码了：

```
$ cd .. && catkin_make
```

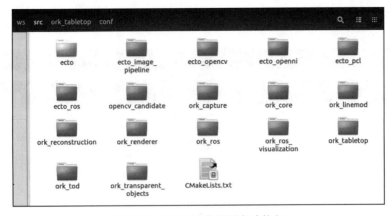

图 7-28 ORK 相关的所有功能包

漫长的编译之后别忘记设置环境变量，最好使用如下命令设置到终端配置文件中，否则后边的使用过程很可能找不到需要的功能包。

```
$ echo "export ~/ork_ws/devel/setup.bash" >> ~/.bashrc
$ source ~/.bashrc
```

至此，ORK 相关的功能包就全部安装成功，接下来就可以开始进行物体识别了，识别的流程主要有以下三个步骤。

1）创建需要识别的物体模型。

2）针对模型进行训练，生成识别模型。

3）使用训练后的识别模型实现物体识别。

7.7.2 建立物体模型库

ORK 中的大部分算法思路都是模板匹配，也就是说，首先建立已知物体的数据模型；然后根据采集到的场景信息逐一进行匹配，找到与数据库中匹配的物体，即可确定识别到的物体。所以在物体识别之前，需要针对识别物体建立相应的数据模型。

首先创建数据库，需要用到 CouchDB 工具，安装命令如下：

```
$ sudo apt-get install couchdb
```

安装完成后，可以使用以下命令测试是否安装成功：

```
$ curl -X GET http://localhost:5984
```

然后，在数据库中创建一条可乐罐模型的数据：

```
$ rosrun object_recognition_core object_add.py -n "coke " -d "A universal can
of coke" --commit
```

在浏览器中打开以下网址（见图 7-29）：

```
http://localhost:5984/_utils/database.html?object_recognition/_design/objects/_
view/by_object_name
```

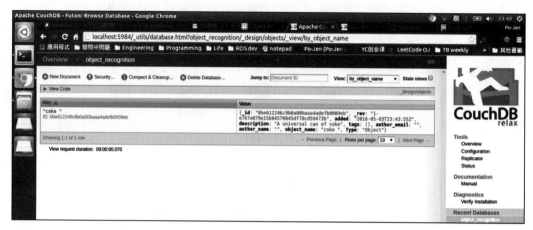

图 7-29   通过浏览器查看数据库中的信息

从图 7-29 中可以看到数据库中已经成功创建了一条数据，key 值为 coke，其他值都是数据库自动创建的。

接下来就要具体描述物体的 3D 模型了。这里不需要自己创建模型，在 ORK 的教程中，已经包含了一个可乐罐的模型 coke.stl，可以直接下载使用。你可以直接在本书的源码包中找到（ork_tutorials/data/coke.stl），或者通过 GitHub 下载：

```
$ git clone https://github.com/wg-perception/ork_tutorials
```

现在，使用以下命令把可乐罐的模型加载到数据库中：

```
$ rosrun object_recognition_core mesh_add.py 0be612246c9b0a00baaa4adefb0009eb /
home/hcx/catkin_ws/src/ork_tutorials/data/coke.stl --commit
```

上面的命令中有一串类似乱码的数字，这是数据库中存储该物体模型的 ID，由数据库自动生成，可以在刚才浏览器打开的数据库页面中找到。

模型加载完成后，你可能希望在浏览器中看到模型具体是什么样子的，可以通过以下命令安装并运行一个 couchapp 工具进行查看：

```
$ sudo pip install git+https://github.com/couchapp/couchapp.git
$ rosrun object_recognition_core push.sh
```

如果以上安装都没有问题，在浏览器中打开如下网址（见图 7-30）：

```
http://localhost:5984/or_web_ui/_
design/viewer/index.html
```

点击"Object Listing"，可以看到如图 7-31

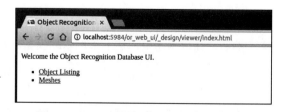

图 7-30   通过浏览器查看数据库中的信息

所示的数据列表。

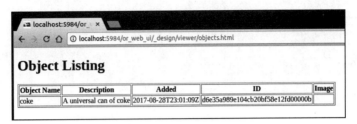

图 7-31　数据库中的对象列表

回到上一页，再点击 "Meshes"，则可以看到每条数据对应的三维物体模型。图 7-32 所示的即为可乐罐的 3D 模型，支持鼠标拖动查看。

图 7-32　可乐罐的 3D 模型

7.7.3　模型训练

在数据库中，我们可以用同样的方法插入多个需要识别的物体模型。在模型库创建完毕后，需要使用以下命令对这些模型进行数据训练，生成识别需要的匹配模板。

```
$ rosrun object_recognition_core training -c `rospack find object_recognition_
linemod`/conf/training.ork
```

训练成功后，可以看到如图 7-33 所示的信息。

```
 → ws rosrun object_recognition_core training -c `rospack find object_recognition_linemod`/conf/training.ork
Training 1 objects.
computing object_id: d6e35a989e104cb20bf58e12fd00000b
Info,  T0: Load /tmp/fileYzjWv5.stl
Info,  T0: Found a matching importer for this file format
Info,  T0: Import root directory is '/tmp/'
Info,  T0: Entering post processing pipeline
Info,  T0: Points: 0, Lines: 0, Triangles: 1, Polygons: 0 (Meshes, X = removed)
Error, T0: FindInvalidDataProcess fails on mesh normals: Found zero-length vector
Info,  T0: FindInvalidDataProcess finished. Found issues ...
Info,  T0: GenVertexNormalsProcess finished. Vertex normals have been calculated
Error, T0: Failed to compute tangents; need UV data in channel0
Info,  T0: JoinVerticesProcess finished | Verts in: 1536 out: 258 | ~83.2%
Info,  T0: Cache relevant are 1 meshes (512 faces). Average output ACMR is 0.669922
Info,  T0: Leaving post processing pipeline
Deleting the previous model 2828c24b6fe6c43858f2519d8000bbf of object d6e35a989e104cb20bf58e12fd00000b
```

图 7-33   对数据库中的模型数据进行训练

7.7.4   三维物体识别

准备工作已经差不多了，接下来就可以正式开始识别可乐罐了。在终端中使用以下命令分别启动 Kinect、三维物体识别和 rviz 可视化界面：

```
$ roslaunch robot_vision freenect.launch
$ rosrun topic_tools relay /camera/depth_registered/image_raw /camera/depth_registered/image
$ rosrun object_recognition_core detection -c `rospack find object_recognition_linemod`/conf/detection.ros.ork
$ roslaunch robot_vision ork_rviz.launch
```

如果在 Kinect 视野范围内有可乐罐，就会看到类似图 7-34 所示的识别效果。

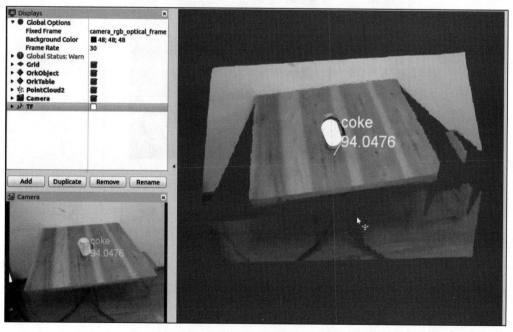

图 7-34   Kinect 识别可乐罐的运行效果（linemod 方法）

如果通过以下命令使用 tabletop 方法进行识别，则放置物体的桌面区域也会被识别出来

（见图 7-35），在物体抓取等应用中会用到这种识别方法。

```
$ rosrun object_recognition_core detection -c `rospack find object_recognition_
tabletop`/conf/detection.object.ros.ork
```

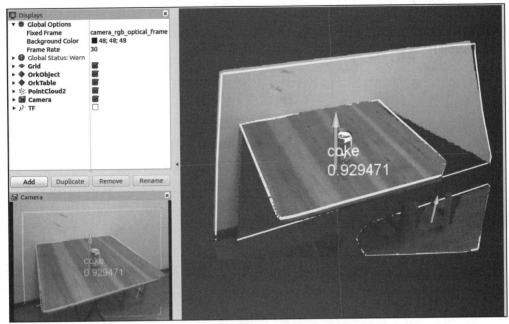

图 7-35   Kinect 识别可乐罐的运行效果（tabletop 方法）

我们可以在模型数据库中加入更多需要识别的物体模型，识别性能与模型的质量、传感器的精度和计算机的处理能力相关。

随着人工智能的快速发展，计算机的视觉处理能力也越来越强大，第 11 章将会介绍机器学习实现物体识别的方法。

7.8   本章小结

机器视觉是机器人应用中涉及最多的领域，ROS 针对视觉数据定义了 2D 和 3D 类型的消息结构，基于这些数据，本章我们一起学习如下内容：

1）摄像头的标定方法。

2）ROS 中 OpenCV 的使用方法。

3）基于 ROS+OpenCV 实现人脸识别、物体跟踪的方法。

4）使用摄像头和 Kinect 进行二维码识别、定位的方法。

5）三维物体识别的方法。

本章我们让机器人看到了这个世界，第 8 章将为机器人装上"耳朵"和"嘴巴"，不仅可以听到美妙的声音，而且可以通过语音与我们交流。

第8章
机 器 语 音

　　机器人终于可以看到色彩斑斓的世界了。但是你有没有想过，人类最美好的不只有视觉，还有听觉。让机器人听懂人类的语言，同样是一件非常美妙的事情。

　　简单来说，机器语音就是让机器人能够和人通过语音进行沟通，以便更好地服务于人类。在机器人系统上增加语音接口，用语音代替键盘输入并进行人机对话，这是机器人智能化的重要标志之一。机器语音中的关键是语音识别，图 8-1 所示是语音识别的大致流程，主要可以分为以下两大步骤：

　　第一步是"学习"或"训练"。根据识别系统的类型选择能够满足要求的一种识别方法，并分析出这种识别所需的语音特征参数，作为标准模式存储起来。

　　第二步是"识别"或"检测"。根据实际需要选择语音特征参数，将这些特征参数的时间序列构成测试模板，再将其与已存在的参考模板逐一比较，并进行测度估计，最后经由专家知识库判决，最佳匹配的参考模板即为识别结果。

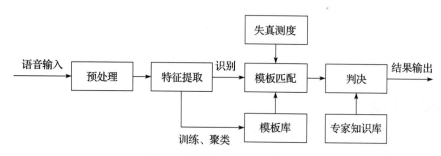

图 8-1　语音识别的算法流程

本章将带你走进机器语音的世界，通过以下内容实现机器人"听"与"说"的两大功能：
- 英文语音识别：基于创建的语音库，ROS 中的 pocketsphinx 功能包可以实现机器人的语音识别功能。
- 英文语音播放：ROS 中的元功能包 audio-common 提供了文本转语音的功能包 sound_play，可以实现机器人的英文语音播放功能。
- 智能语音应答：结合人工智能标记语言 AIML，机器人可以从语料库中智能匹配交流的输出语句，从而实现智能化交流应用。

● 中文语音的识别与合成：在 ROS 中集成科大讯飞的语音处理 SDK，让机器人更懂中文。

8.1 让机器人听懂你说的话

ROS 中集成了 CMU Sphinx 和 Festival 开源项目中的代码，发布了独立的语音识别功能包——pocketsphinx，可以帮助我们的机器人实现语音识别的功能。

8.1.1 pocketsphinx 功能包

ROS Indigo 中的 pocketsphinx 功能包安装简单，可以直接安装 ros-indigo-pocketsphinx 二进制安装文件；但是在 Kinetic 版本的 ROS 软件源中，没有集成 pocketsphinx 功能包的二进制安装文件，Ubuntu 16.04 中也没有相关的依赖库，所以安装相对复杂。以下主要介绍 ROS Kinetic 版本中 pocketsphinx 功能包的安装方法。

首先安装依赖的功能包和第三方库：

```
$ sudo apt-get install ros-kinetic-audio-common
$ sudo apt-get install libasound2
$ sudo apt-get install gstreamer0.10-*
```

接下来在以下四个网站中分别下载四个 deb 依赖库的安装文件：

1）https://packages.debian.org/jessie/libsphinxbase1；

2）https://packages.debian.org/jessie/libpocketsphinx1；

3）https://packages.ubuntu.com/xenial/libgstreamer-plugins-base0.10-0；

4）https://packages.debian.org/jessie/gstreamer0.10-pocketsphinx。

这四个依赖库的安装文件在本书配套源码包中也可以找到，具体路径为：ros_exploring/robot_perception/pocketsphinx/lib。

使用以下命令依次安装下载完成的依赖库：

```
$ sudo dpkg -i libsphinxbase1_0.8-6_amd64.deb
$ sudo dpkg -i libpocketsphinx1_0.8-5_amd64.deb
$ sudo dpkg -i libgstreamer-plugins-base0.10-0_0.10.36-2ubuntu0.1_amd64.deb
$ sudo dpkg -i gstreamer0.10-pocketsphinx_0.8-5_amd64.deb
```

依赖库都安装完成后，使用如下命令从 GitHub 上下载 pocketsphinx 功能包的源码：

```
$ git clone https://github.com/mikeferguson/pocketsphinx
```

下载完成后就可以在工作空间下使用 catkin_make 命令编译功能包了。

本书配套的源码包中已经包含 pocketsphinx 功能包，并且按照之后的步骤修改完成，可以直接在 Ubuntu16.04+ROS Kinetic 中运行，你不需要另外下载，但还是建议了解具体的修改内容。

在运行语音识别之前，先来了解 pocketsphinx 功能包的用户接口。

（1）话题和服务

pocketsphinx 功能包发布的话题和提供的服务如表 8-1 所示。

表 8-1   pocketsphinx 功能包中的话题和服务

	名称	类型	描 述
Topic 发布	~output	std_msgs/String	识别结果的字符串
Service	~start	std_srvs/Empty	连接音频流，开始语音识别
	~stop	std_srvs/Empty	断开音频流，停止语音识别

（2）参数

pocketsphinx 功能包中可供配置的参数如表 8-2 所示。

表 8-2   pocketsphinx 功能包中的参数

参数	类型	默认值	描 述
~lm	string	—	设置语言模型文件的路径
~dict	string	—	设置字典文件的路径

pocketsphinx 功能包的核心节点是 recognizer.py 文件。这个文件通过麦克风收集语音信息，然后调用语音识别库进行识别并生成文本信息，通过 /recognizer/output 消息进行发布，其他节点可以通过订阅该消息获取识别结果，并进行相应的处理。

8.1.2   语音识别测试

首先，插入麦克风设备，并在系统设置里测试麦克风是否有语音输入。如图 8-2 所示，输入音量不能太小，也不能太大。

然后，运行 pocketsphinx 包中的测试程序：

```
$ roslaunch pocketsphinx robocup.launch
```

运行过程中可能会发生如图 8-3 所示的错误。

解决该错误的方法是重新链接语音引擎。从以下网站下载 CMU Sphinx 语音引擎：

```
https://packages.debian.org/jessie/pocketsphinx-hmm-en-tidigits.
```

下载完成后不需要安装，解压缩 deb 文件和其中的 data 数据包，拷贝其中的 model 文件到功能包中即可。

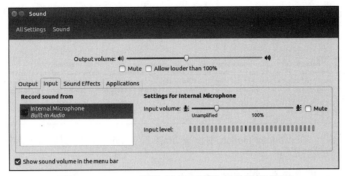

图 8-2　Ubuntu 系统中麦克风设备的设置界面

```
FATAL_ERROR: "fe_sigproc.c", line 405: Failed to create filterbank, frequency range does
not match. Sample rate 8000.000000, FFT size 512, lowerf 5734.375000 < freq -15.625000
> upperf 5078.125000.
[recognizer-2] process has died [pid 13592, exit code 255, cmd /home/hcx/catkin_ws/src/p
ocketsphinx/nodes/recognizer.py __name:=recognizer __log:=/home/hcx/.ros/log/9d6fea50-9e
c6-11e7-ae76-ac2b6e5dcc85/recognizer-2.log].
log file: /home/hcx/.ros/log/9d6fea50-9ec6-11e7-ae76-ac2b6e5dcc85/recognizer-2*.log
```

图 8-3　pocketsphinx 功能包运行时错误

本书源码包中已经下载好了多种语音引擎，在 robot_voice 功能包的 config 文件夹下可以直接链接使用。

为了重新链接自定义的语音引擎，需要对 recognizer.py 和 robocup.launch 文件稍作修改。首先在 recognizer.py 中加入语言模型 hmm 参数的加载配置（见图 8-4）。

```python
def start_recognizer(self):
    rospy.loginfo("Starting recognizer... ")

    self.pipeline = gst.parse_launch(self.launch_config)
    self.asr = self.pipeline.get_by_name('asr')
    self.asr.connect('partial_result', self.asr_partial_result)
    self.asr.connect('result', self.asr_result)
    #self.asr.set_property('configured', True)
    self.asr.set_property('dsratio', 1)

    # Configure language model
    if rospy.has_param(self._lm_param):
        lm = rospy.get_param(self._lm_param)
    else:
        rospy.logerr('Recognizer not started. Please specify a language model file.')
        return

    if rospy.has_param(self._dic_param):
        dic = rospy.get_param(self._dic_param)
    else:
        rospy.logerr('Recognizer not started. Please specify a dictionary.')
        return

    if rospy.has_param(self._hmm_param):
        hmm = rospy.get_param(self._hmm_param)
    else:
        rospy.logerr('Recognizer not started. Please specify a hmm.')
        return

    self.asr.set_property('lm', lm)
    self.asr.set_property('dict', dic)
    self.asr.set_property('hmm', hmm)
```

图 8-4　在 recognizer.py 中加入语言模型 hmm 参数的加载配置

然后在 robocup.launch 中设置 lm、dic、hmm 参数的具体链接路径（见图 8-5）。

```
<launch>

    <node name="recognizer" pkg="pocketsphinx" type="recognizer.py" output="screen">
      <param name="lm" value="$(find robot_voice)/config/pocketsphinx-en/model/lm/en/tidigits.DMP"/>
      <param name="dict" value="$(find robot_voice)/config/pocketsphinx-en/model/lm/en/tidigits.dic"/>
      <param name="hmm" value="$(find robot_voice)/config/pocketsphinx-en/model/hmm/en/tidigits"/>
    </node>

</launch>
```

图 8-5　在 robocup.launch 中设置 lm、dic、hmm 参数的具体链接路径

修改到此结束，重新运行 robocup.launch 启动语音识别，在终端中会看到很多参数输出，现在就可以开始说话了。

以上链接的语音模型相对简单，仅支持简单数字的识别，可以用记事本打开语音参数配置文件 tidigits.dic，其中列出了该语音识别模型支持识别的文本（见图 8-6）。

```
EIGHT                EY_eight T_eight
FIVE                 F_five AY_five V_five
FOUR                 F_four OW_four R_four
NINE                 N_nine AY_nine N_nine_2
OH                   OW_oh
ONE                  W_one AX_one N_one
SEVEN                S_seven EH_seven V_seven E_seven N_seven
SIX                  S_six I_six K_six S_six_2
THREE                TH_three R_three II_three
TWO                  T_two OO_two
ZERO                 Z_zero II_zero R_zero OW_zero
```

图 8-6　语音识别模型支持的识别文本

后续内容会使用更复杂的语音模型，目前先测试这里指定的数字。识别后的消息会通过 /recognizer/output 话题发布，使用以下命令在终端中打印语音识别的结果（见图 8-7）：

```
$ rostopic echo /recognizer/output
```

图 8-7　语音识别的结果

pocketsphinx 功能包提供一种离线的语音识别功能，默认支持的模型有限，在 8.1.3 节中我们会学习如何添加自己需要的语音模型。

8.1.3　创建语音库

语音库中的可识别信息使用 txt 文档存储。在功能包 robot_voice 中创建一个文件夹

config，用来存储语音库的相关文件。然后在该文件夹下创建一个 commands.txt 文件，并输入希望识别的指令（见图 8-8）。

　　当然，也可以根据需求对以上文件进行修改或添加。将该文件在线生成语音信息和模板文件，这一步需要登录以下网站操作：

```
go forward
go backward
go back
go left
go right
go straight
turn left
turn right
faster
speed up
slower
slow down
stop
halt
shut down
```

　　http://www.speech.cs.cmu.edu/tools/lmtool-new.html

　　根据网站的提示（见图 8-9），点击"选择文件"按钮，上传刚刚创建的

图 8-8　识别指令

commands.txt 文件；再点击"COMPILE KNOWLEDGE BASE"按钮进行编译。

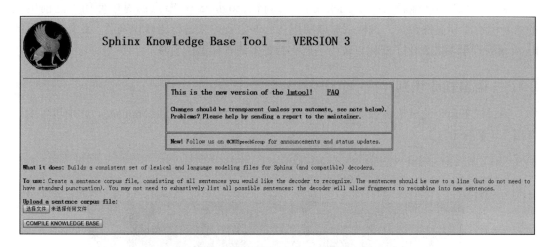

图 8-9　在线生成语音信息和模板文件

　　编译完成后，下载"COMPRESSED TARBALL"压缩文件，解压至 robot_voice 功能包的 config 文件夹下，这些解压出来的 .dic、.lm 文件就是根据我们设计的语音识别指令生成的语音模板库。如图 8-10 所示，可以将这些文件都重命名为 commands。

commands.dic　　commands.lm　　commands.log_pronounce　　commands.sent

commands.txt　　commands.vocab

图 8-10　语音模板库

8.1.4 创建 launch 文件

接下来创建一个 launch 文件，启动语音识别节点，并设置语音模板库的位置。robot_voice/launch/voice_commands.launch 文件的详细内容如下：

```
<launch>

    <node name="recognizer" pkg="pocketsphinx" type="recognizer.py" output=
"screen">
        <param name="lm" value="$(find robot_voice)/config/commands.lm"/>
        <param name="dict" value="$(find robot_voice)/config/commands.dic"/>
        <param name="hmm" value="$(find robot_voice)/config/pocketsphinx-en/model/
hmm/en/hub4wsj_sc_8k"/>
    </node>

</launch>
```

从以上代码中可以看到，launch 文件在运行 recognizer.py 节点的时候使用了之前生成的语音识别库和文件参数，这样就可以使用自己的语音库来进行语音识别了。此外，这里的 hmm 语音引擎参数发生了变化，改为一款支持更多语音模型的引擎。

8.1.5 语音指令识别

通过以下命令测试语音识别的效果如何，尝试能否成功识别出 commands.txt 中设置的语音指令（见图 8-11）。

```
$ roslaunch robot_voice voice_commands.launch
$ rostopic echo /recognizer/output
```

图 8-11 语音识别的运行效果

8.1.6 中文语音识别

pocketsphinx 功能包不仅可以识别英文语音，通过使用中文语音引擎和模型也可以识别中文。本书配套源码 robot_voice 功能包 config 文件夹下已经包含中文语音识别的所有配置文件，使用 robot_voice/launch/chinese_recognizer.launch 即可启动 recognizer 节点，并且链接所需要的配置文件。launch 文件的详细内容如下：

```
<launch>

    <node name="recognizer" pkg="pocketsphinx" type="recognizer.py" output=
"screen">
        <param name="lm" value="$(find robot_voice)/config/pocketsphinx-cn/model/
lm/zh_CN/gigatdt.5000.DMP"/>
        <param name="dict" value="$(find robot_voice)/config/pocketsphinx-cn/model/
lm/zh_CN/mandarin_notone.dic"/>
        <param name="hmm" value="$(find robot_voice)/config/pocketsphinx-cn/model/
hmm/zh/tdt_sc_8k"/>
    </node>

</launch>
```

使用以下命令运行 chinese_recognizer.launch，即可开始中文识别：

```
$ roslaunch robot_voice chinese_recognizer.launch
```

中文语音模型支持的识别文本可以参考 pocketsphinx-cn/model/lm/zh_CN/mandarin_notone.dic 文件中的内容，里面有近十万条识别文本，几乎包含所有常用的中文词汇，所以我们可以随便说一些中文，通过打印出的识别结果来测试中文识别的效果（见图 8-12）：

```
$ rostopic echo /recognizer/output
```

图 8-12　pocketsphinx 功能包中文语音识别的运行效果

中文虽然可以识别，但是识别效果不佳，后面会使用科大讯飞的中文语音识别引擎实现更加准确的识别效果。

8.2　通过语音控制机器人

8.1 节实现了语音识别的功能，可以成功将英文语音指令识别生成对应的字符串，有了这一功能，就可以做不少机器语音的应用。本节基于以上功能实现一个语音控制机器人的小应用，机器人就使用仿真环境中的小乌龟。

8.2.1　编写语音控制节点

该应用需要编写一个语音控制的节点，订阅语音识别发布的"/recognizer/output"消息，然后根据消息中的具体指令发布速度控制指令。

该节点的实现在 robot_voice/script/voice_teleop.py 中，代码的详细内容如下：

```
import rospy
from geometry_msgs.msg import Twist
```

```
from std_msgs.msg import String

# 初始化 ROS 节点，声明一个发布速度控制的 Publisher
rospy.init_node('voice_teleop')
pub = rospy.Publisher('/turtle1/cmd_vel', Twist, queue_size=10)
r = rospy.Rate(10)

# 接收到语音命令后发布速度指令
def get_voice(data):
    voice_text=data.data
    rospy.loginfo("I said:: %s",voice_text)
    twist = Twist()

    if voice_text == "go":
        twist.linear.x = 2
    elif voice_text == "back":
        twist.linear.x = -2
    elif voice_text == "left":
        twist.angular.z = 2
    elif voice_text == "right":
        twist.angular.z = -2

    pub.publish(twist)

# 订阅 pocketsphinx 语音识别的输出字符
def teleop():
    rospy.loginfo("Starting voice Teleop")
    rospy.Subscriber("/recognizer/output", String, get_voice)
    rospy.spin()

while not rospy.is_shutdown():
    teleop()
```

以上代码的实现较为简单，通过一个 Subscriber 订阅 /recognizer/output 话题；接收到语音识别的结果后进入回调函数，简单处理后通过 Publisher 发布控制小乌龟运动的速度控制指令。

8.2.2   语音控制小乌龟运动

接下来就可以运行这个语音控制的例程了，通过以下命令启动所有节点：

```
$ roslaunch robot_voice voice_commands.launch
$ rosrun robot_voice voice_teleop.py
$ rosrun turtlesim turtlesim_node
```

所有终端中的命令成功执行后，就可以打开小乌龟的仿真界面。然后通过语音"go""back""left""right"等命令控制小乌龟的运动。在终端中可以看到如图 8-13 所示的语音识别结果。

```
~ rosrun robot_voice voice_teleop.py
[INFO] [1506135185.567555]: Starting voice Teleop
[INFO] [1506135200.649759]: I said:: go
[INFO] [1506135206.019569]: I said:: back
[INFO] [1506135209.837942]: I said:: right
[INFO] [1506135212.233232]: I said:: go
[INFO] [1506135217.938760]: I said:: back
```

图 8-13　语音识别结果

小乌龟的运行状态如图 8-14 所示。

8.3　让机器人说话

现在机器人已经可以听懂我们所说的话了，但是还没办法通过语音回应。如果机器人也可以把想要表达的内容通过声音传达，那就更好了！

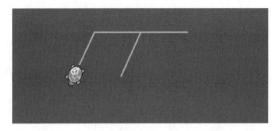

图 8-14　语音控制小乌龟的运行状态

8.3.1　sound_play 功能包

ROS 中的元功能包 audio-common 提供了文本转语音（Text-to-Speech，TTS）的功能包 sound_play，可以帮助我们完成"机器人说话"的想法。

使用以下命令安装 audio-common 和相关依赖库：

```
$ sudo apt-get install ros-kinetic-audio-common
$ sudo apt-get install libasound2
$ sudo apt-get install mplayer
```

8.3.2　语音播放测试

通过以下命令运行 sound_play 主节点，并进行测试：

```
$ rosrun sound_play soundplay_node.py
```

在另外一个终端中输入需要转化成语音的文本信息：

```
$ rosrun sound_play say.py "Greetings Humans. Take me to your leader."
```

有没有听见声音！sound_play 识别输入的文本，并使用语音读了出来。发出这个声音的人叫 kal_diphone，如果不喜欢，也可以换一个人来读：

```
$ sudo apt-get install festvox-don
$ rosrun sound_play say.py "Welcome to the future" voice_don_diphone
```

机器人终于可以说话了，是不是立刻有一种更加人性化的感觉。但总感觉目前的语音功能过于简单，机器人只能识别一些有限的指令，而且只能"说出"指定的文本，智能程度非常有限。

接下来就玩点更高级的，综合使用前边学习的 pocketsphinx 和 sound_play 功能包，再加入一点简单的人工智能，让机器人具备自然语言理解能力，能够和我们进行简单的交流，就像苹果手机上的 Siri 助手一样。不过，我们需要先了解一些语音智能方面的基础知识。

8.4　人工智能标记语言

人工智能标记语言（Artificial Intelligence Markup Language，AIML）是一种创建自然语言软件代理的 XML 语言，由 Richard Wallace 和世界各地的自由软件社区在 1995 年至 2002 年发明。AIML 主要用于实现机器人的语言交流功能，用户可以与机器人说话，而机器人可以通过一个自然语言的软件代理，也可以给出一个聪明的回答。目前 AIML 已经有了 Java、Ruby、Python、C、C#、Pascal 等语言的实现版本。

8.4.1　AIML 中的标签

AIML 文件包含一系列已定义的标签，可以通过一个简单的实例了解 AIML 的语法规则：

```
<aiml version="1.0.1" encoding="UTF-8">
    <category>
        <pattern> HOW ARE YOU </pattern>
        <template> I AM FINE </template>
    </category>
</aiml>
```

（1）<aiml> 标签

所有的 AIML 代码都要介于 <aiml> 和 </aiml> 标签之间，该标签包含文件的版本号和编码格式。

（2）<category> 标签

<category> 标签表示一个基本的知识块，包含一条输入语句和一条输出语句，用来匹配机器人和人交流过程中的一问一答或一问多答，但不允许多问一答或多问多答的匹配。

（3）<pattern> 标签

<pattern> 标签表示用户输入语句的匹配，在上边的例子中，用户一旦输入"How are you"，机器人就会找到这个匹配。

<pattern> 标签内的语句必须大写。

（4）<template> 标签

<template> 标签表示机器人应答语句，机器人找到相应的输入匹配语句之后，会输出该

应答语句。

有了这几个简单的元素，理论上就可以写出任意匹配模式，达到一定智能。但在实际应用中，只有这些元素还是不够的，我们再通过另一个示例略微深入地理解 AIML：

```
<aiml version="1.0.1" encoding="UTF-8">
    <category>
        <pattern> WHAT IS A ROBOT? </pattern>
        <template>
            A ROBOT IS A MACHINE MAINLY DESIGNED FOR EXECUTING REPEATED TASK WITH SPEED
AND PRECISION.
        </template>
    </category>
    <category>
        <pattern> DO YOU KNOW WHAT A * IS ? </pattern>
        <template>
            <srai> WHAT IS A <star/> </srai>
        </template>
    </category>
</aiml>
```

（5）<star/> 标签

标签表示 * 号，这里 pattern 元素里的匹配模式用 * 号表示任意匹配，但在其他元素里不能用 * 号，而用 这个标签来表示。在该示例中，当用户输入"Do you know what a robot is?"后，机器人会使用 * 匹配输入的"robot"，然后将 替换为"robot"。

（6）</srai> 标签

</srai> 标签表示 <srai> 里面的语句会被当作用户输入，重新查找匹配模式，直到找到非 <srai> 定义的回复。例如用户输入"Do you know what a robot is?"后，机器人会把"what is a robot"作为用户输入，然后查找到匹配的输出是"A ROBOT IS A MACHINE MAINLY DESIGNED FOR EXECUTING REPEATED TASK WITH SPEED AND PRECISION."

当然，AIML 支持的标签和用法远不止这些，这里只作为背景知识进行简单介绍，如果你想深入了解、学习 AIML，请访问网站：http://www.alicebot.org/aiml.html。

8.4.2　Python 中的 AIML 解析器

Python 有针对 AIML 的开源解析模块——PyAIML，该模块可以通过扫描 AIML 文件建立一棵定向模式树，然后通过深度搜索来匹配用户的输入。因为我们要使用该模块解析 AIML 文件，构建机器人 AI 平台，所以先对该模块进行简单介绍。

在 Ubuntu 16.04 上安装 PyAIML 的方法很简单，一条命令就可以：

```
$ sudo apt-get install python-aiml
```

想要确定 PyAIML 是否安装成功，可以在 Python 终端中输入"import aiml"，如果没有出现任何错误，则说明安装成功。

```
>>> import aiml
```

aiml 模块中最重要的类是 Kernel()，必须创建一个 aiml.Kernel() 对象，才能实现对 AIML 文件的操作。

```
>>> mybot = aiml.Kernel()
```

接下来就可以加载一个 AIML 文件：

```
>>> mybot.learn('sample.aiml')
```

如果需要加载多个 AIML 文件，则可以使用以下命令：

```
>>> mybot.learn('startup.xml')
```

startup.xml 文件的内容如下：

```
<aiml version="1.0">
    <category>
        <pattern>LOAD AIML B</pattern>
        <template>
        <!-- Load standard AIML set -->
            <learn>*.aiml</learn>
        </template>
    </category>
</aiml>
```

然后还要发出一条指令，加载当前路径下的所有 AIML 文件，并生成模式匹配树：

```
>>> mybot.respond("load aiml b")
```

系统已经记住了所有的匹配语句，可以尝试输入一条语句进行测试：

```
>>> while True: print k.respond(raw_input("> "))
```

现在应该可以看到机器人匹配到了输入语句，并且输出了应答语句（见图 8-15）。

图 8-15　AIML 模式匹配输出

8.5　与机器人对话

我们已经学习了相关的背景知识，重新整理一下思路，准备动手实现一个语音对话的机器人应用！

如图 8-16 所示，可以将语音对话实现的整个过程分为三个节点。

1）语音识别节点：将用户语音转换成字符串。

2）智能匹配应答节点：在数据库中匹配应答字符串。

3）文本转语音节点：将应答字符串转换成语音播放。

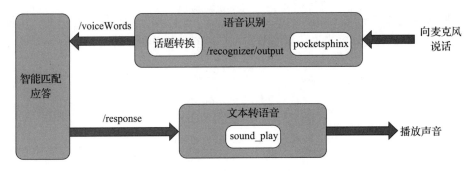

图 8-16 语音对话功能的实现流程

8.5.1 语音识别

语音识别节点依然基于 pocketsphinx 功能包。按照 8.1 节的方法生成一个语音库，包含以下常用的交流语句，也可以添加更多自己需要的语句。

```
hello
how are you
what is your name
what can you do
who is Nameless
what time is it
go away
can you help me
what is history
what is your age
thank you
googbye
```

语音库生成后，将所有库文件命名为 chat，并且与之前的 commands 文件放置到同一路径下。再创建一个 launch 文件 robot_voice/launch/chat_recognizer.launch，运行 pocketsphinx 的语音识别节点，并且设置语音库的路径，代码如下：

```
<launch>

    <node name="recognizer" pkg="pocketsphinx" type="recognizer.py" output=
"screen">
        <param name="lm" value="$(find robot_voice)/config/chat.lm"/>
        <param name="dict" value="$(find robot_voice)/config/chat.dic"/>
        <param name="hmm" value="$(find robot_voice)/config/pocketsphinx-en/model/
hmm/en/hub4wsj_sc_8k"/>
    </node>

</launch>
```

pocketsphinx 功能包将识别得到的文本使用 /recognizer/output 话题进行发布，所以再创建一个话题转换的节点 robot_voice/scripts/aiml_voice_recognizer.py，将语音识别结果发送到
voiceWords 话题。语音文本通过 String 类型发布，该节点的详细代码如下：

```
import rospy
from std_msgs.msg import String

# 初始化 ROS 节点，声明一个发布语音字符的 Publisher
rospy.init_node('aiml_voice_recognizer')
pub = rospy.Publisher('voiceWords', String, queue_size=10)
r = rospy.Rate(1)

# 将 pocketsphinx 功能包识别输出的字符转换成 aiml_voice_server 需要的输入字符
def get_voice(data):
    voice_text=data.data
    rospy.loginfo("I said:: %s",voice_text)
    pub.publish(voice_text)

# 订阅 pocketsphinx 语音识别的输出字符
def listener():
    rospy.loginfo("Starting voice recognizer")
    rospy.Subscriber("/recognizer/output", String, get_voice)
    rospy.spin()

while not rospy.is_shutdown():
    listener()
```

现在就可以测试语音识别部分的功能了，在终端中输入以下命令：

```
$ roslaunch robot_voice chat_recognizer.launch
$ rosrun robot_voice aiml_voice_recognizer.py
$ rostopic echo /voiceWords
```

对着麦克风说话，可以在终端中看到识别到的语音字符串，如图 8-17 所示。

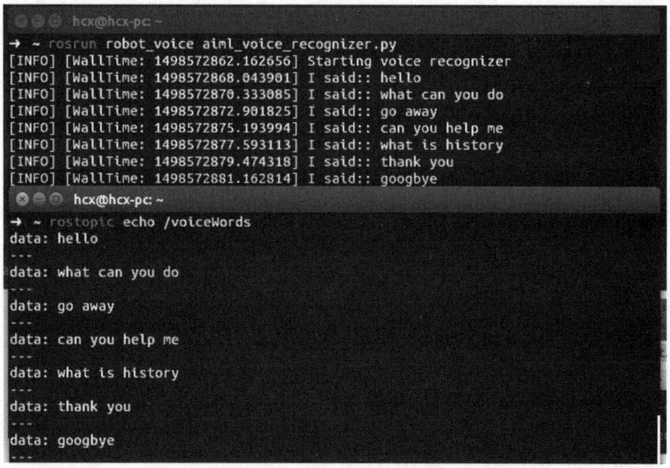

图 8-17　语音识别后生成的字符串

8.5.2 智能匹配应答

语音已经可以被识别成字符串了，接下来基于 AIML 实现应答文本的匹配。实现节点 robot_voice/scripts/aiml_voice_server.py 的代码如下：

```
import rospy
import aiml
import os
import sys
from std_msgs.msg import String

# 初始化 ROS 节点，创建 aiml.Kernel() 对象
rospy.init_node('aiml_voice_server')
mybot = aiml.Kernel()
response_publisher = rospy.Publisher('response',String,queue_size=10)

# 加载 aiml 文件数据
def load_aiml(xml_file):
    data_path = rospy.get_param("aiml_path")
    print data_path
    os.chdir(data_path)
    if os.path.isfile("standard.brn"):
        mybot.bootstrap(brainFile = "standard.brn")
    else:
        mybot.bootstrap(learnFiles = xml_file, commands = "load aiml b")
        mybot.saveBrain("standard.brn")

# 解析输入字符串，匹配并发布应答字符串
def callback(data):
    input = data.data
    response = mybot.respond(input)

    rospy.loginfo("I heard:: %s",data.data)
    rospy.loginfo("I spoke:: %s",response)
    response_publisher.publish(response)

# 订阅用于语音识别的语音字符
def listener():
    rospy.loginfo("Starting ROS AIML voice Server")
    rospy.Subscriber("voiceWords", String, callback)
    rospy.spin()

if __name__ == '__main__':
    load_aiml('startup.xml')
    listener()
```

该节点在运行过程中需要加载 AIML 数据库的路径，创建 robot_voice/launch/ start_aiml_ server.launch 进行参数加载：

```
<launch>

    <param name="aiml_path" value="$(find robot_voice)/data" />
    <node name="aiml_voice_server" pkg="robot_voice" type="aiml_voice_server.py"
output="screen" />

</launch>
```

在终端中运行如下命令进行测试：

```
$ roslaunch robot_voice start_aiml_server.launch
$ rostopic echo /response
$ rostopic pub /voiceWords std_msgs/String "data: 'what is your name'"
```

可以在终端中看到匹配的应答信息，如图 8-18 所示。

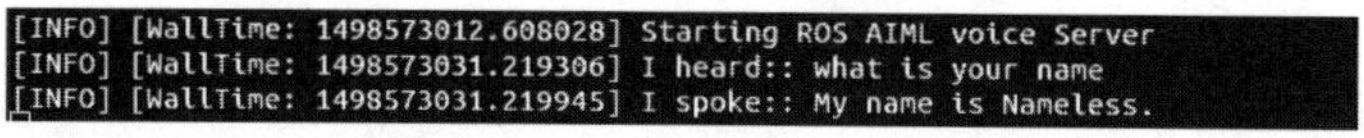

图 8-18　根据输入字符串匹配得到相应的输出字符串

8.5.3　文本转语音

现在我们已经可以匹配得到应答的文本，使用前面学习的 sound_play 功能包就可以把文本转换成语音播放出来。文本转语音节点的实现在 robot_voice/scripts/aiml_tts.py 中完成，详细内容如下：

```
import rospy, os, sys
from sound_play.msg import SoundRequest
from sound_play.libsoundplay import SoundClient
from std_msgs.msg import String

# 初始化 ROS 节点以及 sound 工具
rospy.init_node('aiml_tts', anonymous = True)

soundhandle = SoundClient()
rospy.sleep(1)
soundhandle.stopAll()
print 'Starting TTS'

# 获取应答字符，并且通过语音输出
def get_response(data):
    response = data.data
    rospy.loginfo("Response ::%s",response)
    soundhandle.say(response)

# 订阅语音识别后的应答字符
def listener():
```

```
    rospy.loginfo("Starting listening to response")
    rospy.Subscriber("response",String, get_response,queue_size=10)
    rospy.spin()

if __name__ == '__main__':
    listener()
```

在终端中使用以下命令进行测试：

```
$ roscore
$ rosrun sound_play soundplay_node.py
$ rosrun robot_voice aiml_tts.py
$ rostopic pub /response std_msgs/String "data: 'what is your name'"
```

运行成功后，很快就可以听到"what is your name"这段文本的语音了（见图 8-19）。

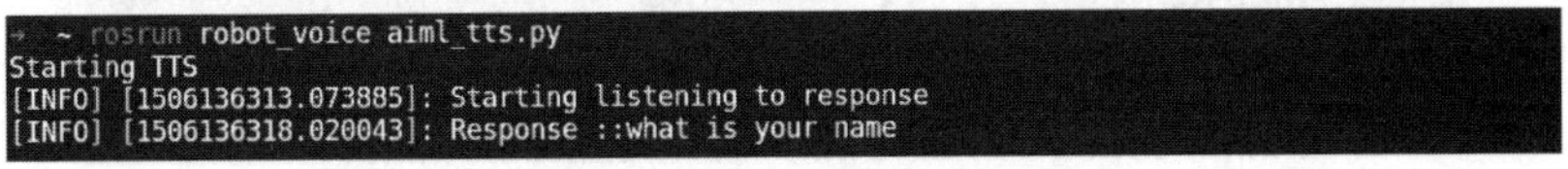

```
↑ ~ rosrun robot_voice aiml_tts.py
Starting TTS
[INFO] [1506136313.073885]: Starting listening to response
[INFO] [1506136318.020043]: Response ::what is your name
```

图 8-19　字符串转换成语音输出

8.5.4　智能对话

胜利的曙光越来越近，我们已经完成了语音对话中的三个关键部分，现在就可以将这三个部分集成以制作成一个完整的智能语音对话应用了。

创建 robot_voice/launch/start_chat.launch 文件启动以上所完成的所有节点：

```
<launch>

    <param name="aiml_path" value="$(find robot_voice)/data" />
    <node name="aiml_voice_server" pkg="robot_voice" type="aiml_voice_server.py"
output="screen" />

    <include file="$(find sound_play)/soundplay_node.launch"></include>
    <node name="aiml_tts" pkg="robot_voice" type="aiml_tts.py" output="screen" />

    <node name="aiml_voice_recognizer" pkg="robot_voice" type="aiml_voice_
recognizer.py" output="screen" />

</launch>
```

通过以下命令启动语音识别、智能匹配应答、文本转语音等关键节点：

```
$ roslaunch robot_voice chat_recognizer.launch
$ roslaunch robot_voice start_chat.launch
```

启动成功后，就可以"调戏"这款智能语音对话的机器人应用了，如图 8-20 所示。

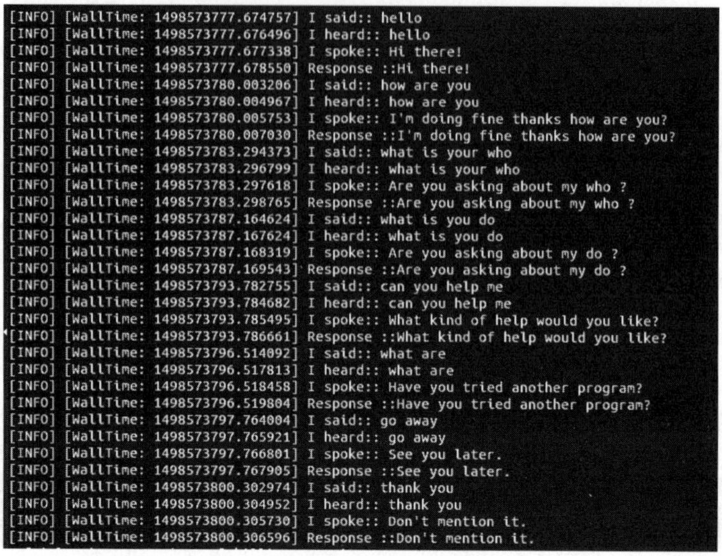

```
[INFO] [WallTime: 1498573777.674757] I said:: hello
[INFO] [WallTime: 1498573777.676496] I heard:: hello
[INFO] [WallTime: 1498573777.677338] I spoke:: Hi there!
[INFO] [WallTime: 1498573777.678550] Response ::Hi there!
[INFO] [WallTime: 1498573780.003206] I said:: how are you
[INFO] [WallTime: 1498573780.004967] I heard:: how are you
[INFO] [WallTime: 1498573780.005753] I spoke:: I'm doing fine thanks how are you?
[INFO] [WallTime: 1498573780.007030] Response ::I'm doing fine thanks how are you?
[INFO] [WallTime: 1498573783.294373] I said:: what is your who
[INFO] [WallTime: 1498573783.296799] I heard:: what is your who
[INFO] [WallTime: 1498573783.297618] I spoke:: Are you asking about my who ?
[INFO] [WallTime: 1498573783.298765] Response ::Are you asking about my who ?
[INFO] [WallTime: 1498573787.164624] I said:: what is you do
[INFO] [WallTime: 1498573787.167624] I heard:: what is you do
[INFO] [WallTime: 1498573787.168319] I spoke:: Are you asking about my do ?
[INFO] [WallTime: 1498573787.169543] Response ::Are you asking about my do ?
[INFO] [WallTime: 1498573793.782755] I said:: can you help me
[INFO] [WallTime: 1498573793.784682] I heard:: can you help me
[INFO] [WallTime: 1498573793.785495] I spoke:: What kind of help would you like?
[INFO] [WallTime: 1498573793.786661] Response ::What kind of help would you like?
[INFO] [WallTime: 1498573796.514892] I said:: what are
[INFO] [WallTime: 1498573796.517813] I heard:: what are
[INFO] [WallTime: 1498573796.518458] I spoke:: Have you tried another program?
[INFO] [WallTime: 1498573796.519804] Response ::Have you tried another program?
[INFO] [WallTime: 1498573797.764004] I said:: go away
[INFO] [WallTime: 1498573797.765921] I heard:: go away
[INFO] [WallTime: 1498573797.766801] I spoke:: See you later.
[INFO] [WallTime: 1498573797.767905] Response ::See you later.
[INFO] [WallTime: 1498573800.302974] I said:: thank you
[INFO] [WallTime: 1498573800.304952] I heard:: thank you
[INFO] [WallTime: 1498573800.305730] I spoke:: Don't mention it.
[INFO] [WallTime: 1498573800.306596] Response ::Don't mention it.
```

图 8-20　语音对话应用的运行效果

8.6　让机器人听懂中文

在前面的内容中，我们创建了一个类似于 Siri 的语音对话机器人，它可以与我们进行英文交流。你肯定早就有一个疑问：我们能不能使用中文与机器人交流呢？答案当然是肯定的。科大讯飞是中国最大的智能语音服务提供商，在中文语音识别技术方面占据领先地位，而且在其开放平台上提供了大量成熟可用的语音识别 SDK，很多工具包都可以免费使用，这为广大开发者和爱好者提供了极大便利，可以基于这些 SDK 快速开发出自己的智能语音应用。

本节基于科大讯飞提供的免费语音识别 SDK，使用 ROS 系统构建一个中文语音交互的机器人应用。

8.6.1　下载科大讯飞 SDK

首先需要下载科大讯飞的 SDK 开发包。登录科大讯飞开放平台的官方网站（http://www.xfyun.cn/），使用个人信息注册一个账户。

登录账户后，创建一个新应用，这里为应用取名为 my_ros_voice，如图 8-21 所示。

创建完成后，在左侧菜单栏选择"我的应用"，可以看到刚刚创建完成的语音应用，暂时还没有开通任何语音服务，如图 8-22 所示。

点击"立即开通"，会出现如图 8-23 所示的界面，然后在业务列表中选中"语音听写"，点击"确定"按钮。

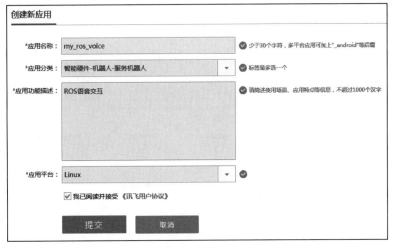

图 8-21　创建科大讯飞的语音应用

图 8-22　创建生成的语音应用界面

图 8-23　开通语音听写业务

接着界面会跳转到该应用语音听写的数据统计界面，在界面的右上角有"SDK 下载"选项（见图 8-24）。

点击"SDK 下载"后会出现下载选项界面，默认已经根据应用的属性进行了配置，不需要做修改，直接点击页面下方的"下载 SDK"就可以进行下载了。

图 8-24　下载科大讯飞的 SDK

8.6.2　测试 SDK

SDK 下载完成后，可以使用自带的 demo 做一些测试，以便对科大讯飞的语音识别功能有一个大致的了解。

将下载好的 SDK 解压到指定目录下，打开 SDK 根目录下的 samples 文件夹。该文件夹中已包含 SDK 自带的示例代码（见图 8-25）。

图 8-25　科大讯飞 SDK 中的示例程序

这里以 iat_record_sample 为例，在终端中进入该例程文件夹后，使用 "make" 命令进行编译，在根目录下的 bin 文件夹中可以看到编译生成的可执行文件。

如图 8-26 所示，在终端中运行编译生成的可执行文件，根据提示操作，不需要上传用户字典，选择语音输入源为麦克风，然后就可以看到 15s 的语音输入提示。这时尝试对着麦克风说话，15s后，示例应用开始进行在线语音识别，识别结果通过终端字符输出。

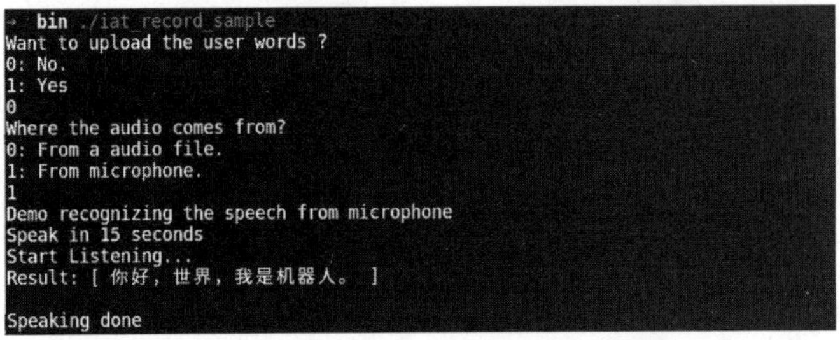

图 8-26 科大讯飞示例程序的运行效果

该语音识别功能是在线服务，需要计算机连接网络，否则会提示错误。科大讯飞开放平台也提供离线语音识别服务，需要另行下载。

接下来要将科大讯飞 SDK 的库文件拷贝到系统目录下，在后续的编译过程中才可以链接到该库文件。进入 SDK 根目录下的 libs 文件夹，选择相应的平台架构，64 位系统选择"x64"，32 位系统选择"x86"，进入相应的文件夹后，使用如下命令完成拷贝：

```
$ sudo cp libmsc.so /usr/lib/libmsc.so
```

科大讯飞的 SDK 带有 ID 号，每个人每次下载后的 ID 都不相同，更换 SDK 之后需要修改代码中的 APPID。你也可以直接使用本书源码包中的 libmsc.so 文件，否则要将源码中的 APPID 修改为自己下载 SDK 中的 ID。

下面基于 SDK 中的已有示例代码，尝试实现一款可以中文交互的机器人应用。

8.6.3 语音听写

第一步，要让机器人听懂我们所说的中文语音，这个功能节点基于科大讯飞 SDK 中的"iat_record_sample"例程。将该例程中的代码拷贝到功能包 robot_voice 中，针对主要代码文件 iat_record_sample.c 进行修改，添加需要的 ROS 接口，修改完成后重命名文件为 robot_voice/src/iat_publish.cpp。其中修改的主要代码如下：

```cpp
int main(int argc, char* argv[])
{
    //初始化 ROS
    ros::init(argc, argv, "voiceRecognition");
    ros::NodeHandle n;
    ros::Rate loop_rate(10);
```

```
// 声明 Publisher 和 Subscriber
// 订阅唤醒语音识别的信号
ros::Subscriber wakeUpSub = n.subscribe("voiceWakeup", 1000, WakeUp);
// 订阅唤醒语音识别的信号
ros::Publisher voiceWordsPub = n.advertise<std_msgs::String>("voiceWords", 1000);

ROS_INFO("Sleeping...");
int count=0;
while(ros::ok())
{
    // 语音识别唤醒
    if (wakeupFlag){
        ROS_INFO("Wakeup...");
        int ret = MSP_SUCCESS;
        const char* login_params = "appid = 593ff61d, work_dir = .";

        const char* session_begin_params =
            "sub = iat, domain = iat, language = zh_cn, "
            "accent = mandarin, sample_rate = 16000, "
            "result_type = plain, result_encoding = utf8";

        ret = MSPLogin(NULL, NULL, login_params);
        if(MSP_SUCCESS != ret){
            MSPLogout();
            printf("MSPLogin failed , Error code %d.\n",ret);
        }

        printf("Demo recognizing the speech from microphone\n");
        printf("Speak in 10 seconds\n");

        demo_mic(session_begin_params);

        printf("10 sec passed\n");

        wakeupFlag=0;
        MSPLogout();
    }

    // 语音识别完成
    if(resultFlag){
        resultFlag=0;
        std_msgs::String msg;
        msg.data = g_result;
        voiceWordsPub.publish(msg);
    }

    ros::spinOnce();
    loop_rate.sleep();
    count++;
}

exit:
```

```
    MSPLogout(); // Logout...

    return 0;
}
```

以上代码中加入了一个 Publisher 和一个 Subscriber。Subscriber 用来接收语音唤醒信号，接收到唤醒信号后，会将 wakeupFlag 变量置位，然后在主循环中调用 SDK 的语音听写功能，识别成功后置位 resultFlag 变量，通过 Publisher 将识别出来的字符串进行发布。

在 CMakeLists.txt 中加入编译规则：

```
add_executable(iat_publish
    src/iat_publish.cpp
    src/speech_recognizer.c
    src/linuxrec.c)
target_link_libraries(
    iat_publish
    ${catkin_LIBRARIES}
    libmsc.so -ldl -lpthread -lm -lrt -lasound
 )
```

编译过程需要链接 SDK 中的 libmsc.so 库，此前已经将此库拷贝到系统路径下，所以此处无需添加完整路径。

编译完成后，使用以下命令进行测试：

```
$ roscore
$ rosrun robot_voice iat_publish
$ rostopic echo /voiceWords
$ rostopic pub /voiceWakeup std_msgs/String "data: 'any string'"
```

发布唤醒信号（任意字符串）后，可以看到"Start Listening..."的提示，然后就可以对着麦克风说话了，联网完成在线识别后会将识别结果进行发布。如图 8-27 所示，可以在终端中看到识别生成的字符串。

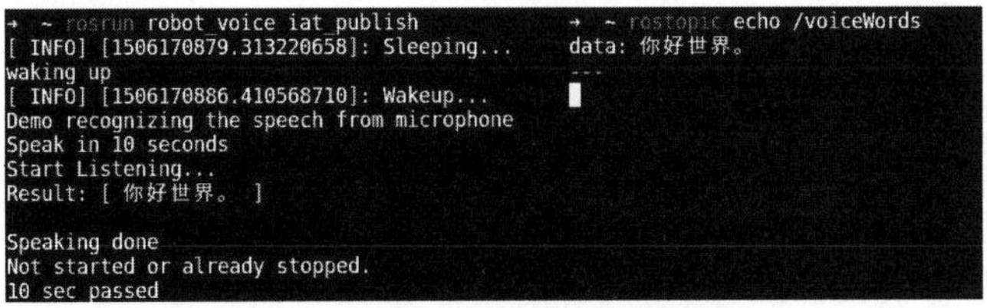

图 8-27　将中文语音转换成字符串

8.6.4　语音合成

机器人已经具备基础听的能力，接下来要让机器人具备说的功能，把要告诉用户的内容使用中文说出来。该功能模块基于科大讯飞 SDK 中的 tts_sample 例程，同样把示例所需的代码拷贝到功能包中，然后修改主代码文件，添加 ROS 接口，并重新命名为 robot_voice/src/tts_subscribe.cpp，其中的核心代码如下：

```
void voiceWordsCallback(const std_msgs::String::ConstPtr& msg)
{
    ......
    std::cout<<"I heard :"<<msg->data.c_str()<<std::endl;
    text = msg->data.c_str();

    /* 文本合成 */
    printf(" 开始合成 ...\n");
    ret = text_to_speech(text, filename, session_begin_params);
    if (MSP_SUCCESS != ret)
    {
        printf("text_to_speech failed, error code: %d.\n", ret);
    }
    printf(" 合成完毕 \n");
    ......
}

int main(int argc, char* argv[])
{
    ......
    ros::init(argc,argv,"TextToSpeech");
    ros::NodeHandle n;
    ros::Subscriber sub =n.subscribe("voiceWords ", 1000,voiceWordsCallback);
    ros::spin();
    ......
    return 0;
}
```

main() 函数中声明了一个订阅 voiceWords 话题的 Subscriber，接收输入的语音字符串。接收成功后，在回调函数 voiceWordsCallback() 中使用 SDK 接口将字符串转换成中文语音。

然后在 CMakeLists.txt 中添加编译规则：

```
add_executable(tts_subscribe src/tts_subscribe.cpp)
target_link_libraries(
    tts_subscribe
    ${catkin_LIBRARIES}
    libmsc.so -ldl -pthread
)
```

编译完成后，使用以下命令进行测试：

```
$ roscore
$ rosrun robot_voice tts_subscribe
$ rostopic pub /voiceWords std_msgs/String "data: ' 你好，我是机器人 '"
```

如果语音合成成功，终端中会显示如图 8-28 所示信息。

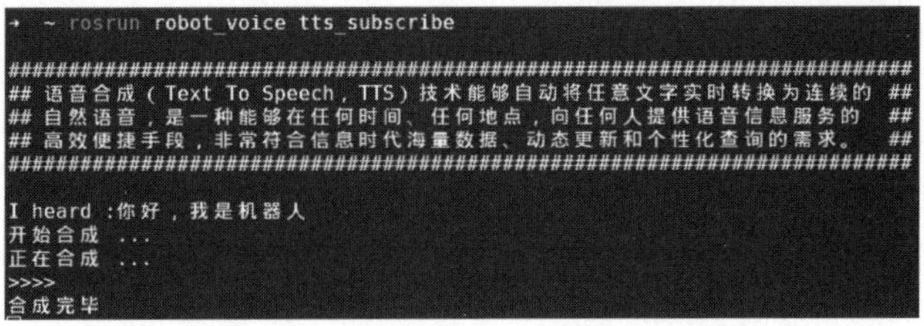

图 8-28　将字符串合成中文语音输出

机器人用标准的普通话说出了"你好，我是机器人"这句话，是不是很兴奋。

这里有可能出现如图 8-29 所示错误提示，但是不影响语音输出效果。

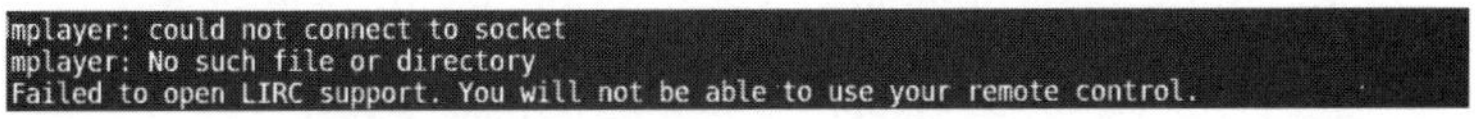

图 8-29　语音合成过程中的错误提示

这是由于 mplayer 配置导致的问题，解决方法是在 $HOME/.mplayer/config 文件中添加如下设置：

```
lirc=no
```

8.6.5　智能语音助手

现在机器人虽然已经能听会说，但还没有智能化的数据处理能力。下面我们可以在以上代码的基础上添加一些数据处理，赋予机器人简单的智能，让机器人可以与人进行简单的中文对话。

我们可以在 tts_subscribe.cpp 代码文件的基础上进行修改。在 voiceWordsCallback() 回调函数中添加一些功能代码，并命名为 robot_voice/src/voice_assistant.cpp。添加的代码如下：

```cpp
void voiceWordsCallback(const std_msgs::String::ConstPtr& msg)
{
    ......
    std::cout<<"I heard :"<<msg->data.c_str()<<std::endl;

    std::string dataString = msg->data;
    if(dataString.compare(" 你是谁? ") == 0)
    {
        char nameString[40] = " 我是你的语音小助手";
        text = nameString;
        std::cout<<text<<std::endl;
    }
    else if(dataString.compare(" 你可以做什么? ") == 0)
    {
        char helpString[40] = " 你可以问我现在时间";
        text = helpString;
        std::cout<<text<<std::endl;
```

```
    }
    else if(dataString.compare("现在时间。") == 0)
    {
        // 获取当前时间
        struct tm *ptm;
        long ts;

        ts = time(NULL);
        ptm = localtime(&ts);
        std::string string = "现在时间" + to_string(ptm-> tm_hour) + "点" + to_
string(ptm-> tm_min) + "分";

        char timeString[40];
        string.copy(timeString, sizeof(string), 0);
        text = timeString;
        std::cout<<text<<std::endl;
    }
    else
    {
        text = msg->data.c_str();
    }

    /* 文本合成 */
    printf("开始合成 ...\n");
    ret = text_to_speech(text, filename, session_begin_params);
    if (MSP_SUCCESS != ret)
    {
        printf("text_to_speech failed, error code: %d.\n", ret);
    }
    printf("合成完毕 \n");
    ......
}
```

在以上代码中，添加了一系列 if、else 语句来判断中文语音输入的含义。当我们说出“你是谁”“你可以做什么”“现在时间”等问题时，机器人可以获取系统的当前时间，并且回答我们的问题。

然后在 CMakeLists.txt 中添加编译规则：

```
add_executable(voice_assistant src/voice_assistant.cpp)
target_link_libraries(
    voice_assistant
    ${catkin_LIBRARIES}
    libmsc.so -ldl -pthread
)
```

编译完成后，使用如下命令进行测试：

```
$ roscore
$ rosrun robot_voice iat_publish
$ rosrun robot_voice voice_assistant
```

```
$ rostopic pub /voiceWakeup std_msgs/String "data: 'any string'"
```

语音唤醒后，我们就可以向机器人发问了，对话的效果如图 8-30 所示。

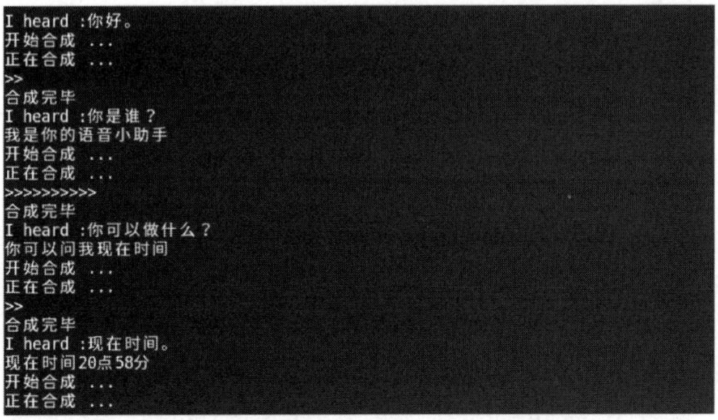

图 8-30　智能语音助手的运行效果

这里仅以中文语音交互为例实现了一个非常简单的机器人语音应用，重点是学习如何将科大讯飞强大的语音识别工具包集成到 ROS 系统中，以便辅助我们实现更为复杂的机器语音功能。

8.7　本章小结

通过本章的学习，你应该学会了如何让机器人听懂这个世界的声音，以及怎样让机器人通过语音表达自己的"想法"，这个过程需要用到以下 ROS 功能包和开发工具。

1）pocketsphinx 功能包：用于实现英文语音的识别。

2）sound_play 功能包：用于实现英文字符转语音的功能。

3）人工智能标记语言（AIML）：用于实现机器人的语言交流功能。

4）科大讯飞 SDK：中文语音识别、合成的重要开发工具。

现在我们的机器人已经具备了"看""听""说"这三大功能，接下来要让机器人动起来，利用自身的感知能力创建环境地图并实现自主导航。

第 9 章
机器人 SLAM 与自主导航

机器人技术的迅猛发展，促使机器人逐渐走进了人们的生活，服务型室内移动机器人更是获得了广泛的关注。但室内机器人的普及还存在许多亟待解决的问题，定位与导航就是其中的关键问题之一。在这类问题的研究中，需要把握三个重点：一是地图精确建模；二是机器人准确定位；三是路径实时规划。在近几十年的研究中，对以上三个重点提出了多种有效的解决方法。

室外定位与导航可以使用 GPS，但在室内这个问题就变得比较复杂。为了实现室内的定位定姿，一大批技术不断涌现，其中，SLAM 技术逐渐脱颖而出。SLAM（Simultaneous Localization and Mapping，即时定位与地图构建）最早由 Smith、Self 和 Cheeseman 于 1988 年提出。作为一种基础技术，SLAM 从最早的军事用途到今天的扫地机器人，吸引了一大批研究者和爱好者，同时也使这项技术逐步走入普通消费者的视野。

使用 ROS 实现机器人的 SLAM 和自主导航等功能是非常方便的，因为有较多现成的功能包可供开发者使用，如 gmapping、hector_slam、cartographer、rgbdslam、ORB_SLAM、move_base、amcl 等。本章我们将学习这些功能包的使用方法，并且使用仿真环境和真实机器人实现这些功能。

9.1 理论基础

SLAM 可以描述为：机器人在未知的环境中从一个未知位置开始移动，移动过程中根据位置估计和地图进行自身定位，同时建造增量式地图，实现机器人的自主定位和导航。

想象一个盲人在一个未知的环境里，如果想感知周围的大概情况，那么他需要伸展双手作为他的"传感器"，不断探索四周是否有障碍物。当然这个"传感器"有量程范围，他还需要不断移动，同时在心中整合已经感知到的信息。当感觉新探索的环境好像是之前遇到过的某个位置，他就会校正心中整合好的地图，同时也会校正自己当前所处的位置。当然，作为一个盲人，感知能力有限，所以他探索的环境信息会存在误差，而且他会根据自己的确定程度为探索到的障碍物设置一个概率值，概率值越大，表示这里有障碍物的可能性越大。一个盲人探索未知环境的场景基本可以表示 SLAM 算法的主要过程。这里不详细讨论 SLAM

的算法实现，只对概念做一个基本理解，感兴趣的读者可以查找相关资料进行深度学习。图 9-1 所示即为使用 SLAM 技术建立的室内地图。

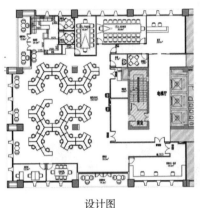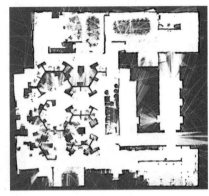

设计图　　　　　　　　　　　　　　　SLAM 产生的高精度地图

图 9-1　使用 SLAM 技术构建的室内地图效果

　　家庭、商场、车站等场所是室内机器人的主要应用场景，在这些应用中，用户需要机器人通过移动完成某些任务，这就需要机器人具备自主移动、自主定位的功能，我们把这类应用统称为自主导航。自主导航往往与 SLAM 密不可分，因为 SLAM 生成的地图是机器人自主移动的主要蓝图。这类问题可以总结为：在服务机器人工作空间中，根据机器人自身的定位导航系统找到一条从起始状态到目标状态、可以避开障碍物的最优路径。

　　要完成机器人的 SLAM 和自主导航，机器人首先要有感知周围环境的能力，尤其要有感知周围环境深度信息的能力，因为这是探测障碍物的关键数据。用于获取深度信息的传感器主要有以下几种类型。

　　（1）激光雷达

　　激光雷达是研究最多、使用最成熟的深度传感器，可以提供机器人本体与环境障碍物之间的距离信息，很多常见的扫地机器人就配有高性价比的激光雷达（见图 9-2）。激光雷达的优点是精度高，响应快，数据量小，可以完成实时 SLAM 任务；缺点是成本高，一款进口高精度的激光雷达价格在一万元以上。现在很多国内企业专注高性价比的激光雷达，也有不少优秀的产品已经推向市场。

图 9-2　激光雷达

（2）摄像头

SLAM 所用到的摄像头又可以分为两种：一种是单目摄像头，也就是使用一个摄像头完成 SLAM。这种方案的传感器简单，适用性强，但是实现的复杂度较高，而且单目摄像头在静止状态下无法测量距离，只有在运动状态下才能根据三角测量等原理感知距离。另一种就是双目摄像头（见图 9-3），相比单目摄像头，这种方案无论是在运动状态下还是在静止状态下，都可以感知距离信息，但是两个摄像头的标定较为复杂，大量的图像数据也会导致运算量较大。

图 9-3　双目摄像头

（3）RGB-D 摄像头

RGB-D 摄像头是近年来兴起的一种新型传感器，不仅可以像摄像头一样获取环境的 RGB 图像信息，也可以通过红外结构光、Time-of-Flight 等原理获取每个像素的深度信息。丰富的数据让 RGB-D 摄像头不仅可用于 SLAM，还可用于图像处理、物体识别等多种应用；更重要的一点是，RGB-D 摄像头成本较低，它也是目前室内服务机器人的主流传感器方案。常见的 RGB-D 摄像头有 Kinect v1/v2、华硕 Xtion Pro 等（见图 9-4）。当然，RGB-D 摄像头也存在诸如测量视野窄、盲区大、噪声大等缺点。

图 9-4　RGB-D 摄像头

9.2　准备工作

ROS 中 SLAM 和自主导航的相关功能包可以通用于各种移动机器人平台，但是为了达到最佳效果，对机器人的硬件仍然有以下三个要求。

1）导航功能包对差分、轮式机器人的效果好，并且假设机器人可直接使用速度指令进行控制，速度指令的定义如图 9-5 所示。

- linear：机器人在 *xyz* 三轴方向上的线速度，单位是 m/s。
- angular：机器人在 *xyz* 三轴方向上的角速度，单位是 rad/s。

```
→ ~ rosmsg show geometry_msgs/Twist
geometry_msgs/Vector3 linear
  float64 x
  float64 y
  float64 z
geometry_msgs/Vector3 angular
  float64 x
  float64 y
  float64 z
```

图 9-5 速度控制指令 Twist 消息的具体定义

2）导航功能包要求机器人必须安装激光雷达等测距设备，可以获取环境深度信息。

3）导航功能包以正方形和圆形的机器人为模板进行开发，对于其他外形的机器人，虽然可以正常使用，但是效果可能不佳。

9.2.1 传感器信息

1. 环境深度信息

无论是 SLAM 还是自主导航，获取周围环境的深度信息都是至关重要的。要获取深度信息，首先要清楚 ROS 中的深度信息是如何表示的。

针对激光雷达，ROS 在 sensor_msgs 包中定义了专用数据结构——LaserScan，用于存储激光消息。LaserScan 消息的具体定义如图 9-6 所示。

```
→ ~ rosmsg show sensor_msgs/LaserScan
std_msgs/Header header
  uint32 seq
  time stamp
  string frame_id
float32 angle_min
float32 angle_max
float32 angle_increment
float32 time_increment
float32 scan_time
float32 range_min
float32 range_max
float32[] ranges
float32[] intensities
```

图 9-6 激光雷达 LaserScan 消息的具体定义

- angle_min：可检测范围的起始角度。
- angle_max：可检测范围的终止角度，与 angle_min 组成激光雷达的可检测范围。
- angle_increment：采集到相邻数据帧之间的角度步长。
- time_increment：采集到相邻数据帧之间的时间步长，当传感器处于相对运动状态时进行补偿使用。

- scan_time：采集一帧数据所需要的时间。
- range_min：最近可检测深度的阈值。
- range_max：最远可检测深度的阈值。
- ranges：一帧深度数据的存储数组。

如果使用的机器人没有激光雷达，但配备有 Kinect 等 RGB-D 摄像头，也可以通过红外摄像头获取周围环境的深度信息。但是 RGB-D 摄像头获取的原始深度信息是三维点云数据，而 ROS 的很多功能包所需要的输入是激光二维数据，是否可以将三维数据转换成二维数据呢？如果你已不记得 RGB-D 摄像头所发布的点云三维数据的类型，可以回顾 7.1 节的相关内容。

如果你已了解点云三维数据类型，那么将三维数据降维到二维数据的方法也很简单，即把大量数据拦腰斩断，只抽取其中的一行数据，重新封装为 LaserScan 消息，就可以获取到需要的二维激光雷达信息。这么做虽然损失了大量有效数据，但是刚好可以满足 2D SLAM 的需求。

原理就是这么简单，ROS 中也提供了相应的功能包——depthimage_to_laserscan，可以在 launch 文件中使用如下方法调用：

```
<!-- 运行 depthimage_to_laserscan 节点，将点云深度数据转换成激光数据 -->
<node pkg="depthimage_to_laserscan" type="depthimage_to_laserscan"
name="depthimage_to_laserscan" output="screen">
    <remap from="image" to="/camera/depth/image_raw" />
    <remap from="camera_info" to="/camera/depth/camera_info" />
    <remap from="scan" to="/scan" />
    <param name="output_frame_id" value="/camera_link" />
</node>
```

2. 里程计信息

里程计根据传感器获取的数据来估计机器人随时间发生的位置变化。在机器人平台中，较为常见的里程计是编码器，例如，机器人驱动轮配备的旋转编码器。当机器人移动时，借助旋转编码器可以测量出轮子旋转的圈数，如果知道轮子的周长，便可以计算出机器人单位时间内的速度以及一段时间内的移动距离。里程计根据速度对时间的积分求得位置这种方法对误差十分敏感，所以采取如精确的数据采集、设备标定、数据滤波等措施是十分必要的。

导航功能包要求机器人能够发布里程计 nav_msgs/Odometry 消息。如图 9-7 所示，nav_msgs/Odometry 消息包含机器人在自由空间中的位置和速度估算值。

- pose：机器人当前位置坐标，包括机器人的 x、y、z 三轴位置与方向参数，以及用于校正误差的协方差矩阵。
- twist：机器人当前的运动状态，包括 x、y、z 三轴的线速度与角速度，以及用于校正误差的协方差矩阵。

上述数据结构中，除速度与位置的关键信息外，还包含用于滤波算法的协方差矩阵。在精度要求不高的机器人系统中，可以使用默认的协方差矩阵；而在精度要求较高的系统中，需要先对机器人精确建模后，再通过仿真、实验等方法确定该矩阵的具体数值。

```
 →  ~ rosmsg show nav_msgs/Odometry
std_msgs/Header header
  uint32 seq
  time stamp
  string frame_id
string child_frame_id
geometry_msgs/PoseWithCovariance pose
  geometry_msgs/Pose pose
    geometry_msgs/Point position
      float64 x
      float64 y
      float64 z
    geometry_msgs/Quaternion orientation
      float64 x
      float64 y
      float64 z
      float64 w
  float64[36] covariance
geometry_msgs/TwistWithCovariance twist
  geometry_msgs/Twist twist
    geometry_msgs/Vector3 linear
      float64 x
      float64 y
      float64 z
    geometry_msgs/Vector3 angular
      float64 x
      float64 y
      float64 z
  float64[36] covariance
```

图 9-7　里程计 nav_msgs/Odometry 消息的具体定义

9.2.2　仿真平台

第 6 章已经介绍了如何在 Gazebo 仿真环境中搭建一个机器人平台，实现类似于真实机器人的大部分功能。为了方便大家学习，本章的所有功能都将优先在仿真器中进行实践，所以，如果你手上没有实物机器人，也可以玩转 ROS 中的 SLAM 和导航功能包。

1. 创建仿真环境

搭载多种传感器的机器人模型已经在第 6 章中创建完成，为了实现 Gazebo 中机器人的 SLAM 和导航，我们先来创建一个适合仿真的虚拟环境。

使用 4.5 节介绍的 Gazebo Building Editor 工具，绘制一个如图 9-8 所示的类似于走廊的仿真环境。

然后在走廊中加入一些障碍物（见图 9-9）。

创建完成后，点击 Gazebo 菜单栏中的"保存"选项，命名为 cloister.world，保存到 mrobot_gazebo/worlds 文件夹下。

2. 加载机器人

接下来需要将搭载深度传感器的机器人模型放置到仿真环境中。

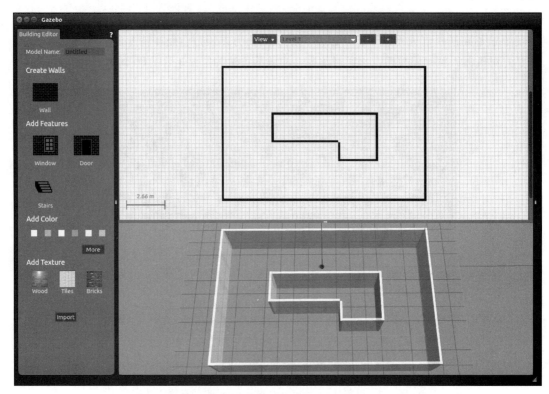

图 9-8　使用 Gazebo Building Editor 工具创建的仿真环境

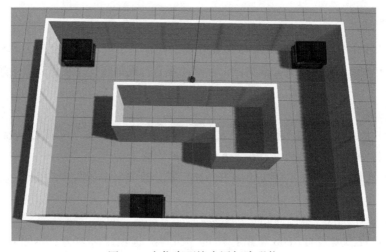

图 9-9　在仿真环境中添加障碍物

使用激光雷达作为深度传感器，将机器人模型放置到创建好的走廊环境中。启动仿真环境的 mrobot_gazebo/launch/mrobot_laser_nav_gazebo.launch 文件，代码如下：

```
<launch>

    <!-- 设置 launch 文件的参数 -->
    <arg name="world_name" value="$(find mrobot_gazebo)/worlds/cloister.world"/>
    <arg name="paused" default="false"/>
    <arg name="use_sim_time" default="true"/>
    <arg name="gui" default="true"/>
    <arg name="headless" default="false"/>
    <arg name="debug" default="false"/>

    <!-- 运行 gazebo 仿真环境 -->
    <include file="$(find gazebo_ros)/launch/empty_world.launch">
        <arg name="world_name" value="$(arg world_name)" />
        <arg name="debug" value="$(arg debug)" />
        <arg name="gui" value="$(arg gui)" />
        <arg name="paused" value="$(arg paused)"/>
        <arg name="use_sim_time" value="$(arg use_sim_time)"/>
        <arg name="headless" value="$(arg headless)"/>
    </include>

    <!-- 加载机器人模型描述参数 -->
    <param name="robot_description" command="$(find xacro)/xacro --inorder
'$(find mrobot_gazebo)/urdf/mrobot_with_rplidar.urdf.xacro'" />

    <!-- 运行 joint_state_publisher 节点，发布机器人的关节状态 -->
    <node name="joint_state_publisher" pkg="joint_state_publisher" type="joint_
state_publisher" ></node>

    <!-- 运行 robot_state_publisher 节点，发布 TF -->
    <node name="robot_state_publisher" pkg="robot_state_publisher" type="robot_
state_publisher"  output="screen" >
        <param name="publish_frequency" type="double" value="50.0" />
    </node>

    <!-- 在 gazebo 中加载机器人模型 -->
    <node name="urdf_spawner" pkg="gazebo_ros" type="spawn_model" respawn=
"false" output="screen"
            args="-urdf -model mrobot -param robot_description"/>

</launch>
```

使用如下命令运行以上 launch 文件，启动仿真环境：

```
$ roslaunch mrobot_gazebo mrobot_laser_nav_gazebo.launch
```

启动成功后可以看到如图 9-10 所示的仿真环境。

查看当前系统中的话题列表（见图 9-11），可以看到 SLAM 所需要的深度信息 " /scan"、里程计信息 "/odom" 都已经正常发布。

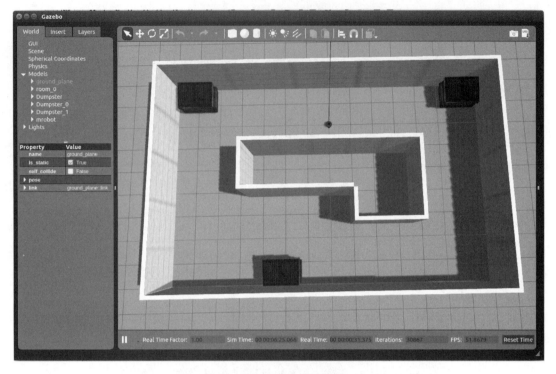

图 9-10　仿真环境界面

```
→ ~ rostopic list
/clock
/cmd_vel
/gazebo/link_states
/gazebo/model_states
/gazebo/parameter_descriptions
/gazebo/parameter_updates
/gazebo/set_link_state
/gazebo/set_model_state
/joint_states
/odom
/rosout
/rosout_agg
/scan
/tf
/tf_static
```

图 9-11　查看 ROS 系统中的话题列表 1

除此之外，本书配套源码包中还提供了启动搭载 Kinect 机器人模型仿真环境的 mrobot_gazebo/launch/mrobot_kinect_nav_gazebo.launch 文件，只用修改以上文件中的机器人模型，也可以直接查看源码包中的 launch 文件。运行后应该可以看到如图 9-12 所示的话题列表。

9.2.3　真实机器人

第 5 章已经介绍了移动机器人（MRobot）的设计和实现，也已经为 MRobot 装配了 Kinect、rplidar 等深度传感器，并提供 SLAM 和导航所需要的深度信息。

图 9-12　查看 ROS 系统中的话题列表 2

MRobot 的里程计信息在驱动节点 mrobot_bringup/src/mrobot.cpp 中实现，其中计算里程计消息的代码如下：

```
// 积分计算里程计信息
vx_  = (vel_right.odoemtry_float + vel_left.odoemtry_float) / 2 / 1000;
vth_ = (vel_right.odoemtry_float - vel_left.odoemtry_float) / ROBOT_LENGTH;

curr_time = ros::Time::now();

double dt = (curr_time - last_time_).toSec();
double delta_x = (vx_ * cos(th_) - vy_ * sin(th_)) * dt;
double delta_y = (vx_ * sin(th_) + vy_ * cos(th_)) * dt;
double delta_th = vth_ * dt;

x_  += delta_x;
y_  += delta_y;
th_ += delta_th;
last_time_ = curr_time;
```

首先计算本周期运动的时间长度，根据运动的角度和距离，计算机器人在 x 轴、y 轴的位置变化和角度变化。

将计算得到的位置信息发布在主循环里：

```
// 发布里程计消息
nav_msgs::Odometry msgl;
msgl.header.stamp = current_time_;
msgl.header.frame_id = "odom";
```

```
msg1.pose.pose.position.x = x_;
msg1.pose.pose.position.y = y_;
msg1.pose.pose.position.z = 0.0;
msg1.pose.pose.orientation = odom_quat;
msg1.pose.covariance = odom_pose_covariance;

msg1.child_frame_id = "base_footprint";
msg1.twist.twist.linear.x = vx_;
msg1.twist.twist.linear.y = vy_;
msg1.twist.twist.angular.z = vth_;
msg1.twist.covariance = odom_twist_covariance;

pub_.publish(msg1);
```

启动 MRobot 后，可以查看话题列表，深度信息"/scan"和里程计信息"/odom"都已经正常发布（见图 9-13）。

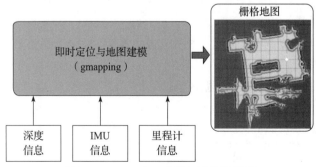

```
→ ~ rostopic list
/cmd_vel
/joint_states
/odom
/odom_combined
/rosout
/rosout_agg
/scan
/tf
/tf_static
```

图 9-13　查看 ROS 系统中的话题列表 3

9.3　gmapping

ROS 开源社区中汇集了多种 SLAM 算法，可以直接使用或进行二次开发，其中最为常用和成熟的是 gmapping 功能包。

9.3.1　gmapping 功能包

gmapping 功能包集成了 Rao-Blackwellized 粒子滤波算法，为开发者隐去了复杂的内部实现。图 9-14 所示的是 gmapping 功能包的总体框架。

栅格地图

即时定位与地图建模
（gmapping）

深度信息　　IMU信息　　里程计信息

图 9-14　gmapping 功能包的总体框架

gmapping 功能包订阅机器人的深度信息、IMU 信息和里程计信息，同时完成一些必要参数的配置，即可创建并输出基于概率的二维栅格地图。gmapping 功能包基于 openslam 社区的开源 SLAM 算法，有兴趣的读者可以阅读 openslam 中 gmapping 算法的相关论文，网址为：http://openslam.org/gmapping.html。

在 ROS 的软件源中已经集成了 gmapping 相关功能包的二进制安装文件，可以使用如下命令进行安装：

```
$ sudo apt-get install ros-kinetic-gmapping
```

gmapping 功能包向用户开放的接口如下。

1）话题和服务

gmapping 功能包中发布 / 订阅的话题和提供的服务如表 9-1 所示。

表 9-1　gmapping 功能包中发布 / 订阅的话题和提供的服务

	名　称	类　型	描　述
Topic 订阅	tf	tf/tfMessage	用于激光雷达坐标系、基坐标系、里程计坐标系之间的变换
	scan	sensor_msgs/LaserScan	激光雷达扫描数据
Topic 发布	map_metadata	nav_msgs/MapMetaData	发布地图 Meta 数据
	map	nav_msgs/OccupancyGrid	发布地图栅格数据
	~entropy	std_msgs/Float64	发布机器人姿态分布熵的估计
Service	dynamic_map	nav_msgs/GetMap	获取地图数据

2）参数

gmapping 功能包中可供配置的参数如表 9-2 所示。

表 9-2　gmapping 功能包中可供配置的参数

参　数	类型	默认值	描　述
~throttle_scans	int	1	每接收到该数量帧的激光数据后只处理其中的一帧数据，默认每接收到一帧数据就处理一次
~base_frame	string	"base_link"	机器人基坐标系
~map_frame	string	"map"	地图坐标系
~odom_frame	string	"odom"	里程计坐标系
~map_update_interval	float	5.0	地图更新频率，该值越低，计算负载越大
~maxUrange	float	80.0	激光可探测的最大范围
~sigma	float	0.05	端点匹配的标准差
~kernelSize	int	1	在对应的内核中进行查找
~lstep	float	0.05	平移过程中的优化步长
~astep	float	0.05	旋转过程中的优化步长
~iterations	int	5	扫描匹配的迭代次数
~lsigma	float	0.075	似然计算的激光标准差

（续）

参　　数	类型	默认值	描　　述
~ogain	float	3.0	似然计算时用于平滑重采样效果
~lskip	int	0	每次扫描跳过的光束数
~minimumScore	float	0.0	扫描匹配结果的最低值。当使用有限范围（例如 5m）的激光扫描仪时，可以避免在大开放空间中跳跃姿势估计
~srr	float	0.1	平移函数（rho/rho），平移时的里程误差
~srt	float	0.2	旋转函数（rho/theta），平移时的里程误差
~str	float	0.1	平移函数（theta/rho），旋转时的里程误差
~stt	float	0.2	旋转函数（theta/theta），旋转时的里程误差
~linearUpdate	float	1.0	机器人每平移该距离后处理一次激光扫描数据
~angularUpdate	float	0.5	机器人每旋转该弧度后处理一次激光扫描数据
~temporalUpdate	float	−1.0	如果最新扫描处理的速度比更新的速度慢，则处理一次扫描。该值为负数时关闭基于时间的更新
~resampleThreshold	float	0.5	基于 Neff 的重采样阈值
~particles	int	30	滤波器中的粒子数目
~xmin	float	−100.0	地图 x 向初始最小尺寸
~ymin	float	−100.0	地图 y 向初始最小尺寸
~xmax	float	100.0	地图 x 向初始最大尺寸
~ymax	float	100.0	地图 y 向初始最大尺寸
~delta	float	0.05	地图分辨率
~llsamplerange	float	0.01	似然计算的平移采样距离
~llsamplestep	float	0.01	似然计算的平移采样步长
~lasamplerange	float	0.005	似然计算的角度采样距离
~lasamplestep	float	0.005	似然计算的角度采样步长
~transform_publish_period	float	0.05	TF 变换发布的时间间隔
~occ_thresh	float	0.25	栅格地图占用率的阈值
~maxRange (float)	float	–	传感器的最大范围

3）坐标变换

gmapping 功能包提供的坐标变换如表 9-3 所示。

表 9-3　gmapping 功能包中的 TF 变换

	TF 变换	描　　述
必需的 TF 变换	<scan frame> → base_link	激光雷达坐标系与基坐标系之间的变换，一般由 robot_state_publisher 或者 static_transform_publisher 发布
	base_link → odom	基坐标系与里程计坐标系之间的变换，一般由里程计节点发布
发布的 TF 变换	map → odom	地图坐标系与机器人里程计坐标系之间的变换，估计机器人在地图中的位姿

9.3.2　gmapping 节点的配置与运行

接下来的主要任务是使用 gmapping 功能包实现机器人的 SLAM 功能。SLAM 算法已经在 gmapping 功能包中实现，我们无需深入理解算法的实现原理，只需关注如何借助其提供的接口实现相应的功能。

1. gmapping.launch

使用 gmapping 的第一步就是创建一个运行 gmapping 节点的 launch 文件，主要用于节点参数的配置，这里创建的 mrobot_navigation/launch/gmapping.launch 文件代码如下：

```
<launch>
    <arg name="scan_topic" default="scan" />

    <node pkg="gmapping" type="slam_gmapping" name="slam_gmapping" output=
"screen" clear_params="true">
        <param name="odom_frame" value="odom"/>
        <param name="map_update_interval" value="5.0"/>
        <!-- Set maxUrange < actual maximum range of the Laser -->
        <param name="maxRange" value="5.0"/>
        <param name="maxUrange" value="4.5"/>
        <param name="sigma" value="0.05"/>
        <param name="kernelSize" value="1"/>
        <param name="lstep" value="0.05"/>
        <param name="astep" value="0.05"/>
        <param name="iterations" value="5"/>
        <param name="lsigma" value="0.075"/>
        <param name="ogain" value="3.0"/>
        <param name="lskip" value="0"/>
        <param name="srr" value="0.01"/>
        <param name="srt" value="0.02"/>
        <param name="str" value="0.01"/>
        <param name="stt" value="0.02"/>
        <param name="linearUpdate" value="0.5"/>
        <param name="angularUpdate" value="0.436"/>
        <param name="temporalUpdate" value="-1.0"/>
        <param name="resampleThreshold" value="0.5"/>
        <param name="particles" value="80"/>
        <param name="xmin" value="-1.0"/>
        <param name="ymin" value="-1.0"/>
        <param name="xmax" value="1.0"/>
        <param name="ymax" value="1.0"/>
        <param name="delta" value="0.05"/>
        <param name="llsamplerange" value="0.01"/>
        <param name="llsamplestep" value="0.01"/>
        <param name="lasamplerange" value="0.005"/>
        <param name="lasamplestep" value="0.005"/>
        <remap from="scan" to="$(arg scan_topic)"/>
    </node>
</launch>
```

在启动 slam_gmapping 功能包的同时，需要配置很多 gmapping 节点的参数。如果你熟悉 SLAM 算法，这些参数可能对你并不陌生，但是，若你不了解 SLAM 算法，也不用担心，这些参数都有默认值，大部分时候使用默认值或使用 ROS 中相似机器人的配置即可，等待 SLAM 功能实现后再考虑参数优化。

我们需要重点检查两个参数的输入设配置。

1）里程计坐标系的设置，odom_frame 参数需要和机器人本身的里程计坐标系一致。

2）激光雷达的话题名，gmapping 节点订阅的激光雷达话题名是"/scan"，如果与机器人发布的激光雷达话题名不一致，需要使用 <remap> 进行重映射。

2. gmapping_demo.launch

创建一个启动 gmapping 例程的 mrobot_navigation/launch/gmapping_demo.launch 文件，主要代码如下：

```
<launch>

    <include file="$(find mrobot_navigation)/launch/gmapping.launch"/>

    <!-- 启动 rviz -->
    <node pkg="rviz" type="rviz" name="rviz" args="-d $(find mrobot_navigation)/
rviz/gmapping.rviz"/>

</launch>
```

以上 launch 文件包含两部分内容。

1）启动之前创建的 gmapping 节点。

2）启动 rviz 界面，查看传感器和地图构建的实时信息。

现在，SLAM 功能已经就绪，接下来就让我们一起探索未知的世界吧！

9.3.3 在 Gazebo 中仿真 SLAM

在终端中使用如下命令启动 Gazebo 仿真环境和 gmapping 节点。

```
$ roslaunch mrobot_gazebo mrobot_laser_nav_gazebo.launch
$ roslaunch mrobot_navigation gmapping_demo.launch
```

运行成功后 Gazebo 和 rviz 都会启动，Gazebo 中的机器人模型静止在仿真环境的中间位置，而 rviz 中的界面效果如图 9-15 所示。

可以看到机器人在 rviz 中同步显示，周围的红点（颜色可设置）是激光雷达传感器实时检测到的二维环境深度信息，并且根据当前的深度信息建立了部分已知环境的地图，呈现浅灰色。

现在启动键盘控制节点，让机器人动起来：

```
$ roslaunch mrobot_teleop mrobot_teleop.launch
```

在终端中使用键盘控制机器人在仿真环境中移动。如图 9-16 所示，随着机器人的移动，rviz 中的地图不断更新，并且 gmapping 会自动校正之前建立的地图和机器人的位置偏差。

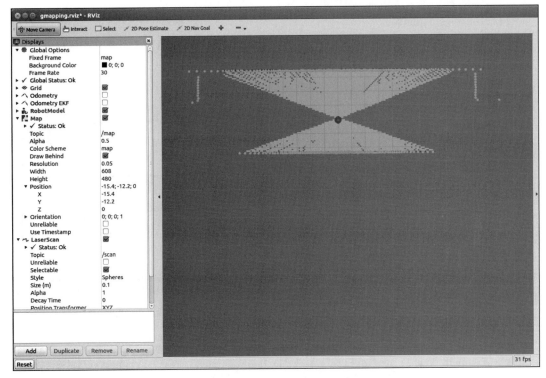

图 9-15　rviz 中的机器人状态

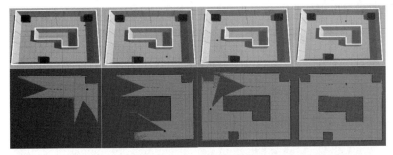

图 9-16　基于激光雷达的 gmapping SLAM 仿真过程

控制机器人围绕环境探索一周后，地图就基本构建完成了，使用如下命令保存当前地图：

```
$ rosrun map_server map_saver
```

地图会保存到当前终端所在的目录下，默认命名为 map，不仅包含一个 map.pgm 地图数据文件，还包含一个 map.yaml 文件。map.pgm 地图数据文件可以使用 GIMP 等软件进行编辑；map.yaml 是一个关于地图的配置文件，代码如下：

```
image: map.pgm
resolution: 0.050000
origin: [-15.400000, -12.200000, 0.000000]
negate: 0
occupied_thresh: 0.65
free_thresh: 0.196
```

其中包含关联的地图数据文件、地图分辨率、起始位置、地图数据的阈值等配置参数。

机器人在 Gazebo 中使用激光雷达进行 gmpping 仿真的效果很好，最终建立的地图如图 9-17 所示，几乎和仿真环境一致。

以上例程使用激光雷达进行 SLAM，也可以使用 Kinect 实现 SLAM 建图，方法和上述步骤一致。使用如下命令，在启动仿真环境时加载安装了 Kinect 的机器人模型即可：

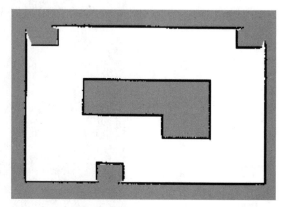

图 9-17   基于激光雷达的 gmapping SLAM 仿真结果

```
$ roslaunch mrobot_gazebo mrobot_kinect_nav_gazebo.launch
$ roslaunch mrobot_navigation gmapping_demo.launch
```

如图 9-18 所示，Kinect 传感器的检测范围和精度都不如激光雷达的，在特征点较少的环境中，SLAM 的效果不是很好。

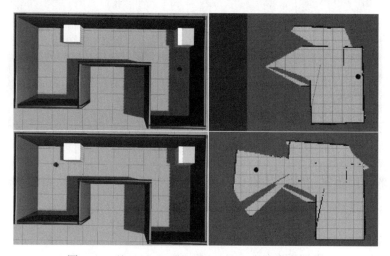

图 9-18   基于 Kinect 的 gmapping SLAM 仿真过程

使用 Kinect 进行 gmapping 建图的效果如图 9-19 所示，相比激光雷达，使用 Kinect 建图的精度欠佳，地图发生变形。

9.3.4 真实机器人 SLAM

仿真绝对不等于真实，我们虽然已经在 Gazebo 中完成了 SLAM 仿真，但还是需要把这部分的研究成果移植到真实机器人上，对比真实环境中机器人 SLAM 的效果。

首先启动真实机器人，发布 SLAM 所需要的深度信息、里程计信息，并且接收运动控制的 Twist 命令。mrobot_bringup/launch/mrobot_with_laser.launch 文件可以完成这些工作：

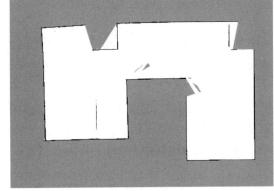

图 9-19　基于 Kinect 的 gmapping SLAM 仿真结果

```
<launch>

    <!-- 启动 MRobot -->
    <node pkg="mrobot_bringup" type="mrobot_bringup" name="mrobot_bringup" output=
"screen" />

    <!-- 加载机器人模型参数 -->
    <arg name="urdf_file" default="$(find xacro)/xacro --inorder '$(find mrobot_
description)/urdf/mrobot_with_rplidar.urdf.xacro'" />
    <param name="robot_description" command="$(arg urdf_file)" />

    <node name="joint_state_publisher" pkg="joint_state_publisher" type="joint_
state_publisher" />

    <node pkg="robot_state_publisher" type="robot_state_publisher" name="state_
publisher">
        <param name="publish_frequency" type="double" value="5.0" />
    </node>
    <node name="base2laser" pkg="tf" type="static_transform_publisher" args="0
0 0 0 0 0 1 /base_link /laser 50"/>

    <!-- 里程计估算 -->
    <node pkg="robot_pose_ekf" type="robot_pose_ekf" name="robot_pose_ekf">
        <remap from="robot_pose_ekf/odom_combined" to="odom_combined"/>
        <param name="freq" value="10.0"/>
        <param name="sensor_timeout" value="1.0"/>
        <param name="publish_tf" value="true"/>
        <param name="odom_used" value="true"/>
        <param name="imu_used" value="false"/>
        <param name="vo_used" value="false"/>
        <param name="output_frame" value="odom"/>
    </node>
```

```
<!-- 运行激光雷达驱动 -->
<include file="$(find mrobot_bringup)/launch/rplidar.launch" />

</launch>
```

这个 launch 文件启动了机器人 MRobot，并且加载了机器人的 URDF 模型，通过 joint_state_publisher 和 robot_state_publisher 这两个节点发布机器人的状态信息。其中还运行了一个 robot_pose_ekf 节点，该节点使用了卡尔曼滤波优化里程计的数据，并且融合了里程计、惯性测量单元（IMU）、视觉里程计等传感器数据。这个 launch 文件还有一个很重要的任务，就是调用 rplidar.launch 启动激光雷达，发布激光深度数据。

在机器人端运行如下命令：

```
$ roslaunch mrobot_bringup mrobot_with_laser.launch
```

然后就可以在 PC 端运行 gmapping demo 的 launch 文件了：

```
$ roslaunch mrobot_navigation gmapping_demo.launch
```

这里运行的 gmapping_demo.launch 文件与在 Gazebo 中仿真时使用的 launch 文件完全相同。

以上终端命令运行成功后会启动 rviz，应该可以在显示界面中看到机器人的模型。图 9-20

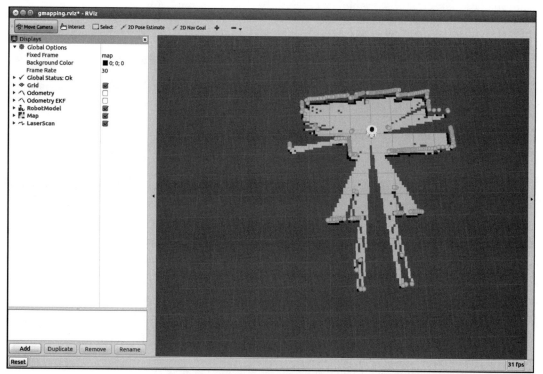

图 9-20 真实机器人启动后的状态显示

所示的真实机器人启动后的状态显示，类似于 Gazebo 仿真时启动的 rviz 界面，此时也可以看到传感器返回的距离信息和已经构建的地图信息。

接下来就与 Gazebo 仿真完全一样，启动键盘控制节点，让机器人在室内环境中移动探索。完成 SLAM 后打开一个终端，输入如下保存地图的命令即可：

```
$ roslaunch mrobot_teleop mrobot_teleop.launch
$ rosrun map_server map_saver -f gmapping_map
```

这里笔者将机器人放置在办公室环境中进行 SLAM，建模过程如图 9-21 所示。

图 9-21　基于激光雷达的 gmapping SLAM 过程

在建图过程中，如果机器人发生位置偏移，gmapping 会根据传感器信息自动校正机器人的位置（见图 9-22）。

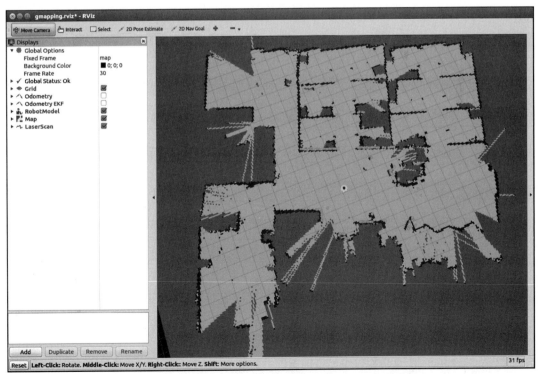

图 9-22　gmapping 会根据传感器信息自动校正机器人位姿

机器人环绕未知的办公室一周后，构建的地图如图 9-23 所示，整体效果还是非常不错的。

9.4 hector-slam

hector_slam 功能包使用高斯牛顿方法，不需要里程计数据，只根据激光信息便可构建地图。因此，该功能包可以很好地在空中机器人、手持构图设备及特种机器人中运行。

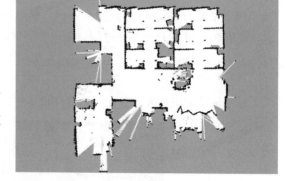

图 9-23   基于激光雷达的 gmapping SLAM 结果

9.4.1 hector-slam 功能包

hector_slam 的核心节点是 hector_mapping，它订阅"/scan"话题以获取 SLAM 所需的激光数据。与 gmapping 相同的是，hector_mapping 节点也会发布 map 话题，提供构建完成的地图信息；不同的是，hector_mapping 节点还会发布 slam_out_pose 和 poseupdate 这两个话题，提供当前估计的机器人位姿。

在 ROS 的软件源中已经集成了 hector-slam 相关的功能包，可以使用如下命令安装：

```
$ sudo apt-get install ros-kinetic-hector-slam
```

下面先来了解 hector_slam 功能包的各种接口。

1）话题和服务

hector_mapping 节点中发布 / 订阅的话题和提供的服务如表 9-4 所示。

表 9-4   hector_mapping 节点中的话题和服务

	名　称	类　型	描　述
话题 订阅	scan	sensor_msgs/LaserScan	激光雷达扫描的深度数据
	syscommand	std_msgs/String	系统命令。如果字符串等于"reset"，则地图和机器人姿态重置为初始状态
话题 发布	map_metadata	nav_msgs/MapMetaData	发布地图 Meta 数据
	map	nav_msgs/OccupancyGrid	发布地图栅格数据
	slam_out_pose	geometry_msgs/PoseStamped	估计的机器人位姿（没有协方差）
	poseupdate	geometry_msgs/ PoseWithCovarianceStamped	估计的机器人位姿（具有高斯估计的不确定性）
服务	dynamic_map	nav_msgs/GetMap	获取地图数据

2）参数

hector_mapping 节点功能包中可供配置的参数如表 9-5 所示。

表 9-5　hector_mapping 节点中可供配置的参数

参　　数	类型	默认值	描　　述
~base_frame	String	"base_link"	机器人基坐标系，用于定位和激光扫描数据的变换
~map_frame	String	"map"	地图坐标系
~odom_frame	String	"odom"	里程计坐标系
~ map_resolution	Double	0.025（m）	地图分辨率，网格单元的边缘长度
~ map_size	Int	1024	地图的大小
~map_start_x	double	0.5	/map 的原点［0.0, 1.0］在 x 轴上相对于网格图的位置
~map_start_y	double	0.5	/map 的原点［0.0, 1.0］在 y 轴上相对于网格图的位置
~ map_update_distance_thresh	double	0.4（m）	地图更新的阈值，在地图上从一次更新起算到直行距离达到该参数值后再次更新
~map_update_angle_thresh	double	0.9（rad）	地图更新的阈值，在地图上从一次更新起算到旋转达到该参数值后再次更新
~map_pub_period	double	2.0	地图发布周期
~map_multi_res_levels	int	3	地图多分辨率网格级数
~update_factor_free	double	0.4	用于更新空闲单元的地图，范围是［0.0, 1.0］
~update_factor_occupied	double	0.9	用于更新被占用单元的地图，范围是［0.0, 1.0］
~laser_min_dist	double	0.4（m）	激光扫描点的最小距离，小于此值的扫描点将被忽略
~laser_max_dist	double	30.0（m）	激光扫描点的最大距离，超出此值的扫描点将被忽略
~laser_z_min_value	double	−1.0（m）	相对于激光雷达的最小高度，低于此值的扫描点将被忽略
~laser_z_max_value	double	1.0（m）	相对于激光雷达的最大高度，高于此值的扫描点将被忽略
~pub_map_odom_transform	bool	true	是否发布 map 与 odom 之间的坐标变换
~output_timing	bool	false	通过 ROS_INFO 处理每个激光扫描的输出时序信息
~scan_subscriber_queue_size	int	5	扫描订阅者的队列大小
~pub_map_scanmatch_transform	Bool	true	是否发布 scanmatcher 与 map 之间的坐标变换
~tf_map_scanmatch_transform_frame_name	String	"scanmatcher_frame"	scanmatcher 的坐标系命名

3）坐标变换

hector_mapping 节点提供的坐标变换如表 9-6 所示。

表 9-6　hector_mapping 节点中的 TF 变换

	TF 变换	描　　述
必需的 TF 变换	<scan frame> → base_link	激光雷达坐标系与基坐标系之间的变换，一般由 robot_state_publisher 或者 static_transform_publisher 发布
发布的 TF 变换	map → odom	地图坐标系与机器人里程计坐标系之间的变换，用于估计机器人在地图中的位姿

9.4.2 hector_mapping 节点的配置与运行

依然无需关注 hector_mapping 节点的内部实现，使用其提供的接口即可实现 SLAM 功能。

1. hector.launch

与 gmapping 节点一样，hector_mapping 节点也有不少参数需要设置，单独实现一个 mrobot_navigation/launch/hector.launch 文件完成节点的启动，代码如下：

```
<launch>

    <node pkg = "hector_mapping" type="hector_mapping" name="hector_mapping"
output="screen">
        <!-- Frame names -->
        <param name="pub_map_odom_transform" value="true"/>
        <param name="map_frame" value="map" />
        <param name="base_frame" value="base_footprint" />
        <param name="odom_frame" value="odom" />

        <!-- Tf use -->
        <param name="use_tf_scan_transformation" value="true"/>
        <param name="use_tf_pose_start_estimate" value="false"/>

        <!-- Map size / start point -->
        <param name="map_resolution" value="0.05"/>
        <param name="map_size" value="2048"/>
        <param name="map_start_x" value="0.5"/>
        <param name="map_start_y" value="0.5" />
        <param name="laser_z_min_value" value = "-1.0" />
        <param name="laser_z_max_value" value = "1.0" />
        <param name="map_multi_res_levels" value="2" />

        <param name="map_pub_period" value="2" />
        <param name="laser_min_dist" value="0.4" />
        <param name="laser_max_dist" value="5.5" />
        <param name="output_timing" value="false" />
        <param name="pub_map_scanmatch_transform" value="true" />

        <!-- Map update parameters -->
        <param name="update_factor_free" value="0.4"/>
        <param name="update_factor_occupied" value="0.7" />
        <param name="map_update_distance_thresh" value="0.2"/>
        <param name="map_update_angle_thresh" value="0.06" />

        <!-- Advertising config -->
        <param name="advertise_map_service" value="true"/>
        <param name="scan_subscriber_queue_size" value="5"/>
        <param name="scan_topic" value="scan"/>
    </node>
```

```
</launch>
```

2. hector_demo.launch

然后创建一个用于演示 hector_slam 的 mrobot_navigation/launch /hector_demo.launch 文件，启动 hector_mapping 节点和 rviz 可视化界面，代码如下：

```
<launch>

    <include file="$(find mrobot_navigation)/launch/hector.launch"/>

    <!-- 启动 rviz-->
    <node pkg="rviz" type="rviz" name="rviz" args="-d $(find mrobot_navigation)/
rviz/gmapping.rviz"/>

</launch>
```

9.4.3 在 Gazebo 中仿真 SLAM

现在就可以在 Gazebo 中使用 hector_slam 进行 SLAM 仿真，仿真流程与 gmapping 的过程类似。首先使用如下命令启动仿真环境与 hector_slam 演示的相关节点：

```
$ roslaunch mrobot_gazebo mrobot_laser_nav_gazebo.launch
$ roslaunch mrobot_navigation hector_demo.launch
```

然后启动键盘控制节点：

```
$ roslaunch mrobot_teleop mrobot_teleop.launch
```

如图 9-24 所示，在终端中控制机器人移动，在 rviz 中就可以看到 hector_slam 的效果了。

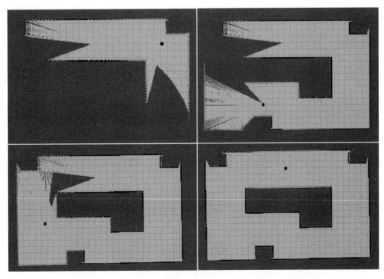

图 9-24 基于激光雷达的 hector_slam 仿真过程

hector_slam 与 gmapping 最大的不同是不需要订阅里程计 /odom 消息，而是直接使用激光估算里程计信息，因此，当机器人速度较快时会发生打滑现象，导致建图效果出现偏差（见图 9-25）。

将机器人的运行速度降低或使用高性能的激光雷达，可以改善建图效果。hector_slam 仿真建立的最终地图如图 9-26 所示。

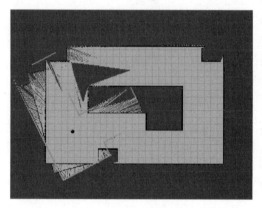
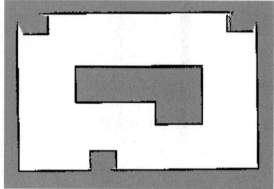

图 9-25　hector_slam 仿真过程中发生打滑现象　　图 9-26　基于激光雷达的 hector_slam 仿真结果

从图 9-26 可以看到，hector_slam 建图的效果也非常不错，但由于要基于深度数据估算里程计信息，因此对深度传感器的数据精度有较高要求，建图的稳定性不如 gmapping。如果使用 Kinect 在该仿真环境中进行 hector_slam 建图，特征点过少，估算的里程计信息不佳，建图的效果会大打折扣。

9.4.4　真实机器人 SLAM

接下来通过以下命令启动 hector_mapping 节点，使用 MRobot 建立真实环境的地图：

```
$ roslaunch mrobot_bringup mrobot_with_laser.launch      （机器人端）
$ roslaunch mrobot_navigation hector_demo.launch         （PC 端）
$ roslaunch mrobot_teleop mrobot_teleop.launch           （PC 端）
```

启动成功后，在 rviz 中同样可以看到机器人模型、激光雷达的深度数据和建立的地图信息，如图 9-27 所示。

通过键盘控制机器人在室内环境中的移动，逐步构建完成室内办公室环境的地图（见图 9-28）。

完成 SLAM 后，使用如下命令保存地图：

```
$ rosrun map_server map_saver -f hector_map
```

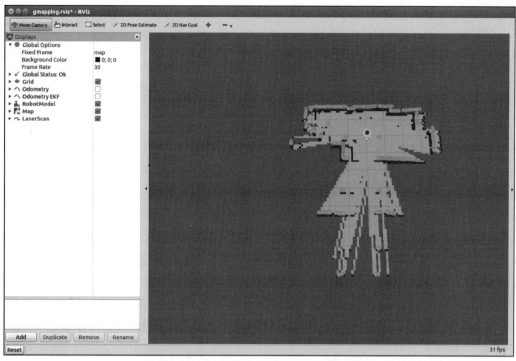

图 9-27 在 rviz 中真实机器人启动后的状态显示

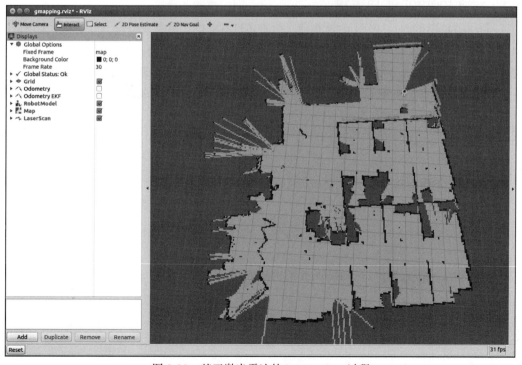

图 9-28 基于激光雷达的 hector_slam 过程

使用 MRobot 完成真实环境 SLAM 后，建立的最终地图如图 9-29 所示。

由于 hector_slam 只使用激光雷达作为信息输入，真实环境中的特征点较多，所以根据激光估算的机器人里程计信息较为准确。当机器人旋转速度较快时，地图有可能发生偏移，整体建图的效果与激光雷达的性能有较强的相关性。

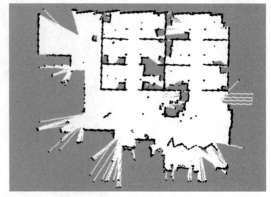

图 9-29　基于激光雷达的 hector_slam 结果

9.5　cartographer

2016 年 10 月 5 日，谷歌宣布开放一个名为 cartographer 的即时定位与地图建模库，开发人员可以使用该库实现机器人在二维或三维条件下的定位及建图功能。cartograhper 的设计目的是在计算资源有限的情况下，实时获取相对较高精度的 2D 地图。考虑到基于模拟策略的粒子滤波方法在较大环境下对内存和计算资源的需求较高，cartographer 采用基于图网络的优化方法。目前 cartographer 主要基于激光雷达来实现 SLAM，谷歌希望通过后续的开发及社区的贡献支持更多的传感器和机器人平台，同时不断增加新的功能。

9.5.1　cartographer 功能包

cartographer 功能包已经与 ROS 集成，但是还没有提供二进制安装包，所以需要采用源码编译的方式进行安装。为了不与已有功能包冲突，最好为 cartographer 专门创建一个工作空间，这里我们新创建了一个工作空间 catkin_google_ws，然后使用如下步骤下载源码并完成编译。

1. 安装工具

可以使用如下命令安装工具：

```
$ sudo apt-get update
$ sudo apt-get install -y python-wstool python-rosdep ninja-build
```

2. 初始化工作空间

使用如下命令初始化工作空间：

```
$ cd catkin_google_ws
$ wstool init src
```

3. 加入 cartographer_ros.rosinstall 并更新依赖

命令如下：

```
$ wstool merge -t src https://raw.githubusercontent.com/googlecartographer/
cartographer_ros/master/cartographer_ros.rosinstall
$ wstool update -t src
```

4. 安装依赖并下载 cartographer 相关功能包

命令如下：

```
$ rosdep update
$ rosdep install --from-paths src --ignore-src --rosdistro=${ROS_DISTRO} -y
```

5. 编译并安装

命令如下：

```
$ catkin_make_isolated --install --use-ninja
$ source install_isolated/setup.bash
```

如果下载服务器无法连接，也可以使用如下命令修改 ceres-solver 源码的下载地址为 https://github.com/ceres-solver/ceres-solver.git（见图 9-30）：

```
$ gedit catkin_google_ws/src/.rosinstall
```

```
# THIS IS AN AUTOGENERATED FILE, LAST GENERATED USING wstool ON 2017-10-21
- git:
    local-name: cartographer
    uri: https://github.com/googlecartographer/cartographer.git
- git:
    local-name: cartographer_ros
    uri: https://github.com/googlecartographer/cartographer_ros.git
- git:
    local-name: ceres-solver
    uri: https://github.com/ceres-solver/ceres-solver.git
    version: 1.12.0
```

图 9-30　修改 ceres-solver 源码的下载地址

修改完成后重新运行编译安装的命令，如果没有出错，则 cartographer 的相关功能包安装成功。

9.5.2　官方 demo 测试

谷歌为 cartographer 提供了多种官方 demo，可以直接下载官方录制好的数据包进行测试。

1. 2D slam demo

使用以下命令下载并运行 demo：

```
$ wget -P ~/Downloads https://storage.googleapis.com/cartographer-public-data/
bags/backpack_2d/cartographer_paper_deutsches_museum.bag
$ roslaunch cartographer_ros demo_backpack_2d.launch bag_filename:=${HOME}/
Downloads/cartographer_paper_deutsches_museum.bag
```

运行的效果如图 9-31 所示。该 demo 中的地图规模很大，但是 SLAM 的效果很好。

2. 3D slam demo

使用以下命令下载并运行 demo：

```
$ wget -P ~/Downloads https://storage.googleapis.com/cartographer-public-data/
bags/backpack_3d/b3-2016-04-05-14-14-00.bag
$ roslaunch cartographer_ros demo_backpack_3d.launch bag_filename:=${HOME}/
Downloads/b3-2016-04-05-14-14-00.bag
```

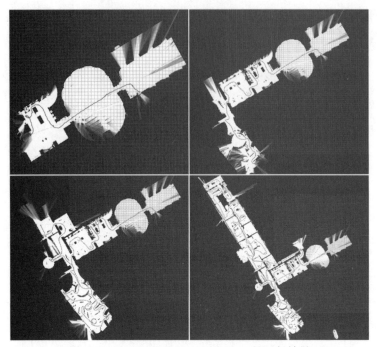

图 9-31 cartographer 2D slam demo 的运行效果

运行的效果如图 9-32 所示。

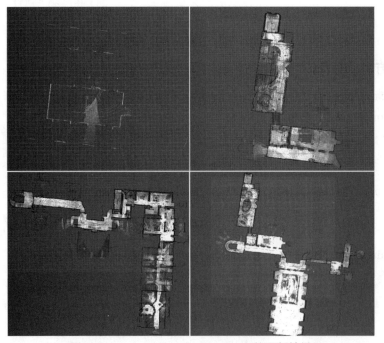

图 9-32 cartographer 3D slam demo 的运行效果

该 demo 使用 3D 雷达建模，可以调整 rviz 中的视角，看到 3D 雷达的信息（见图 9-33 ）。

图 9-33　3D 雷达信息的可视化显示

3. Revo LDS demo

使用以下命令下载并运行 demo：

```
$ wget -P ~/Downloads https://storage.googleapis.com/cartographer-public-data/
bags/revo_lds/cartographer_paper_revo_lds.bag
$ roslaunch cartographer_ros demo_revo_lds.launch bag_filename:=${HOME}/
Downloads/cartographer_paper_revo_lds.bag
```

运行的效果如图 9-34 所示。该 demo 使用 Revo LDS 激光雷达建模，这款激光雷达类似于 rplidar，对于我们后面的实践有一定指导意义。

图 9-34　cartographer Revo LDS demo 的运行效果

4. PR2 demo

使用如下命令下载并运行 demo：

```
$ wget -P ~/Downloads https://storage.googleapis.com/cartographer-public-data/
bags/pr2/2011-09-15-08-32-46.bag
$ roslaunch cartographer_ros demo_pr2.launch bag_filename:=${HOME}/
Downloads/2011-09-15-08-32-46.bag
```

演示过程中可以添加一个 camera 插件，订阅 PR2 机器人的摄像头信息，这样就可以看到机器人面前的实际环境和激光雷达信息，建图的效果如图 9-35 所示。

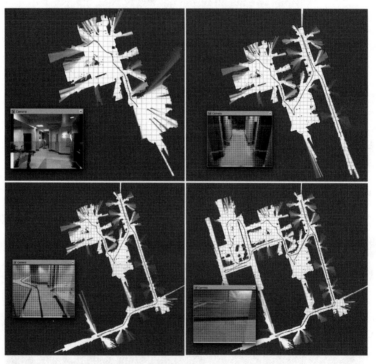

图 9-35   cartographer PR2 demo 的运行效果

9.5.3   cartographer 节点的配置与运行

以上 demo 运行通过后，下面需要考虑如何将 cartographer 移植到自己的机器人上。cartographer 提供了基于 Revo LDS 的 demo，与我们使用的 rplidar 最相近，可以参考该 demo 进行实现。

1. cartographer_demo.launch

cartographer 的核心是 cartographer_node 节点，可以参考 cartographer 功能包中的 demo_revo_lds.launch。在 cartographer_ros 功能包的 launch 文件夹下复制 demo_revo_lds.launch，重命名为 cartographer_demo_rplidar.launch，并修改为以下代码。也可以将本书配套源码中的

cartographer_demo_rplidar.launch 文件复制到 cartographer_ros 中：

```
<launch>

    <param name="/use_sim_time" value="true" />

    <node name="cartographer_node" pkg="cartographer_ros"
          type="cartographer_node" args="
              -configuration_directory $(find cartographer_ros)/configuration_files
              -configuration_basename rplidar.lua"
          output="screen">
      <remap from="scan" to="scan" />
    </node>

    <node name="rviz" pkg="rviz" type="rviz" required="true"
          args="-d $(find cartographer_ros)/configuration_files/demo_2d.rviz" />
</launch>
```

该 launch 文件主要包含两部分工作：一是运行 cartographer_node 节点，二是启动 rviz 可视化界面。当运行 cartographer_node 节点时，需要用到一个由 Lua 编写的代码文件 rplidar. lua，该文件的主要作用是进行参数配置，与 gmapping、hector 在 launch 文件中直接配置参数的方法稍有不同。

2. rplidar.lua

rplidar.lua 文件直接从 revo LDS demo 中的 revo_lds.lua 文件复制而来，主要针对我们使用的机器人进行修改，尤其是几个坐标系的设置需要与机器人匹配：

```
include "map_builder.lua"
include "trajectory_builder.lua"

options = {
    map_builder = MAP_BUILDER,
    trajectory_builder = TRAJECTORY_BUILDER,
    map_frame = "map",
    tracking_frame = "laser_link",
    published_frame = "laser_link",
    odom_frame = "odom",
    provide_odom_frame = true,
    use_odometry = false,
    num_laser_scans = 1,
    num_multi_echo_laser_scans = 0,
    num_subdivisions_per_laser_scan = 1,
    num_point_clouds = 0,
    lookup_transform_timeout_sec = 0.2,
    submap_publish_period_sec = 0.3,
    pose_publish_period_sec = 5e-3,
    trajectory_publish_period_sec = 30e-3,
    rangefinder_sampling_ratio = 1.,
    odometry_sampling_ratio = 1.,
```

```
        imu_sampling_ratio = 1.,
    }

    MAP_BUILDER.use_trajectory_builder_2d = true

    TRAJECTORY_BUILDER_2D.submaps.num_range_data = 35
    TRAJECTORY_BUILDER_2D.min_range = 0.3
    TRAJECTORY_BUILDER_2D.max_range = 8.
    TRAJECTORY_BUILDER_2D.missing_data_ray_length = 1.
    TRAJECTORY_BUILDER_2D.use_imu_data = false
    TRAJECTORY_BUILDER_2D.use_online_correlative_scan_matching = true
    TRAJECTORY_BUILDER_2D.real_time_correlative_scan_matcher.linear_search_window = 0.1
    TRAJECTORY_BUILDER_2D.real_time_correlative_scan_matcher.translation_delta_cost_
weight = 10.
    TRAJECTORY_BUILDER_2D.real_time_correlative_scan_matcher.rotation_delta_cost_weight
= 1e-1

    SPARSE_POSE_GRAPH.optimization_problem.huber_scale = 1e2
    SPARSE_POSE_GRAPH.optimize_every_n_scans = 35
    SPARSE_POSE_GRAPH.constraint_builder.min_score = 0.65

    return options
```

配置完成后回到 catkin_google_ws 路径下，使用如下命令再次编译：

```
$ catkin_make_isolated --install --use-ninja
```

通过 Lua 脚本配置参数的方法，每次修改参数后需要重新编译，否则参数无法生效。

9.5.4 在 Gazebo 中仿真 SLAM

接下来通过以下命令在 Gazebo 中使用 cartographer 进行 SLAM 仿真。

```
$ roslaunch mrobot_gazebo mrobot_laser_nav_gazebo.launch
$ roslaunch cartographer_ros cartographer_demo_rplidar.launch
$ roslaunch mrobot_teleop mrobot_teleop.launch
```

在控制机器人移动建图的过程中，地图会以一种渐变的形式由浅至深出现，随着机器人的移动，建立完成的地图会逐渐呈现为白色，如图 9-36 所示。

地图中的蓝色轨迹是机器人移动的路线。在机器人围绕环境运动一周后，还有部分地图颜色没有完全变成白色，可以控制机器人运动到这些位置附近，继续完善地图（见图 9-37）。

建图完成后，由于 cartographer 创建的地图与 gmapping、hector_slam 生成的地图格式不同，需要使用以下命令保存地图：

```
$ rosservice call /finish_trajectory "map"
```

使用激光雷达进行 cartographer SLAM 建图的最终效果如图 9-38 所示。从图中可以看到，cartographer 建图的效果还是非常棒的。

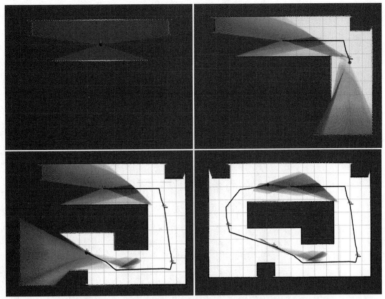

图 9-36 基于激光雷达的 cartographer SLAM 仿真过程

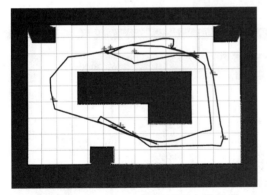

图 9-37 cartographer 仿真过程中的机器
人轨迹

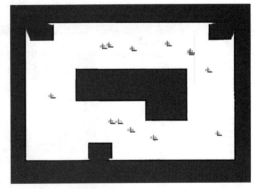

图 9-38 基于激光雷达的 cartographer SLAM
仿真结果

9.5.5 真实机器人 SLAM

现在可以在 MRobot 上运行 cartographer 功能包来建立真实环境的地图了（见图 9-39）：

```
$ roslaunch mrobot_bringup mrobot_with_laser.launch          （机器人端）
$ roslaunch cartographer_ros cartographer_demo_rplidar.launch （PC 端）
$ roslaunch mrobot_teleop mrobot_teleop.launch               （PC 端）
```

同样是办公室环境，通过键盘控制机器人在室内的移动，SLAM 过程如图 9-40 所示，蓝色轨迹即为机器人的移动路径。

图 9-39　机器人启动后的状态显示

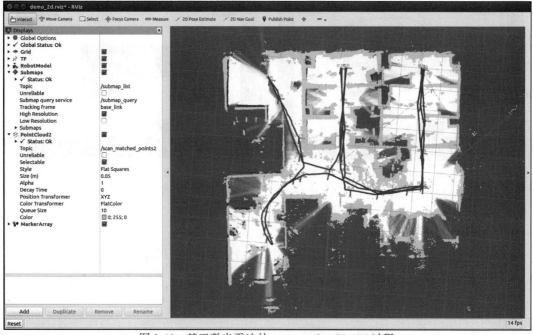

图 9-40　基于激光雷达的 cartographer SLAM 过程

最终建立的地图如图 9-41 所示，相比之前 gmapping 和 hector_slam 建立的地图，cartographer 的效果还是让人非常满意的。

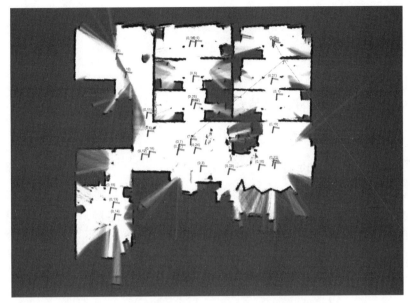

图 9-41　基于激光雷达的 cartographer SLAM 结果

9.6　rgbdslam

在前面的学习中，我们不仅在 Gazebo 中完成了 SLAM 的仿真，而且使用机器人在真实的环境中验证了 SLAM 的效果。但是，目前 SLAM 构建出的地图都是二维地图，现在很多算法可以实现三维信息的地图构建，也就是说，可以把周围环境的三维模型全部构建出来，机器人不仅知道地图中的什么位置有一个障碍物，而且知道该障碍物是什么，这将为机器人的应用带来更多可能。

ROS 社区中也提供了多种 3D SLAM 的功能包，rgbdslam 就是其中一种，本节我们就来尝试更加"新潮"的 3D SLAM。

9.6.1　rgbdslam 功能包

rgbdslam 功能包没有集成到 ROS 的软件源中，需要通过源码编译的方式进行安装，源码托管在 GitHub 上：https://github.com/felixendres/rgbdslam_v2。

编译之前需要安装一个依赖包，命令如下：

```
$ sudo apt-get install libsuitesparse-dev
```

由于 rgbdslam 功能包的配置较为复杂，因此它的作者提供了一个安装脚本，可以一站式解决所有安装问题，下面直接使用这种方式进行安装。安装脚本的地址是：

https://raw.githubusercontent.com/felixendres/rgbdslam_v2/kinetic/install.sh。

下载脚本后设置可执行权限，然后运行脚本：

```
$ chmod +x install.sh
$ bash install.sh
```

安装过程不会太久，完成后会在当前目录中生成一个 Code 文件夹，里面包含编译好的 rgbdslam 功能包。运行前需要设置环境变量：

```
$ source ~/Code/rgbdslam_catkin_ws/devel/setup.bash
```

9.6.2 使用数据包实现 SLAM

rgbdslam 进行 3D SLAM 不需要机器人的里程计信息，只需要点云输入就可以完成三维地图的构建。如果你手上没有类似于 Kinect 的 RGB-D 传感器，也可以使用数据包运行 rgbdslam 例程。

数据包的下载地址如下：

http://vision.in.tum.de/rgbd/dataset/freiburg1/rgbd_dataset_freiburg1_desk.bag

下载完成后，需要修改 rgbdslam 节点启动文件 rgbdslam.launch 中的图像话题名，必须与数据包发布的话题一致：

```
<!-- Input data settings -->
<param name="config/topic_image_mono"  value="/camera/rgb/image_color" />
<param name="config/topic_image_depth"  value="/camera/depth/image" />
```

然后使用如下命令运行 rgbdslam SLAM 的例程：

```
$ roslaunch rgbdslam rgbdslam.launch
$ rosbag play rgbd_dataset_freiburg1_desk.bag
```

rgbdslam 节点运行后会弹出一个可视化界面，当数据包开始发布数据时，就可以在界面中看到图像数据和 SLAM 的过程（见图 9-42）。

建图完成后，直接在菜单栏中选择保存为点云数据即可。可以使用 pcl_ros 功能包查看已保存的点云地图：

```
$ rosrun pcl_ros pcd_to_pointcloud quicksave.pcd
```

在 rviz 中显示 PointCloud2 数据，注意修改 "Fixed Frame" 为 "base_link"（见图 9-43）。

这个看似简单的地图，数据包的大小约为 500 MB，可见三维 SLAM 建图的信息量之大，对计算机硬件也是一种考验。

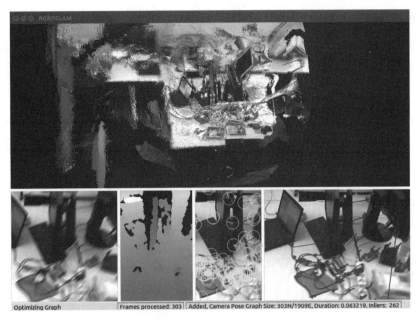

图 9-42　基于数据包的 rgbdslam 运行效果

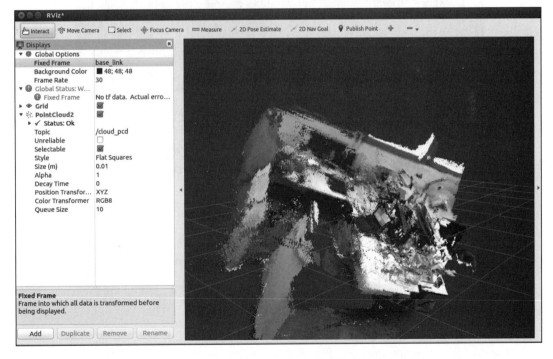

图 9-43　在 rviz 中显示 rgbdslam 创建的三维地图

9.6.3　使用 Kinect 实现 SLAM

如果你手上有 RGB-D 传感器，可以建立自己的三维地图。笔者使用的是 Kinect，如图 9-44 所示，运行之前修改 rgbdslam.launch 中的图像话题名，必须与 Kinect 发布的话题一致。

```
<!-- Input data settings-->
<param name="config/topic_image_mono"          value="/camera/rgb/image_color"/>
<param name="config/topic_image_depth"          value="/camera/depth_registered/hw_registered/image_rect_raw"/>
```

图 9-44　修改 rgbdslam.launch 中的图像话题名

然后通过如下命令启动 rgbdslam，开始建模：

```
$ roslaunch robot_vision freenect.launch
$ roslaunch rgbdslam rgbdslam.launch
```

启动成功后，会自动弹出建图的可视化界面。可以把 Kinect 放在机器人上，让机器人在移动过程中扫描室内环境建图，也可以直接手持 Kinect 移动，同样可以建图（见图 9-45)。

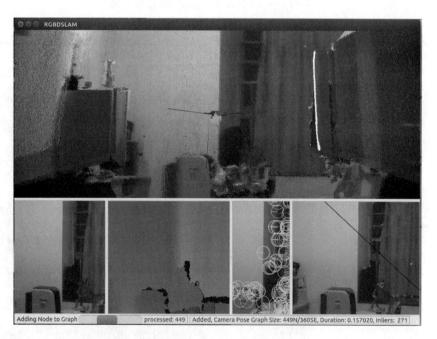

图 9-45　基于 Kinect 的 rgbdslam 建图过程

建模完成后，直接在菜单栏中选择保存为点云数据，然后使用 9.6.2 节介绍的方法在 rviz 中查看地图。室内 SLAM 建图的最终效果如图 9-46 所示。

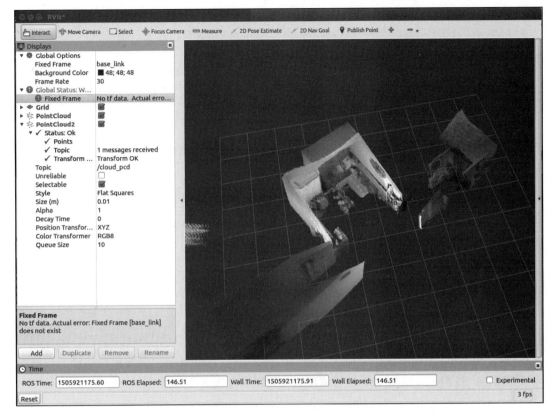

图 9-46　基于 Kinect 的 rgbdslam 建图结果

9.7　ORB_SLAM

ORB_SLAM 是一个基于特征点的实时单目 SLAM 系统，能够实时解算摄像机的移动轨迹，同时构建简单的三维点云地图，在大范围中做闭环检测，并实时进行全局重定位，不仅适用于手持设备获取的一组连续图像，同时适用于汽车行驶过程中获取的连续图像。

ORB-SLAM 由 Raul Mur-Artal、J. M. M. Montiel 和 Juan D. Tardos 于 2015 年发表在 IEEE Transactions on Robotics 上，项目主页是 http://webdiis.unizar.es/~raulmur/orbslam/，有兴趣的读者可以深入研究。

9.7.1　ORB_SLAM 功能包

ORB_SLAM 同样需要下载源码并且编译安装，目前最新的版本是 ORB_SLAM2。使用如下命令从 GitHub 上下载源码：

```
$ git clone https://github.com/raulmur/ORB_SLAM2.git
```

参考功能包的说明，在编译之前还需要安装相应的依赖包：

```
$ sudo apt-get install libboost-all-dev libblas-dev liblapack-dev
```

然后需要源码编译、安装一个数学运算库——eigen。登录 eigen 的官网下载 eigen 3.2 版本的源码（http://eigen.tuxfamily.org/index.php?title=Main_Page）。下载、解压源码后，在终端中进入源码目录，使用如下命令完成 eigen 的编译、安装：

```
$ mkdir build
$ cd build
$ cmake ..
$ make
$ sudo make install
```

接下来就可以编译 ORB_SLAM2 的源码了。进入源码根目录，使用如下命令完成编译、安装：

```
$ mkdir build
$ cd build
$ cmake -DCPP11_NO_BOOST=1 ..
$ make
$ sudo make install
```

ORB_SLAM2 包中不仅包含原生算法，还包含 ROS 的功能包，需要单独编译。在终端中设置 ORB_SLAM2 包的路径，最好将设置放入终端配置文件中：

```
$ export ROS_PACKAGE_PATH=${ROS_PACKAGE_PATH}:ORB_SLAM_PATH/ORB_SLAM2/Examples/ROS
```

以上命令中的 ORB_SLAM_PATH 代表计算机上放置 ORB_SLAM2 功能包的路径。

再执行如下编译命令：

```
$ chmod +x build_ros.sh
$ ./build_ros.sh
```

编译成功后，在 ORB_SLAM2/Examples/ROS 路径下会出现 build 文件夹，需要单独设置环境变量：

```
$ source ORB_SLAM2/Examples/ROS/ORB_SLAM2/build/devel/setup.bash
```

9.7.2　使用数据包实现单目 SLAM

为了测试 ORB_SLAM2 功能包是否安装成功，并且了解该功能包的使用方法，首先使用数据包进行测试。数据包的下载与 9.6 节的相同，这里不再赘述。

使用 roscore 命令启动 ROS 系统，然后通过以下命令运行 ORB_SLAM2 中的单目 SLAM 节点：

```
$ rosrun ORB_SLAM2 Mono Vocabulary/ORBvoc.txt Examples/ROS/ORB_SLAM2/Asus.yaml
```

启动 Mono 节点时，还应输入两个必需的参数。

1）PATH_TO_VOCABULARY：算法参数文件。在 ORB_SLAM2/Vocabulary 中，将其中的压缩包解压即可。

2）PATH_TO_SETTINGS_FILE：相机参数设置文件，需要对 camera 进行标定，或者使用 ORB_SLAM2/ Examples/ROS/ORB_SLAM2 中已有的设置文件 Asus.yaml。

Mono 节点启动时会加载参数文件，但需要一点时间（见图 9-47）。

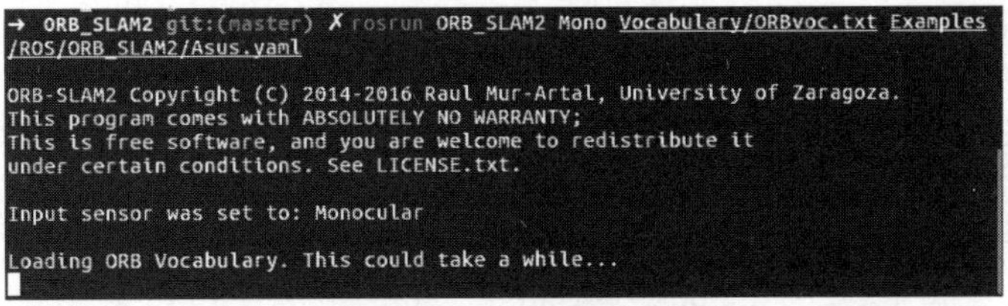

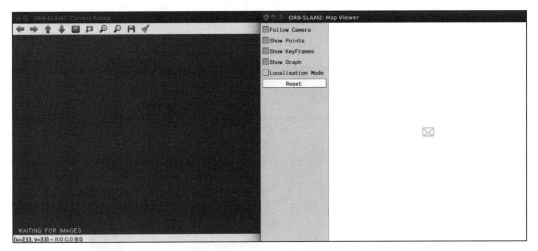

图 9-47　终端中启动 ORB_SLAM2 中的 Mono 节点

启动成功后就可以看到如图 9-48 所示的界面，暂时还没有数据产生，所以界面中没有任何显示。

图 9-48　启动 Mono 节点后的显示界面

现在播放数据包：

```
$ rosbag play rgbd_dataset_freiburg1_desk.bag /camera/rgb/image_color:=/camera/image_raw
```

一会就可以在界面中看到如图 9-49 所示的 SLAM 过程。

ORB_SLAM2 构建的地图是一种三维稀疏点云的形式，与其他方法构建的地图格式有所不同。ORB_SLAM2 包中还提供了 AR 功能，运行方法如下：

```
$ roscore
$ rosrun ORB_SLAM2 MonoAR Vocabulary/ORBvoc.txt Examples/ROS/ORB_SLAM2/Asus.yaml
$ rosbag play rgbd_dataset_freiburg1_desk.bag /camera/rgb/image_color:=/camera/image_raw
```

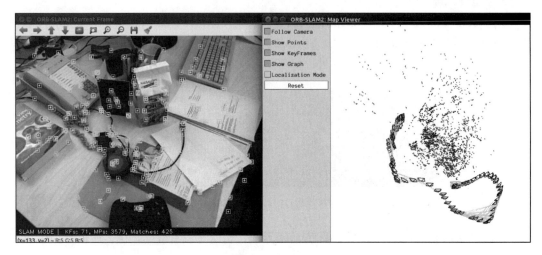

图 9-49   基于数据包的 ORB_SLAM 建图过程

AR 功能会自动检测图像中的平面，只要在显示界面中点击"Insert Cube"按钮，就会在检测到的平面上放置一个虚拟的正方体，虚拟与现实就这样结合到了一起（见图 9-50）。

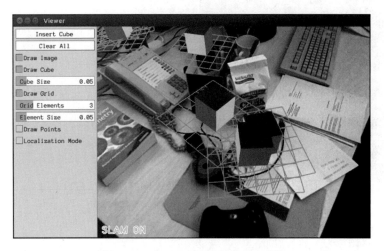

图 9-50   ORB_SLAM2 中的 AR 功能

9.7.3   使用摄像头实现单目 SLAM

接下来就可以使用机器人上的摄像头进行 SLAM 了。重点是摄像头发布的图像话题需要与 ORB_SLAM2 订阅的图像话题一致，为此创建了一个新的摄像头启动文件 robot_vision/launch/usb_cam_remap.launch，加入了话题从 /usb_cam/image_raw 到 /camera/image_raw 的重映射，命令如下：

```
$ roslaunch robot_vision usb_cam_remap.launch
$ rosrun ORB_SLAM2 Mono Vocabulary/ORBvoc.txt Examples/ROS/ORB_SLAM2/Asus.yaml
```

启动成功后，可以看到如图 9-51 所示的 SLAM 效果。

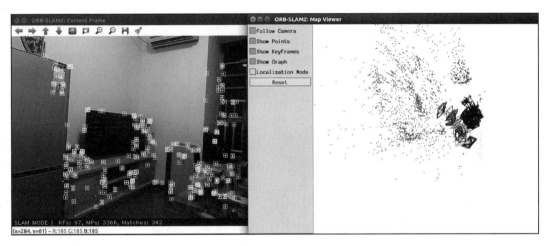

图 9-51　基于摄像头的 ORB_SLAM 建图过程

同样可以使用以下命令实现 AR 功能（见图 9-52）：

```
$ roslaunch robot_vision usb_cam_remap.launch
$ rosrun ORB_SLAM2 MonoAR Vocabulary/ORBvoc.txt Examples/ROS/ORB_SLAM2/Asus.yaml
```

图 9-52　基于摄像头的 AR 功能

9.8 导航功能包

前面我们使用多种功能包完成了 SLAM，接下来就可以在构建的地图上开始导航了。

9.8.1 导航框架

导航的关键是机器人定位和路径规划两大部分。针对这两个核心，ROS 提供了以下两个功能包。

1）move_base：实现机器人导航中的最优路径规划。

2）amcl：实现二维地图中的机器人定位。

在上述两个功能包的基础上，ROS 提供一套完整的导航功能框架，如图 9-53 所示。

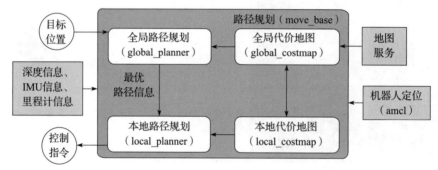

图 9-53 ROS 中的导航功能框架

机器人只需要发布必要的传感器信息和导航的目标位置，ROS 即可完成导航功能。在该框架中，move_base 功能包提供导航的主要运行、交互接口。为了保障导航路径的准确性，机器人还要对自己所处的位置进行精确定位，这部分功能由 amcl 功能包实现。

首先，导航功能包需要采集机器人的传感器信息，以达到实时避障的效果。这就要求机器人通过 ROS 发布 sensor_msgs/LaserScan 或者 sensor_msgs/PointCloud 格式的消息，也就是二维激光信息或者三维点云信息。

其次，导航功能包要求机器人发布 nav_msgs/Odometry 格式的里程计信息，同时也要发布相应的 TF 变换。

最后，导航功能包的输出是 geometry_msgs/Twist 格式的控制指令，这就要求机器人控制节点具备解析控制指令中线速度、角速度的能力，并且最终通过这些指令控制机器人完成相应的运动。

导航框架所包含的功能包很多，可以直接使用如下命令安装：

```
$ sudo apt-get install ros-kinetic-navigation
```

9.8.2 move_base 功能包

move_base 是 ROS 中完成路径规划的功能包，主要由以下两大规划器组成。

- 全局路径规划（global_planner）。全局路径规划是根据给定的目标位置和全局地图进行总体路径的规划。在导航中，使用 Dijkstra 或 A* 算法进行全局路径的规划，计算出机器人到目标位置的最优路线，作为机器人的全局路线。
- 本地实时规划（local_planner）。在实际情况中，机器人往往无法严格按照全局路线行驶，所以需要针对地图信息和机器人附近随时可能出现的障碍物规划机器人每个周期内应该行驶的路线，使之尽量符合全局最优路径。本地实时规划由 local_planner 模块实现，使用 Dynamic Window Approaches 算法搜索躲避和行进的多条路经，综合各评价标准（是否会撞击障碍物，所需要的时间等）选取最优路径，并且计算行驶周期内的线速度和角速度，避免与动态出现的障碍物发生碰撞。

首先了解 move_base 功能包的各种接口。

1）话题和服务

move_base 功能包发布 / 订阅的动作、话题以及提供的服务如表 9-7 所示。

表 9-7　move_base 功能包中的话题和服务

	名　称	类　型	描　述
动作订阅	move_base/goal	move_base_msgs/MoveBaseActionGoal	move_base 的运动规划目标
	move_base/cancel	actionlib_msgs/GoalID	取消特定目标的请求
动作发布	move_base/feedback	move_base_msgs/MoveBaseActionFeedback	反馈信息，含有机器人底盘的坐标
	move_base/status	actionlib_msgs/GoalStatusArray	发送到 move_base 的目标状态信息
	move_base/result	move_base_msgs/MoveBaseActionResult	此处 move_base 操作的结果为空
话题订阅	move_base_simple/goal	geometry_msgs/PoseStamped	为无需追踪目标执行状态的用户，提供一个非 action 接口
话题发布	cmd_vel	geometry_msgs/Twist	输出到机器人底盘的速度命令
服务	~make_plan	nav_msgs/GetPlan	允许用户从 move_base 获取给定目标的路径规划，但不会执行该路径规划
	~clear_unknown_space	std_srvs/Empty	允许用户直接清除机器人周围的未知空间。适合 costmap 停止很长时间后，在一个全新环境中重新启动时使用
	~clear_costmaps	std_srvs/Empty	允许用户命令 move_base 节点清除 costmap 中的障碍。这可能会导致机器人撞上障碍物，请谨慎使用

2）参数

move_base 功能包中可供配置的参数如表 9-8 所示。

表 9-8　move_base 功能包中的参数

参　　数	类型	默　认　值	描　　述
~base_global_planner	string	"navfn/NavfnROS"	设置 move_base 的全局路径规划器的插件名称
~base_local_planner	string	"base_local_planner/Tra-jectoryPlannerROS"	设置 move_base 的局部路径规划器的插件名称
~recovery_behaviors	list	[{name:conservative_reset, type:clear_costmap_recovery/ ClearCostmapRecovery}, {name: rotate_recovery, type:rotate_recovery/Rotate-Recovery}, {name: aggressive_reset, type:clear_costmap_recovery/ ClearCostmapRecovery}]	设置 move_base 的恢复操作插件列表，当 move_base 不能找到有效的路径规划时，将按照这里指定的顺序执行操作
~controller_frequency	double	20.0（Hz）	发布控制指令的循环周期，以该周期向机器人底盘发送命令
~planner_patience	double	5.0（s）	空间清理操作执行前，路径规划器等待有效规划的时间
~controller_patience	double	15.0（s）	空间清理操作执行前，控制器等待有效控制命令的时间
~conservative_reset_dist	double	3.0（m）	在地图中清理空间时，距机器人该范围的障碍将从 costmap 中清除
~recovery_behavior_enabled	bool	true	是否启用 move_base 恢复机制来清理空间
~clearing_rotation_allowed	bool	true	清理空间操作时，机器人是否采用原地旋转的运动方式
~shutdown_costmaps	bool	false	当 move_base 进入 inactive 状态时，是否停用节点的 costmap
~oscillation_timeout	double	0.0（s）	执行恢复操作之前允许的震荡时间，0 代表永不超时
~oscillation_distance	double	0.5	机器人需要移动该距离才可当作没有震荡。移动完毕后重置定时器参数 ~oscillation_timeout
~planner_frequency	double	0.0	全局路径规划器循环速率。如果设置为 0.0，当收到新目标点或者局部路径规划器上报路径不通时，全局路径规划器才会启动
~max_planning_retries	int	–1	恢复操作之前尝试规划的次数，–1 代表无上限的不断尝试

9.8.3　amcl 功能包

自主定位即机器人在任意状态下都可以推算出自己在地图中所处的位置。ROS 为开发者提供了一种自适应（或 kld 采样）的蒙特卡罗定位方法（amcl），这是一种概率统计方法，针对已有地图使用粒子滤波器跟踪一个机器人的姿态。

先来了解 amcl 功能包的各种接口。

1）话题和服务

amcl 功能包订阅 / 发布的话题和提供的服务如表 9-9 所示。

表 9-9　amcl 功能包中的话题和服务

	名　称	类　型	描　述
话题订阅	Scan	sensor_msgs/LaserScan	激光雷达数据
	Tf	tf/tfMessage	坐标变换信息
	initialpose	geometry_msgs/PoseWithCovarianceStamped	用来初始化粒子滤波器的均值和协方差
	map	nav_msgs/OccupancyGrid	设置 use_map_topic 参数时，amcl 订阅 map 话题以获取地图数据，用于激光定位
话题发布	amcl_pose	geometry_msgs/PoseWithCovarianceStamped	机器人在地图中的位姿估计，带有协方差信息
	particlecloud	geometry_msgs/PoseArray	粒子滤波器维护的位姿估计集合
	Tf	tf/tfMessage	发布从 odom（可以使用参数 ~odom_frame_id 进行重映射）到 map 的转换
服务	global_localization	std_srvs/Empty	初始化全局定位，所有粒子被随机撒在地图上的空闲区域
	request_nomotion_update	std_srvs/Empty	手动执行更新并发布更新的粒子
服务调用	static_map	nav_msgs/GetMap	amcl 调用该服务来获取地图数据

2）参数

amcl 功能包中可供配置的参数较多，如表 9-10 所示。

表 9-10　amcl 功能包中的参数

参　数	类型	默认值	描　述
总体过滤器参数			
~min_particles	int	100	允许的最少粒子数
~max_particles	int	5000	允许的最多粒子数
~kld_err	double	0.01	真实分布与估计分布之间的最大误差
~kld_z	double	0.99	（1–p）的上标准正态分位数，其中 p 是估计分布误差小于 kld_err 的概率
~update_min_d	double	0.2（m）	执行一次滤波器更新所需的平移距离
~update_min_a	double	$\pi/6.0$（rad）	执行一次滤波器更新所需的旋转角度
~resample_interval	int	2	重采样之前滤波器的更新次数
~transform_tolerance	double	0.1（s）	发布变换的时间，以指示此变换在未来有效

（续）

参　数	类型	默认值	描　述
~recovery_alpha_slow	double	0.0	慢速平均权重滤波器的指数衰减率，用于决定何时通过添加随机姿态进行恢复操作，0.0 表示禁用
~recovery_alpha_fast	double	0.0	快速平均权重滤波器的指数衰减率，用于决定何时通过添加随机姿态进行恢复操作，0.0 表示禁用
~initial_pose_x	double	0.0（m）	初始姿态平均值（x），用于初始化高斯分布滤波器
~initial_pose_y	double	0.0（m）	初始姿态平均值（y），用于初始化高斯分布滤波器
~initial_pose_a	double	0.0（m）	初始姿态平均值（yaw），用于初始化高斯分布滤波器
~initial_cov_xx	double	0.5 * 0.5（m）	初始姿态协方差（x * x），用于初始化高斯分布滤波器
~initial_cov_yy	double	0.5 * 0.5（m）	初始姿态协方差（y * y），用于初始化高斯分布滤波器
~initial_cov_aa	double	$(\pi/12) * (\pi/12)$（rad）	初始姿态协方差（yaw*yaw），用于初始化高斯分布滤波器
~gui_publish_rate	double	-1.0（Hz）	可视化时，发布信息的最大速率，-1.0 表示禁用
~save_pose_rate	double	0.5（Hz）	参数服务器中的存储姿态估计（~initial_pose_）和协方差（~initial_cov_）的最大速率，用于后续初始化过滤器。-1.0 表示禁用
~use_map_topic	bool	false	当设置为 true 时，amcl 将订阅地图话题，而不是通过服务调用接收地图
~first_map_only	bool	false	当设置为 true 时，amcl 将只使用它订阅的第一个地图，而不是每次更新接收到的地图
激光模型参数			
~laser_min_range	double	-1.0	最小扫描范围
~laser_max_range	double	-1.0	最大扫描范围
~laser_max_beams	int	30	更新过滤器时要在每次扫描中使用多少均匀间隔的光束
~laser_z_hit	double	0.95	模型 z_hit 部分的混合参数
~laser_z_short	double	0.1	模型 z_short 部分的混合参数
~laser_z_max	double	0.05	模型 z_max 部分的混合参数
~laser_z_rand	double	0.05	模型 z_rand 部分的混合参数
~laser_sigma_hit	double	0.2（m）	模型 z_hit 部分中使用的高斯模型的标准偏差
~laser_lambda_short	double	0.1	模型 z_short 部分的指数衰减参数
~laser_likelihood_max_dist	double	2.0m	地图上测量障碍物膨胀的最大距离
~laser_model_type	string	"likelihood_field"	模型选择，beam、likelihood_field 或 likelihood_field_prob
里程计模型参数			
~odom_model_type	string	"diff"	模型选择，diff、omni、diff-corrected 或 omni-corrected
~odom_alpha1	double	0.2	根据机器人运动的旋转分量，指定里程计旋转估计中的预期噪声
~odom_alpha2	double	0.2	根据机器人运动的平移分量，指定里程计旋转估计中的预期噪声

（续）

参　数	类型	默认值	描　述
~odom_alpha3	double	0.2	根据机器人运动的平移分量，指定里程计平移估计中的预期噪声
~odom_alpha4	double	0.2	根据机器人运动的旋转分量，指定里程计平移估计中的预期噪声
~odom_alpha5	double	0.2	平移相关的噪声参数（仅在模型 omni 中使用）
~odom_frame_id	string	"odom"	里程计的坐标系
~base_frame_id	string	"base_link"	机器人底盘的坐标系
~global_frame_id	string	"map"	定位系统发布的坐标系
~tf_broadcast	bool	true	设置为 false 时，amcl 不会发布 map 与 odom 之间的坐标变换

3）坐标变换

在机器人运动过程中，里程计信息可以帮助机器人定位，而 amcl 也可以实现机器人定位，那么两者之间有什么区别？从图 9-54 所示的 TF 坐标变换中就可以看到里程计和 amcl 定位的不同之处。

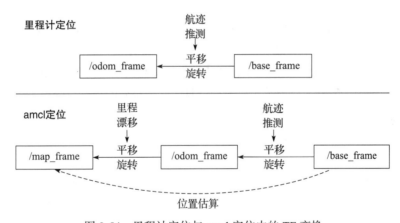

图 9-54　里程计定位与 amcl 定位中的 TF 变换

- 里程计定位：只是通过里程计的数据来处理 /base 和 /odom 之间的 TF 变换。
- amcl 定位：可以估算机器人在地图坐标系 /map 下的位姿信息，提供 /base、/odom、/map 之间的 TF 变换。

9.8.4 代价地图的配置

导航功能包使用两种代价地图存储周围环境中的障碍信息：一种用于全局路径规划（global_costmap），一种用于本地路径规划和实时避障（local_costmap）。两种代价地图需要使用一些共用的或独立的配置文件：通用配置文件、全局规划配置文件和本地规划配置文件。

下面将详细介绍这三种配置文件的具体内容。

1. 通用配置文件 (Common Configuration，local_costmap & global_costmap)

代价地图用来存储周围环境的障碍信息，其中需要声明地图关注的机器人传感器消息，以便于地图信息的更新。针对两种代价地图通用的配置选项，创建名为 costmap_common_params.yaml 的配置文件，具体代码如下：

```
obstacle_range: 2.5
raytrace_range: 3.0
# footprint: [[0.165, 0.165], [0.165, -0.165], [-0.165, -0.165], [-0.165, 0.165]]
robot_radius: 0.165
inflation_radius: 0.1
max_obstacle_height: 0.6
min_obstacle_height: 0.0
observation_sources: scan
scan: {data_type: LaserScan, topic: /scan, marking: true, clearing: true, expected_update_rate: 0}
```

详细解析以上配置文件的代码：

```
obstacle_range: 2.5
raytrace_range: 3.0
```

这两个参数用来设置代价地图中障碍物的相关阈值。obstacle_range 参数用来设置机器人检测障碍物的最大范围，若设置为 2.5，则表示在 2.5m 范围内检测到的障碍信息才会在地图中进行更新。raytrace_range 参数用来设置机器人检测自由空间的最大范围，若设置为 3.0，则表示在 3m 范围内，机器人将根据传感器的信息清除范围内的自由空间。

```
# footprint: [[0.165, 0.165], [0.165, -0.165], [-0.165, -0.165], [-0.165, 0.165]]
robot_radius: 0.165
inflation_radius: 0.1
```

footprint 参数用来设置机器人在二维地图上的占用面积，参数以机器人的中心作为坐标原点。如果机器人外形是圆形，则需要设置机器人的外形半径 robot_radius。inflation_radius 参数用来设置障碍物的膨胀参数，也就是机器人应该与障碍物保持的最小安全距离，这里设置为 0.1，表示为机器人规划的路径应该与障碍物保持 0.1m 以上的安全距离。

```
max_obstacle_height: 0.6
min_obstacle_height: 0.0
```

这两个参数用来描述障碍物的最大高度和最小高度。

```
observation_sources: scan
scan: {data_type: LaserScan, topic: /scan, marking: true, clearing: true, expected_update_rate: 0}
```

observation_sources 参数列出了代价地图需要关注的所有传感器信息，每个传感器信息都会在后面列出详细内容。以激光雷达为例，sensor_frame 表示传感器的参考系名称，data_ type 表示激光数据或者点云数据使用的消息类型，topic_name 表示传感器发布的话题名称，而 marking 和 clearing 参数用来表示是否需要使用传感器的实时信息来添加或清除代价地图中的障碍物信息。

2. 全局规划配置文件 (Global Configuration，global_costmap)

全局规划配置文件用于存储配置全局代价地图的参数，命名为 global_costmap_params. yaml，代码如下：

```
global_costmap:
    global_frame: /map
    robot_base_frame: /base_footprint
    update_frequency: 1.0
    publish_frequency: 0
    static_map: true
    rolling_window: false
    resolution: 0.01
    transform_tolerance: 1.0
    map_type: costmap
```

global_frame 参数用来表示全局代价地图需要在哪个参考系下运行，这里选择了 map 参考系。robot_base_frame 参数用来表示代价地图可以参考的机器人本体的坐标系。update_frequency 参数用来决定全局地图信息更新的频率，单位是 Hz。static_map 参数用来决定代价地图是否需要根据 map_server 提供的地图信息进行初始化，如果不需要使用已有的地图或者 map_server，最好将该参数设置为 false。

3. 本地规划配置文件 (Local Configuration，local_costmap)

本地规划配置文件用来存储本地代价地图的配置参数，命名为 local_costmap_params. yaml，代码如下：

```
local_costmap:
    global_frame: map
    robot_base_frame: base_footprint
    update_frequency: 3.0
    publish_frequency: 1.0
    static_map: true
    rolling_window: false
    width: 6.0
    height: 6.0
    resolution: 0.01
    transform_tolerance: 1.0
```

global_frame、robot_base_frame、update_frequency 和 static_map 参数的意义与全局规划配置文件中的参数相同。publish_frequency 参数用于设置代价地图发布可视化信息的频率，单位是 Hz。rolling_window 参数用来设置在机器人移动过程中是否需要滚动窗口，以保持机器人处于中心位置。width、height 和 resolution 参数用于设置代价地图的长（米）、高（米）和分辨率（米/格）。虽然分辨率设置的与静态地图的不同，但是一般情况下两者是相同的。

9.8.5　本地规划器配置

本地规划器 base_local_planner 的主要作用是，根据规划的全局路径计算发布给机器人的速度控制指令。该规划器要根据机器人的规格配置相关参数，创建名为 base_local_planner_params.yaml 的配置文件，代码如下：

```
controller_frequency: 3.0
recovery_behavior_enabled: false
clearing_rotation_allowed: false

TrajectoryPlannerROS:
    max_vel_x: 0.3
    min_vel_x: 0.05
    max_vel_y: 0.0  # zero for a differential drive robot
    min_vel_y: 0.0
    min_in_place_vel_theta: 0.5
    escape_vel: -0.1
    acc_lim_x: 2.5
    acc_lim_y: 0.0 # zero for a differential drive robot
    acc_lim_theta: 3.2

    holonomic_robot: false
    yaw_goal_tolerance: 0.1 # about 6 degrees
    xy_goal_tolerance: 0.1  # 10 cm
    latch_xy_goal_tolerance: false
    pdist_scale: 0.9
    gdist_scale: 0.6
    meter_scoring: true

    heading_lookahead: 0.325
    heading_scoring: false
    heading_scoring_timestep: 0.8
    occdist_scale: 0.1
    oscillation_reset_dist: 0.05
    publish_cost_grid_pc: false
    prune_plan: true

    sim_time: 1.0
    sim_granularity: 0.025
    angular_sim_granularity: 0.025
    vx_samples: 8
    vy_samples: 0 # zero for a differential drive robot
    vtheta_samples: 20
    dwa: true
    simple_attractor: false
```

该配置文件声明机器人本地规划采用 Trajectory Rollout 算法，并且设置算法中需要用到的机器人速度、加速度阈值等参数。

9.9　在 rviz 中仿真机器人导航

在了解了导航功能的两个关键功能包 move_base 和 amcl 后，接下来就可以开始导航了，我们依然从仿真开始。

9.9.1　创建 launch 文件

9.8 节已经创建了所有需要用到的配置文件，接下来需要创建一个启动文件 mrobot_navigation/launch/fake_move_base.launch 启动 move_base 节点，并且加载所有配置文件，代码如下：

```
<launch>

    <node pkg="move_base" type="move_base" respawn="false" name="move_base" output=
"screen" clear_params="true">
        <rosparam file="$(find mrobot_navigation)/config/fake/costmap_common_params.
yaml" command="load" ns="global_costmap" />
        <rosparam file="$(find mrobot_navigation)/config/fake/costmap_common_params.
yaml" command="load" ns="local_costmap" />
        <rosparam file="$(find mrobot_navigation)/config/fake/local_costmap_params.
yaml" command="load" />
        <rosparam file="$(find mrobot_navigation)/config/fake/global_costmap_params.
yaml" command="load" />
        <rosparam file="$(find mrobot_navigation)/config/fake/base_local_planner_
params.yaml" command="load" />
    </node>

</launch>
```

然后创建一个运行所有导航功能节点的顶层 launch 文件 mrobot_navigation/launch /fake_nav_demo.launch，代码如下：

```
<launch>

    <param name="use_sim_time" value="false" />

    <!-- 设置地图的配置文件 -->
    <arg name="map" default="gmapping_map.yaml" />

    <!-- 运行地图服务器，并且加载设置的地图 -->
    <node name="map_server" pkg="map_server" type="map_server" args="$(find
mrobot_navigation)/maps/$(arg map)"/>

    <!-- 运行move_base节点 -->
    <include file="$(find mrobot_navigation)/launch/fake_move_base.launch" />

    <!-- 运行虚拟定位，兼容 AMCL 输出 -->
     <node pkg="fake_localization" type="fake_localization" name="fake_localization"
```

```
output="screen" />

        <!-- 对于虚拟定位，需要设置一个 /odom 与 /map 之间的静态坐标变换 -->
        <node pkg="tf" type="static_transform_publisher" name="map_odom_broadcaster"
args="0 0 0 0 0 0 /map /odom 100" />

        <!-- 运行 rviz -->
        <node pkg="rviz" type="rviz" name="rviz" args="-d $(find mrobot_navigation)/
rviz/nav.rviz"/>

    </launch>
```

此外，为了启动机器人模型，还需要创建一个 mrobot_bringup/launch /fake_mrobot_with_
laser.launch 文件，代码如下：

```
<launch>

    <param name="/use_sim_time" value="false" />

    <!-- 加载机器人 URDF/Xacro 模型 -->
    <arg name="urdf_file" default="$(find xacro)/xacro --inorder '$(find mrobot_
description)/urdf/mrobot_with_rplidar.urdf.xacro'" />

    <param name="robot_description" command="$(arg urdf_file)" />

    <node name="arbotix" pkg="arbotix_python" type="arbotix_driver" output="
screen" clear_params="true">
        <rosparam file="$(find mrobot_bringup)/config/fake_mrobot_arbotix.yaml"
command="load" />
        <param name="sim" value="true"/>
    </node>

    <node name="joint_state_publisher" pkg="joint_state_publisher" type="joint_
state_publisher" />
      <node name="robot_state_publisher" pkg="robot_state_publisher" type="state_
publisher">
        <param name="publish_frequency" type="double" value="20.0" />
    </node>

</launch>
```

9.9.2　开始导航

现在，运行启动文件，开始导航之旅：

```
$ roslaunch mrobot_bringup fake_mrobot_with_laser.launch
$ roslaunch mrobot_navigation fake_nav_demo.launch
```

如果一切正常，应该可以看到 rviz 启动并且加载了我们设置的地图，这里所使用的就是
机器人在实际办公室环境下由 gmapping 建立的地图（见图 9-55）。

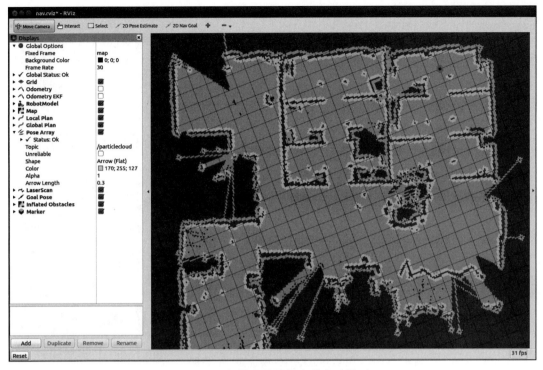

图 9-55　机器人导航仿真的启动界面

用鼠标点击菜单栏中的 "2D Nav Goal" 按钮，这个按钮的功能是帮助我们设置导航的目标点。将鼠标移动到地图上导航的目标位置，点击鼠标左键（注意不要放开）。这时，可以在目标位置看到一个绿色的箭头，因为导航目标点不仅包含机器人的位置信息，还包含机器人的姿态信息，通过拖动鼠标可以设置导航目标的姿态（见图 9-56）。

确定目标后，松开鼠标左键，在机器人的当前位置和目标位置之间马上就可以看到 move_base 功能包使用全局规划器创建了一条最优路径。虽然机器人很快就开始移动，但是，由于受机器人物理参数的限制，机器人不能完全按照最优路径移动，在机器人附近有一条红色的短线，这就是本地规划器为机器人规划的当前周期最优速度，尽量保证机器人靠近全局最优路径移动（见图 9-57）。

机器人在到达目标位置后会旋转到指定的姿态，导航过程结束。

9.9.3　自动导航

在实际应用中，我们往往希望机器人能够自主进行定位和导航，不需要过多的人为干预，这样才能更加智能化。下面我们编写一个小程序，在地图中设置一个目标点的集合，然后从中随机产生当前目标点，让机器人自动导航到达目标，并在短暂停留后继续循环前往下一个目标点。

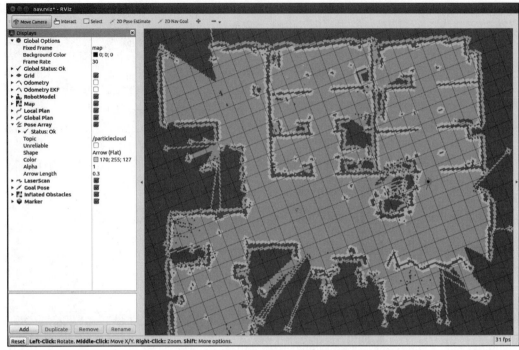

图 9-56　在 rviz 中选择导航目标

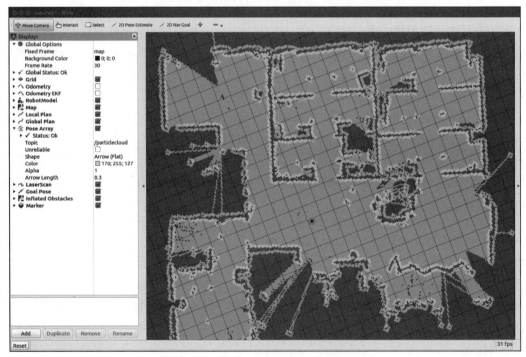

图 9-57　机器人导航仿真的运行过程

先不关注代码的具体实现方法，直接使用以下命令运行自动导航的例程：

```
$ roslaunch mrobot_bringup fake_mrobot_with_laser.launch
$ roslaunch mrobot_navigation fake_nav_demo.launch
$ rosrun mrobot_navigation random_navigation.py
```

nav_test.py 成功运行后，机器人就开始随机选择目标导航，导航移动的效果如图 9-58 所示。

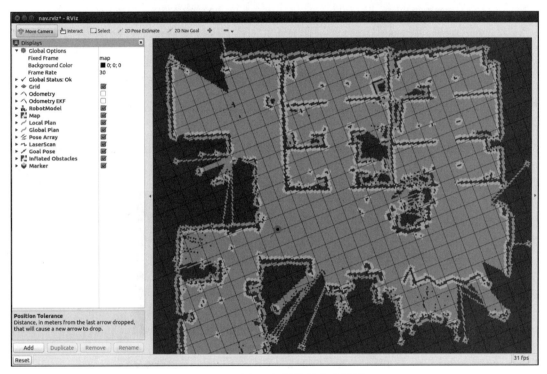

图 9-58　随机目标导航的仿真效果

打开日志监控的可视化终端，可以看到机器人发布的距离信息、状态信息、目标点编号、成功率和速度等日志（见图 9-59）：

```
$ rqt_console
```

如图 9-60 所示，终端中也会将这些日志信息打印出来。

以上自主导航的过程在源码 mrobot_navigation/scripts/random_navigation.py 中实现：

```
import roslib;
import rospy
import actionlib
from actionlib_msgs.msg import *
from geometry_msgs.msg import Pose, PoseWithCovarianceStamped, Point, Quaternion, Twist
from move_base_msgs.msg import MoveBaseAction, MoveBaseGoal
from random import sample
```

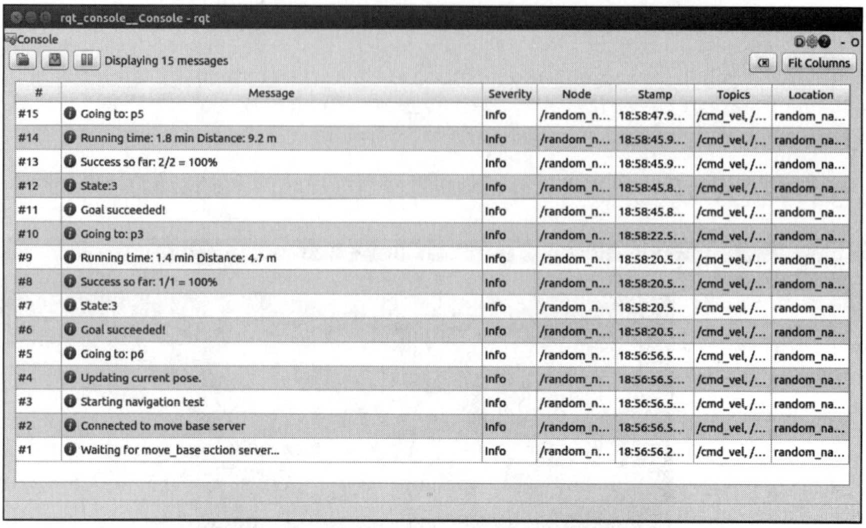

图 9-59　导航过程中监控窗口里的日志信息

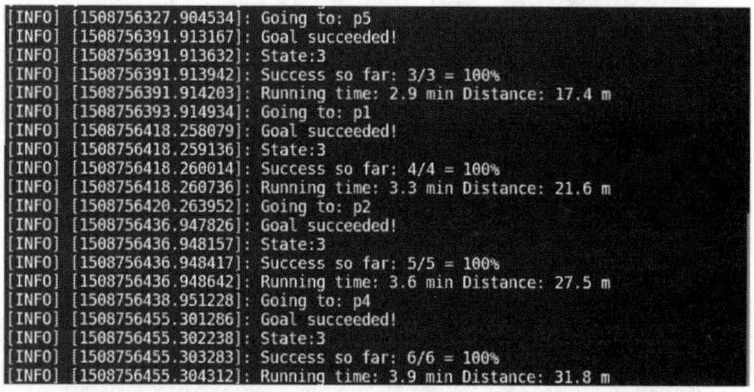

图 9-60　导航过程中终端里的日志信息

```
from math import pow, sqrt

class NavTest():
    def __init__(self):
        rospy.init_node('random_navigation', anonymous=True)
        rospy.on_shutdown(self.shutdown)

        # 在每个目标位置暂停的时间
        self.rest_time = rospy.get_param("~rest_time", 2)

        # 到达目标的状态
        goal_states = ['PENDING', 'ACTIVE', 'PREEMPTED',
                       'SUCCEEDED', 'ABORTED', 'REJECTED',
                       'PREEMPTING', 'RECALLING', 'RECALLED',
                       'LOST']

        # 设置目标点的位置
        # 如果想要获得某一点的坐标，在 rviz 中点击 "2D Nav Goal" 按钮，然后单击地图中的一点
```

```python
# 在终端中就会看到坐标信息
locations = dict()

locations['p1'] = Pose(Point(1.150, 5.461, 0.000), Quaternion(0.000, 0.000,
-0.013, 1.000))
locations['p2'] = Pose(Point(6.388, 2.66, 0.000), Quaternion(0.000, 0.000,
0.063, 0.998))
locations['p3'] = Pose(Point(8.089, -1.657, 0.000), Quaternion(0.000, 0.000,
0.946, -0.324))
locations['p4'] = Pose(Point(9.767, 5.171, 0.000), Quaternion(0.000, 0.000,
0.139, 0.990))
locations['p5'] = Pose(Point(0.502, 1.270, 0.000), Quaternion(0.000, 0.000,
0.919, -0.392))
locations['p6'] = Pose(Point(4.557, 1.234, 0.000), Quaternion(0.000, 0.000,
0.627, 0.779))

# 发布控制机器人的消息
self.cmd_vel_pub = rospy.Publisher('cmd_vel', Twist, queue_size=5)

# 订阅 move_base 服务器的消息
self.move_base = actionlib.SimpleActionClient("move_base", MoveBaseAction)

rospy.loginfo("Waiting for move_base action server...")

# 60s 等待时间限制
self.move_base.wait_for_server(rospy.Duration(60))
rospy.loginfo("Connected to move base server")

# 保存机器人在 rviz 中的初始位置
initial_pose = PoseWithCovarianceStamped()

# 保存成功率、运行时间和距离的变量
n_locations = len(locations)
n_goals = 0
n_successes = 0
i = n_locations
distance_traveled = 0
start_time = rospy.Time.now()
running_time = 0
location = ""
last_location = ""

# 确保有初始位置
while initial_pose.header.stamp == "":
    rospy.sleep(1)

rospy.loginfo("Starting navigation test")

# 开始主循环，随机导航
while not rospy.is_shutdown():
```

```
# 如果已经走完所有点，再重新开始排序
if i == n_locations:
    i = 0
    sequence = sample(locations, n_locations)

    # 如果最后一个点和第一个点相同，则跳过
    if sequence[0] == last_location:
        i = 1

# 在当前的排序中获取下一个目标点
location = sequence[i]

# 跟踪行驶距离
# 使用更新的初始位置
if initial_pose.header.stamp == "":
    distance = sqrt(pow(locations[location].position.x -
                        locations[last_location].position.x, 2) +
                    pow(locations[location].position.y -
                        locations[last_location].position.y, 2))
else:
    rospy.loginfo("Updating current pose.")
    distance = sqrt(pow(locations[location].position.x -
                        initial_pose.pose.pose.position.x, 2) +
                    pow(locations[location].position.y -
                        initial_pose.pose.pose.position.y, 2))
    initial_pose.header.stamp = ""

# 存储上一次的位置，计算距离
last_location = location

# 计数器加1
i += 1
n_goals += 1

# 设定下一个目标点
self.goal = MoveBaseGoal()
self.goal.target_pose.pose = locations[location]
self.goal.target_pose.header.frame_id = 'map'
self.goal.target_pose.header.stamp = rospy.Time.now()

# 让用户知道下一个位置
rospy.loginfo("Going to: " + str(location))

# 向下一个位置进发
self.move_base.send_goal(self.goal)

# 五分钟时间限制
finished_within_time = self.move_base.wait_for_result(rospy.Duration(300))

# 查看是否成功到达
```

```
            if not finished_within_time:
                self.move_base.cancel_goal()
                rospy.loginfo("Timed out achieving goal")
            else:
                state = self.move_base.get_state()
                if state == GoalStatus.SUCCEEDED:
                    rospy.loginfo("Goal succeeded!")
                    n_successes += 1
                    distance_traveled += distance
                    rospy.loginfo("State:" + str(state))
                else:
                    rospy.loginfo("Goal failed with error code: " + str(goal_states
[state]))

            # 运行所用时间
            running_time = rospy.Time.now() - start_time
            running_time = running_time.secs / 60.0

            # 输出本次导航的所有信息
            rospy.loginfo("Success so far: " + str(n_successes) + "/" +
                          str(n_goals) + " = " +
                        . str(100 * n_successes/n_goals) + "%")

            rospy.loginfo("Running time: " + str(trunc(running_time, 1)) +
                          " min Distance: " + str(trunc(distance_traveled, 1)) + " m")

            rospy.sleep(self.rest_time)

    def update_initial_pose(self, initial_pose):
        self.initial_pose = initial_pose

    def shutdown(self):
        rospy.loginfo("Stopping the robot...")
        self.move_base.cancel_goal()
        rospy.sleep(2)
        self.cmd_vel_pub.publish(Twist())
        rospy.sleep(1)

def trunc(f, n):
    slen = len('%.*f' % (n, f))

    return float(str(f)[:slen])

if __name__ == '__main__':
    try:
        NavTest()
        rospy.spin()

    except rospy.ROSInterruptException:
        rospy.loginfo("Random navigation finished.")
```

代码内容较多，用到了 move_base 的 API，下面分析其中的关键代码。

```
import actionlib
from actionlib_msgs.msg import *
from geometry_msgs.msg import Pose, PoseWithCovarianceStamped, Point,
Quaternion, Twist
from move_base_msgs.msg import MoveBaseAction, MoveBaseGoal
```

move_base 提供给用户使用的主要是 action 接口，可以通过 action 实现路径规划，所以先要引用相关的模块。

```
locations['p1'] = Pose(Point(1.150, 5.461, 0.000), Quaternion(0.000, 0.000,
-0.013, 1.000))
    locations['p2'] = Pose(Point(6.388, 2.66, 0.000), Quaternion(0.000, 0.000,
0.063, 0.998))
    locations['p3'] = Pose(Point(8.089, -1.657, 0.000), Quaternion(0.000, 0.000,
0.946, -0.324))
    locations['p4'] = Pose(Point(9.767, 5.171, 0.000), Quaternion(0.000, 0.000,
0.139, 0.990))
    locations['p5'] = Pose(Point(0.502, 1.270, 0.000), Quaternion(0.000, 0.000,
0.919, -0.392))
    locations['p6'] = Pose(Point(4.557, 1.234, 0.000), Quaternion(0.000, 0.000,
0.627, 0.779))
```

建立一些导航目标点的字典集合，导航时从中随机挑选当前运动的目标点。

```
# 订阅 move_base 服务器的消息
self.move_base = actionlib.SimpleActionClient("move_base", MoveBaseAction)

rospy.loginfo("Waiting for move_base action server...")

# 60s 等待时间限制
self.move_base.wait_for_server(rospy.Duration(60))
rospy.loginfo("Connected to move base server")
```

action 使用客户端/服务器的架构，move_base 用于实现服务器，用户用于实现客户端，所以在开始规划前，要确保客户端与服务器连接成功。

```
# 设定下一个目标点
self.goal = MoveBaseGoal()
self.goal.target_pose.pose = locations[location]
self.goal.target_pose.header.frame_id = 'map'
self.goal.target_pose.header.stamp = rospy.Time.now()

# 让用户知道下一个位置
rospy.loginfo("Going to: " + str(location))

# 向下一个位置进发
self.move_base.send_goal(self.goal)
```

```
# 五分钟时间限制
finished_within_time = self.move_base.wait_for_result(rospy.Duration(300))
```

先设置一个导航目标点作为 action 的目标，再使用 send_goal() 接口发送到 move_base 的服务器；服务器接收到该目标任务后，会根据机器人的当前姿态实现全局和本地路径的规划功能，输出速度命令控制机器人运动到目标位置，并且将运行结果反馈给客户端；客户端设置了 60s 的超时限制，如果在此限制时间内没有得到服务器的规划结果，就说明机器人运动规划没有完成，认为规划失败。

```
def shutdown(self):
    rospy.loginfo("Stopping the robot...")
    self.move_base.cancel_goal()
    rospy.sleep(2)
    self.cmd_vel_pub.publish(Twist())
    rospy.sleep(1)
```

特别注意 shutdown 函数，这个函数在中断代码运行时（Ctrl + C）调用。此时 move_base 服务器可能正在控制机器人运动，需要使用 cancel_goal() 来取消 action 的目标任务。以上代码中还创建了一个发布 /cmd_vel 话题的发布者，只在中断运行时发布一个停止状态的速度命令给机器人，不会与 move_base 发布的速度控制指令冲突。

9.10　在 Gazebo 中仿真机器人导航

9.9 节我们利用 ArbotiX 仿真器在 rviz 中实现了机器人基于地图的导航功能，本节将在 Gazebo 中实现导航功能的仿真。

9.10.1　创建 launch 文件

仿真的整体思路：首先启动 Gazebo 仿真环境，然后启动 move_base 导航功能节点。

第一步所启动的 Gazebo 仿真环境和之前使用激光雷达 SLAM 的仿真环境相同，所以依然可以使用 mrobot_gazebo/launch/mrobot_laser_nav_gazebo.launch 文件。

第二步创建一个启动 move_base 导航功能节点的 launch 文件 mrobot_navigation/launch/fake_nav_cloister_demo.launch，代码如下：

```
<launch>

    <!-- 设置地图的配置文件 -->
    <arg name="map" default="cloister_gmapping.yaml" />

    <!-- 运行地图服务器，并且加载设置的地图 -->
    <node name="map_server" pkg="map_server" type="map_server" args="$(find mrobot_
navigation)/maps/$(arg map)"/>
```

```
<!-- 运行 move_base 节点 -->
<include file="$(find mrobot_navigation)/launch/move_base.launch"/>

<!-- 运行虚拟定位，兼容 AMCL 输出 -->
<node pkg="fake_localization" type="fake_localization" name="fake_localization"
output="screen" />

<!-- 对于虚拟定位，需要设置一个 /odom 与 /map 之间的静态坐标变换 -->
<node pkg="tf" type="static_transform_publisher" name="map_odom_broadcaster"
args="0 0 0 0 0 0 /map /odom 100" />

<!-- 运行 rviz -->
<node pkg="rviz" type="rviz" name="rviz" args="-d $(find mrobot_navigation)/
rviz/nav.rviz"/>

</launch>
```

fake_nav_cloister_demo.launch 的内容与 9.9 节中导航所使用的 launch 文件的内容相同，只是修改了需要加载的地图，这里加载之前 SLAM 仿真时 gmapping 构建的地图。

9.10.2 运行效果

接下来就可以使用如下命令在 Gazebo 中仿真机器人导航功能了：

```
$ roslaunch mrobot_gazebo mrobot_laser_nav_gazebo.launch
$ roslaunch mrobot_navigation fake_nav_cloister_demo.launch
```

第一个 launch 文件运行成功后会出现 Gazebo 界面，第二个 launch 文件运行成功后会打开 rviz 界面。启动成功后的界面如图 9-61 所示。

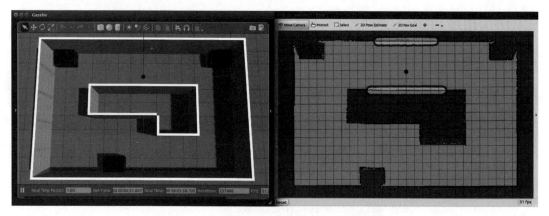

图 9-61 启动 Gazebo 导航仿真后的界面显示

导航的操作和 9.9 节的相同，使用 rviz 中的工具选择导航目标点，机器人即可自主导航到目标位置。如图 9-62 所示，rviz 中的机器人的位置与 Gazebo 中的保持一致。

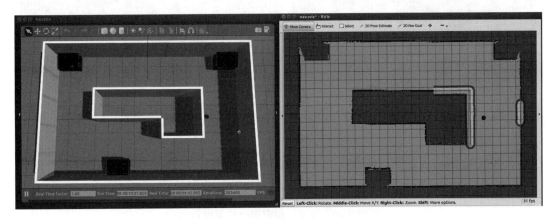

图 9-62　Gazebo 导航仿真的运行效果

9.10.3　实时避障

我们可以在 Gazebo 中动态加入一些障碍物，比如在机器人的运动轨迹上加入一个如图 9-63 所示的障碍物。

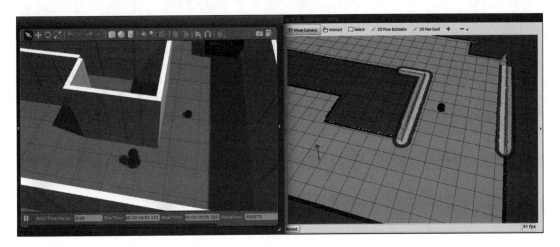

图 9-63　在导航路径上放置障碍物

机器人运动到障碍物附近时会停止运动，并重新规划路线（见图 9-64）。

规划成功后，机器人会绕过障碍物继续向目标点运动（见图 9-65）。

可见，move_base 功能包不仅可以实现全局最优路径的规划，同时可以利用本地路径规划避开出现的障碍物。

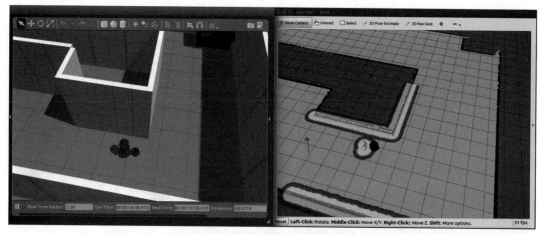

图 9-64   导航过程中的路径重规划

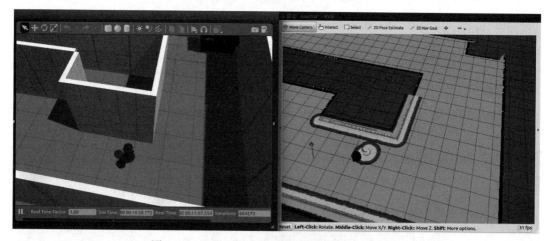

图 9-65   机器人绕过障碍物后继续向目标点运动

9.11　真实机器人导航

前面，我们使用 rviz 和 Gazebo 仿真了机器人自主导航的全部过程，接下来要在真实的机器人上进行验证。

9.11.1　创建 launch 文件

首先，针对真实机器人的参数创建相应的参数文件和 launch 文件。参数文件、launch 文件的结构都与仿真环节的类似。导航启动文件 mrobot_navigation/launch/nav_demo.launch 的代码如下：

```
<launch>
```

```
    <param name="use_sim_time" value="false" />

    <!-- 设置地图的配置文件 -->
    <arg name="map" default="test_map.yaml" />

    <!-- 运行地图服务器，并且加载设置的地图 -->
    <node name="map_server" pkg="map_server" type="map_server" args="$(find
mrobot_navigation)/maps/$(arg map)"/>

    <!-- 运行 move_base 节点 -->
    <include file="$(find mrobot_navigation)/launch/move_base.launch" />

    <!-- 启动 AMCL 节点 -->
    <include file="$(find mrobot_navigation)/launch/amcl.launch" />

    <!-- 设置一个 /odom 与 /map 之间的静态坐标变换 -->
    <node pkg="tf" type="static_transform_publisher" name="map_odom_broadcaster"
args="0 0 0 0 0 0 /map /odom 100" />

    <!-- 运行 rviz -->
    <node pkg="rviz" type="rviz" name="rviz" args="-d $(find mrobot_navigation)/
rviz/nav.rviz"/>

</launch>
```

amcl 定位功能节点的启动文件 mrobot_navigation/launch/amcl.launch，代码如下：

```
<launch>
    <arg name="use_map_topic" default="false"/>
    <arg name="scan_topic" default="scan"/>

    <node pkg="amcl" type="amcl" name="amcl" clear_params="true">
        <param name="use_map_topic" value="$(arg use_map_topic)"/>
        <!-- Publish scans from best pose at a max of 10 Hz -->
        <param name="odom_model_type" value="diff"/>
        <param name="odom_alpha5" value="0.1"/>
        <param name="gui_publish_rate" value="10.0"/>
        <param name="laser_max_beams" value="60"/>
        <param name="laser_max_range" value="12.0"/>
        <param name="min_particles" value="500"/>
        <param name="max_particles" value="2000"/>
        <param name="kld_err" value="0.05"/>
        <param name="kld_z" value="0.99"/>
        <param name="odom_alpha1" value="0.2"/>
        <param name="odom_alpha2" value="0.2"/>
        <!-- translation std dev, m -->
        <param name="odom_alpha3" value="0.2"/>
        <param name="odom_alpha4" value="0.2"/>
        <param name="laser_z_hit" value="0.5"/>
        <param name="laser_z_short" value="0.05"/>
```

```
            <param name="laser_z_max" value="0.05"/>
            <param name="laser_z_rand" value="0.5"/>
            <param name="laser_sigma_hit" value="0.2"/>
            <param name="laser_lambda_short" value="0.1"/>
            <param name="laser_model_type" value="likelihood_field"/>
            <!-- <param name="laser_model_type" value="beam"/> -->
            <param name="laser_likelihood_max_dist" value="2.0"/>
            <param name="update_min_d" value="0.25"/>
            <param name="update_min_a" value="0.2"/>
            <param name="odom_frame_id" value="odom"/>
            <param name="resample_interval" value="1"/>
            <!-- Increase tolerance because the computer can get quite busy -->
            <param name="transform_tolerance" value="1.0"/>
            <param name="recovery_alpha_slow" value="0.0"/>
            <param name="recovery_alpha_fast" value="0.0"/>
            <remap from="scan" to="$(arg scan_topic)"/>
        </node>
</launch>
```

9.11.2　开始导航

现在，使用以下命令就可以开始真实机器人的导航了：

```
$ roslaunch mrobot_bringup mrobot_with_laser.launch    （机器人端）
$ roslaunch mrobot_navigation nav_demo.launch          （PC 端）
```

在打开的 rviz 界面中，与仿真环节一样，点击菜单栏的"2D Nav Goal"按钮，然后在地图上任意选择一个目标点，这时机器人就开始向目标点前进。在 rviz 中，可以看到机器人在地图上的实时位置、传感器信息等，可以对机器人进行实时监控。

9.12　自主探索 SLAM

也许你已早有一个想法：为什么机器人在 SLAM 过程中需要远程遥控机器人运动？能不能让机器人自主移动并且实现 SLAM 呢？

答案当然是肯定的，我们可以将前面学到的 SLAM 和导航功能结合到一起，在导航避障过程中建立环境地图。下面以 gmapping 为例（其他 SLAM 功能包类似），实现机器人自主探索式的 SLAM，不再需要人工控制。

9.12.1　创建 launch 文件

之前的 gmapping SLAM 的实现流程无需改变，可将 move_base 节点添加到 SLAM 系统中，在 gmapping_demo.launch 文件中加入 move_base 节点的设置，并重新命名为一个新的 launch 文件 mrobot_navigation/launch/exploring_slam_demo.launch：

```
<launch>
```

```
<include file="$(find mrobot_navigation)/launch/gmapping.launch"/>

<!-- 运行 move_base 节点 -->
<include file="$(find mrobot_navigation)/launch/move_base.launch" />

<!-- 运行 rviz -->
<node pkg="rviz" type="rviz" name="rviz" args="-d $(find mrobot_navigation)/
rviz/nav.rviz"/>

</launch>
```

9.12.2　通过 rviz 设置探索目标

现在使用如下命令启动系统：

```
$ roslaunch mrobot_gazebo mrobot_laser_nav_gazebo.launch
$ roslaunch mrobot_navigation exploring_slam_demo.launch
```

启动成功后可以打开 Gazebo 和 rviz 的界面（见图 9-66）。

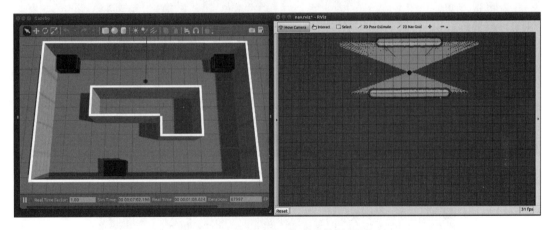

图 9-66　启动 Gazebo 仿真后的界面显示

接下来无需启动键盘控制节点，而是类似于导航功能的实现，使用 rviz 中的 2D Nav Goal 工具，在 rviz 中选择一个导航的目标位置。

确定目标位置后，机器人开始导航移动，同时使用 gmapping 实现地图的构建。在如图 9-67 所示的运动过程中，move_base 可以根据已经建立的地图和激光雷达信息帮助机器人躲避周围不断出现的障碍物。

如图 9-68 所示，如果机器人无法到达点击的目标位置，当导航运动遇到障碍物时，机器人会不断探索路线。

如果多次尝试无果，机器人最终会选择放弃，终端里将看到如图 9-69 所示的错误提示。

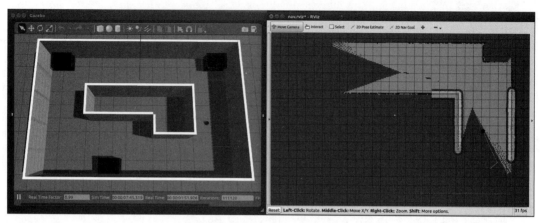

图 9-67　在导航过程中同步 SLAM

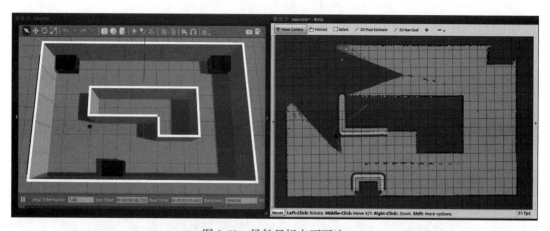

图 9-68　导航目标点不可达

```
Average Scan Matching Score=313.973
neff= 78.9936
Registering Scans:Done
[ERROR] [1503077506.067496216, 604.058000000]: Aborting because a valid plan could not
be found. Even after executing all recovery behaviors
```

图 9-69　机器人无法导航后出现的错误提示

9.12.3　实现自主探索 SLAM

上面的实现，需要不断点击目标位置，引导机器人完成 SLAM。接下来我们继续完善这个探索的过程。类似于 9.9 节的多目标点自动导航例程，可以通过代码设置一些关键点，让机器人随机导航，从而实现自主探索 SLAM。

mrobot_navigation/scripts/exploring_slam.py 代码的实现与 random_navigation.py 的类似，仅修改了代码中设置的目标点：

```
# 设置目标点的位置
```

```
# 在 rviz 中点击 "2D Nav Goal" 按钮，然后单击地图中的一点
# 在终端中就会看到该点的坐标信息
locations = dict()

        locations['1'] = Pose(Point(4.589, -0.376, 0.000), Quaternion(0.000, 0.000,
-0.447, 0.894))
        locations['2'] = Pose(Point(4.231, -6.050, 0.000), Quaternion(0.000, 0.000,
-0.847, 0.532))
        locations['3'] = Pose(Point(-0.674, -5.244, 0.000), Quaternion(0.000, 0.000,
0.000, 1.000))
        locations['4'] = Pose(Point(-5.543, -4.779, 0.000), Quaternion(0.000, 0.000,
0.645, 0.764))
        locations['5'] = Pose(Point(-4.701, -0.590, 0.000), Quaternion(0.000, 0.000,
0.340, 0.940))
        locations['6'] = Pose(Point(2.924, 0.018, 0.000), Quaternion(0.000, 0.000,
0.000, 1.000))
```

然后重新运行系统：

```
$ roslaunch mrobot_gazebo mrobot_laser_nav_gazebo.launch
$ roslaunch mrobot_navigation exploring_slam_demo.launch
```

启动成功后，运行 exploring_slam.py：

```
$ rosrun mrobot_navigation exploring_slam.py
```

Gazebo 和 rviz 中的机器人很快就开始移动了，通过随机产生的目标点，机器人一边导航避障，一边完成 SLAM 建图（见图 9-70）。

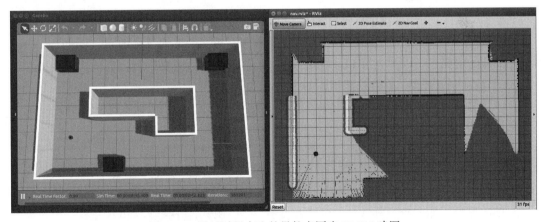

图 9-70　通过随机产生的导航点同步 SLAM 建图

在最初未知世界的探索过程中，机器人由于不知道地图信息，所以路径规划往往不是最优路径，很多时候还会困在墙角处，如图 9-71 所示。

这时机器人会不断旋转找到出路并继续前进；也有可能最终找不到出路，认为目标不可

到达，提示错误信息，这就需要我们调整导航的参数来优化机器人的行为。

当机器人构建地图后，接下来的导航运动就很顺畅了。move_base 可以根据已知的障碍信息规划出最优路径，如图 9-72 所示。

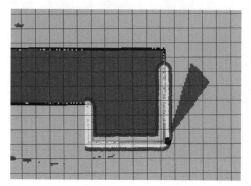

图 9-71　机器人在导航时困在墙角

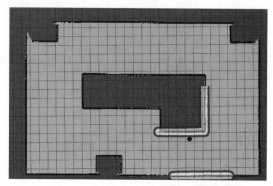

图 9-72　机器人导航规划出的最优路径

你同样可以在 Gazebo 中突然加入一个障碍物，测试机器人导航是否可以有效避开实时出现的障碍物。

这样的自主探索 SLAM 的效果是不是很炫！当然我们还可以加入更多智能元素，让机器人的导航路径更加完善，这些深入的功能就留给读者继续探索吧。

9.13　本章小结

通过本章的学习，应该掌握使用 ROS 进行 SLAM 建图和自主导航的方法。

1）SLAM 建图：ROS 提供了多种 SLAM 功能包，包括二维 SLAM 的 gmapping、hector、cartographer 功能包，以及三维 SLAM 的 rgbslam、ORB_SLAM 功能包，本章使用这些功能包分别实现了仿真机器人和真实机器人的 SLAM 功能。

2）自主导航：ROS 提供了移动机器人的导航框架，包括实现机器人定位的 amcl 功能包和实现路径规划的 move_base 功能包，可以帮助我们快速实现轮式移动机器人的导航功能。本章基于该框架实现了仿真机器人与真实机器人的导航功能。

3）自主探索 SLAM：结合 SLAM 与自主导航功能，机器人可以在无人工干预的情况下自主完成未知环境的 SLAM 建图功能，导航路径自动根据地图信息的完善而不断优化。

第 10 章将介绍另外一种常见的机器人类型——机械臂，并且学习 ROS 中的一个重要开发框架——MoveIt!。

第 10 章
MoveIt! 机械臂控制

　　最早应用 ROS 的 PR2 不仅是一个移动型机器人,还带有两个多自由度的机械臂,可以完成一系列复杂的动作。机械臂是机器人中非常重要的一个种类,也是应用最为广泛、成熟的一种,主要应用于工厂自动化环境。机械臂历经几十年的发展,技术相对成熟,包括运动学正逆解、运动轨迹规划、碰撞检测算法等。随着协作机器人的发展,机械臂也逐渐开始走入人们的生活。

　　在 PR2 的基础上,ROS 提供了不少针对机械臂的功能包,这些功能包在 2012 年集成为一个单独的 ROS 软件——MoveIt!。MoveIt! 为开发者提供了一个易于使用的集成化开发平台,由一系列移动操作的功能包组成,包含运动规划、操作控制、3D 感知、运动学、控制与导航算法等,且提供友好的 GUI,可以广泛应用于工业、商业、研发和其他领域。

　　MoveIt! 目前已经支持几十种常用的机器人,也可以非常灵活地应用到自己的机器人上,如图 10-1 所示。

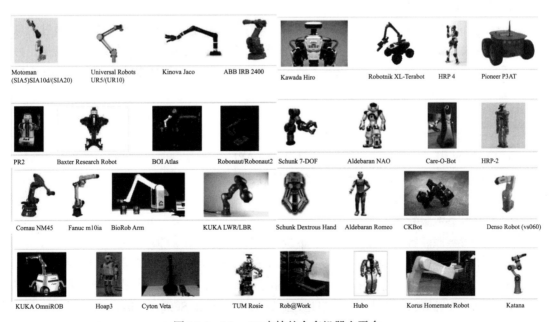

图 10-1　MoveIt! 支持的众多机器人平台

本章将带你走进机械臂的世界，让你学会用 MoveIt! 实现机械臂控制的四个步骤。

1）组装：在控制之前需要有机器人，可以是真实的机械臂，也可以是仿真的机械臂，但都要创建完整的机器人 URDF 模型。

2）配置：使用 MoveIt! 控制机械臂之前，需要根据机器人的 URDF 模型，再使用 Setup Assistant 工具完成自碰撞矩阵、规划组、终端夹具等配置，配置完成后生成一个 ROS 功能包。

3）驱动：使用 ArbotiX 或者 ros_control 功能包中的控制器插件，实现对机械臂关节的驱动。插件的使用方法一般分为两步：首先创建插件的 YAML 配置文件，然后通过 launch 文件启动插件并加载配置参数。

4）控制：MoveIt! 提供了 C++、Python、rviz 插件等接口，可以实现机器人关节空间和工作空间下的运动规划，规划过程中会综合考虑场景信息，并实现自主避障的优化控制。

10.1　MoveIt! 系统架构

在开始使用 MoveIt! 之前，我们先来了解 MoveIt! 的主要组成部分，以便对它有一个总体的概念。

10.1.1　运动组（move_group）

move_group 是 MoveIt! 的核心节点，可以综合其他独立的功能组件为用户提供 ROS 中的动作指令和服务，如图 10-2 所示。

move_group 本身并不具备丰富的功能，主要完成各功能包、插件的集成。它通过消息或服务的方式接收机器人发布的点云信息、关节状态消息，以及机器人的 TF 坐标变换；另外，还需要 ROS 参数服务器提供机器人的运动学参数，这些参数可根据机器人的 URDF 模型生成（SRDF 和配置文件）。

（1）用户接口

MoveIt! 提供三种可供调用的接口：

- C++：使用 move_group_interface 包提供的 API。
- Python：使用 moveit_commander 包提供的 API。
- GUI：使用 MoveIt! 的 rviz 插件。

（2）ROS 参数服务器

ROS 的参数服务器需要为 move_group 提供三种信息：

- URDF：从 ROS 参数服务器中查找 robot_description 参数，获取机器人模型的描述信息。
- SRDF：从 ROS 参数服务器中查找 robot_description_semantic 参数，获取机器人模型的一些配置信息，这些配置信息通过配置工具 MoveIt! Setup Assistant 生成。
- Config：机器人的其他配置信息，例如关节限位、运动学插件、运动规划插件等。

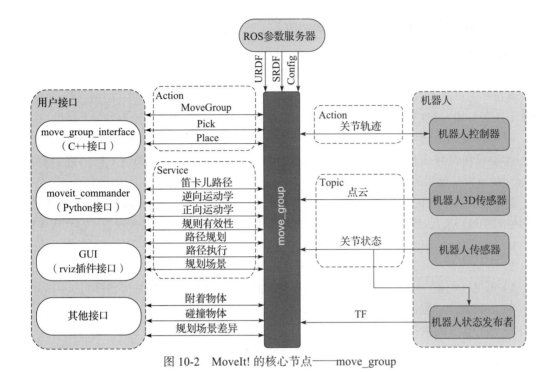

图 10-2　MoveIt! 的核心节点——move_group

（3）机器人

move_group 和机器人之间通过 Topic 和 Action 通信。机器人传感器和机器人状态发布者将机器人的关节信息和坐标变换关系发送给 move_group。如果需要加入机器人外部感知能力，还需要通过机器人 3D 传感器发布点云数据。另外还有一个很重要的模块——机器人控制器，通过 Action 的形式接收 move_group 的规划结果，并且将执行情况反馈给 move_group。

move_group 的结构很容易通过插件的形式进行扩展，已有的功能模块也是通过插件的形式集成在 MoveIt! 中，如图 10-3 所示。

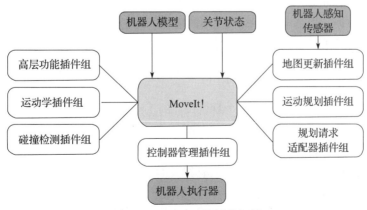

图 10-3　MoveIt! 的插件机制

10.1.2　运动规划器（motion_planner）

假设已知机器人的初始姿态和目标姿态，以及机器人和环境的模型参数，那么可以通过某种算法，在躲避环境障碍物和防止自身碰撞的同时，找到一条到达目标姿态的较优路径，这种算法称为机器人的运动规划。机器人和环境的模型静态参数由 URDF 文件提供，在某些场景下还需要加入 3D 摄像头、激光雷达来动态检测环境变化，避免与障碍物发生碰撞。

在 MoveIt! 中，运动规划算法由运动规划器完成。当然，运动规划算法有很多种，每一个运动规划器都是 MoveIt! 中的一个插件。开发者可以根据需求选用不同的规划算法，move_group 默认使用的是 OMPL。

运动规划器的结构如图 10-4 所示，首先我们要向规划器发送一个运动规划请求（比如一个期望的终端姿态）。当然，运动规划也不能随意计算，可以根据实际情况设置一些约束条件。

1）位置约束：限制 link 的运动区域。

2）方向约束：限制 link 的运动方向（roll、pitch 和 yaw）。

3）可见性约束：限制 link 上的某点在某区域内的可见性（通过视觉传感器）。

4）joint 约束：限制 joint 的运动范围。

5）用户定义约束：用户通过回调函数自定义所需的约束条件。

图 10-4　运动规划器的结构

根据这些约束条件和用户的规划请求，运动规划器通过算法计算得到一条合适的运动轨迹，并发送给机器人的控制器。

运动规划器的两侧还分别有一个 planning request adapters，这是干什么的呢？从名称上大概可以猜出来，planning request adapters 作为一个适配器接口，主要功能是预处理运功规划请求和响应的数据，使之满足规划和使用的需求。adapters 带有一个" s"，说明适配器的种类不止一种，以下就是 MoveIt! 中提供的一些适配器。

1）FixStartStateBounds：如果一个 joint 的状态超出极限，则 adapter 可以修复 joint 的初始极限。

2）FixWorkspaceBounds：设置一个默认尺寸的工作空间。

3）FixStartStateCollision：如果已有的 joint 配置文件会导致碰撞，则 adapter 可以采样新的碰撞配置文件，并且根据 jiggle_factor 因子修改已有的配置文件。

4）FixStartStatePathConstraints：如果机器人的初始姿态不满足路径约束，则 adapter 可以找到附近满足约束的姿态作为机器人的初始姿态。

5）AddTimeParameterization：运动规划器计算得到的轨迹只是一条空间路径，这个 adapter

可以为这条空间轨迹进行速度、加速度约束，为每个轨迹点加入速度、加速度、时间等参数。

10.1.3　规划场景

规划场景可以为机器人创建一个工作环境，包括外界环境中的桌面、工件等物体。这一功能主要由 move_group 节点中的规划场景监听器（Planning Scene Monitor）实现（见图 10-5）。

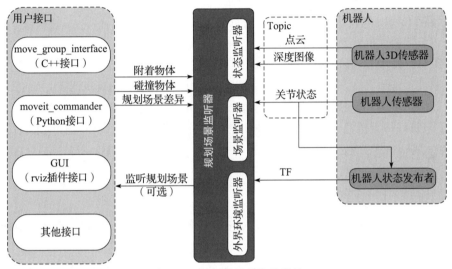

图 10-5　规划场景模块的结构

该插件会监听以下几方面信息。

1）状态信息（State Information）：机器人的关节话题 joint_states。

2）传感器信息（Sensor Information）：机器人的传感器数据。

3）外界环境信息（World geometry information）：通过传感器建立的周围环境信息。

10.1.4　运动学求解器

运动学算法是机械臂各种算法中的核心，包含正向运动学（Forward Kinematics，FK）和反向运动学（Inverse Kinematics，IK）等算法。MoveIt! 中的运动学插件允许开发者灵活选择多种可供使用的运动学求解器，默认的运动学求解器是从 Orocos 项目中移植过来的 KDL，可以在 MoveIt! Setup Assistant 工具中进行配置，也可以选择自己的运动学求解器。

10.1.5　碰撞检测

MoveIt! 使用 CollisionWorld 对象进行碰撞检测（Collision Checking），采用 FCL（Flexible Collision Library）功能包实现。碰撞检测是运动规划中最耗时的运算之一，往往会占用 90% 左右的时间。为了减少计算量，可以在 MoveIt! Setup Assistant 工具中设置免检冲突矩阵（Allowed Collision Matrix，ACM）进行优化，如果两个刚体之间的 ACM 设置为 1，则意味着这两个刚体永远不会发生碰撞，即不需要碰撞检测。

10.2 如何使用 MoveIt!

了解系统架构之后，应该对 MoveIt! 有了一个大致的概念，接下来需要在实践中加深对 MoveIt! 的理解，不断熟悉 MoveIt! 的使用方法。

笔者将 MoveIt! 实现机器人控制的方法总结为以下四个步骤。

1）组装：创建机器人 URDF 模型。

2）配置：使用 MoveIt! Setup Assistant 工具生成配置文件。

3）驱动：添加机器人控制器（真实机器人）或控制器插件（仿真机器人）。

4）控制：使用 MoveIt! 控制机器人运动（算法仿真、物理仿真）。

接下来将以仿真机器人为例，从零开始设计一个机器人模型，并且通过 MoveIt! 控制该仿真模型完成一系列功能。

10.3 创建机械臂模型

ROS 提供了功能丰富的仿真环境，即使没有真实机器人，也可以在仿真环境中学习、研究、开发机械臂。因此，下面就来虚拟一个六轴机械臂——MArm。

首先编写机械臂的 URDF 文件，为后续 MoveIt! 和 Gazebo 上的仿真控制做好准备。完整的 URDF 文件可以参见源码 marm_description/urdf/arm.xacro，这里从三个方面讲解其中的关键内容。

10.3.1 声明模型中的宏

使用 xacro 文件描述机械臂的 URDF 模型，可以通过宏声明来提高模型的灵活性：

```
<!-- Defining the colors used in this robot -->
<material name="Black">
    <color rgba="0 0 0 1"/>
</material>

<material name="White">
    <color rgba="1 1 1 1"/>
</material>

<material name="Blue">
    <color rgba="0 0 1 1"/>
</material>

<material name="Red">
    <color rgba="1 0 0 1"/>
</material>

<!-- Constants -->
```

```xml
<xacro:property name="M_PI" value="3.14159"/>

<!-- link1 properties -->
<xacro:property name="link1_width" value="0.03" />
<xacro:property name="link1_len" value="0.10" />

<!-- link2 properties -->
<xacro:property name="link2_width" value="0.03" />
<xacro:property name="link2_len" value="0.14" />

<!-- link3 properties -->
<xacro:property name="link3_width" value="0.03" />
<xacro:property name="link3_len" value="0.22" />

<!-- link4 properties -->
<xacro:property name="link4_width" value="0.025" />
<xacro:property name="link4_len" value="0.06" />

<!-- link5 properties -->
<xacro:property name="link5_width" value="0.03" />
<xacro:property name="link5_len" value="0.06" />

<!-- link6 properties -->
<xacro:property name="link6_width" value="0.04" />
<xacro:property name="link6_len" value="0.02" />

<!-- Left gripper -->
<xacro:property name="left_gripper_len" value="0.08" />
<xacro:property name="left_gripper_width" value="0.01" />
<xacro:property name="left_gripper_height" value="0.01" />

<!-- Right gripper -->
<xacro:property name="right_gripper_len" value="0.08" />
<xacro:property name="right_gripper_width" value="0.01" />
<xacro:property name="right_gripper_height" value="0.01" />

<!-- Gripper frame -->
<xacro:property name="grasp_frame_radius" value="0.001" />

<!-- Inertial matrix -->
<xacro:macro name="inertial_matrix" params="mass">
    <inertial>
        <mass value="${mass}" />
        <inertia ixx="1.0" ixy="0.0" ixz="0.0" iyy="0.5" iyz="0.0" izz="1.0" />
    </inertial>
</xacro:macro>
```

以上是针对机械臂模型定义的一些宏，其中主要包含三个部分。

1）颜色宏：定义模型中需要使用的外观颜色，设置颜色的 RGBA 值。

2）机器人尺寸：通过宏属性定义机器人的三维尺寸，便于修改。

3）惯性矩阵宏：每个 link 都需要指定惯性矩阵，可以把该模块提取出来，输入质量参数即可。

10.3.2　创建六轴机械臂模型

接下来设计机械臂本体的模型。我们的设计目标是六轴机械臂，也就是说，机器人需要六个关节；终端装配一个两指夹爪，使用一个关节驱动。具体代码如下：

```
<!-- ////////////////////////////////  bottom_joint  //////////////////////////////// -->
<joint name="bottom_joint" type="fixed">
    <origin xyz="0 0 0" rpy="0 0 0" />
    <parent link="base_link"/>
    <child link="bottom_link"/>
</joint>
<link name="bottom_link">
    <visual>
        <origin xyz=" 0 0 -0.02"  rpy="0 0 0"/>
            <geometry>
                <box size="1 1 0.02" />
            </geometry>
        <material name="Brown" />
    </visual>
    <collision>
        <origin xyz=" 0 0 -0.02"  rpy="0 0 0"/>
        <geometry>
            <box size="1 1 0.02" />
        </geometry>
    </collision>
    <xacro:inertial_matrix mass="500"/>
</link>

<!-- ////////////////////////////////  BASE LINK  //////////////////////////////// -->
<link name="base_link">
    <visual>
        <origin xyz="0 0 0" rpy="0 0 0" />
        <geometry>
            <box size="0.1 0.1 0.04" />
        </geometry>
        <material name="White" />
    </visual>
    <collision>
        <origin xyz="0 0 0" rpy="0 0 0" />
        <geometry>
            <box size="0.1 0.1 0.04" />
        </geometry>
    </collision>
    <xacro:inertial_matrix mass="1"/>
</link>
```

```xml
<joint name="joint1" type="revolute">
    <parent link="base_link"/>
    <child link="link1"/>
    <origin xyz="0 0 0.02" rpy="0 ${M_PI/2} 0" />
    <axis xyz="-1 0 0" />
    <limit effort="300" velocity="1" lower="-2.96" upper="2.96"/>
    <dynamics damping="50" friction="1"/>
</joint>

<!-- /////////////////////////////    LINK1   ///////////////////////////////////// -->
<link name="link1" >
    <visual>
        <origin xyz="-${link1_len/2} 0 0" rpy="0 ${M_PI/2} 0" />
        <geometry>
            <cylinder radius="${link1_width}" length="${link1_len}"/>
        </geometry>
        <material name="Blue" />
    </visual>
    <collision>
        <origin xyz="-${link1_len/2} 0 0" rpy="0 ${M_PI/2} 0" />
        <geometry>
            <cylinder radius="${link1_width}" length="${link1_len}"/>
        </geometry>
    </collision>
    <xacro:inertial_matrix mass="1"/>
</link>

<joint name="joint2" type="revolute">
    <parent link="link1"/>
    <child link="link2"/>
    <origin xyz="-${link1_len} 0 0.0" rpy="-${M_PI/2} 0 ${M_PI/2}" />
    <axis xyz="1 0 0" />
    <limit effort="300" velocity="1" lower="-2.35" upper="2.35" />
    <dynamics damping="50" friction="1"/>
</joint>

<!-- /////////////////////////////    LINK2   ///////////////////////////////////// -->
<link name="link2" >
    <visual>
        <origin xyz="0 0 ${link2_len/2}" rpy="0 0 0" />
        <geometry>
            <cylinder radius="${link2_width}" length="${link2_len}"/>
        </geometry>
        <material name="White" />
    </visual>

    <collision>
        <origin xyz="0 0 ${link2_len/2}" rpy="0 0 0" />
        <geometry>
            <cylinder radius="${link2_width}" length="${link2_len}"/>
        </geometry>
```

```
        </collision>
        <xacro:inertial_matrix mass="1"/>
    </link>

    <joint name="joint3" type="revolute">
        <parent link="link2"/>
        <child link="link3"/>
        <origin xyz="0 0 ${link2_len}" rpy="0 ${M_PI} 0" />
        <axis xyz="-1 0 0" />
        <limit effort="300" velocity="1" lower="-2.62" upper="2.62" />
        <dynamics damping="50" friction="1"/>
    </joint>

    <!-- /////////////////////////////    LINK3    ///////////////////////////////////////////// -->
    <link name="link3" >
        <visual>
            <origin xyz="0 0 -${link3_len/2}" rpy="0 0 0" />
            <geometry>
                <cylinder radius="${link3_width}" length="${link3_len}"/>
            </geometry>
            <material name="Blue" />
        </visual>
        <collision>
            <origin xyz="0 0 -${link3_len/2}" rpy="0 0 0" />
            <geometry>
                <cylinder radius="${link3_width}" length="${link3_len}"/>
            </geometry>
        </collision>
        <xacro:inertial_matrix mass="1"/>
    </link>

    <joint name="joint4" type="revolute">
        <parent link="link3"/>
        <child link="link4"/>
        <origin xyz="0.0 0.0 -${link3_len}" rpy="0 ${M_PI/2} ${M_PI}" />
        <axis xyz="1 0 0" />
        <limit effort="300" velocity="1" lower="-2.62" upper="2.62" />
        <dynamics damping="50" friction="1"/>
    </joint>

    <!-- /////////////////////////////    LINK4    ///////////////////////////////////////////// -->
    <link name="link4" >
        <visual>
            <origin xyz="${link4_len/2} 0 0" rpy="0 ${M_PI/2} 0" />
            <geometry>
                <cylinder radius="${link4_width}" length="${link4_len}"/>
            </geometry>
            <material name="Black" />
        </visual>
        <collision>
            <origin xyz="${link4_len/2} 0 0" rpy="0 ${M_PI/2} 0" />
```

```xml
                <geometry>
                    <cylinder radius="${link4_width}" length="${link4_len}"/>
                </geometry>
            </collision>
            <xacro:inertial_matrix mass="1"/>
    </link>


    <joint name="joint5" type="revolute">
        <parent link="link4"/>
        <child link="link5"/>
        <origin xyz="${link4_len} 0.0 0.0" rpy="0 ${M_PI/2} 0" />
        <axis xyz="1 0 0" />
        <limit effort="300" velocity="1" lower="-2.62" upper="2.62" />
        <dynamics damping="50" friction="1"/>
    </joint>


    <!-- /////////////////////////////    LINK5    ///////////////////////////////////////// -->
    <link name="link5">
        <visual>
            <origin xyz="0 0 ${link4_len/2}" rpy="0 0 0" />
            <geometry>
                <cylinder radius="${link5_width}" length="${link5_len}"/>
            </geometry>
            <material name="White" />
        </visual>
        <collision>
            <origin xyz="0 0 ${link4_len/2} " rpy="0 0 0" />
            <geometry>
                <cylinder radius="${link5_width}" length="${link5_len}"/>
            </geometry>
        </collision>
        <xacro:inertial_matrix mass="1"/>
    </link>

    <joint name="joint6" type="revolute">
        <parent link="link5"/>
        <child link="link6"/>
        <origin xyz="0 0 ${link4_len}" rpy="${1.5*M_PI} -${M_PI/2} 0" />
        <axis xyz="1 0 0" />
        <limit effort="300" velocity="1" lower="-6.28" upper="6.28" />
        <dynamics damping="50" friction="1"/>
    </joint>

    <!-- /////////////////////////////    LINK6    ///////////////////////////////////////// -->
    <link name="link6">
        <visual>
            <origin xyz="${link6_len/2} 0 0 " rpy="0 ${M_PI/2} 0" />
            <geometry>
                <cylinder radius="${link6_width}" length="${link6_len}"/>
            </geometry>
            <material name="Blue" />
```

```
            </visual>
            <collision>
                <origin xyz="${link6_len/2} 0 0" rpy="0 ${M_PI/2} 0" />
                <geometry>
                    <cylinder radius="${link6_width}" length="${link6_len}"/>
                </geometry>
            </collision>
            <xacro:inertial_matrix mass="1"/>
        </link>

        <joint name="finger_joint1" type="prismatic">
            <parent link="link6"/>
            <child link="gripper_finger_link1"/>
            <origin xyz="0.0 0 0" />
            <axis xyz="0 1 0" />
            <limit effort="100" lower="0" upper="0.06" velocity="1.0"/>
            <dynamics damping="50" friction="1"/>
        </joint>

        <!-- //////////////////////////////// gripper  //////////////////////////////////////// -->
        <!-- LEFT GRIPPER AFT LINK -->
        <link name="gripper_finger_link1">
            <visual>
                <origin xyz="0.04 -0.03 0"/>
                <geometry>
                    <box size="${left_gripper_len} ${left_gripper_width} ${left_gripper_
height}" />
                </geometry>
                <material name="White" />
            </visual>
            <xacro:inertial_matrix mass="1"/>
        </link>

        <joint name="finger_joint2" type="fixed">
            <parent link="link6"/>
            <child link="gripper_finger_link2"/>
            <origin xyz="0.0 0 0" />
        </joint>

        <!-- RIGHT GRIPPER AFT LINK -->
        <link name="gripper_finger_link2">
            <visual>
                <origin xyz="0.04 0.03 0"/>
                <geometry>
                    <box size="${right_gripper_len} ${right_gripper_width} ${right_gripper_
height}" />
                </geometry>
                <material name="White" />
            </visual>
            <xacro:inertial_matrix mass="1"/>
```

```
</link>

<!-- Grasping frame -->
<link name="grasping_frame"/>

<joint name="grasping_frame_joint" type="fixed">
    <parent link="link6"/>
    <child link="grasping_frame"/>
    <origin xyz="0.08 0 0" rpy="0 0 0"/>
</joint>
```

这里主要包含机械臂六个连杆和两指夹爪相关的 link 和 joint 的设计。

模型中设置了一个名为"grasping_frame"的 link，这个 link 没有包含任何内容，主要作用是创建一个抓取操作时的参考坐标系。

到目前为止，机器人模型设计已完成，可以在 rviz 中显示，但为了后续 Gazebo 仿真，还要加入一些 Gazebo 的属性和 ros_control 控制器的插件。

10.3.3　加入 Gazebo 属性

加入 Gazebo 属性的方法与前面移动机器人的相同，需要设置 Gazebo 中的 link 颜色、每个关节的 transmission 属性以及 ros_control 插件，代码如下：

```
<!-- ///////////////////////////   Gazebo   /////////////////////////// -->
<gazebo reference="bottom_link">
    <material>Gazebo/White</material>
</gazebo>
<gazebo reference="base_link">
    <material>Gazebo/White</material>
</gazebo>
<gazebo reference="link1">
    <material>Gazebo/Blue</material>
</gazebo>
<gazebo reference="link2">
    <material>Gazebo/White</material>
</gazebo>
<gazebo reference="link3">
    <material>Gazebo/Blue</material>
</gazebo>
<gazebo reference="link4">
    <material>Gazebo/Black</material>
</gazebo>
<gazebo reference="link5">
    <material>Gazebo/White</material>
</gazebo>
<gazebo reference="link6">
    <material>Gazebo/Blue</material>
```

```
</gazebo>
<gazebo reference="gripper_finger_link1">
    <material>Gazebo/White</material>
</gazebo>
<gazebo reference="gripper_finger_link2">
    <material>Gazebo/White</material>
</gazebo>

<!-- Transmissions for ROS Control -->
<xacro:macro name="transmission_block" params="joint_name">
    <transmission name="tran1">
        <type>transmission_interface/SimpleTransmission</type>
        <joint name="${joint_name}">
            <hardwareInterface>hardware_interface/PositionJointInterface</hardware-
Interface>
        </joint>
        <actuator name="motor1">
            <hardwareInterface>hardware_interface/PositionJointInterface</hardware-
Interface>
            <mechanicalReduction>1</mechanicalReduction>
        </actuator>
    </transmission>
</xacro:macro>

<xacro:transmission_block joint_name="joint1"/>
<xacro:transmission_block joint_name="joint2"/>
<xacro:transmission_block joint_name="joint3"/>
<xacro:transmission_block joint_name="joint4"/>
<xacro:transmission_block joint_name="joint5"/>
<xacro:transmission_block joint_name="joint6"/>
<xacro:transmission_block joint_name="finger_joint1"/>

<!-- ros_control plugin -->
<gazebo>
    <plugin name="gazebo_ros_control" filename="libgazebo_ros_control.so">
        <robotNamespace>/arm</robotNamespace>
    </plugin>
</gazebo>
```

机械臂控制往往更加关注运动过程中的关节位置，一般情况下以位置控制为主，所以这里 transmission 所使用的接口是 PositionJointInterface，相应的控制器 ros_control 插件是 libgazebo_ros_control.so。关于插件的具体配置在 yaml 配置文件中完成，后续内容会详细讲解。

10.3.4　显示机器人模型

在设计过程中，我们要将模型放置到 rviz 中可视化显示，从而验证设计的正确性。可以使用 marm_description/launch/view_arm.launch 启动 rviz 并且加载机械臂模型：

```
<launch>
    <arg name="model" />
```

```
    <!-- 加载机器人模型参数 -->
    <param name="robot_description" command="$(find xacro)/xacro --inorder $(find
marm_description)/urdf/arm.xacro" />

    <!-- 设置 GUI 参数，显示关节控制插件 -->
    <param name="use_gui" value="true"/>

    <!-- 运行 joint_state_publisher 节点，发布机器人的关节状态 -->
    <node name="joint_state_publisher" pkg="joint_state_publisher" type="joint_
state_publisher" />

    <!-- 运行 robot_state_publisher 节点，发布 TF -->
    <node name="robot_state_publisher" pkg="robot_state_publisher" type="state_publisher" />

    <!-- 运行 rviz 可视化界面 -->
    <node name="rviz" pkg="rviz" type="rviz" args="-d $(find marm_description)/
urdf.rviz" required="true" />
  </launch>
```

运行以上 launch 文件，可以看到设计完成的机器人模型如图 10-6 所示：

```
$ roslaunch marm_description view_arm.launch
```

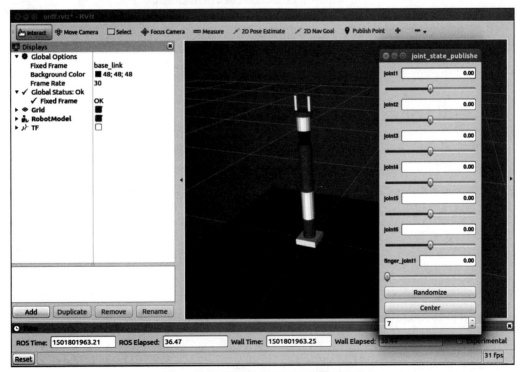

图 10-6　六轴机器人 MArm 的模型显示

拖动 joint 控制插件中的滑动条，可以看到对应的机器人关节开始转动（见图 10-7）。

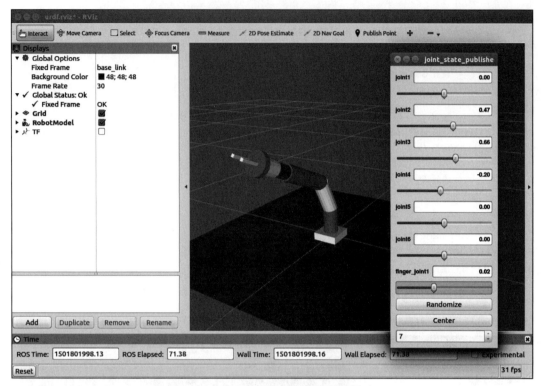

图 10-7 通过 joint 插件控制机械臂运动

10.4 使用 Setup Assistant 配置机械臂

如果使用自己创建的机器人 URDF 模型，则使用 MoveIt! 的第一步就是用 Setup Assistant 工具完成一些配置工作。Setup Assistant 会根据用户导入的机器人 URDF 模型生成 SRDF（Semantic Robot Description Format）文件，从而创建一个 MoveIt! 配置的功能包，完成机器人的配置、可视化和仿真等工作。

读者可以直接使用本书配套源码中的机械臂例程，所有配置文件都已经完成。虽然可以跳过该步骤，但仍然强烈建议自己完成一次配置过程。

以本书设计的 MArm 为例，使用 Setup Assistant 进行配置。首先，使用如下命令启动 MoveIt Setup Assistant：

```
$ rosrun moveit_setup_assistant moveit_setup_assistant
```

运行成功后，会出现如图 10-8 所示的界面。界面左侧的列表就是接下来要配置的项目；点击其中的某项，主界面就会出现相应的配置选项。

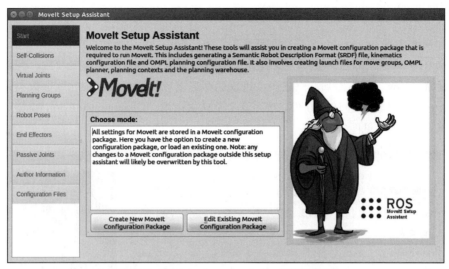

图 10-8　MoveIt Setup Assistant 的启动界面

10.4.1　加载机器人 URDF 模型

这里有两个选择，一个是新建配置功能包，另一个是使用已有的配置功能包。选择"新建"菜单，在下侧的模型加载窗口中设置模型文件路径为 marm_description 功能包下的 URDF 文件 arm.xacro，并点击"Load Files"按钮完成模型加载。

模型加载成功后，可以在右侧的窗口中看到 MArm 机械臂的模型（见图 10-9）。

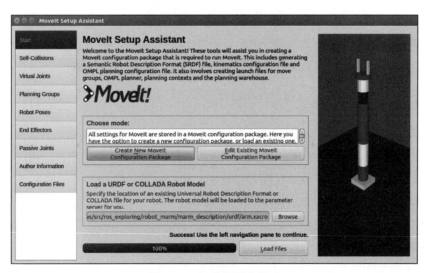

图 10-9　加载机器人模型

此步骤中如果使用已有的配置功能包，完成配置后会覆盖原有功能包中的文件内容。

10.4.2　配置自碰撞矩阵

点击 MoveIt Setup Assistant 界面左侧的第二项 "Self-Collisions"，配置自碰撞矩阵。

MoveIt! 允许我们设置一定数量的随机采样点，根据这些点生成碰撞参数，检测永远不会发生碰撞的 link。可想而知，点过多会造成运算速度较慢，点过少会导致参数不完善等问题。默认的采样点数量是 10 000 个，按照这个默认值点击 "Generate Collision Matrix" 按钮，即可生成碰撞矩阵（见图 10-10）。

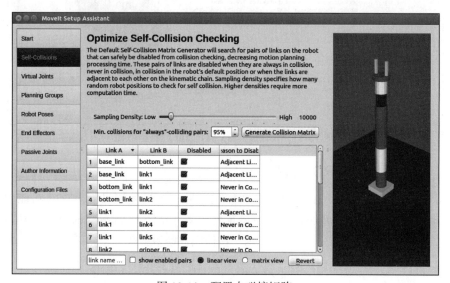

图 10-10　配置自碰撞矩阵

10.4.3　配置虚拟关节

虚拟关节主要用来描述机器人在 world 坐标系下的位置。如果机器人是移动的，则虚拟关节可以与移动基座关联，但这里设计的机械臂是固定不动的，所以无需设置虚拟关节。

10.4.4　创建规划组

这一步可以将机器人的多个组成部分（link，joint）集成到一个组中，运动规划器会针对一组 link 或 joint 完成规划任务。在配置过程中，还可以选择运动学解析器。这里创建两个组：一个组包含机械臂本体，一个组包含前端夹爪。

首先创建机械臂本体的 arm 组。点击 "Add Group" 按钮，按照图 10-11 所示进行配置。

- Group Name：arm。
- Kinematic Solver：kdl_kinematics_plugin/KDLKinematicsPlugin。
- Kin. Search Resolution：0.005。
- Kin. Search Timeout (sec)：0.05。
- Kin. Solver Attempts：3。

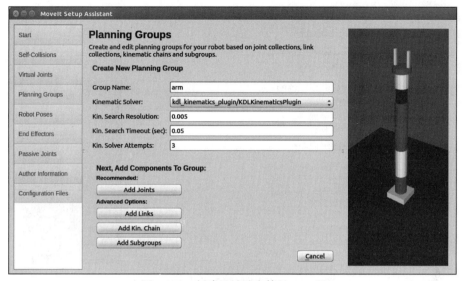

图 10-11　创建机械臂本体的 arm 组

　　然后点击"Add Kin. Chain"按钮，设置运动学计算需要包含的 link。点击界面中"Robot Links"旁的下三角，打开所有 link；再选中需要的 link，点击"Choose Selected"按钮就可以选择该 link。如图 10-12 所示，这里将机械臂的运动学计算所包含的关节设置如下。

- Base Link：base_link。
- Tip Link：grasping_frame。

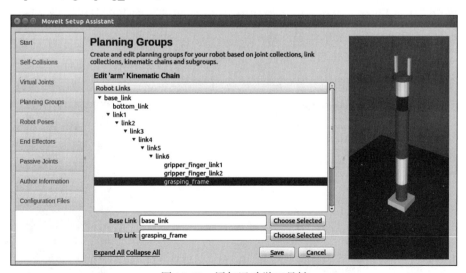

图 10-12　添加运动学工具链

　　接下来还要为机械臂的夹爪添加一个 gripper 组，运动学解析器不用选择，配置如图 10-13 所示。

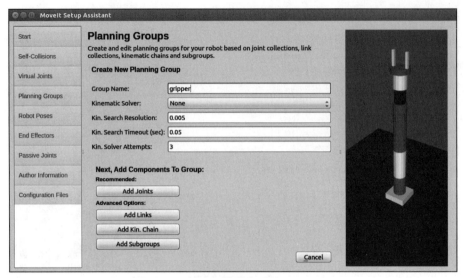

图 10-13   创建机械臂夹爪的 gripper 组

- Group Name：gripper。
- Kinematic Solver：None。
- Kin. Search Resolution：0.005。
- Kin. Search Timeout (sec)：0.05。
- Kin. Solver Attempts：3。

再点击"Add Links"按钮，会出现如图 10-14 所示的界面。在左侧选择 gripper group 需要包含的三个 link，在右侧的机器人模型中可以看到选中的 link 变成了红色。点击向右的箭头将这三个 link 加入右侧的选中列表中，即可确认关联。

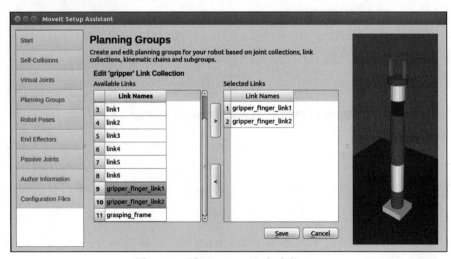

图 10-14   设置 gripper 组包含的 link

两个 group 都构建完成后，主配置界面中的显示如图 10-15 所示。

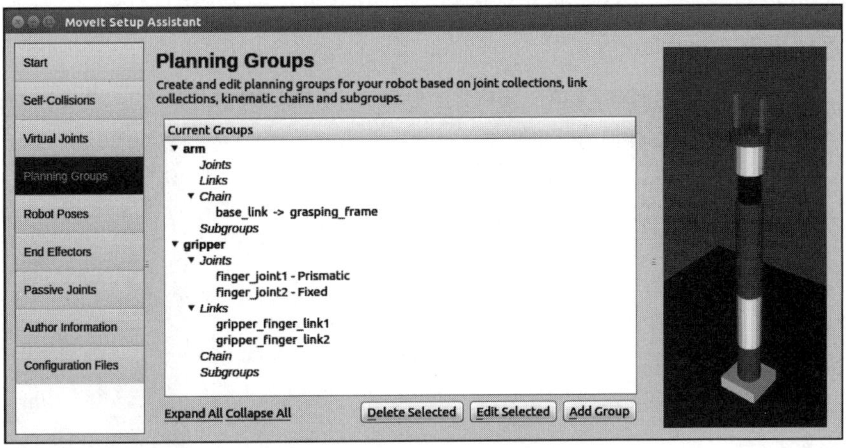

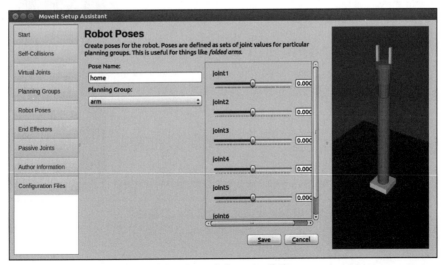

图 10-15　配置 Planning Groups

10.4.5　定义机器人位姿

这一步中可以设置一些自定义的位姿，比如机器人的初始位姿、指定姿态的位姿等。当然，这些位姿是开发者根据场景自定义的，不一定要与机器人本身的位姿相同。这样做的好处是，当使用 MoveIt! 的 API 编程时，可以直接通过名称调用这些位姿。这里我们配置两个机器人位姿。

点击 "Add Pose" 按钮，在出现的界面中设置第一个位姿——home。首先在 "Pose Name" 输入框中输入位姿名称，再选择对应的规划组为 arm（见图 10-16）。该位姿的机器人姿态是六轴角度都处于 0 位置的"一柱擎天"，可以理解为是机器人的初始位姿。设置完成后，点击 "Save" 按钮保存。

图 10-16　定义 home 位姿

　　然后设置第二个位姿——forward，设置流程与第一个位姿类似，不同的是需要拖动设置界面中的关节控制滑动条，将右侧显示的机器人模型控制到希望的位姿，如图 10-17 所示，然后保存该位姿为"forward"。

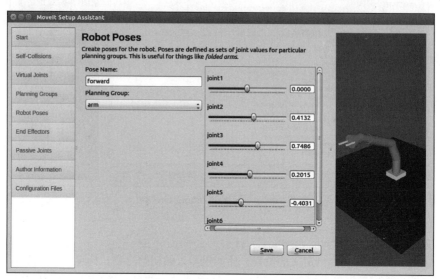

图 10-17   定义 forward 位姿

　　两个位姿设置完成后，可以看到主界面中的位姿列表如图 10-18 所示。

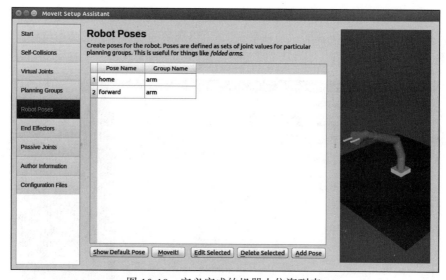

图 10-18   定义完成的机器人位姿列表

10.4.6 　配置终端夹爪

　　机械臂在一些实用场景下会安装夹具等终端结构，可以在这一步中添加。MArm 前端装配了一个两指夹爪，这里针对夹爪进行一些配置。

点击"Add End Effector"按钮，按照图 10-19 所示进行配置。

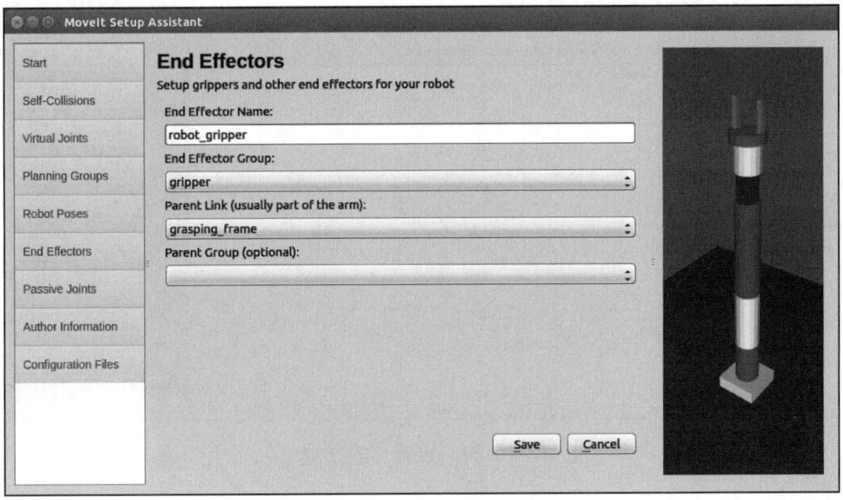

图 10-19　配置终端结构

- End Effector Name：robot_gripper。
- End Effector Group：gripper。
- Parent Link (usually part of the arm)：grasping_frame。
- Parent Group (optional)：可选项，不需要设置。

10.4.7　配置无用关节

机器人上的某些关节可能在规划、控制过程中使用不到，可以先声明出来。MArm 没有类似 joint，这一步不需要配置。

10.4.8　设置作者信息

这一步可以设置作者的信息，如图 10-20 所示，根据情况进行填写。

10.4.9　生成配置文件

最后一步可以按照之前的配置，自动生成配置功能包中的所有文件。

点击"Browse"按钮，选择一个存储配置功能包的路径。Setup Assistant 会将所有配置文件打包生成一个 ROS 功能包，一般命名为"RobotName_moveit_config"，这里我们命名为"marm_moveit_config"。

点击"Generate Package"按钮，如果成功生成并保存配置文件，则可以看到"Configuration package generated successfully!"的消息提示（见图 10-21）。

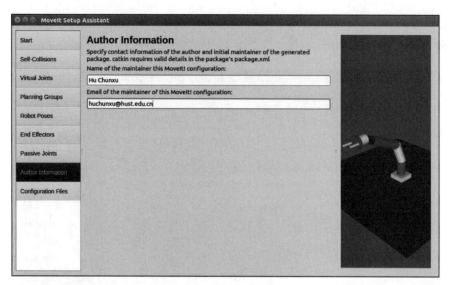

图 10-20　设置作者信息

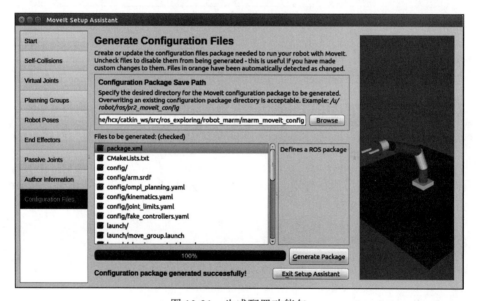

图 10-21　生成配置功能包

到此为止，Setup Assistant 的使命终于完成，点击"Exit Setup Assistant"按钮即可退出界面。

10.5　启动 MoveIt!

按照 10.4 节的配置步骤完成后，会生成一个名为 marm_moveit_config 的功能包，它包含大部分 MoveIt! 启动所需要的配置文件和启动文件，以及包含一个简单的演示 demo，可以用来测试配置是否成功，使用以下命令即可运行：

```
$ roslaunch marm_moveit_config demo.launch
```

启动成功后，可以看到如图 10-22 所示的界面。

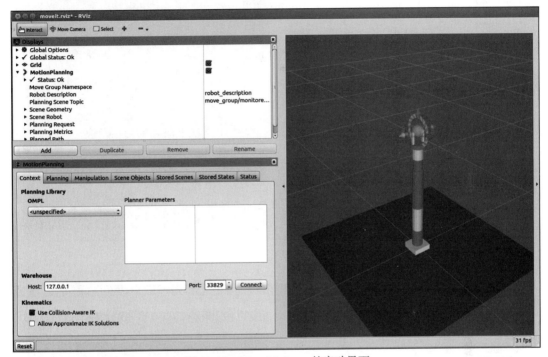

图 10-22　MoveIt! demo 的启动界面

这个界面在 rviz 的基础上加入了 MoveIt! 插件，通过左下角的插件窗口可以配置 MoveIt! 的相关功能，控制机械臂完成运动规划。例如通过 MoveIt! 插件，可以控制机械臂完成拖动规划、随机目标规划、初始位姿更新、碰撞检测等功能。

10.5.1　拖动规划

拖动机械臂的前端，可以改变机械臂的姿态。然后在 Planning 标签页中点击 "Plan and Execute" 按钮，MoveIt! 开始规划路径，并且控制机器人向目标位置移动，从右侧界面可以看到机器人运动的全部过程（见图 10-23）。

10.5.2　随机目标规划

在 Query 工具栏的 "Select Goal State" 的下拉选项中选择 "random valid"，然后点击 "Update" 按钮，MoveIt! 会在机器人的工作范围内随机生成一个目标位姿。接着继续点击 "Plan and Execute" 按钮，机器人会自动运动到随机产生的目标位姿（见图 10-24）。

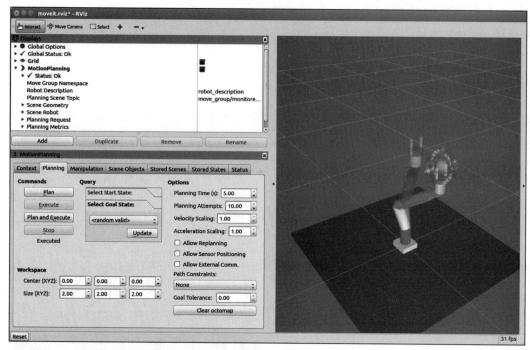

图 10-23　拖动规划的运动效果

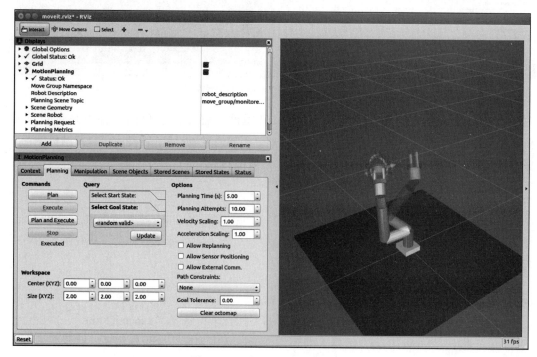

图 10-24　随机规划的运动效果

10.5.3　初始位姿更新

很多情况下，机器人运动的初始位姿并不是当前显示的位姿，这时就可以使用"Select Start State"设置机器人的初始位姿。与"Select Goal State"的设置类似，在下拉菜单中选择"random valid"就可以随机生成一个初始位姿，也可以通过鼠标拖动机器人的终端选择一个初始位姿。

在鼠标拖动的时候，需要在 Displays 的"Planning Request"中勾选"Query Start State"选项。

确定初始位姿后，还需要像拖动规划和随机规划一样，选择运动的目标姿态，然后点击"Plan"按钮，应该就可以看到 MoveIt! 规划出来的路径了（见图 10-25）。

图 10-25　更新初始位姿后的路径规划效果

点击"Execute"按钮，让机器人执行运动指令，但是，因为当前位姿与我们设置的初始位姿相差较大，所以机器人并不会开始运动，而且会在终端中看到如图 10-26 所示的报错信息。

```
[ INFO] [1508339268.321315795]: Execution request received for ExecuteTrajectory action.
[ERROR] [1508339268.387076869]:
Invalid Trajectory: start point deviates from current robot state more than 0.01
joint 'joint1': expected: 0.174179, current: 1.34886
[ INFO] [1508339268.387267992]: Execution completed: ABORTED
```

图 10-26   初始位姿变化过大所导致的错误

如果直接点击" Plan and Execute "按钮，MoveIt! 仍然会把当前实际的初始位姿作为起点开始规划并运动。如果希望从指定起点运动，则需要在" Select Start State "按钮中更新当前指定的起点作为初始状态。

10.5.4   碰撞检测

在 MoveIt! 框架中有一个 planning scene 模块，允许我们创建一个虚拟环境。在 MotionPlanning 插件的" Scene Objects "标签页中点击" Import File "按钮，可以加载场景物体的 dae 模型文件。例如我们加载一个如图 10-27 所示的 bowl 模型，可以通过周围的箭头控制模型的位置和姿态。

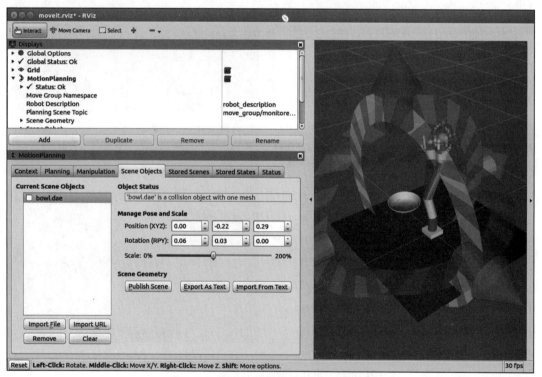

图 10-27   在机器人场景中添加 bowl 模型

加入模型后，MoveIt! 在运动规划时会进行碰撞检测。假如机器人的目标姿态和外部模型发生碰撞，进行运动规划时就会提示失败，界面中变成红色的 link 即为发生碰撞的部分，如图 10-28 所示。

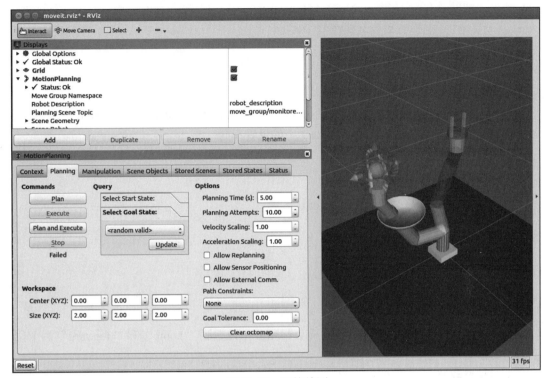

图 10-28　碰撞检测

10.6　配置文件

MoveIt! 的 Setup Assistant 工具帮我们创建了 demo 模式下所需的全部配置文件，这些配置文件放置在所生成功能包的 config 文件夹下。下面以配置 MArm 所生成的 marm_moveit_config 功能包为例，了解这些配置文件的具体内容。

10.6.1　SRDF 文件

Setup Assistant 配置的机械臂参数、夹具参数、规划组、自定义位姿等需要以文件的形式存储，URDF 文件中没有存储这些参数的地方，所以产生了一种语义机器人描述格式（Semantic Robot Description Format，SRDF）来存储这些配置参数。

MArm 机械臂的 SRDF 文件在 config 文件夹下，命名为 arm.srdf，该文件同样使用 xml 格式描述，其中的关键部分如下。

1. 规划组

命令格式如下：

```
<group name="arm">
    <chain base_link="base_link" tip_link="grasping_frame" />
</group>
```

```
<group name="gripper">
    <link name="gripper_finger_link1" />
    <link name="gripper_finger_link2" />
    <joint name="finger_joint1" />
    <joint name="finger_joint2" />
</group>
```

group 标签用于描述设置的规划组。Marm 中包含 arm 和 gripper 两个 group，可以看到两个规划组的内容与前面在 Setup Assistant 中的设置相同。

2. 自定义位姿

命令格式如下：

```
<group_state name="home" group="arm">
    <joint name="joint1" value="0" />
    <joint name="joint2" value="0" />
    <joint name="joint3" value="0" />
    <joint name="joint4" value="0" />
    <joint name="joint5" value="0" />
    <joint name="joint6" value="0" />
</group_state>
```

group_state 标签描述的是自定义位姿，MArm 中设置了 "home" 和 "forward" 两个位姿，主要存储每个位姿的六轴角度。

3. 机械臂终端

命令格式如下：

```
<end_effector name="robot_gripper" parent_link="grasping_frame" group="gripper" />
```

end_effector 标签描述的是机械臂终端的夹爪设置。

4. 碰撞矩阵

命令格式如下：

```
<disable_collisions link1="base_link" link2="bottom_link" reason="Adjacent" />
<disable_collisions link1="base_link" link2="link1" reason="Adjacent" />
<disable_collisions link1="bottom_link" link2="link1" reason="Never" />
<disable_collisions link1="bottom_link" link2="link2" reason="Never" />
```

disable_collisions 标签描述的是碰撞矩阵配置，存储了每两个 link 之间的碰撞情况，在运动规划过程中，永远不会碰撞的 link 无需进行碰撞检测，可以节省很多时间。

10.6.2　fake_controllers.yaml

在 demo 中，机械臂可以按照 MoveIt! 规划出来的轨迹运动。从轨迹到模型，中间需要一个控制器进行连接，这些虚拟的控制器参数在 fake_controllers.yaml 文件中配置如下：

```
controller_list:
    - name: fake_arm_controller
```

```
        joints:
            - joint1
            - joint2
            - joint3
            - joint4
            - joint5
            - joint6
    - name: fake_gripper_controller
        joints:
            - finger_joint1
```

从上面的配置文件中可以看到，arm 和 gripper 分别有一个控制器，可以控制机器人的多个关节按照运动规划的轨迹进行运动，同时更新 /joints_state 话题。

如果使用真实机器人，需要实现控制器部分的功能，完成机器人关节的驱动。

10.6.3　joint_limits.yaml

joint_limits.yaml 文件用于设置机器人运动关节的速度限位，可以配置每个关节是否有速度、加速度限制，以及最大速度和最大加速度的数值。代码如下：

```
finger_joint1:
    has_velocity_limits: true
    max_velocity: 1
    has_acceleration_limits: false
    max_acceleration: 0
joint1:
    has_velocity_limits: true
    max_velocity: 1
    has_acceleration_limits: false
    max_acceleration: 0
```

如果在运动规划过程中机器人运动的速度较慢，可以修改该文件中的速度限位值，但要重新启动 move_group 节点来完成参数的加载。

10.6.4　kinematics.yaml

MoveIt! 中可提供多种运动学求解器，相应的配置参数存储在 kinematics.yaml 文件中，该配置文件会在启动 move_group.launch 文件时由包含的 planning_context.launch 文件加载。

```
arm:
    kinematics_solver: kdl_kinematics_plugin/KDLKinematicsPlugin
    kinematics_solver_search_resolution: 0.005
    kinematics_solver_timeout: 0.05
    kinematics_solver_attempts: 3
```

以上运动学求解器的配置包含以下四个方面。

1）kinematics_solver：设置运动学插件，MoveIt! 默认使用 KDL 插件。

2）kinematics_solver_search_resolution：设置存在冗余维度逆向运动学求解时的分辨率。

3）kinematics_solver_timeout：逆向运动学求解超时设置，单位为秒。

4）kinematics_solver_attempts：逆向运动学求解尝试次数。

10.6.5   ompl_planning.yaml

OMPL 是 MoveIt! 中默认使用的运动规划库，ompl_planning.yaml 文件中存储了运动规划的相关配置。

10.7   添加 ArbotiX 关节控制器

MoveIt! 默认生成的 demo 中所使用的控制器功能有限，可以使用其他控制器插件实现驱动机器人模型的功能。ArbotiX 功能包中提供了 Joint Trajectory Action Controllers 插件，可以用来驱动真实机器人的每个舵机关节，实现旋转运动。由于 ArbotiX 提供离线模式的支持，所以也可以使用该插件实现对仿真机器人的控制。下面介绍如何在 MArm 中添加这款关节控制器插件，从而驱动机器人模型运动。

10.7.1   添加配置文件

首先要新建一个 YAML 格式的配置文件 marm_description/config/arm.yaml，代码如下：

```
joints: {
    joint1: {id: 1, neutral: 205, max_angle: 169.6, min_angle: -169.6, max_speed: 90},
    joint2: {id: 2, max_angle: 134.6, min_angle: -134.6, max_speed: 90},
    joint3: {id: 3, max_angle: 150.1, min_angle: -150.1, max_speed: 90},
    joint4: {id: 4, max_angle: 150.1, min_angle: -150.1, max_speed: 90},
    joint5: {id: 5, max_angle: 150.1, min_angle: -150.1, max_speed: 90},
    joint6: {id: 6, max_angle: 360, min_angle: -360, max_speed: 90},
    finger_joint1: {id: 7, max_speed: 90},
}
controllers: {
    arm_controller: {type: follow_controller, joints: [joint1, joint2, joint3, joint4,
joint5, joint6], action_name: arm_controller/follow_joint_trajectory, onboard: False }
}
```

arm.yaml 配置文件主要分成以下两个部分。

1）机器人关节属性的设置：包括每个驱动关节的最大 / 最小角度、最大速度等。

2）控制器插件的设置：包含机器人六轴本体的控制类型、关节，以及所接收的 action 消息名称等。

10.7.2   运行 ArbotiX 节点

启动 ArbotiX 中的节点，分别控制机器人的六轴本体和终端夹爪。机器人的启动使用 marm_description/launch/fake_arm.launch 文件描述，ArbotiX 节点部分的代码如下：

```
<node name="arbotix" pkg="arbotix_python" type="arbotix_driver" output="screen">
    <rosparam file="$(find marm_description)/config/arm.yaml" command="load" />
    <param name="sim" value="true"/>
</node>

<node name="gripper_controller" pkg="arbotix_controllers" type="gripper_controller">
    <rosparam>
        model: singlesided
        invert: false
        center: 0.0
        pad_width: 0.004
        finger_length: 0.08
        min_opening: 0.0
        max_opening: 0.06
        joint: finger_joint1
    </rosparam>
</node>
```

第一个 ArbotiX 节点会加载上一步中创建的配置文件，并且启动一个控制机器人六轴本体的控制器。ArbotiX 还提供了一个夹爪控制器，可以支持控制一个或多个舵机组成的终端夹爪。MArm 夹爪只有一个可动关节，虽然是直线运动，但依然可以使用 ArbotiX 中的 gripper_controller 进行控制，且在输入数据上需要将直线运动的长度近似转换成角度旋转。因此，第二个 ArbotiX 节点启动了控制 MArm 终端夹爪的 gripper_controller，同时需要配置一些相关参数。

10.7.3 测试例程

在之前的配置中可以看到，无论是机器人的控制还是夹爪的控制，使用的通信机制都是 action。所以可以编写一个例程，通过发布需要的 action 请求来测试以上配置是否成功。例程代码 marm_planning/scripts/trajectory_demo.py 的具体内容如下：

```
import rospy
import actionlib

from control_msgs.msg import FollowJointTrajectoryAction, FollowJointTrajectoryGoal
from trajectory_msgs.msg import JointTrajectory, JointTrajectoryPoint

class TrajectoryDemo():
    def __init__(self):
        rospy.init_node('trajectory_demo')

        # 是否要回到初始化的位置
        reset = rospy.get_param('~reset', False)

        # 机械臂中joint的命名
        arm_joints = ['joint1',
                      'joint2',
                      'joint3',
                      'joint4',
```

```
                        'joint5',
                        'joint6']

        if reset:
            # 如果要回到初始化位置，则要将目标位置设置为初始化位置的六轴角度
            arm_goal  = [0, 0, 0, 0, 0, 0]

        else:
            # 如果不需要回到初始化位置，则设置目标位置的六轴角度
            arm_goal  = [-0.3, -1.0, 0.5, 0.8, 1.0, -0.7]

        # 连接机械臂轨迹规划的 trajectory action server
        rospy.loginfo('Waiting for arm trajectory controller...')
        arm_client = actionlib.SimpleActionClient('arm_controller/follow_joint_
trajectory', FollowJointTrajectoryAction)
        arm_client.wait_for_server()
        rospy.loginfo('...connected.')

        # 使用设置的目标位置创建一条轨迹数据
        arm_trajectory = JointTrajectory()
        arm_trajectory.joint_names = arm_joints
        arm_trajectory.points.append(JointTrajectoryPoint())
        arm_trajectory.points[0].positions = arm_goal
        arm_trajectory.points[0].velocities = [0.0 for i in arm_joints]
        arm_trajectory.points[0].accelerations = [0.0 for i in arm_joints]
        arm_trajectory.points[0].time_from_start = rospy.Duration(3.0)

        rospy.loginfo('Moving the arm to goal position...')

        # 创建一个轨迹目标的空对象
        arm_goal = FollowJointTrajectoryGoal()

        # 将之前创建好的轨迹数据加入轨迹目标对象中
        arm_goal.trajectory = arm_trajectory

        # 设置执行时间的允许误差值
        arm_goal.goal_time_tolerance = rospy.Duration(0.0)

        # 将轨迹目标发送到 action server 进行处理，实现机械臂的运动控制
        arm_client.send_goal(arm_goal)

        # 等待机械臂运动结束
        arm_client.wait_for_result(rospy.Duration(5.0))

        rospy.loginfo('...done')

if __name__ == '__main__':
    try:
        TrajectoryDemo()
    except rospy.ROSInterruptException:
        pass
```

以上例程代码的核心部分如下：

```
# 连接机械臂轨迹规划的 trajectory action server
rospy.loginfo('Waiting for arm trajectory controller...')
arm_client = actionlib.SimpleActionClient('arm_controller/follow_joint_
trajectory', FollowJointTrajectoryAction)
arm_client.wait_for_server()
rospy.loginfo('...connected.')
```

action 需要客户端向服务端发起请求，两者建立连接之后才能发送具体数据。因此，必须使用 SimpleActionClient 创建一个客户端，声明 action 的消息名为 arm_controller/follow_joint_ trajectory，类型为 FollowJointTrajectoryAction。然后等待与服务端创建连接，连接成功后，就可以将 action 的运动目标发送到服务端进行处理。

```
# 将轨迹目标发送到 action server 进行处理，实现机械臂的运动控制
arm_client.send_goal(arm_goal)

# 等待机械臂运动结束
arm_client.wait_for_result(rospy.Duration(5.0))
```

arm_goal 使用了一个预先设置好的自定义位姿，如果命令行输入的参数 reset 为 true，则机器人的目标位姿是六轴全为 0 的初始位姿；如果为 false，则目标位姿的六轴弧度是 [−0.3, −1.0, −1.0, 0.8, 1.0, −0.7]。将目标点发送出去后，就可以等待服务端的控制结果，这里设置超时等待时间为 5s。

10.7.4　运行效果

现在可以测试 ArbotiX 控制器的效果了。

首先运行 marm_description/launch/fake_arm.launch 文件，启动机器人模型、ArbotiX 控制器以及 rviz：

```
$ roslaunch marm_description fake_arm.launch
```

启动成功后可以在界面中看到处于初始状态下的机械臂，在终端中可以看到如图 10-29 所示的 ArbotiX 启动成功的提示。

图 10-29　ArbotiX 启动成功后的日志信息

然后运行测试例程：

```
$ rosrun marm_planning trajectory_demo.py _reset:=False
```

机器人已经开始平滑运动，到达指定位姿后停止，如图 10-30 所示。

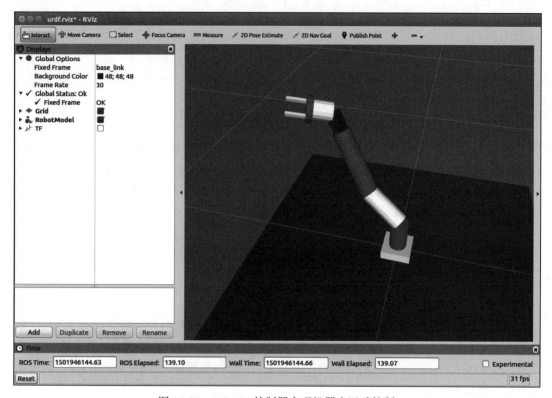

图 10-30　ArbotiX 控制器实现机器人运动控制

如果想让机器人回到初始位姿，可以使用如下命令：

```
$ rosrun marm_planning trajectory_demo.py _reset:=True
```

可见，这种方法类似于在 rviz 中搭建了一个机械臂的仿真环境，通过代码实现对机械臂模型的控制。

本节的例程相对简单，MoveIt! 中的 move group 可以实现更多运动规划的高级功能，下面继续前进，在此仿真平台的基础上，实现更为复杂的机械臂应用。

10.8　配置 MoveIt! 关节控制器

虽然 10.7 节我们为机器人模型配置了 ArbotiX 关节控制器，可以通过 FollowJointTrajectory-Action 类型的 action 消息控制模型运动，但是在控制例程中似乎没有涉及 MoveIt! 相关的代码，如果能够通过 MoveIt! 实现运动规划，并且将规划结果通过 FollowJointTrajectoryAction 发送给机器人的 ArbotiX 关节控制器，整个系统才能完整。

所以在 MoveIt! 上层规划和 ArbotiX 关节控制器之间需要一个将两者结合的接口，这个接口在 MoveIt! 中同样以插件的形式提供，称为 moveit_simple_controller_manager。这个

manager 可以提供 FollowJointTrajectoryAction 接口，将规划轨迹以 action 的形式发布，这就是我们目前最需要的模块。除此之外，MArm 还有一个两指夹爪，通过 ArbotiX 的 gripper_controller 驱动，使用的 action 类型是 GripperCommandAction，在 moveit_simple_controller_manager 中同样有相应的接口。

现在，我们所需的模块已齐全，关键是如何配置 MoveIt! 的 moveit_simple_controller_manager，方法与配置 ArbotiX 控制器的类似：首先添加一个 YAML 配置文件，然后使用 launch 文件启动插件并加载配置参数。

10.8.1　添加配置文件

关于 MoveIt! 的配置文件都放置在 marm_moveit_config 功能包的 config 文件夹下，MoveIt! 控制器插件的配置文件也放在名为 marm_moveit_config/config/controllers.yaml 的文件中，具体代码如下：

```
controller_list:
  - name: arm_controller
      action_ns: follow_joint_trajectory
      type: FollowJointTrajectory
      default: true
      joints:
          - joint1
          - joint2
          - joint3
          - joint4
          - joint5
          - joint6

  - name: gripper_controller
      action_ns: gripper_action
      type: GripperCommand
      default: true
      joints:
          - finger_joint1
```

controllers.yaml 中列出了机器人每个规划组所需配置的控制器插件，以及这些插件的具体配置参数。这些配置参数主要有以下几个。

- name：控制器插件的名称。
- action_ns：控制器发布 action 消息的命名空间。
- type：实现 action 的类型。
- default：是否为该规划组的默认控制器插件。
- joints：该规划组所包含的关节。

name 和 action_ns 组成控制器 action 接口的消息名，例如 arm_controller 插件的 action 接口就是 arm_controller/follow_joint_trajectory，与 10.7 节配置的 ArbotiX 控制器插件一致，整

个通信才能形成通路。

10.8.2　启动插件

现在可以启动 moveit_simple_controller_manager 插件了，同时需要加载 controllers.yaml 文件。在 MoveIt! Setup Assistant 生成的配置文件中，已经生成启动 MoveIt! 控制器插件的 launch 文件，在配置功能包的 launch 文件夹下命名为 RobotName_moveit_controller_manager. launch.xml。MArm 所生成的配置文件为 marm_moveit_config/launch/arm_moveit_controller_manager.launch，该文件在 move_group.launch 启动时也会启动，但是该文件默认没有任何具体内容，需要我们自己添加如下：

```
<launch>
    <!-- Set the param that trajectory_execution_manager needs to find the controller
plugin -->
    <arg name="moveit_controller_manager" default="moveit_simple_controller_manager/
MoveItSimpleControllerManager" />
    <param name="moveit_controller_manager" value="$(arg moveit_controller_manager)"/>

    <!-- 加载 controllers -->
    <rosparam file="$(find marm_moveit_config)/config/controllers.yaml"/>
</launch>
```

这个 launch 文件启动了 MoveIt! 中的 MoveItSimpleControllerManager 插件，并且加载了 controllers.yaml 配置文件。

到目前为止，我们自底向上创建了机械臂模型，完成了模型在 MoveIt! 中的配置，添加了控制器插件，为 MoveIt! 关键角色——move_group 这个“大脑”的登场做足了准备。

10.9　MoveIt! 编程学习

在之前的基础学习中，我们已经对 MoveIt! 有了基本认识。在实际应用中，GUI 提供的功能毕竟有限，很多实现还要在代码中完成。MoveIt! 的 move_group 也提供了丰富的 C++ 和 Python 的编程 API，可以帮助我们完成更多运动控制的相关功能。

接下来主要以 Python API 为例，介绍 MoveIt! 的编程方法。C++ API 的使用方法与 Python API 的类似，本书配套的源码包中也包含 C++ 的相关例程，可作为读者的学习参考。

10.9.1　关节空间规划

关节空间运动是机械臂常用的一种控制方法。所谓关节空间，就是以关节角度为控制量的机器人运动。虽然各关节到达期望位置所经过的时间相同，但是各关节之间相互独立，互不影响。机器人状态使用各轴位置来描述，在指定运动目标的机器人状态后，通过控制各轴运动来到达目标位姿。

首先来看 MoveIt! 在关节空间下控制机械臂运动的效果。使用一个 launch 文件启动所需要的各种节点，marm_planning/launch/arm_planning.launch 的具体代码如下：

```
<launch>
    <!-- 不使用仿真时间 -->
    <param name="/use_sim_time" value="false" />

    <!-- 启动 arbotix driver-->
    <arg name="sim" default="true" />

    <param name="robot_description" command="$(find xacro)/xacro --inorder '$(find marm_description)/urdf/arm.xacro'" />

    <node name="arbotix" pkg="arbotix_python" type="arbotix_driver" output="screen">
        <rosparam file="$(find marm_description)/config/arm.yaml" command="load" />
        <param name="sim" value="true"/>
    </node>

    <node name="gripper_controller" pkg="arbotix_controllers" type="gripper_con-
troller">
        <rosparam>
            model: singlesided
            invert: false
            center: 0.0
            pad_width: 0.004
            finger_length: 0.08
            min_opening: 0.0
            max_opening: 0.06
            joint: finger_joint1
        </rosparam>
    </node>

    <node pkg="robot_state_publisher" type="robot_state_publisher" name="rob_st_pub" />

    <include file="$(find marm_moveit_config)/launch/move_group.launch" />

    <!-- 启动 rviz 可视化界面 -->
    <node name="rviz" pkg="rviz" type="rviz" args="-d $(find marm_planning)/config/
pick_and_place.rviz" required="true" />

</launch>
```

该文件与启动 ArbotiX 控制器时所使用的 launch 文件类似，但是在文件最下端添加了 move_group 相关节点的启动和 rviz 的启动。其中当 move_group 启动时会自动加载 10.8 节配置好的控制器插件。

使用如下命令实现 MArm 关节空间下的运动测试：

```
$ roslaunch marm_planning arm_planning.launch
$ rosrun marm_planning moveit_fk_demo.py
```

运行成功后，在 rviz 的界面中可以看到机械臂的夹爪首先完成了闭合动作，然后机械臂运动到如图 10-31 所示的指定位姿。

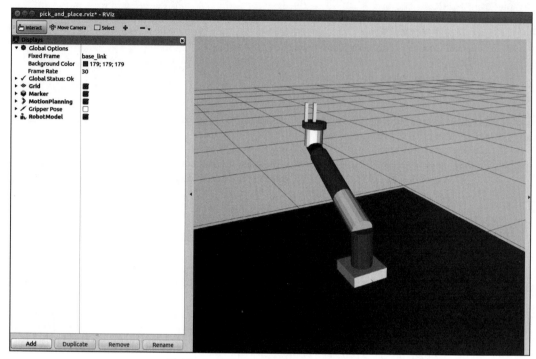

图 10-31   关节空间运动规划的运行效果

marm_planning/scripts/moveit_fk_demo.py 的实现源码如下：

```python
import rospy, sys
import moveit_commander
from control_msgs.msg import GripperCommand

class MoveItFkDemo:
    def __init__(self):
        # 初始化 move_group 的 API
        moveit_commander.roscpp_initialize(sys.argv)

        # 初始化 ROS 节点
        rospy.init_node('moveit_fk_demo', anonymous=True)

        # 初始化需要使用 move group 控制的机械臂中的 arm group
        arm = moveit_commander.MoveGroupCommander('arm')

        # 初始化需要使用 move group 控制的机械臂中的 gripper group
        gripper = moveit_commander.MoveGroupCommander('gripper')

        # 设置机械臂和夹爪的允许误差值
```

```
        arm.set_goal_joint_tolerance(0.001)
        gripper.set_goal_joint_tolerance(0.001)

        # 控制机械臂先回到初始化位置
        arm.set_named_target('home')
        arm.go()
        rospy.sleep(2)

        # 设置夹爪的目标位置，并控制夹爪运动
        gripper.set_joint_value_target([0.01])
        gripper.go()
        rospy.sleep(1)

        # 设置机械臂的目标位置，使用六轴的位置数据进行描述（单位：弧度）
        joint_positions = [-0.0867, -1.274, 0.02832, 0.0820, -1.273, -0.003]
        arm.set_joint_value_target(joint_positions)

        # 控制机械臂完成运动
        arm.go()
        rospy.sleep(1)

        # 关闭并退出 moveit
        moveit_commander.roscpp_shutdown()
        moveit_commander.os._exit(0)

if __name__ == "__main__":
    try:
        MoveItFkDemo()
    except rospy.ROSInterruptException:
        pass
```

这是关于 move_group 的第一个源码文件，下面详细分析代码的实现流程。

```
import moveit_commander
from control_msgs.msg import GripperCommand
```

使用 MoveIt! 的 API 前，需要导入其 Python 接口模块。GripperCommand 是用来控制夹爪的消息类型的。

```
moveit_commander.roscpp_initialize(sys.argv)
```

在使用 MoveIt! 的 Python API 之前，需要先对 API 进行初始化，初始化的底层依然使用 roscpp 接口，只是在上层做了 Python 封装。

```
arm = moveit_commander.MoveGroupCommander('arm')

gripper = moveit_commander.MoveGroupCommander('gripper')
```

在 moveit_commander 中提供一个重要的类——MoveGroupCommander，可以创建针对规划组的控制对象。MArm 有两个规划组，需要创建两个控制对象，用来控制机械臂和夹爪。

```
arm.set_goal_joint_tolerance(0.001)
gripper.set_goal_joint_tolerance(0.001)
```

这两行代码用来设置运动控制的允许误差。因为是关节空间下的运动，所以需要设置关节运动的允许误差，这里都设置为 0.001，单位为弧度，也就是说，机器人各轴都运动到目标位置为 0.001 弧度的范围内，即认为到达目标。

```
arm.set_named_target('home')
arm.go()
rospy.sleep(2)
```

还记得在 Setup Assistant 中设置的 "home" 位姿吗？终于可以派上用场了。为了让机械臂的运动保持一致，首先让机械臂回到初始位姿，这个初始位姿可以使用 set_named_target()接口并可设置为 "home"。然后使用 go() 命令，即让机器人规划、运动到 "home"。最后记得要保持一段时间的延时，以确保机械臂已经完成运动。

```
gripper.set_joint_value_target([0.01])
gripper.go()
rospy.sleep(1)

joint_positions = [-0.0867, -1.274, 0.02832, 0.0820, -1.273, -0.003]
arm.set_joint_value_target(joint_positions)
arm.go()
rospy.sleep(1)
```

机械臂回到初始位姿后，就可以设置运动的目标位姿了。设置关节空间下目标位姿所使用的接口 set_joint_value_target()，参数是目标位姿的各关节弧度。将机械臂和夹爪采用的方式控制一致，先设置运动目标，然后使用 go() 控制机器人完成运动。如果指定的目标位姿机械臂无法到达，则终端中会显示报错信息。

```
moveit_commander.roscpp_shutdown()
moveit_commander.os._exit(0)
```

现在机械臂已经完成关节空间的运动，可以关闭接口，退出程序。

综上所述，MoveIt! 关节空间运动的主要 API 流程如下：

```
arm = moveit_commander.MoveGroupCommander('arm')
arm.set_joint_value_target(joint_positions)
arm.go()
```

首先创建规划组的控制对象；然后设置关节空间运动的目标位姿；最后控制机械臂完成运动。是不是比之前直接使用 action 控制机器人方便很多！

10.9.2　工作空间规划

机械臂关节空间的规划不需要考虑机器人终端的姿态。与之相对应的是工作空间规划，机械臂的目标位姿不再通过各轴位置给定，而是通过机器人终端的三维坐标位置和姿态给定，在运动规划时使用逆向运动学求解各轴位置。例如控制机器人终端在 world 坐标系下的 x 轴方向上移动 10cm，同时围绕 z 轴旋转 20° ，就要将该位姿反解得到各轴位置，然后再进行规划、运动。

MoveIt! 支持工作空间下的目标位姿设置，首先使用如下命令运行工作空间下的运动规划例程：

```
$ roslaunch marm_planning arm_planning.launch
$ rosrun marm_planning moveit_ik_demo.py
```

运行成功后，在 rviz 的界面中可以看到机械臂运动到了如图 10-32 所示的指定位姿。

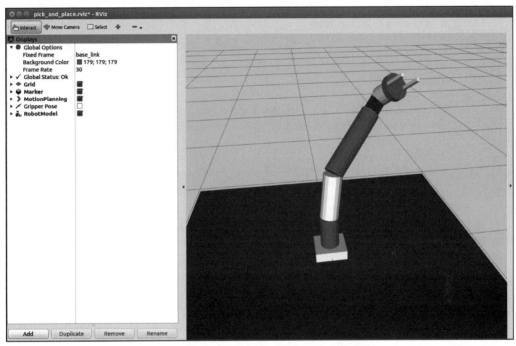

图 10-32　工作空间运动规划的运行效果

同时在终端中可以看到运动规划过程中的输出日志，其中包含 KDL 运动学求解器完成反向运动学求解的时间（见图 10-33 ）。

```
[ INFO] [1502116962.163886357]: Planner configuration 'arm' will use planner 'geometric::RRTConnect
'. Additional configuration parameters will be set when the planner is constructed.
[ INFO] [1502116962.164372754]: RRTConnect: Starting planning with 1 states already in datastructur
e
[ INFO] [1502116962.226298643]: RRTConnect: Created 5 states (2 start + 3 goal)
[ INFO] [1502116962.226349585]: Solution found in 0.062192 seconds
[ INFO] [1502116962.292467167]: SimpleSetup: Path simplification took 0.001661 seconds and changed
from 4 to 2 states
[ INFO] [1502116962.295298471]: Execution request received for ExecuteTrajectory action.
[INFO] [1502116962.391000]: arm_controller: Action goal recieved.
[INFO] [1502116962.392208]: Executing trajectory
[ INFO] [1502116968.114629]: arm_controller: Done.
[ INFO] [1502116968.411918551]: Execution completed: SUCCEEDED
[ INFO] [1502116969.732069622]: Combined planning and execution request received for MoveGroup acti
on. Forwarding to planning and execution pipeline.
```

图 10-33　运动规划过程中的输出日志

marm_planning/scripts/moveit_ik_demo.py 的详细源码如下：

```python
import rospy, sys
import moveit_commander
from moveit_msgs.msg import RobotTrajectory
from trajectory_msgs.msg import JointTrajectoryPoint

from geometry_msgs.msg import PoseStamped, Pose
from tf.transformations import euler_from_quaternion, quaternion_from_euler

class MoveItIkDemo:
    def __init__(self):
        # 初始化 move_group 的 API
        moveit_commander.roscpp_initialize(sys.argv)

        # 初始化 ROS 节点
        rospy.init_node('moveit_ik_demo')

        # 初始化需要使用 move group 控制的机械臂中的 arm group
        arm = moveit_commander.MoveGroupCommander('arm')

        # 获取终端 link 的名称
        end_effector_link = arm.get_end_effector_link()

        # 设置目标位置所使用的参考坐标系
        reference_frame = 'base_link'
        arm.set_pose_reference_frame(reference_frame)

        # 当运动规划失败后，允许重新规划
        arm.allow_replanning(True)

        # 设置位置（单位：米）和姿态（单位：弧度）的允许误差
        arm.set_goal_position_tolerance(0.01)
        arm.set_goal_orientation_tolerance(0.05)

        # 控制机械臂先回到初始化位置
        arm.set_named_target('home')
        arm.go()
        rospy.sleep(2)

        # 设置机械臂工作空间中的目标位姿，位置使用 x、y、z 坐标描述
        # 姿态使用四元数描述，基于 base_link 坐标系
        target_pose = PoseStamped()
        target_pose.header.frame_id = reference_frame
        target_pose.header.stamp = rospy.Time.now()
        target_pose.pose.position.x = 0.191995
        target_pose.pose.position.y = 0.213868
        target_pose.pose.position.z = 0.520436
        target_pose.pose.orientation.x = 0.911822
        target_pose.pose.orientation.y = -0.0269758
        target_pose.pose.orientation.z = 0.285694
```

```
        target_pose.pose.orientation.w = -0.293653

        # 设置机器臂当前的状态作为运动初始状态
        arm.set_start_state_to_current_state()

        # 设置机械臂终端运动的目标位姿
        arm.set_pose_target(target_pose, end_effector_link)

        # 规划运动路径
        traj = arm.plan()

        # 按照规划的运动路径控制机械臂运动
        arm.execute(traj)
        rospy.sleep(1)

        # 控制机械臂终端向右移动 5 cm
        arm.shift_pose_target(1, -0.05, end_effector_link)
        arm.go()
        rospy.sleep(1)

        # 控制机械臂终端反向旋转 90°
        arm.shift_pose_target(3, -1.57, end_effector_link)
        arm.go()
        rospy.sleep(1)

        # 控制机械臂回到初始化位置
        arm.set_named_target('home')
        arm.go()

        # 关闭并退出 moveit
        moveit_commander.roscpp_shutdown()
        moveit_commander.os._exit(0)

if __name__ == "__main__":
    MoveItIkDemo()
```

以上例程中的很多代码段与前面关节空间运动规划的代码相同，这里不再赘述。下面主
要关注与工作空间规划相关的代码。

```
end_effector_link = arm.get_end_effector_link()
```

MArm 的终端是二指夹爪，也就是模型中的 graspping_frame_link，可以使用 get_end_
effector_link() 接口获取该 link 在模型文件中的名称，该名称在后续规划时要用到。

```
reference_frame = 'base_link'
arm.set_pose_reference_frame(reference_frame)
```

工作空间的位姿需要使用笛卡儿坐标值进行描述，所以必须声明该位姿所在的坐标系。
set_pose_reference_frame() 用于设置目标位姿所在的坐标系，这里设置为机器人的基坐标

系——base_link。

```
arm.allow_replanning(True)
```

机械臂反向运动学求解时存在无解或多解的情况，其中有些情况可能无法实现运动规划。这种情况下可以使用 allow_replanning() 设置是否允许规划失败之后的重新规划，如果设置为 true，MoveIt! 会尝试求解五次，否则只求解一次。

```
target_pose = PoseStamped()
target_pose.header.frame_id = reference_frame
target_pose.header.stamp = rospy.Time.now()
target_pose.pose.position.x = 0.191995
target_pose.pose.position.y = 0.213868
target_pose.pose.position.z = 0.520436
target_pose.pose.orientation.x = 0.911822
target_pose.pose.orientation.y = -0.0269758
target_pose.pose.orientation.z = 0.285694
target_pose.pose.orientation.w = -0.293653
```

使用 ROS 中的 PoseStamped 消息数据描述机器人的目标位姿。首先需要设置位姿所在的参考坐标系；然后创建时间戳；接着设置目标位姿的 *x*、*y*、*z* 坐标值和四元数姿态值。

```
arm.set_start_state_to_current_state()
arm.set_pose_target(target_pose, end_effector_link)
```

在输入目标位姿前，需要设置运动规划的起始状态。一般情况下使用 set_start_state_to_current_state() 接口设置当前状态为起始状态。然后使用 set_pose_target() 设置目标位姿，同时需要设置该目标位姿描述的 link，也就是之前获取的机器人终端 link 名称。

```
traj = arm.plan()
arm.execute(traj)
rospy.sleep(1)
```

运动规划的第一步是规划路径，使用 plan() 完成，如果路径规划成功，则会返回一条规划好的运动轨迹；然后 execute() 会控制机器人沿轨迹完成运动。如果规划失败，则会根据设置项，重新进行规划，或者在终端中提示规划失败的日志信息。

```
arm.shift_pose_target(1, -0.05, end_effector_link)
arm.go()

arm.shift_pose_target(3, -1.57, end_effector_link)
arm.go()
```

除了使用 PoseStamped 数据描述目标位姿并进行运动规划外，也可以使用 shift_pose_target() 实现单轴方向上的目标设置和规划。shift_pose_target() 有以下三个参数。

1）第一个参数用于描述机器人需要在哪个轴向上进行运动：0、1、2、3、4、5 分别对应于 x、y、z、r、p、y，即 *xyz* 方向上的平移和围绕 *xyz* 三个轴的旋转。

2）第二个参数用于描述运动尺度，如果是平移运动，则单位为米；如果是旋转运动，则单位为弧度。

3）第三个参数用于描述运动针对的终端 link。

该例程首先让机器人终端在 y 轴的负方向上平移 0.05 米，然后围绕 z 轴反向旋转 90 度。

总之，MoveIt! 工作空间下运动控制的主要 API 使用流程如下：

```
arm = moveit_commander.MoveGroupCommander('arm')
end_effector_link = arm.get_end_effector_link()

reference_frame = 'base_link'
arm.set_pose_reference_frame(reference_frame)

arm.set_start_state_to_current_state()
arm.set_pose_target(target_pose, end_effector_link)

traj = arm.plan()
arm.execute(traj)

arm.shift_pose_target(1, -0.05, end_effector_link)
arm.go()
```

首先需要创建规划组的控制对象；然后获取机器人的终端 link 名称；其次设置目标位姿对应的参考坐标系、起始位姿和终止位姿；最后进行规划并控制机器人运动。

10.9.3　笛卡儿运动规划

10.9.2 节工作空间中的运动规划并没有对机器人终端轨迹有任何约束，目标位姿给定后，可以通过运动学反解获得关节空间下的各轴弧度，接下来的规划和运动依然在关节空间中完成。但是在很多应用场景中，我们不仅关心机械臂的起始、终止位姿，对运动过程中的位姿也有要求，比如希望机器人终端能够走出一条直线或圆弧轨迹。

MoveIt! 同样提供笛卡儿运动规划的接口，使用以下命令运行笛卡儿运动的例程：

```
$ roslaunch marm_planning arm_planning_with_trail.launch
$ rosrun marm_planning moveit_cartesian_demo.py _cartesian:=True
```

这里启动了另外一个 launch 文件 marm_planning/launch/arm_planning_with_trail.launch，内容与 arm_planning.launch 的几乎一致，只是添加了终端轨迹的可视化显示设置，可以更方便地对比运动效果。moveit_cartesian_demo 还增加了 _cartesian 参数设置，方便看到不同类型规划的运动效果。

例程启动成功后，可以看到如图 10-34 所示的运动轨迹，机器人终端以直线方式完成多个目标点之间的运动。

再使用如下命令运行不带路径约束的运动规划：

```
$ rosrun marm_planning moveit_cartesian_demo.py _cartesian:=False
```

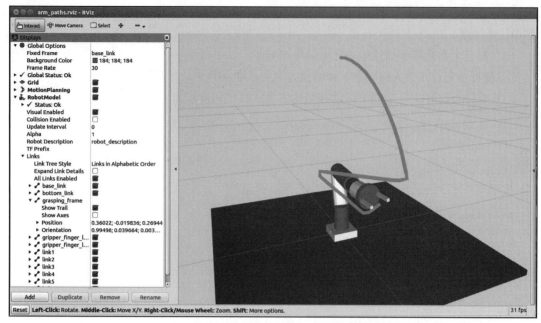

图 10-34   笛卡儿运动规划的运行效果

机器人终端的运动轨迹如图 10-35 所示，不再以直线轨迹运动。

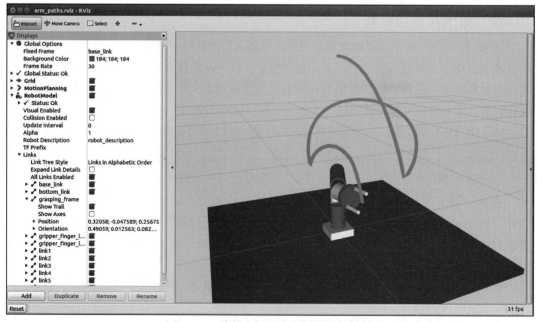

图 10-35   关节空间运动规划的运行效果

从以上两种运动规划的轨迹可以看出，笛卡儿运动规划需要保证机械臂运动的中间姿态。该例程实现源码 marm_planning/scripts/moveit_cartesian_demo.py 的详细内容如下：

```python
import rospy, sys
import moveit_commander
from moveit_commander import MoveGroupCommander
from geometry_msgs.msg import Pose
from copy import deepcopy

class MoveItCartesianDemo:
    def __init__(self):
        # 初始化 move_group 的 API
        moveit_commander.roscpp_initialize(sys.argv)

        # 初始化 ROS 节点
        rospy.init_node('moveit_cartesian_demo', anonymous=True)

        # 是否需要使用笛卡儿运动规划
        cartesian = rospy.get_param('~cartesian', True)

        # 初始化需要使用 move group 控制的机械臂中的 arm group
        arm = MoveGroupCommander('arm')

        # 当运动规划失败后，允许重新规划
        arm.allow_replanning(True)

        # 设置目标位置所使用的参考坐标系
        arm.set_pose_reference_frame('base_link')

        # 设置位置（单位：米）和姿态（单位：弧度）的允许误差
        arm.set_goal_position_tolerance(0.01)
        arm.set_goal_orientation_tolerance(0.1)

        # 获取终端 link 的名称
        end_effector_link = arm.get_end_effector_link()

        # 控制机械臂运动到之前设置的 "forward" 姿态
        arm.set_named_target('forward')
        arm.go()

        # 获取当前位姿数据为机械臂运动的起始位姿
        start_pose = arm.get_current_pose(end_effector_link).pose

        # 初始化路点列表
        waypoints = []

        # 将初始位姿加入路点列表
        if cartesian:
            waypoints.append(start_pose)

        # 设置第二个路点数据，并加入路点列表
```

```
# 第二个路点需要向后运动 0.2 米，向右运动 0.2 米
wpose = deepcopy(start_pose)
wpose.position.x -= 0.2
wpose.position.y -= 0.2

if cartesian:
    waypoints.append(deepcopy(wpose))
else:
    arm.set_pose_target(wpose)
    arm.go()
    rospy.sleep(1)

# 设置第三个路点数据，并加入路点列表
wpose.position.x += 0.05
wpose.position.y += 0.15
wpose.position.z -= 0.15

if cartesian:
    waypoints.append(deepcopy(wpose))
else:
    arm.set_pose_target(wpose)
    arm.go()
    rospy.sleep(1)

# 设置第四个路点数据，回到初始位置，并加入路点列表
if cartesian:
    waypoints.append(deepcopy(start_pose))
else:
    arm.set_pose_target(start_pose)
    arm.go()
    rospy.sleep(1)

if cartesian:
    fraction = 0.0      # 路径规划覆盖率
    maxtries = 100      # 最大尝试规划次数
    attempts = 0        # 已经尝试规划次数

    # 设置机器臂当前的状态为运动初始状态
    arm.set_start_state_to_current_state()

    # 尝试规划一条笛卡儿空间下的路径，依次通过所有路点
    while fraction < 1.0 and attempts < maxtries:
        (plan, fraction) = arm.compute_cartesian_path (
                            waypoints,   # waypoint poses, 路点列表
                            0.01,        # eef_step, 终端步进值
                            0.0,         # jump_threshold, 跳跃阈值
                            True)        # avoid_collisions, 避障规划

        # 尝试次数累加
        attempts += 1
```

```
                    # 打印运动规划进程
                    if attempts % 10 == 0:
                        rospy.loginfo("Still trying after " + str(attempts) + " att-
empts...")

                    # 如果路径规划成功(覆盖率 100%),则开始控制机械臂运动
                    if fraction == 1.0:
                        rospy.loginfo("Path computed successfully. Moving the arm.")
                        arm.execute(plan)
                        rospy.loginfo("Path execution complete.")
                    # 如果路径规划失败,则打印失败信息
                    else:
                        rospy.loginfo("Path planning failed with only " + str(fraction) +
"success after " + str(maxtries) + " attempts.")

                    # 控制机械臂回到初始化位置
                    arm.set_named_target('home')
                    arm.go()
                    rospy.sleep(1)

                    # 关闭并退出 moveit
                    moveit_commander.roscpp_shutdown()
                    moveit_commander.os._exit(0)

        if __name__ == "__main__":
            try:
                MoveItCartesianDemo()
            except rospy.ROSInterruptException:
                pass
```

相比之前的例程以上代码略显复杂,因为需要兼容两种运动模式。在不需要使用笛卡儿运动规划的模式下,与 10.9.2 节的工作空间规划相同,我们主要分析笛卡儿路径规划部分的代码。

```
waypoints = []

if cartesian:
    waypoints.append(start_pose)
```

这里需要了解 “waypoints” 的概念,也就是路点。waypoints 是一个路点列表,意味着笛卡儿路径中需要经过的每个位姿点,相邻两个路点之间使用直线轨迹运动。将运动需要经过的路点都加入路点列表中,但此时并没有开始运动规划,代码如下:

```
while fraction < 1.0 and attempts < maxtries:
    (plan, fraction) = arm.compute_cartesian_path (
                        waypoints,    # waypoint poses, 路点列表
                        0.01,         # eef_step, 终端步进值
                        0.0,          # jump_threshold, 跳跃阈值
                        True)         # avoid_collisions, 避障规划
```

```
# 尝试次数累加
attempts += 1

# 打印运动规划进程
if attempts % 10 == 0:
    rospy.loginfo("Still trying after " + str(attempts) + " attempts...")
```

这是整个例程的核心部分，使用了笛卡儿路径规划的 API——compute_cartesian_path()，它共有四个参数：第一个参数是之前创建的路点列表；第二个参数是终端步进值；第三个参数是跳跃阈值；第四个参数用于设置运动过程中是否考虑避障。

compute_cartesian_path() 执行后会返回两个值：plan 是规划出来的运动轨迹；fraction 用于描述规划成功的轨迹在给定路点列表中的覆盖率，从 0 到 1。如果 fraction 小于 1，说明给定的路点列表没办法完整规划，这种情况下可以重新进行规划，但需要人为设置规划次数。

```
if fraction == 1.0:
    rospy.loginfo("Path computed successfully. Moving the arm.")
    arm.execute(plan)
    rospy.loginfo("Path execution complete.")
```

如果规划成功，fraction 的值为 1，此时就可以使用 execute() 控制机器人执行规划成功的路径轨迹了。

这个例程的关键是了解 compute_cartesian_path() 这个 API 的使用方法，可以帮助我们实现一系列路点之间的笛卡儿直线运动规划。如果希望机器人的终端走出圆弧轨迹，也可以将圆弧分解为多段直线，然后使用 compute_cartesian_path() 控制机器人运动。

10.9.4　避障规划

在很多应用场景下，机器人工作环境中会有一些周围物体，这些物体有可能在机器人的工作空间内成为机器人运动规划过程中的障碍物，所以运动规划需要考虑避障问题。

MoveIt! 中默认使用的运动规划库 OMPL 支持避障规划，可以使用 move_group 中的 planning scene 插件的相关接口加入障碍物模型，并且维护机器人工作的场景信息。

运行如下命令，启动避障规划例程：

```
$ roslaunch marm_planning arm_planning.launch
$ rosrun marm_planning moveit_obstacles_demo.py
```

运行成功后，稍等片刻，将会在 rviz 中看到如图 10-36 所示的运动场景：首先出现一个悬浮的桌面，桌面上会出现两个障碍物体；然后机械臂运动到起始位姿；接着避障规划躲过障碍物体，运动到目标位姿；最后运动完成后机械臂回到初始位姿。

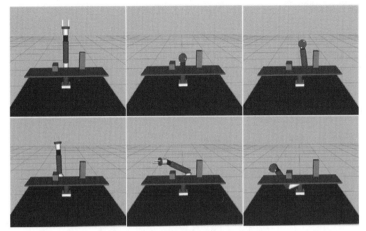

图 10-36　避障规划的运行效果

例程实现源码 marm_planning/scripts/moveit_obstacles_demo.py 的详细内容如下：

```python
import rospy, sys
import moveit_commander
from moveit_commander import MoveGroupCommander, PlanningSceneInterface
from moveit_msgs.msg import  PlanningScene, ObjectColor
from geometry_msgs.msg import PoseStamped, Pose

class MoveItObstaclesDemo:
    def __init__(self):
        # 初始化 move_group 的 API
        moveit_commander.roscpp_initialize(sys.argv)

        # 初始化 ROS 节点
        rospy.init_node('moveit_obstacles_demo')

        # 初始化场景对象
        scene = PlanningSceneInterface()

        # 创建一个发布场景变化信息的发布者
        self.scene_pub = rospy.Publisher('planning_scene', PlanningScene, queue_
size=5)

        # 创建一个存储物体颜色的字典对象
        self.colors = dict()

        # 等待场景准备就绪
        rospy.sleep(1)

        # 初始化需要使用 move group 控制的机械臂中的 arm group
        arm = MoveGroupCommander('arm')

        # 获取终端 link 的名称
```

```
end_effector_link = arm.get_end_effector_link()

# 设置位置（单位：米）和姿态（单位：弧度）的允许误差
arm.set_goal_position_tolerance(0.01)
arm.set_goal_orientation_tolerance(0.05)

# 当运动规划失败后，允许重新规划
arm.allow_replanning(True)

# 设置目标位置所使用的参考坐标系
reference_frame = 'base_link'
arm.set_pose_reference_frame(reference_frame)

# 设置每次运动规划的时间限制：5s
arm.set_planning_time(5)

# 设置场景物体的名称
table_id = 'table'
box1_id = 'box1'
box2_id = 'box2'

# 移除场景中之前运行的残留物体
scene.remove_world_object(table_id)
scene.remove_world_object(box1_id)
scene.remove_world_object(box2_id)
rospy.sleep(1)

# 控制机械臂先回到初始化位置
arm.set_named_target('home')
arm.go()
rospy.sleep(2)

# 设置桌面的高度
table_ground = 0.25

# 设置 table、box1 和 box2 的三维尺寸
table_size = [0.2, 0.7, 0.01]
box1_size = [0.1, 0.05, 0.05]
box2_size = [0.05, 0.05, 0.15]

# 将三个物体加入场景中
table_pose = PoseStamped()
table_pose.header.frame_id = reference_frame
table_pose.pose.position.x = 0.26
table_pose.pose.position.y = 0.0
table_pose.pose.position.z = table_ground + table_size[2] / 2.0
table_pose.pose.orientation.w = 1.0
scene.add_box(table_id, table_pose, table_size)

box1_pose = PoseStamped()
box1_pose.header.frame_id = reference_frame
```

```
box1_pose.pose.position.x = 0.21
box1_pose.pose.position.y = -0.1
box1_pose.pose.position.z = table_ground + table_size[2] + box1_size[2] / 2.0
box1_pose.pose.orientation.w = 1.0
scene.add_box(box1_id, box1_pose, box1_size)

box2_pose = PoseStamped()
box2_pose.header.frame_id = reference_frame
box2_pose.pose.position.x = 0.19
box2_pose.pose.position.y = 0.15
box2_pose.pose.position.z = table_ground + table_size[2] + box2_size[2] / 2.0
box2_pose.pose.orientation.w = 1.0
scene.add_box(box2_id, box2_pose, box2_size)

# 将桌子设置成红色, 两个盒子设置成橙色
self.setColor(table_id, 0.8, 0, 0, 1.0)
self.setColor(box1_id, 0.8, 0.4, 0, 1.0)
self.setColor(box2_id, 0.8, 0.4, 0, 1.0)

# 将场景中的颜色设置为发布
self.sendColors()

# 设置机械臂的运动目标位置, 位于桌面上的两个盒子之间
target_pose = PoseStamped()
target_pose.header.frame_id = reference_frame
target_pose.pose.position.x = 0.2
target_pose.pose.position.y = 0.0
target_pose.pose.position.z = table_pose.pose.position.z + table_size[2]+
0.05
target_pose.pose.orientation.w = 1.0

# 控制机械臂运动到目标位置
arm.set_pose_target(target_pose, end_effector_link)
arm.go()
rospy.sleep(2)

# 设置机械臂的运动目标位置, 进行避障规划
target_pose2 = PoseStamped()
target_pose2.header.frame_id = reference_frame
target_pose2.pose.position.x = 0.2
target_pose2.pose.position.y = -0.25
target_pose2.pose.position.z = table_pose.pose.position.z + table_size[2]+
0.05
target_pose2.pose.orientation.w = 1.0

# 控制机械臂运动到目标位置
arm.set_pose_target(target_pose2, end_effector_link)
arm.go()
rospy.sleep(2)

# 控制机械臂回到初始化位置
```

```
            arm.set_named_target('home')
            arm.go()

            # 关闭并退出 moveit
            moveit_commander.roscpp_shutdown()
            moveit_commander.os._exit(0)

    # 设置场景物体的颜色
    def setColor(self, name, r, g, b, a = 0.9):
        # 初始化 moveit 颜色对象
        color = ObjectColor()

        # 设置颜色值
        color.id = name
        color.color.r = r
        color.color.g = g
        color.color.b = b
        color.color.a = a

        # 更新颜色字典
        self.colors[name] = color

    # 将颜色设置为发送并应用到 moveit 场景中
    def sendColors(self):
        # 初始化规划场景对象
        p = PlanningScene()

        # 需要设置规划场景是否有差异
        p.is_diff = True

        # 从颜色字典中取出颜色设置
        for color in self.colors.values():
            p.object_colors.append(color)

        # 发布场景物体颜色设置
        self.scene_pub.publish(p)

if __name__ == "__main__":
    try:
        MoveItObstaclesDemo()
    except KeyboardInterrupt:
        raise
```

以上代码较长，先来梳理一下该例程的主要流程。

1）初始化场景，设置参数。

2）在可视化环境中加入障碍物模型。

3）设置机器人的起始位姿和目标位姿。

4）进行避障规划。

下面具体分析代码的实现过程：

```
from moveit_commander import MoveGroupCommander, PlanningSceneInterface
from moveit_msgs.msg import  PlanningScene, ObjectColor
```

PlanningSceneInterface 接口为我们提供了添加、删除物体模型的功能，ObjectColor 消息用来设置物体的颜色，PlanningScene 消息是场景更新话题 planning_scene 订阅的消息类型。

```
scene = PlanningSceneInterface()
```

创建一个 PlanningSceneInterface 类的实例，通过这个实例可以添加或删除物体模型。

```
self.scene_pub = rospy.Publisher('planning_scene', PlanningScene, queue_size=5)
```

创建一个 planning_scene 话题的发布者，用来更新物体颜色等信息。

```
table_id = 'table'
box1_id = 'box1'
box2_id = 'box2'
```

物体模型在场景中需要有唯一的 ID，例程中包含三个物体：一张桌子和两个盒子。

```
scene.remove_world_object(table_id)
scene.remove_world_object(box1_id)
scene.remove_world_object(box2_id)
```

例程代码可以在终端中重复运行，但之前加载的物体模型并不会自动清除，需要使用 remove_world_object() 清除指定的物体模型。

```
table_ground = 0.25
table_size = [0.2, 0.7, 0.01]
box1_size = [0.1, 0.05, 0.05]
box2_size = [0.05, 0.05, 0.15]
```

设置桌子的离地高度以及三个物体的模型尺寸，这里都使用长方体描述模型，所以需要设置长方体的长、宽、高尺寸，单位是米。

```
table_pose = PoseStamped()
table_pose.header.frame_id = reference_frame
table_pose.pose.position.x = 0.26
table_pose.pose.position.y = 0.0
table_pose.pose.position.z = table_ground + table_size[2] / 2.0
table_pose.pose.orientation.w = 1.0
scene.add_box(table_id, table_pose, table_size)
```

除了物体的尺寸，还需要设置物体在场景中的位置，使用 PoseStamped 消息描述。确定物体的位置后，使用 PlanningSceneInterface 的 add_box() 接口将物体添加到场景中，共有三个参数：第一个参数是物体模型的 ID，第二个参数是物体在场景中的位置，第三个参数是物体的尺寸。

```
self.setColor(table_id, 0.8, 0, 0, 1.0)
self.setColor(box1_id, 0.8, 0.4, 0, 1.0)
self.setColor(box2_id, 0.8, 0.4, 0, 1.0)

self.sendColors()
```

　　为了在 rviz 中更明确显示物体模型，可以将物体设置为不同的颜色：桌子是红色，两个盒子是橙色。这里用到了两个例程中的函数 setColor() 和 sendColors()。

```
def setColor(self, name, r, g, b, a = 0.9):
    color = ObjectColor()

    color.id = name
    color.color.r = r
    color.color.g = g
    color.color.b = b
    color.color.a = a

    self.colors[name] = color
```

setColor() 通过输入的 RGBA 值创建一条 ObjectColor 类型的消息，并保存到颜色变量列表中。

```
def sendColors(self):
    p = PlanningScene()
    p.is_diff = True

    for color in self.colors.values():
        p.object_colors.append(color)

    self.scene_pub.publish(p)
```

sendColors() 取出颜色列表中的颜色，通过创建的 PlanningScene 消息，将场景的更新信息发布，rviz 中对应的物体颜色就会发生改变。

```
target_pose = PoseStamped()
target_pose.header.frame_id = reference_frame
target_pose.pose.position.x = 0.2
target_pose.pose.position.y = 0.0
target_pose.pose.position.z = table_pose.pose.position.z + table_size[2] + 0.05
target_pose.pose.orientation.w = 1.0

arm.set_pose_target(target_pose, end_effector_link)
arm.go()
```

　　场景配置完成后，就可以准备让机器人运动了。为了达到避障效果，先将机器人运动到桌面上的两个盒子之间。

```
target_pose2 = PoseStamped()
target_pose2.header.frame_id = reference_frame
target_pose2.pose.position.x = 0.2
target_pose2.pose.position.y = -0.25
target_pose2.pose.position.z = table_pose.pose.position.z + table_size[2] + 0.05
target_pose2.pose.orientation.w = 1.0

arm.set_pose_target(target_pose2, end_effector_link)
arm.go()
```

然后设置目标位姿在旁边盒子的外侧，就可以让机器人开始运动了，MoveIt! 规划的运动轨迹会自动避开两个盒子和桌子等障碍物。

通过这个例程，可以学习到如何在 MoveIt! 运动规划的场景中添加外界物体模型，而 MoveIt! 在运动规划时会根据这些场景模型实现自主避障。

10.10　pick and place 示例

本节将挑战一个更加复杂的机器人应用：pick and place。简单来讲，这个应用就是让机器人用夹爪将工作空间内的某个物体夹起来，然后将该物体放到目标位置。类似的功能在机器人的实际生产应用中使用非常广泛，例如码垛、搬运、挑拣等工作。

MoveIt! 已经为这类应用准备了丰富的功能接口，无论是夹具控制还是运动控制，都可以快速搭建功能原型。接下来将学习如何使用这些接口快速组建一个简单的 pick and place 应用。

在这个应用例程中，假设已知物体的位置，MoveIt! 需要控制机器人去抓取物体并放置到指定位置。

10.10.1　应用效果

首先使用以下命令运行 pick and place 例程：

```
$ roslaunch marm_planning arm_planning.launch
$ rosrun marm_planning moveit_pick_and_place_demo.py
```

运行成功后的效果如图 10-37 所示。

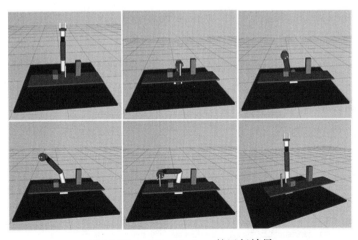

图 10-37　pick and place 的运行效果

从图 10-37 可以看到，在之前避障规划的场景上，两个盒子之间又加入一个用于夹取的目标物体。机器人首先运行到目标物体附近进行 pick 操作，夹取成功后机器人完成运动并开始 place 操作，将物体放置到指定位置。界面中夹爪上的坐标轴表示机械臂终端夹爪的抓取姿态。如果 pick 或 place 多次尝试依然失败，可能是由于机械臂抓取姿态的运动学逆解无法求解，或者规划的路径会与场景物体发生碰撞，可以尝试重启例程，或者修改场景物体的相对位置。

这个例程的关键是需要多次尝试机械臂的抓取姿态是否可解，下面从源码的角度来分析该例程的实现原理。

10.10.2　创建抓取的目标物体

场景和 10.9.4 节的避障规划类似，只需要用相同的方法增加一个用来抓取的目标物体，并将其设置为与其他物体都不同的黄色，代码如下：

```
target_size = [0.02, 0.01, 0.12]

target_pose = PoseStamped()
target_pose.header.frame_id = REFERENCE_FRAME
target_pose.pose.position.x = 0.32
target_pose.pose.position.y = 0.0
target_pose.pose.position.z = table_ground + table_size[2] + target_size[2] / 2.0
target_pose.pose.orientation.w = 1.0

scene.add_box(target_id, target_pose, target_size)

self.setColor(target_id, 0.9, 0.9, 0, 1.0)
```

10.10.3　设置目标物体的放置位置

然后创建一个 place，并准备放置目标物体的位置，代码如下：

```
place_pose = PoseStamped()
place_pose.header.frame_id = REFERENCE_FRAME
place_pose.pose.position.x = 0.32
place_pose.pose.position.y = -0.2
place_pose.pose.position.z = table_ground + table_size[2] + target_size[2] / 2.0
place_pose.pose.orientation.w = 1.0
```

10.10.4　生成抓取姿态

生成抓取姿态的代码如下：

```
grasp_pose = target_pose

grasps = self.make_grasps(grasp_pose, [target_id])

for grasp in grasps:
    self.gripper_pose_pub.publish(grasp.grasp_pose)
    rospy.sleep(0.2)
```

在抓取之前，需要确认目标位姿是否存在正确的抓取姿态。在 pick 时，目标物体的抓取位置就是物体摆放的位置。然后使用 make_grasps() 函数生成抓取姿态的列表，并将抓取姿态的消息发布，显示在 rviz 中，代码如下：

```python
def make_grasps(self, initial_pose_stamped, allowed_touch_objects):
    # 初始化抓取姿态对象
    g = Grasp()

    # 创建夹爪张开、闭合的姿态
    g.pre_grasp_posture = self.make_gripper_posture(GRIPPER_OPEN)
    g.grasp_posture = self.make_gripper_posture(GRIPPER_CLOSED)

    # 设置期望的夹爪靠近、撤离目标的参数
    g.pre_grasp_approach = self.make_gripper_translation(0.01, 0.1, [1.0, 0.0, 0.0])
    g.post_grasp_retreat = self.make_gripper_translation(0.1, 0.15, [0.0, -1.0, 1.0])

    # 设置抓取姿态
    g.grasp_pose = initial_pose_stamped

    # 需要尝试改变姿态的数据列表
    pitch_vals = [0, 0.1, -0.1, 0.2, -0.2, 0.3, -0.3]
    yaw_vals = [0]

    # 抓取姿态的列表
    grasps = []

    # 改变姿态，生成抓取动作
    for y in yaw_vals:
        for p in pitch_vals:
            # 欧拉角到四元数的转换
            q = quaternion_from_euler(0, p, y)

            # 设置抓取的姿态
            g.grasp_pose.pose.orientation.x = q[0]
            g.grasp_pose.pose.orientation.y = q[1]
            g.grasp_pose.pose.orientation.z = q[2]
            g.grasp_pose.pose.orientation.w = q[3]

            # 设置抓取的唯一 id 号
            g.id = str(len(grasps))

            # 设置允许接触的物体
            g.allowed_touch_objects = allowed_touch_objects

            # 将本次规划的抓取放入抓取列表中
            grasps.append(deepcopy(g))

    # 返回抓取列表
    return grasps
```

make_grasps() 函数通过 pitch 角度的变化得到不同的抓取姿态。

10.10.5　pick

设置 pick 时的代码如下：

```
while result != MoveItErrorCodes.SUCCESS and n_attempts < max_pick_attempts:
    n_attempts += 1
    rospy.loginfo("Pick attempt: " +  str(n_attempts))
    result = arm.pick(target_id, grasps)
    rospy.sleep(0.2)
```

接下来机器人就可以尝试 pick 目标物体了。针对不同的抓取姿态，如果无法求解运动学逆解或者规划轨迹会发生碰撞，pick 的运动规划就会出错，因此例程设置重新尝试规划的次数。如果规划成功，则 pick() 会控制机器人按照规划轨迹运动。

10.10.6　place

如果 pick 阶段的运动控制没有问题，那我们的工作已经完成了一半。接下来的任务是 place，将目标物体放置到指定位置，代码如下。

```
if result == MoveItErrorCodes.SUCCESS:
    result = None
    n_attempts = 0

    # 生成放置姿态
    places = self.make_places(place_pose)

    # 重复尝试放置，直到成功或者最多尝试次数
    while result != MoveItErrorCodes.SUCCESS and n_attempts < max_place_attempts:
        n_attempts += 1
        rospy.loginfo("Place attempt: " +  str(n_attempts))
        for place in places:
            result = arm.place(target_id, place)
            if result == MoveItErrorCodes.SUCCESS:
                break
        rospy.sleep(0.2)
```

place 与 pick 的原理是一致的，同样需要使用 make_places() 生成一个可能的夹爪放置姿态列表。然后根据这些可能的放置姿态尝试规划 place 操作的轨迹，规划成功后就可以控制机器人运动了，代码如下：

```
def make_places(self, init_pose):
    # 初始化放置抓取物体的位置
    place = PoseStamped()

    # 设置放置抓取物体的位置
```

```
        place = init_pose

        # 定义 x 方向上用于尝试放置物体的偏移参数
        x_vals = [0, 0.005, 0.01, 0.015, -0.005, -0.01, -0.015]

        # 定义 y 方向上用于尝试放置物体的偏移参数
        y_vals = [0, 0.005, 0.01, 0.015, -0.005, -0.01, -0.015]

        pitch_vals = [0]

        # 定义用于尝试放置物体的偏航角参数
        yaw_vals = [0]

        # 定义放置物体的姿态列表
        places = []

        # 生成每个角度和偏移方向上的抓取姿态
        for y in yaw_vals:
            for p in pitch_vals:
                for y in y_vals:
                    for x in x_vals:
                        place.pose.position.x = init_pose.pose.position.x + x
                        place.pose.position.y = init_pose.pose.position.y + y

                        # 欧拉角到四元数的转换
                        q = quaternion_from_euler(0, p, y)

                        # 欧拉角到四元数的转换
                        place.pose.orientation.x = q[0]
                        place.pose.orientation.y = q[1]
                        place.pose.orientation.z = q[2]
                        place.pose.orientation.w = q[3]

                        # 将该放置姿态加入列表
                        places.append(deepcopy(place))

        # 返回放置物体的姿态列表
        return places
```

make_places() 和 make_grasps() 的实现原理相同，都是通过设定的方向偏移、旋转列表生成多个可能的终端姿态。

通过以上例程，我们就实现了一个简单的 pick and place 应用。

10.11　Gazebo 中的机械臂仿真

前面介绍了，机器人使用 MoveIt! 实现运动控制，控制的过程和结果显示在 rviz 中。如果有真实的机械臂，就可以直接连接机器人实体，发布运动规划的结果，通过机器人的控制器实现真实运动。但是大部分读者不一定有机械臂实体，那么我们也可以通过 Gazebo 来仿真一个机械臂。机械臂模型的创建过程已经在 10.3 节完成，下面将学习如何使用 MoveIt! 控制 Gazebo 中的仿真机械臂运动。

10.11.1　创建配置文件

首先需要配置 controller 插件。Gazebo 中需要用到的控制器就是 ros_control 提供的 joint_position_controller，配置文件 marm_gazebo/config/arm_gazebo_control.yaml 的内容如下：

```
arm:
    # Publish all joint states -----------------------------------
    joint_state_controller:
        type: joint_state_controller/JointStateController
        publish_rate: 50

    # Position Controllers ---------------------------------------
    joint1_position_controller:
        type: position_controllers/JointPositionController
        joint: joint1
        pid: {p: 100.0, i: 0.01, d: 10.0}
    joint2_position_controller:
        type: position_controllers/JointPositionController
        joint: joint2
        pid: {p: 100.0, i: 0.01, d: 10.0}
    joint3_position_controller:
        type: position_controllers/JointPositionController
        joint: joint3
        pid: {p: 100.0, i: 0.01, d: 10.0}
    joint4_position_controller:
        type: position_controllers/JointPositionController
        joint: joint4
        pid: {p: 100.0, i: 0.01, d: 10.0}
    joint5_position_controller:
        type: position_controllers/JointPositionController
        joint: joint5
        pid: {p: 100.0, i: 0.01, d: 10.0}
    joint6_position_controller:
        type: position_controllers/JointPositionController
        joint: joint6
        pid: {p: 100.0, i: 0.01, d: 10.0}
```

这个配置文件定义了每个关节的位置控制器 JointPositionController，并且需要将控制器绑定到具体的 joint 上，还设置了每个关节控制的 PID 参数。另外还配置了一个 joint_state_controller，用来发布机器人每个关节的状态，类似于 joint_state_publisher 节点。

10.11.2　创建 launch 文件

再编写一个 launch 文件 marm_gazebo/launch/arm_gazebo_controller.launch，加载设置好

的所有控制器，代码如下：

```
<launch>

    <!-- 将关节控制器的配置参数加载到参数服务器中 -->
    <rosparam file="$(find marm_gazebo)/config/arm_gazebo_control.yaml" command="
load"/>

    <!-- 加载控制器 -->
    <node name="controller_spawner" pkg="controller_manager" type="spawner" respawn="
false"
        output="screen" ns="/arm" args="joint_state_controller
                                        joint1_position_controller
                                        joint2_position_controller
                                        joint3_position_controller
                                        joint4_position_controller
                                        joint5_position_controller
                                        joint6_position_controller"/>

    <!-- 运行 robot_state_publisher 节点，发布 TF -->
    <node name="robot_state_publisher" pkg="robot_state_publisher" type="robot_
state_publisher"
        respawn="false" output="screen">
      <remap from="/joint_states" to="/arm/joint_states" />
    </node>

</launch>
```

launch 文件首先将配置文件中的所有参数加载到 ROS 参数服务器上，然后使用 controller_spawner 一次性加载所有控制器，最后还要通过 robot_state_publisher 节点发布机器人的状态。

再创建一个顶层 launch 文件 marm_gazebo/launch/arm_gazebo_control.launch，包含上面的 arm_gazebo_controller.launch，并启动 Gazebo 仿真环境，代码如下：

```
<launch>

    <!-- 启动 Gazebo  -->
    <include file="$(find marm_gazebo)/launch/arm_world.launch" />

    <!-- 启动 Gazebo 控制器 -->
    <include file="$(find marm_gazebo)/launch/arm_gazebo_controller.launch" />

</launch>
```

10.11.3　开始仿真

现在就可以使用如下命令启动机器人仿真环境了：

```
$ roslaunch arm_gazebo arm_gazebo_control.launch
```

稍作等候，就可以看到如图 10-38 所示的界面。

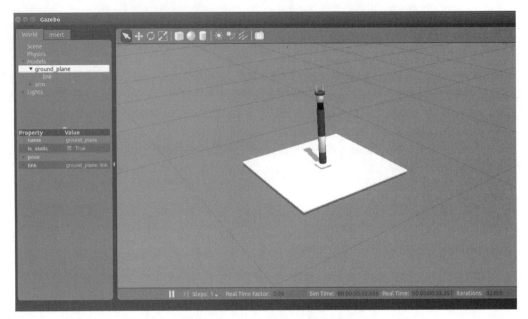

图 10-38　机械臂 Gazebo 仿真环境

在启动的终端中，可以看到类似图 10-39 所示的控制器加载信息，如果没有显示这些信息，机器人是无法在 Gazebo 中运动的。

```
[ INFO] [1489676219.749984313, 0.133000000]: Loaded gazebo_ros_control.
[ INFO] [WallTime: 1489676220.002000] [0.358000] Controller Spawner: Waiting for service controller_manager/switch_controller
[ INFO] [WallTime: 1489676220.005710] [0.359000] Controller Spawner: Waiting for service controller_manager/unload_controller
[ INFO] [WallTime: 1489676220.009109] [0.362000] Loading controller: joint_state_controller
[ INFO] [WallTime: 1489676220.075714] [0.385000] Loading controller: joint1_position_controller
[ INFO] [WallTime: 1489676220.139417] [0.434000] Loading controller: joint2_position_controller
[ INFO] [WallTime: 1489676220.156092] [0.453000] Loading controller: joint3_position_controller
[ INFO] [WallTime: 1489676220.187286] [0.485000] Loading controller: joint4_position_controller
[ INFO] [WallTime: 1489676220.204836] [0.498000] Loading controller: joint5_position_controller
```

图 10-39　控制器插件加载成功的日志信息

那怎么让机器人运动起来呢？当然是发送控制运动的话题消息。使用 rostopic list 命令查看当前系统中的话题列表，应该可以看到如图 10-40 所示的控制器订阅的控制命令话题。

```
→ ~ rostopic list
/arm/joint1_position_controller/command
/arm/joint2_position_controller/command
/arm/joint3_position_controller/command
/arm/joint4_position_controller/command
/arm/joint5_position_controller/command
/arm/joint6_position_controller/command
/arm/joint_states
```

图 10-40　查看控制器订阅的控制命令话题

这些话题消息的类型都比较简单，只包含一个 64 位浮点数的位置指令，所以需要让哪个轴转动，就发布相应哪个轴的消息。例如要让机器人的 joint2 运动到弧度为 1 的位置，只需要发布以下话题消息：

```
$ rostopic pub /arm/joint2_position_controller/command std_msgs/Float64 1.0
```

消息发布后，gazebo 中的机械臂应该立刻就会开始运动，joint2 会移动到如图 10-41 所示弧度为 1 的位置。

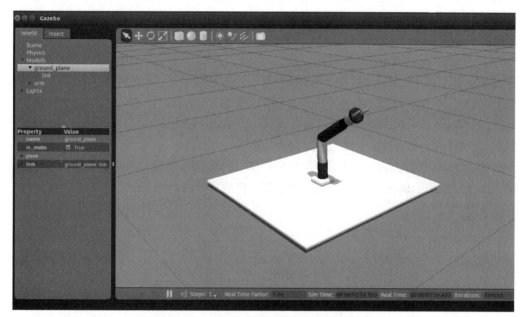

图 10-41　通过控制器话题控制机械臂运动

可以使用以下命令监控每个轴的实时状态（见图 10-42）：

```
$ rostopic echo /arm/joint_states
```

```
→ ~ rostopic echo /arm/joint_states
header:
  seq: 1901
  stamp:
    secs: 38
    nsecs: 487000000
  frame_id: ''
name: ['finger_joint1', 'joint1', 'joint2', 'joint3', 'joint4', 'joint5', 'joint6']
position: [2.418285520594963e-06, 1.1763014642340863e-06, 1.000000479829585, 3.0625622660096496e-07, -6.694
447867161557e-07, -1.7263583185211928e-07, -3.420733651893215e-07]
velocity: [-5.58499731058399e-06, -3.468757003036038e-05, 0.00047982954746213235, 0.0002276640124767349, -5
.173991076501893e-05, -0.00012122663022108804, -4.5985652314605775e-05]
effort: [0.0, 0.0, 0.0, 0.0, 0.0, 0.0, 0.0]
```

图 10-42　实时监测机械臂六轴状态

10.12　使用 MoveIt! 控制 Gazebo 中的机械臂

10.10 节在 Gazebo 中的运动控制还是有点简单，虽然可以控制机器人运动，但是无法完成复杂运动的规划。此时我们又想到了专门做运动规划的 MoveIt!，那么能不能通过 MoveIt! 实现 Gazebo 中仿真机器人的运动规划呢？答案当然是肯定的，接下来学习如何打通 MoveIt! 和 Gazebo 之间的通信。

10.12.1　关节轨迹控制器

MoveIt! 完成运动规划后的输出接口是一个命名为"FollowJointTrajectory"的 action，其中包含一系列规划好的路径点轨迹，如何将这些信息转换成 Gazebo 中机器人需要输入的 joint 位置呢？ros_control 为我们提供了一个名为"Joint Trajectory Controller"的控制器插件，它可以完成这项工作。

Joint Trajectory Controller 用来控制一组 joint 在关节空间的运动，通过接收到的路径点信息，可以使用样条插补函数计算得到机器人各关节的周期位置。这里的样条函数有以下几种。

1）线性样条：只能保证位置的连续，速度、加速度不连续。

2）三次样条：可以保证位置和速度的连续，但是加速度不连续。

3）五次样条：保证位置、速度、加速度都连续。

这个控制器的使用方法和其他控制器的类似，同样需要创建一个配置文件。这里创建 marm_gazebo/config/trajectory_control.yaml 配置文件的具体内容如下：

```
arm:
    arm_joint_controller:
        type: "position_controllers/JointTrajectoryController"
        joints:
            - joint1
            - joint2
            - joint3
            - joint4
            - joint5
            - joint6

        gains:
            joint1:   {p: 1000.0, i: 0.0, d: 0.1, i_clamp: 0.0}
            joint2:   {p: 1000.0, i: 0.0, d: 0.1, i_clamp: 0.0}
            joint3:   {p: 1000.0, i: 0.0, d: 0.1, i_clamp: 0.0}
            joint4:   {p: 1000.0, i: 0.0, d: 0.1, i_clamp: 0.0}
            joint5:   {p: 1000.0, i: 0.0, d: 0.1, i_clamp: 0.0}
            joint6:   {p: 1000.0, i: 0.0, d: 0.1, i_clamp: 0.0}


    gripper_controller:
        type: "position_controllers/JointTrajectoryController"
        joints:
            - finger_joint1
            - finger_joint2
        gains:
            finger_joint1: {p: 50.0, d: 1.0, i: 0.01, i_clamp: 1.0}
            finger_joint2: {p: 50.0, d: 1.0, i: 0.01, i_clamp: 1.0}
```

以上配置文件包含两个部分：首先是机械臂六个轴的轨迹控制，其次是终端夹爪的轨迹控制，都配置有相应的控制参数。

接下来同样通过 launch 文件加载 Joint Trajectory Controller，创建 marm_gazebo/launch/ arm_trajectory_controller.launch 文件，代码如下：

```
<launch>

    <rosparam file="$(find marm_gazebo)/config/trajectory_control.yaml" command="load"/>

    <node name="arm_controller_spawner" pkg="controller_manager" type="spawner" respawn="false" output="screen" ns="/arm" args="arm_joint_controller gripper_controller"/>

</launch>
```

10.12.2　MoveIt! 控制器

在 MoveIt! 端也要修改之前控制器的配置文件 controllers.yaml。重新创建一个 MoveIt! 控制器的配置文件 marm_moveit_config/config/controllers_gazebo.yaml，代码如下：

```
controller_manager_ns: controller_manager
controller_list:
  - name: arm/arm_joint_controller
      action_ns: follow_joint_trajectory
      type: FollowJointTrajectory
      default: true
      joints:
          - joint1
          - joint2
          - joint3
          - joint4
          - joint5
          - joint6

  - name: arm/gripper_controller
      action_ns: follow_joint_trajectory
      type: FollowJointTrajectory
      default: true
      joints:
          - finger_joint1
          - finger_joint2
```

controllers_gazebo.yaml 的内容与 controllers.yaml 的几乎一致，区别在于添加了控制器的命名空间，否则无法与 Gazebo 中 ros_controller 发布的 action 对接，会提示 action 客户端连接失败的错误（见图 10-43）。

图 10-43　action 客户端无法连接的错误日志

然后修改 marm_moveit_config 功能包中的 arm_moveit_controller_manager.launch，加载修改之后的控制器配置文件，代码如下：

```
<launch>
    <!-- Set the param that trajectory_execution_manager needs to find the controller
plugin -->
    <arg name="moveit_controller_manager" default="moveit_simple_controller_manager/
MoveItSimpleControllerManager" />
    <param name="moveit_controller_manager" value="$(arg moveit_controller_manager)"/>

    <!--加载控制器 -->
    <!-- Arbotix -->
    <!-- <rosparam file="$(find marm_moveit_config)/config/controllers.yaml"/> -->
    <!-- Gazebo -->
    <rosparam file="$(find marm_moveit_config)/config/controllers_gazebo.yaml"/>
</launch>
```

10.12.3　关节状态控制器

关节状态控制器是一个可选插件，主要作用是发布机器人的关节状态和 TF 变换，否则在 rviz 的 Fixed Frame 设置中看不到下拉列表中的坐标系选项，只能手动输入，但是依然可以正常使用。

关节状态控制器的配置在 marm_gazebo/config/arm_gazebo_joint_states.yaml 文件中设置，内容较为简单：

```
arm:
    # Publish all joint states ----------------------------------
    joint_state_controller:
        type: joint_state_controller/JointStateController
        publish_rate: 50
```

然后创建 marm_gazebo/launch/arm_gazebo_states.launch 实现参数加载：

```
<launch>
    <!-- 将关节控制器的配置参数加载到参数服务器中 -->
    <rosparam file="$(find marm_gazebo)/config/arm_gazebo_joint_states.yaml" command=
"load"/>

    <node name="joint_controller_spawner" pkg="controller_manager" type="spawner"
respawn="false" output="screen" ns="/arm" args="joint_state_controller" />

    <!-- 运行 robot_state_publisher 节点，发布 TF -->
    <node name="robot_state_publisher" pkg="robot_state_publisher" type="robot_
state_publisher" respawn="false" output="screen">
        <remap from="/joint_states" to="/arm/joint_states" />
    </node>

</launch>
```

10.12.4　运行效果

创建一个名为 marm_gazebo/launch/arm_bringup_moveit.launch 的顶层启动文件，启动 Gazebo，并且加载所有的控制器，最后还要启动 MoveIt!，代码如下：

```
<launch>

    <!-- Launch Gazebo  -->
    <include file="$(find marm_gazebo)/launch/arm_world.launch" />

    <!-- ros_control arm launch file -->
    <include file="$(find marm_gazebo)/launch/arm_gazebo_states.launch" />

    <!-- ros_control trajectory control dof arm launch file -->
    <include file="$(find marm_gazebo)/launch/arm_trajectory_controller.
launch" />

    <!-- moveit launch file -->
    <include file="$(find marm_moveit_config)/launch/moveit_planning_execution.
launch" />

</launch>
```

现在通过 launch 文件运行 MoveIt! 和 Gazebo：

```
$ roslaunch marm_gazebo arm_bringup_moveit.launch
```

稍等一会，rviz 和 Gazebo 就会启动，如果启动失败，则重启一次。

在打开的 rviz 中，可能暂时还看不到任何机器人模型，甚至还会提示一些错误，没关系，简单配置一下就可以解决这些问题。

首先将 "Fixed Frame" 修改成 "bottom_link"；然后点击左侧插件列表栏中的 "Add" 按钮，将 MotionPlanning 加入控制窗口。此时应该可以看到机器人出现在右侧主界面中，Gazebo 中机器人的姿态应该和 rviz 中的显示一致。

接下来使用 MoveIt! 规划运动的几种方式就可以控制 Gazebo 中的机器人了。例如选择图 10-44 所示的一个随机位置，点击 "Plan and Execute" 标签。

如图 10-45 所示，很快就可以看到 Gazebo 中的机器人开始运动了，同时 rviz 中的机器人模型也会同步显示状态，两者保持一致。

现在 MoveIt! 和 Gazebo 就连接到一起了，Gazebo 中的仿真机器人和真实机器人非常相似，不仅可以使用 rviz 可视化插件控制仿真机器人，也可以通过 MoveIt! 的代码接口控制机器人。所以 10.9 节的相关例程也可以直接用来控制 Gazebo 中的仿真机器人，rviz 和 Gazebo 的机器人将保持一致，按照程序控制实现例程中的运动功能。

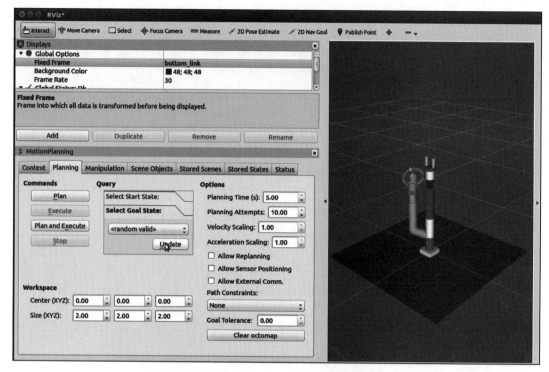

图 10-44　使用 MoveIt! 进行运动规划

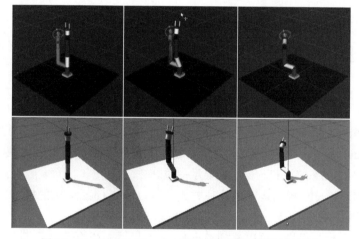

图 10-45　MoveIt!+Gazebo 机器人仿真控制的运行效果

10.13　ROS-I

工业机器人是机器人中非常重要的一个部分，在工业领域应用广泛而且成熟。ROS 迅猛发展的过程中，也不断渗入工业领域，从而产生一个新的分支——ROS-Industrial（ROS-I，见图 10-46）。

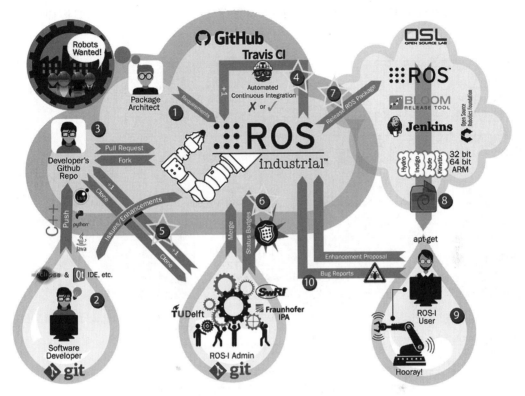

图 10-46　ROS-I 的软件开发流程

10.13.1　ROS-I 的目标

　　ROS 向工业领域的渗透，可以将 ROS 中丰富的功能、特性带给工业机器人，比如运动规划、运动学算法、视觉感知，以及 rviz、Gazebo 等工具，不仅降低了原本复杂、严格的工业机器人的研发门槛，而且在研发成本方面也有较大优势。

　　总之，ROS-I 的目标包含以下几个方面。

- 将 ROS 强大的功能应用到工业生产的过程中。
- 为工业机器人的研究与应用提供快捷有效的开发途径。
- 为工业机器人创建一个强大的社区支持。
- 为工业机器人提供一站式的工业级 ROS 应用开发支持。

10.13.2　ROS-I 的安装

　　在完整安装 ROS 之后，通过以下命令就可以安装 ROS-I 的相关功能包：

```
$ sudo apt-get install ros-kinetic-industrial-core
```

10.13.3 ROS-I 的架构

ROS-I 在 ROS 的基础上，针对工业应用增加了不少功能模块，整体架构如图 10-47 所示。

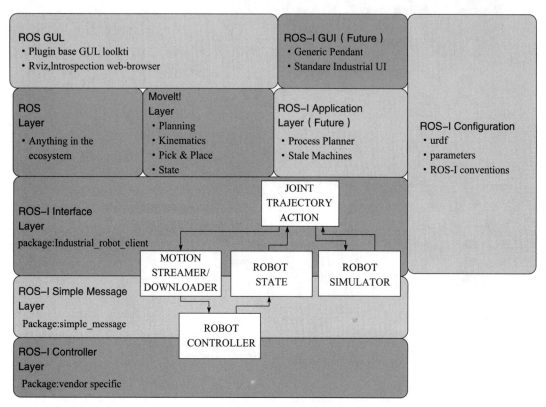

图 10-47 ROS-I 的总体架构

- GUI：上层 UI 分为两部分：一部分是 ROS 中现在已有的 UI 工具；另外一部分是专门针对工业机器人通用的 UI 工具，但目前还是未来规划中的一个模块。
- ROS Layer：ROS 基础框架，提供核心通信机制。
- MoveIt! Layer：为工业机器人提供规划、运动学等核心功能的解决方案。
- ROS-I Application Layer（Future）：处理工业生产的具体应用，目前也是针对未来的规划。
- ROS-I Interface Layer：接口层，包括工业机器人的客户端，可以通过 simple message 协议与机器人的控制器通信。
- ROS-I Simple Message Layer：通信层，用于定义通信的协议、打包和解析通信数据。
- ROS-I Controller Layer：机器人厂商开发的工业机器人控制器。

从整体架构可以看到，ROS-I 在复用已有 ROS 框架、功能的基础上，在工业领域进行了针对性的拓展，而且可以通用于不同厂家的机器人控制器。如果希望通过 ROS-I 来控制自己的机器人，最下面的三层是需要实现的重点，上层运动规划部分可以交给 ROS 来完成。

首先是 ROS-I Interface Layer 层，这一层需要设计一个机器人的客户端节点，主要功能是完成数据从 ROS 到机械臂的转发。ROS-I 提供了许多编程接口，可以帮助我们快速开发，具体 API 的使用说明可以查看官方文档。

对于机械臂来讲，这里最重要的是 robot_state 和 joint_trajectory。joint_trajectory 订阅 MoveIt! 规划出来的轨迹消息，然后打包发送给最下层的机器人服务器。robot_state 包括很多机器人的状态信息，ROS-I 都已经帮我们定义好，可以在 industrial_msgs 功能包里看到该消息定义的内容，如下：

```
Header header

# 机器人的操作模式
industrial_msgs/RobotMode mode

# 机器人的急停控制
industrial_msgs/TriState e_stopped

# 机器人的驱动电源状态
industrial_msgs/TriState drives_powered

# 机器人的运动使能
industrial_msgs/TriState motion_possible

# 机器人的运动状态：机器人运动时为 True，否则为 False
industrial_msgs/TriState in_motion

# 机器人的错误状态
industrial_msgs/TriState in_error

# 错误代码（厂家定义，非 0 值）
int32 error_code
```

然后是 ROS-I Simple Message Layer 层，主要是上下两层的通信协议。Simple Message 协议基于 TCP/UDP，客户端和服务器的消息交互全部通过这一层提供的 API 进行打包和解析。具体使用方法可以参考 http://wiki.ros.org/simple_message，主要实现 SimpleSerialize 和 TypedMessage 两个类的功能即可。

最下层的 ROS-I Controller Layer 是厂家自己的控制器，考虑到实时性的要求，一般不会使用 ROS，只要留出 TCP/UDP 等接口。控制器接收到 trajectory 消息并且解析之后，按照厂家自己的算法驱动机器人完成运动。

第 13 章笔者会以亲自参与开发的 Kungfu Arm 工业机器人控制系统为例，演示 ROS-I 的实际应用。

10.14　本章小结

MoveIt! 为开发者提供了一个易于使用的集成化开发平台，由一系列移动操作的功能包组成，包含运动规划、操作控制、3D 感知、运动学、控制与导航算法等。本章我们一起学习了如何使用 MoveIt! 实现机械臂的运动规划、自主避障、抓取放置等多个功能，主要包含以下四个步骤。

1）组装：创建机器人 URDF 模型。

2）配置：使用 MoveIt! Setup Assistant 工具生成配置文件。

3）驱动：添加机器人控制器（真实机器人）或控制器插件（仿真机器人）。

4）控制：MoveIt! 控制机器人运动（算法仿真、物理仿真）。

机械臂主要应用于工业环境，所以也催生了 ROS-I 分支，可以将 ROS 中丰富的功能、特性带给工业机器人。

人工智能是近年来最为热门的技术之一，下一章将把人工智能中的关键——机器学习集成到 ROS 中，以实现多种人工智能的应用功能。

第 11 章
ROS 与机器学习

    2016 年 3 月，AlphaGo 战胜李世石这一事件挑起了大众对人工智能的好奇。之后 AlphaGo "闭关修炼"，又在 2017 年年初化身 Master，在奕城和野狐等平台上连胜中日韩围棋高手，取得 60 局连胜，其中包括围棋世界冠军井山裕太、朴廷桓、柯洁，以及棋圣聂卫平等。2017 年 5 月，AlphaGo 再次出马，挑战世界排名第一的柯洁，也完胜。但更让人惊讶的是，几个月后，自学围棋仅 3 天的 AlphaGo Zero 横空出世，并以 100∶0 的战绩击败前辈 AlphaGo。紧接着，AlphaGo 再次超进化为 AlphaZero，仅训练 8 个小时就战胜最强围棋 AI——AlphaGo Zero、最强国际象棋 AI——Stockfish、最强将棋 AI——Elmo！

    机器学习作为人工智能的核心，虽是近年来最激动人心的技术之一，但也早已广泛应用于在我们的生活中。例如，图 11-1 所示的 Google News 页面，相似新闻内容的链接会整理到一个主题之下，这个功能就是在机器学习的帮助下实现的。

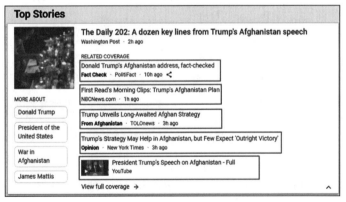

图 11-1　Google News 页面

    当我们使用照片处理应用时，软件会自动识别出相同人脸的照片；当我们使用电子邮箱时，垃圾邮件过滤器可以帮助我们过滤大量垃圾邮件；当我们使用语音助手时，它可以根据听到的语音命令帮助我们购买需要的外卖。这些都是机器学习在我们生活中应用的实例。

    机器学习是让机器人获得类似于人的智能。本章将带你了解一个机器学习的重要框架——TensorFlow，并将其集成到 ROS 中，借助 ROS 便捷的开发工具，实现多种机器学习和人工智能的应用功能。

- 线性回归：使用 TensorFlow 框架实现机器学习中的一种基础算法——线性回归，通过大量的数据训练使代价函数最小，从而获得数据的直线拟合方程。
- 手写数字识别：使用 TensorFlow 框架训练大量手写数字的数据，然后将 ROS 采集到的摄像头数据放置到训练模型中，以求得概率最大的识别数字。
- 物体识别：TensorFlow Object Detection API 可以帮助我们识别摄像头数据中的物体类型和位置。与第 7 章中物体识别不同的是，这里我们不需要已知物体的模型，庞大的数据可以帮助我们更好地识别未知物体。

11.1   AlphaGo 的大脑——TensorFlow

AlphaGo 之所以可以打败所有人，是因为它有一个"最强大脑"，这个大脑就建立在 TensorFlow 之上。

TensorFlow 是 Google 于 2015 年 11 月开源的一个机器学习及深度学习框架，一出现就受到极大关注，一个月内在 GitHub 上获得超过一万颗星的关注，目前在所有机器学习、深度学习项目中排名第一，甚至在所有 Python 项目中也排名第一。2017 年 1 月，Google 发布 TensorFlow 1.0 版本，API 开始趋于稳定，而 TensorFlow 仍然处于快速开发迭代中，有大量的新功能及性能优化在持续开发中。相信有 Google 强大的开发实力、社区的不断完善，以及研究者、企业的广泛应用，TensorFlow 一定会成为更多人工智能的大脑框架。

TensorFlow 既是一个实现机器学习算法的接口，也是一个执行机器学习算法的框架，如图 11-2 所示，它的前端支持 Python、C++、Go、Java 等多种开发语言，后端使用 C++、CUDA 等实现，可以在众多异构系统上进行移植，例如 Android 系统、iOS 系统、普通 CPU 服务器，甚至大规模 GPU 集群。

除了执行深度学习算法，TensorFlow 还可以用来实现很多其他算法，包括线性回归、逻辑回归、随机森林等。TensorFlow 建立的大

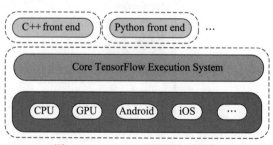

图 11-2   TensorFlow 的应用框架

规模深度学习模型的应用场景也非常广泛，包括语音识别、自然语言处理、计算机视觉、机器人控制、信息抽取、药物研发等，使用 TensorFlow 开发的模型在这些领域也获得了最前沿的成果。

11.2   TensorFlow 基础

11.2.1   安装 TensorFlow

TensorFlow 的安装可以直接使用 Python 包管理工具 pip 完成。首先使用如下命令在

Ubuntu 系统中安装 pip 工具：

```
$ sudo apt-get install python-pip python-dev
```

然后设置 TensorFlow 的下载地址并进行安装：

```
$ export TF_BINARY_URL=https://storage.googleapis.com/
tensorflow/linux/cpu/tensorflow-1.4.0-cp27-none-linux_x86_64.whl
$ sudo pip install --upgrade $TF_BINARY_URL
```

本书以 TensorFlow 1.4 版本为例介绍 ROS 与 TensorFlow 的集成与应用。

安装过程中可能会遇到如图 11-3 所示的问题，这是因为系统默认安装的 pip 版本过低。需要使用如下命令更新为新版的 pip：

```
$ sudo -H pip install --upgrade pip
```

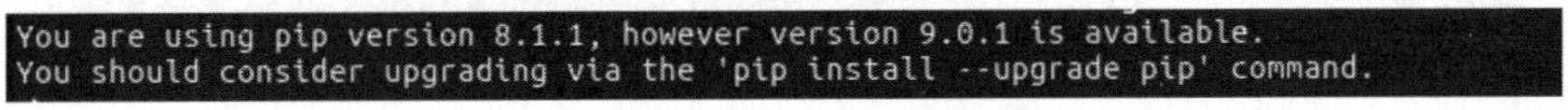

图 11-3　pip 版本过低导致的错误日志

再重新运行以上 TensorFlow 的安装命令，终端安装进度的显示如图 11-4 所示。

图 11-4　TensorFlow 的安装过程

安装时长根据网络情况而定，如果网络较好，10min 左右就可以完成安装，并看到如图 11-5 所示安装成功的日志信息（系统中已经满足依赖的软件不会重复安装）。

```
Successfully installed enum34-1.1.6 futures-3.2.0 markdown-2.6.10 protobuf-3.5.0.post1 setu
ptools-38.2.4 tensorflow-1.4.0 tensorflow-tensorboard-0.4.0rc3 werkzeug-0.13
```

图 11-5　TensorFlow 安装完成的日志信息

安装成功后，可以在终端中打开 Python 环境，输入以下代码，使用 TensorFlow 实现"Hello, TensorFlow"例程（见图 11-6）：

```
>>> import tensorflow as tf
>>> hello  = tf.constant('Hello, TensorFlow!')
>>> sess = tf.Session()
>>> print(sess.run(hello))
```

```
→ ~ python
Python 2.7.12 (default, Nov 20 2017, 18:23:56)
[GCC 5.4.0 20160609] on linux2
Type "help", "copyright", "credits" or "license" for more information.
>>> import tensorflow as tf
>>> hello = tf.constant('Hello, TensorFlow!')
>>> sess = tf.Session()
2017-12-16 16:05:18.363202: I tensorflow/core/platform/cpu_feature_guard.cc:137] Your
 CPU supports instructions that this TensorFlow binary was not compiled to use: SSE4.
1 SSE4.2 AVX AVX2 FMA
>>> print(sess.run(hello))
Hello, TensorFlow!
```

图 11-6　在 Python 中实现"Hello, TensorFlow"例程

运行 tf.Session() 后会出现一条关于 CPU 的提示信息，这是因为我们直接安装了 TensorFlow 的二进制文件，没有针对所使用的计算机硬件配置编译选项，所以无法发挥出 TensorFlow 的最佳性能。要解决这个问题，可以从源码配置入手并编译 TensorFlow。关于这个提示信息对程序并没有影响，也可以直接忽视它。

11.2.2　核心概念

11.2.1 节的"Hello, TensorFlow"例程并不是一个简单的日志输出，而是使用由 TensorFlow 接口构建的节点组成的一个计算图。关于计算图的概念，是不是很熟悉，因为 ROS 框架中也有计算图的概念。接下来我们就一起了解一下 TensorFlow 框架中的核心概念。

1. 图（graph）

TensorFlow 中的计算可以表示为一个有向图（directed graph），或称计算图（computation graph），其中每个运算操作（operation）都将作为一个节点（node），节点与节点之间的连接称为边（edge）。这个计算图用于描述数据的计算流程，负责维护和更新状态。用户可以使用 Python、C++、Go、Java 等多种语言设计这个通过数据计算的有向图，也可以对计算图的分布进行条件控制或循环操作。

图 11-7 所示的是一个线性回归模型的计算图。这个计算图中的每个节点描述了一种运算操作，可以有任意多个输入和输出。在计算图中流动（flow）的数据称为张量（tensor），故得名 TensorFlow。tensor 的数据类型既可以事先定义，也可以根据计算图的结构推断得出。有

一类特殊边中没有数据流动，我们称这种边为依赖控制，作用是让它的起始节点执行完成后再执行目标节点，用户可以使用这样的边进行灵活的条件控制，比如限制内存使用的最高峰值。

2. 会话（session）

客户端通过创建会话与 TensorFlow 系统进行交互，会话持有并管理 TensorFlow 程序运行时的所有资源。会话接口提供的一个主要操作函数是 Run()，以需要计算的输出名称和替换某些输出节点张量的操作集合作为其参数输入。大多数 TensorFlow 的使用都是针对一个图启动一个会话，然后执行整个图或者通过 Run() 函数多次执行分离的子图。

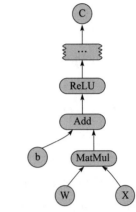

图 11-7　线性回归模型的计算图

3. 变量（variable）

在大多数计算中，图都是执行多次的，大多数张量在一次执行后不会存活。然而，变量是一种特别的操作，可以返回一个在图执行若干次后依然存活的可变张量的句柄。这个句柄可以传递给一系列特定的操作，例如 Assign 和 AssignAdd（等同于 +=）就可以改变其引用的张量。对应 TensorFlow 在机器学习中的应用，模型的参数一般就存放在变量引用的张量中，并作为模型训练图时的一部分进行更新。

11.2.3　第一个 TensorFlow 程序

介绍完 TensorFlow 的理论与概念后，下面尝试使用 TensorFlow 的 API 编写一个完整的例程：实现两个矩阵的乘法。例程实现的源码 tensorflow_scripts/first_tensorflow_code.py 如下：

```
# 包含tensorflow库
import tensorflow as tf

# 定义两个矩阵
matrix1 = tf.constant([[1., 2.],[3., 4.]])
matrix2 = tf.constant([[4., 3.],[2., 1.]])

# 定义一个字符串
message = tf.constant('Results of matrix operations')

# 矩阵相乘
product = tf.matmul(matrix1, matrix2)

# 定义一个会话
sess = tf.Session()
# 在会话中运行以上运算
result = sess.run(product)
```

```
# 输出计算结果
print(sess.run(message))
print(result)

# 关闭会话
sess.close()
```

下面详细研究这个例程的实现过程。

```
import tensorflow as tf
```

使用 TensorFlow 的第一步就是引用 TensorFlow 提供的 API 库。

```
matrix1 = tf.constant([[1., 2.],[3., 4.]])
matrix2 = tf.constant([[4., 3.],[2., 1.]])
```

tf.constant (value, dtype = None, shape = None,name = 'Const') 接口用来创建一个常量 tensor，按照输入的 value 赋值，可以用 shape 指定其形状。value 可以是一个数，也可以是一个 list。这里定义了两个矩阵类型的 tensor 常量：

$$matrix1 = \begin{bmatrix} 1.0 & 2.0 \\ 3.0 & 4.0 \end{bmatrix}, matrix2 = \begin{bmatrix} 4.0 & 3.0 \\ 2.0 & 1.0 \end{bmatrix}$$

```
# 定义一个字符串
message = tf.constant('Results of matrix operations')
```

然后再定义一个字符串类型的 tensor 常量。

```
product = tf.matmul(matrix1, matrix2)
```

tf.matmul 可以实现矩阵的乘法。若 a 为 l×m 的矩阵，b 为 m×n 的矩阵，那么通过 tf.matmul (a, b) 就会得到一个 l×n 的矩阵。这里相当于定义了一个矩阵乘法的计算模型，也就是计算图：

$$product = matrix1 \times matrix2 = \begin{bmatrix} 1.0 & 2.0 \\ 3.0 & 4.0 \end{bmatrix} \times \begin{bmatrix} 4.0 & 3.0 \\ 2.0 & 1.0 \end{bmatrix}$$

```
sess = tf.Session()
```

tf.Session() 会将定义好的计算图加载到会话中。TensorFlow 构建模型的第一步是用代码搭建计算图模型，此时计算图是静止的，不产生任何运算结果，必须使用 Session 来驱动。

```
result = sess.run(product)
```

现在就可以运行矩阵乘法这个模型的计算图了，结果保存到 result 中。

```
print(sess.run(message))
print(result)
```

字符串相当于只有一个节点，运行这个计算图没有其他运算，直接返回该节点字符串，然后打印两个计算图的运算结果。

```
sess.close()
```

程序运行结束，关闭会话。

打开一个终端，使用如下命令运行第一个 TensorFlow 程序，应该可以看到如图 11-8 所示的计算结果：

```
python first_tensorflow_code.py
```

```
Results of matrix operations
[[  8.   5.]
 [ 20.  13.]]
```

图 11-8　第一个 TensorFlow 程序的运行结果

再次回顾第一个 TensorFlow 的例程代码，我们使用 tf.constant 的方式直接定义了计算图中的两个矩阵。在 TensorFlow 的常用方法中，还会用到另外一种定义方式：

```
matrix1 = tf.placeholder(tf.float32)
matrix2 = tf.placeholder(tf.float32)
```

placeholder 又叫占位符，是一个抽象的概念，用于表示输入输出数据的格式，告诉系统这里有一个值 / 向量 / 矩阵，现在没办法给出具体的数值，但是在正式运行的过程中会补上。这样我们在设计计算图时，可以把注意力集中到模型本身上，而不是具体数值上。

```
result = sess.run(product, feed_dict={matrix1: [[1., 2.],[3., 4.]], matrix2:
[[4., 3.],[2., 1.]]})
```

在运行时，需要使用 feed_dict 来设置模型参数的具体数值。运行后的效果与之前是一致的。

11.3　线性回归

下面介绍机器学习的一种基础算法——线性回归。

11.3.1　理论基础

线性回归属于机器学习中的监督学习，就是先给定一个标记过的数据集，根据这个数据集学习出一个线性函数，然后测试训练出的函数是否满足需求，即此函数是否足够拟合数据集中的数据，再根据代价函数挑选出最好的函数即可。

1. 线性回归模型

线性回归模型有很多种，此处只考虑单变量线性回归模型：因为是线性回归，所以学习到的函数为线性函数；因为是单变量，所以只有一个 x 变量。

单变量线性回归模型的公式如下：

$$h_\theta(x) = \theta_0 + \theta_1 x$$

其中 x 代表特征（feature），$h(x)$ 代表假设（hypothesis）。

2. 代价函数

为了评价线性函数拟合的优劣，需要引入一个评价拟合程度的指标——代价函数。代价函数的值越小，说明线性回归性越好，也就是模型和数据集的拟合程度越好，若值为 0，则表示完全拟合。

代价函数的模型也通过数学公式表示，如下：

$$J(\theta_0, \theta_1) = \frac{1}{2m} \sum_{t=1}^{m} (h_\theta(x^{(i)}) - y^{(i)})^2$$

其中：$x^{(i)}$ 表示向量 x 中的第 i 个元素；$y^{(i)}$ 表示向量 y 中的第 i 个元素；$h_\theta(x^{(i)})$ 表示已知的假设函数；m 表示数据集的数量。

在 θ_0 和 θ_1 都不固定的情况下，θ_0、θ_1、J 的代价函数如图 11-9 所示。

3. 梯度下降

给定一个拟合函数，虽然能够根据代价函数知道这个函数拟合的优劣，但是函数这么多，总不能一个一个地试吧？于是此处引出梯度下降算法，它能够找出代价函数的最小值。

梯度下降算法原理请参阅相关文献，这里通过以下方式意会：将函数比成一座山，我们站在某个山坡上往四周看，从哪个方向向下走一步能够下降得最快。

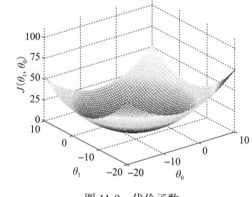

图 11-9　代价函数

- 先确定向下走一步的步伐大小，称为 Learning Rate，也就是学习速率。
- 给定任意初始值：θ_0 和 θ_1。
- 确定一个向下的方向，向下走预定的步伐，并更新 θ_0 和 θ_1。
- 当下降的高度小于某个定义的阈值时，则停止下降。

图 11-10 就形象地描绘了梯度下降的过程。从图中可以看出：初始点不同，获得的最小值也不同。因此，梯度下降求得的只是局部最小值。

下降的步伐大小非常重要，如果太小，则找到函数最小值的速度很慢；如果太大，则可能会出现 Overshoot the Minimum 现象。如果在 Learning Rate 取值后发现代价函数值增加，则需要减小 Learning Rate。

总之，梯度下降能够求出代价函数的最小值，从而求得线性回归函数的模型。下面将尝试使用 TensorFlow 来解决简单的线性回归问题。

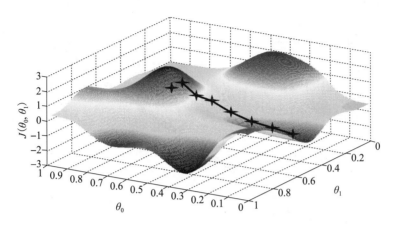

图 11-10 梯度下降算法的运算过程

11.3.2 创建数据集

数据集是线性回归模型的基础，在使用 TensorFlow 进行机器学习之前，需要创建一个数据集。可以上网下载已有线性回归问题的数据集，例如某小区房价和房屋面积的关系、机票价格和时间的关系等。本节使用一种简单的方式创建一个随机数据集，使之满足线性回归问题的条件。

使用 Python 中的 numpy 库创建一组有一定规律的数据集，实现源码请参见 tensorflow_scripts/linear_regression_data.py，具体如下：

```python
import numpy as np
import matplotlib.pyplot as plt

# 从 -1 到 1 等差采样 101 个点
trX = np.linspace(-1, 1, 101)
# 根据线性关系计算每个 x 对应的 y 值，并加入一些噪声
trY = 2 * trX + \
        np.ones(*trX.shape) * 4 + \
        np.random.randn(*trX.shape) * 0.03

# 创建点图
plt.figure(1)  # 选择图表 1
plt.plot(trX, trY, 'o')

plt.xlabel('trX')      # 为 x 轴添加注释
plt.ylabel('trY')      # 为 y 轴添加注释

plt.show()
```

以上代码中，首先使用 linspace 创建了 101 个等差排列的 x 值；然后通过线性关系计算

出对应于每个点的 y 值，再加入小范围的随机噪声；最后使用 matplotlib 工具将所有点绘制出来，如图 11-11 所示。

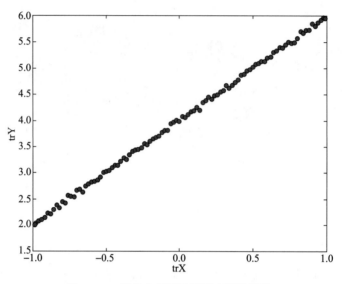

图 11-11   带有小范围随机噪声的数据集

以上代码中的［trX, trY］就是创建好的数据集，通过可视化显示，可以看出这些点的线性回归模型大约是 trY=2*trX+4，因为采用这样一条直线就可以较好地拟合所有点。接下来尝试使用 TensorFlow、利用机器学习的方式，将这条线性回归的直线模型训练出来。

11.3.3   使用 TensorFlow 解决线性回归问题

利用机器学习训练以上数据集线性回归模型的方法在源码 tensorflow_scripts/linear_regression.py 中实现，具体如下：

```
import tensorflow as tf
import numpy as np

# 从 -1 到 1 等差采样 101 个点
trX = np.linspace(-1, 1, 101)
# 根据线性关系计算每个 x 对应的 y 值，并加入一些噪声
trY = 2 * trX + \
        np.ones(*trX.shape) * 4 + \
        np.random.randn(*trX.shape) * 0.03

# 创建变量占位符
X = tf.placeholder(tf.float32)
Y = tf.placeholder(tf.float32)

# 创建模型
```

```
w = tf.Variable(0.0, name="weights")
b = tf.Variable(0.0, name="biases")
y_model = tf.multiply(X, w) + b   # 线性回归模型y=X*w + b

# 创建代价函数
cost = tf.square(Y - y_model)

# 构建一个优化器，尽量拟合所有的数据点，使得代价函数的值最小
train_op = tf.train.GradientDescentOptimizer(0.01).minimize(cost)

# 在会话中运行计算图
sess = tf.Session()
# 初始化所有变量
init = tf.global_variables_initializer()
sess.run(init)

# 开始训练模型
for i in range(100):
        for (x, y) in zip(trX, trY):
                                sess.run(train_op, feed_dict={X: x, Y: y})
w_ = sess.run(w) # it should be something around 2
b_ = sess.run(b) # it should be something atound 4

# 打印训练得到的线性回归模型
print("Result : trY=" + str(w_) + "*trX + " + str(b_))
```

整体来看，代码并不是很长，首先需要使用 11.3.2 节的方法创建数据集。

```
w = tf.Variable(0.0, name="weights")
b = tf.Variable(0.0, name="biases")
y_model = tf.multiply(X, w) + b   # 线性回归模型y=X*w + b
```

然后设计线性回归模型。tf.Variable() 可以在计算图中创建一个节点，节点类型是一个变量；y_model 就是我们设计的单变量线性回归模型。一个 Variable 代表一个可修改的张量，保存在 TensorFlow 用于描述交互性操作的图中。

```
cost = tf.square(Y - y_model)
```

接着创建模型的评价指标，也就是代价函数。tf.square() 用来计算平方值。

```
train_op = tf.train.GradientDescentOptimizer(0.01).minimize(cost)
```

在理论部分介绍了梯度下降算法，TensorFlow 中提供了梯度下降算法的优化器，可以直接使用 tf.train.GradientDescentOptimizer (learning_rate) 方法调用。其中 learning_rate 代表学习速率，也就是训练过程中的步长参数。优化器的训练目的是使代价函数 cost 最小，使用 minimize() 设置。

```
sess = tf.Session()
init = tf.global_variables_initializer()
```

```
sess.run(init)
```

一定记住使用 tf.Session() 创建会话。此外，由于在之前的代码中设置了变量，所以需要调用 tf.global_variables_initializer() 初始化所有变量节点。

```
for i in range(100):
    for (x, y) in zip(trX, trY):
                                    sess.run(train_op, feed_dict={X: x, Y: y})
w_ = sess.run(w) # it should be something around 2
b_ = sess.run(b) # it should be something around 4
```

现在可以开始训练模型了，这里进行 100 次训练，每次训练针对数据集（trX, trY）使用梯度下降求解最优模型系数。

```
print("Result : trY=" + str(w_) + "*trX + " + str(b_))
```

最后把训练得到的线性回归模型打印出来。

使用如下命令运行以上代码，查看机器学习得到的线性回归模型是否理想：

```
$ python linear_regression.py
```

输出结果如图 11-12 所示。每次运行的结果可能都不相同，这是因为数据集中的数据在一定范围内随机产生，所以每次运行产生的数据集并不一致，但是最终训练出来的线性回归模型与我们预想的一致。

```
Result : trY = 2.00919*trX + 4.00165
```

图 11-12   机器学习得到的线性回归模型

11.4   手写数字识别

11.3 节介绍了机器学习中最基础的一种算法——线性回归，本节将探索 TensorFlow 中另外一个入门级的计算机视觉任务——MNIST 手写数字识别系统，并且结合 ROS 实现手写数字的识别。

11.4.1   理论基础

MNIST（Mixed National Institute of Standards and Technology Database）是一个入门级的计算机视觉数据集，它包含类似于图 11-13 所示的各种手写数字图片。它也包含每张图片对应的标签，可以告诉我们图片中的数字是多少。比如，图 11-13 这四张图片的标签分别是 5、0、4、1。下面将训练一个机器学习模型用于预测图片里的数字。

MNIST 数据集的官网是 http://yann.lecun.com/exdb/mnist/。这里我们提供一份 Python 源代码，用于自动下载和安装这个数据集。你也可以参见 tensorflow_mnist/scripts/input_data.py，然后用以下代码导入自己的项目里，或者直接复制粘贴到需要的代码文件中。

图 11-13　手写数字图片

```
import input_data
mnist = input_data.read_data_sets("MNIST_data/", one_hot=True)
```

下载后的数据集被分成两个部分：60 000 行的训练数据集（mnist.train）和 10 000 行的测试数据集（mnist.test）。这样的划分很重要，机器学习的模型设计，必须有一个单独的测试数据集，不是用来训练而是用来评估这个模型的性能，从而更容易把设计的模型推广到其他数据集上，也就是泛化的概念。

因此每个 MNIST 数据单元由两部分组成：一张包含手写数字的图片和一个对应的标签。我们把这些图片设为"xs"，标签设为"ys"。训练数据集和测试数据集都包含 xs 和 ys，比如训练数据集的图片是 mnist.train.images，训练数据集的标签是 mnist.train.labels。

每张图片都包含 28×28 个像素。可以用一个数组来表示这张图片（见图 11-14），并把这个数组展开成一个向量，长度是 28×28 = 784。如何展开这个数组（数字间的顺序）并不重要，只要采用相同的方式展开每张图片即可。从这个角度看，MNIST 数据集的图片就是在 784 维向量空间里的点，并且有比较复杂的结构。

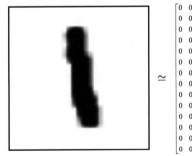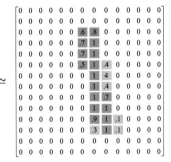

图 11-14　手写数字图片的数组表示

因此，在 MNIST 的训练数据集中，mnist.train.images 是一个形状为 [60 000，784] 的张量，第一个维度数字用来索引图片，第二个维度数字用来索引每张图片中的像素点（见图 11-15）。在此张量里的每个元素，表示某张图片里某个像素的强度值，介于 0 到 1 之间。

相应的，MNIST 数据集的标签是介于 0 到 9 之间的数字，用来描述给定图片表示的数字，这里的标签数据是"one-hot vectors"。一个 one-hot 向量除了某一位的数字是 1 以外，其余各维度的数字都是 0。数字 n 将表示

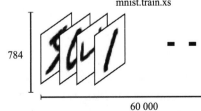

图 11-15　MNIST 的训练数据集

成一个只有在第 n 维度（从 0 开始）数字为 1 的 10 维向量，比如标签 0 表示为（[1, 0, 0, 0, 0, 0, 0, 0, 0, 0]）。因此，mnist.train.labels 是一个 [60 000, 10] 的数字矩阵（见图 11-16 ）。

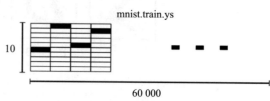

图 11-16   训练数据集的标签

准备好数据后，接下来就要设计算法，这里使用一个叫 Softmax Regression 的算法训练手写数字识别的分类模型。MNIST 的每张图片都表示一个从 0 到 9 的数字，我们希望得到给定图片代表每个数字的概率。比如，模型可能推测一张包含 9 的图片代表数字 9 的概率是 80%，但是判断它是 8 的概率是 5%，然后给予它代表其他数字概率更小的值。Softmax Regression 模型就可以用来给不同的对象分配概率，即使训练更加精细的模型，最后也常需要用 Softmax Regression 来分配概率。

为了得到一张给定图片属于某个特定数字类的证据（Evidence），我们要对图片像素值进行加权求和。如果这个像素有有利的证据说明这张图片不属于该类，那么相应的权值为负数；相反，如果这个像素有有利的证据说明这张图片属于这个类，那么相应的权值是正数。

输入往往会带入一些无关的干扰量，所以还要加入一个额外的偏置量（Bias）。对于给定输入图片 x 中的数字是 i 的证据可以表示为

$$evidence_i = \sum_j W_{i,j} \, x_j + b_i$$

其中 W_i 代表权重；b_i 代表数字 i 类的偏置量；j 代表给定图片 x 的像素索引，用于像素求和。然后用 softmax 函数把这些证据转换成概率 y：

$$y = \text{softmax (evidence)}$$

这里的 softmax 可以看作一个激励函数，是把定义的线性函数的输出转换成我们想要的格式，也就是关于 10 个数字类的概率分布。因此，给定一张图片，它对于每个数字的吻合度可以被 softmax 函数转换成一个概率值。softmax 函数可以定义为

$$\text{softmax } (x) = \text{normalize (exp } (x))$$

展开等式右边的子式，可以得到：

$$\text{softmax } (x)_i = \frac{\exp (x_i)}{\sum_j \exp (x_j)}$$

但是更多时候会把 softmax 模型函数定义为前一种形式：把输入值当成幂指数求值，再正则化这些结果值。这个幂运算表示：更大的证据对应更大假设（hypothesis）模型中的乘数权重值。反之，拥有更少的证据意味着在假设模型里拥有更小的乘数权重值（假设模型里的权值不可以是 0 或者负值）。然后 softmax 会正则化这些权重值，使它们的总和等于 1，以此构造一个有效的概率分布。

softmax 回归模型如图 11-17 所示，输入值加权求和，再分别加上一个偏置量，最后输入 softmax 函数中。

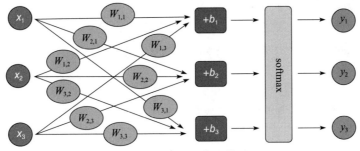

图 11-17 softmax 回归模型 1

如果把它写成一个等式，如图 11-18 所示。

$$\begin{bmatrix} y_1 \\ y_2 \\ y_3 \end{bmatrix} = \text{softmax} \begin{pmatrix} W_{1,1}\,x_1 + W_{1,2}\,x_1 + W_{1,3}\,x_1 + b_1 \\ W_{2,1}\,x_2 + W_{2,2}\,x_2 + W_{2,3}\,x_2 + b_2 \\ W_{3,1}\,x_3 + W_{3,2}\,x_3 + W_{3,3}\,x_3 + b_3 \end{pmatrix}$$

图 11-18 softmax 回归模型 2

也可以用向量（矩阵乘法和向量相加）表示这个计算过程，如图 11-19 所示。

$$\begin{bmatrix} y_1 \\ y_2 \\ y_3 \end{bmatrix} = \text{softmax} \left(\begin{bmatrix} W_{1,1} & W_{1,2} & W_{1,3} \\ W_{2,1} & W_{2,2} & W_{2,3} \\ W_{3,1} & W_{3,2} & W_{3,3} \end{bmatrix} \cdot \begin{bmatrix} x_1 \\ x_2 \\ x_3 \end{bmatrix} + \begin{bmatrix} b_1 \\ b_2 \\ b_3 \end{bmatrix} \right)$$

图 11-19 softmax 回归模型 3

更进一步，可以写成更为简洁的方式：

$$y = \text{softmax}\,(W_x + b)$$

11.4.2 TensorFlow 中的 MNIST 例程

MNIST 是 TensorFlow 中的入门例程，我们先来学习原生 MNIST 例程的代码实现，可以参见 tensorflow_mnist/scripts/train_softmax.py：

```
import input_data
import tensorflow as tf

# MNIST 数据输入
mnist = input_data.read_data_sets("MNIST_data/", one_hot=True)

x = tf.placeholder(tf.float32,[None, 784])    # 图像输入向量
W = tf.Variable(tf.zeros([784,10]))           # 权重，初始化值为全零
b = tf.Variable(tf.zeros([10]))               # 偏置，初始化值为全零
```

```
# 进行模型计算，y 为预测，y_ 为实际
y = tf.nn.softmax(tf.matmul(x,W) + b)

y_ = tf.placeholder("float", [None,10])

# 计算交叉熵
cross_entropy = -tf.reduce_sum(y_*tf.log(y))
# 接下来使用 BP 算法来进行微调（以 0.01 的学习速率）
train_step = tf.train.GradientDescentOptimizer(0.01).minimize(cross_entropy)

# 上面已设置好模型，添加初始化创建变量的操作
init = tf.initialize_all_variables()
# 启动创建的模型，并初始化变量
sess = tf.Session()
sess.run(init)

# 开始训练模型，循环训练 1000 次
for i in range(1000):
    # 随机抓取训练数据中的 100 个批处理数据点
    batch_xs, batch_ys = mnist.train.next_batch(100)
    sess.run(train_step, feed_dict={x:batch_xs,y_:batch_ys})

'' 进行模型评估 ''
# 判断预测标签和实际标签是否匹配
correct_prediction = tf.equal(tf.argmax(y,1),tf.argmax(y_,1))
accuracy = tf.reduce_mean(tf.cast(correct_prediction, "float"))
# 计算学习的模型在测试数据集上的正确率
print( sess.run(accuracy, feed_dict={x:mnist.test.images, y_:mnist.test.labels}) )
```

下面详细分析以上代码。

1. 创建模型

```
x = tf.placeholder("float", [None, 784])
```

其中 x 不是一个特定的值，而是一个占位符 placeholder，在 TensorFlow 运行计算时再输入这个值。我们希望能够输入任意数量的 MNIST 图像，每张图都可以展开为 784 维的向量。用二维的浮点数张量来表示这些图，这个张量的形状是 [None，784]，其中 None 表示此张量的第一个维度可以是任何长度。

```
W = tf.Variable(tf.zeros([784,10]))
b = tf.Variable(tf.zeros([10]))
```

模型也需要权重值和偏置量。我们赋予 tf.Variable 不同的初值来创建不同的 Variable：这里用全为零的张量来初始化 W 和 b。

W 的维度是 [784，10]，因为需要用 784 维的图片向量乘以它，从而得到一个 10 维的证据值向量，每一位对应不同的数字类。b 的形状是 [10]，所以可以直接把它加到输出上面。

现在，可以实现模型了，只需要一行代码：

```
y = tf.nn.softmax(tf.matmul(x,W) + b)
```

用 tf.matmul（x,W）表示 x 乘以 W，对应模型中的，这里 x 是一个二维张量，拥有多个输入；然后再加上 b，把两者的和输入 tf.nn.softmax 函数中。

至此，我们先用几行简短的代码设置变量，然后只用一行代码定义了模型。TensorFlow 不仅可以使 softmax 回归模型的计算变得简单，也可以用这种灵活的方式来描述机器学习、物理仿真等各种数值计算。模型被定义好后，就可以在不同的设备上运行计算机的 CPU、GPU，甚至是手机。

2. 训练模型

为了训练模型，我们需要定义一个指标来评估这个模型，也就是前面用到的代价函数。常见的代价函数是"交叉熵"（cross-entropy）。交叉熵产生于信息论里的信息压缩编码技术，但是后来演变成为从博弈论到机器学习等其他领域里的重要技术手段。它的定义如下：

$$H_{y'}(y) = -\sum_i y'_i \log(y_i)$$

其中 y 是预测的概率分布，y' 是实际分布（即 one-hot vector）。为了计算交叉熵，首先需要添加一个用于输入真实值的占位符：

```
y_ = tf.placeholder("float", [None,10])
```

然后用 $-\sum y' \log(y)$ 计算交叉熵：

```
cross_entropy = -tf.reduce_sum(y_*tf.log(y))
```

这里的交叉熵不仅用来衡量一对预测和真实值，也是所有 100 幅图片交叉熵的总和。相比单一数据点预测，对于 100 个数据点的预测表现能更好地描述模型性能。

TensorFlow 在后台为计算图增加了一系列新的计算操作单元，用于实现反向传播算法和梯度下降算法，然后返回一个单一操作。当运行这个操作时，将用梯度下降算法训练模型，微调变量，不断减少函数值。

```
train_step = tf.train.GradientDescentOptimizer(0.01).minimize(cross_entropy)
```

这里我们要求 TensorFlow 用梯度下降算法以 0.01 的学习速率最小化交叉熵。当然 TensorFlow 也提供了许多其他种类的优化算法，只要简单调整这一行代码即可更换。

在运行计算之前，需要初始化创建的变量：

```
init = tf.initialize_all_variables()
```

现在可以通过 Session 启动模型，并且初始化变量：

```
sess = tf.Session()
sess.run(init)
```

然后开始训练模型，这里让模型循环训练 1000 次。

```
for i in range(1000):
    batch_xs, batch_ys = mnist.train.next_batch(100)
    sess.run(train_step, feed_dict={x: batch_xs, y_: batch_ys})
```

该循环的每个步骤都会随机抓取训练数据中的 100 个批处理数据点，然后用这些数据点作为参数替换之前的占位符来运行 train_step。

理想情况下，我们希望用所有数据进行每一步训练，从而实现更好的训练结果，但这显然需要很大的计算量。所以，每一次训练可以使用不同的数据子集，这样既可以减少计算量，又可以最大化地学习到数据集的总体特性。

3. 评估模型

现在已经完成了数据训练，训练后的模型性能如何呢?

首先找出预测正确的标签。tf.argmax() 是一个非常有用的函数，它能给出某个 tensor 对象在某一维上数据最大值所在的索引值。由于标签向量由 0、1 组成，因此最大值 1 所在的索引位置就是类别标签，比如 tf.argmax (y, 1) 返回的是模型对于任一输入 x 预测到的标签值，而 tf.argmax (y_, 1) 代表正确的标签，可以用 tf.equal() 来检测预测是否与真实标签匹配 (索引位置一样表示匹配)。

```
correct_prediction = tf.equal(tf.argmax(y,1), tf.argmax(y_,1))
```

以上代码会得到一组布尔值。为了确定正确预测项的比例，可以把布尔值转换成浮点数，然后取平均值。例如 [True, False, True, True] 会变成 [1.0, 0.0, 1.0, 1.0]，取平均值后得到 0.75。

```
accuracy = tf.reduce_mean(tf.cast(correct_prediction, "float"))
```

最后，计算所学习到的模型在测试数据集上的正确率。

```
print sess.run(accuracy, feed_dict={x: mnist.test.images, y_: mnist.test.labels})
```

使用如下命令执行程序，运行效果如图 11-20 所示:

```
python train_softmax.py
```

图 11-20   测试模型的正确率

最终结果应该在 91% 左右，这个结果并不算太好，因为我们仅使用了一个非常简单的模型。如果进一步优化模型，就可以得到 97% 以上的正确率，最好的模型甚至可以获得超过 99.7% 的正确率，有兴趣的读者可以继续深入研究。

11.4.3　基于 ROS 实现 MNIST

接下来我们结合 ROS，利用 MNIST 识别输入图像中的手写数字，并且将识别结果发布出去。代码实现在 tensorflow_mnist/scripts/ros_tensorflow_mnist.py 中完成，具体如下：

```python
import rospy
from sensor_msgs.msg import Image
from std_msgs.msg import Int16
from cv_bridge import CvBridge
import cv2
import numpy as np
import input_data
import tensorflow as tf

class MNIST():
    def __init__(self):
        image_topic = rospy.get_param("~image_topic", "")

        self._cv_bridge = CvBridge()

        # MNIST 数据输入
        self.mnist = input_data.read_data_sets("MNIST_data/", one_hot=True)

        self.x = tf.placeholder(tf.float32,[None, 784])  # 图像输入向量
        self.W = tf.Variable(tf.zeros([784,10]))          # 权重，初始化值为全零
        self.b = tf.Variable(tf.zeros([10]))              # 偏置，初始化值为全零

        # 进行模型计算，y 表示预测，y_ 表示实际
        self.y = tf.nn.softmax(tf.matmul(self.x, self.W) + self.b)

        self.y_ = tf.placeholder("float", [None,10])

        # 计算交叉熵
        self.cross_entropy = -tf.reduce_sum( self.y_*tf.log(self.y))
        # 接下来使用 BP 算法来进行微调，以 0.01 的学习速率
        self.train_step = tf.train.GradientDescentOptimizer(0.01).minimize(self.
cross_entropy)

        # 上面设置好了模型，添加初始化创建变量的操作
        self.init = tf.global_variables_initializer()
        # 启动创建的模型，并初始化变量
        self.sess = tf.Session()
        self.sess.run(self.init)

        # 开始训练模型，循环训练 1000 次
        for i in range(1000):
            # 随机抓取训练数据中的 100 个批处理数据点
            batch_xs, batch_ys = self.mnist.train.next_batch(100)
            self.sess.run(self.train_step, feed_dict={self.x:batch_xs, self.y_:
batch_ys})
```

```
''' 进行模型评估 '''
# 判断预测标签和实际标签是否匹配
correct_prediction = tf.equal(tf.argmax(self.y,1),tf.argmax(self.y_,1))
self.accuracy = tf.reduce_mean(tf.cast(correct_prediction, "float"))

# 计算所学习到的模型在测试数据集上面的正确率
print( "The predict accuracy with test data set: \n")
print( self.sess.run(self.accuracy, feed_dict={self.x:self.mnist.test.images,
self.y_:self.mnist.test.labels}) )

        self._sub = rospy.Subscriber(image_topic, Image, self.callback, queue_size=1)
        self._pub = rospy.Publisher('result', Int16, queue_size=1)

    def callback(self, image_msg):
        # 预处理接收到的图像数据
        cv_image = self._cv_bridge.imgmsg_to_cv2(image_msg, "bgr8")
        cv_image_gray = cv2.cvtColor(cv_image, cv2.COLOR_RGB2GRAY)
        ret,cv_image_binary = cv2.threshold(cv_image_gray,128,255,cv2.THRESH_BINARY_INV)
        cv_image_28 = cv2.resize(cv_image_binary,(28,28))

        # 转换输入数据 shape, 以便用于网络中
        np_image = np.reshape(cv_image_28, (1, 784))

        predict_num = self.sess.run(self.y, feed_dict={self.x:np_image, self.y_:self.
mnist.test.labels})

        # 找到概率最大值
        answer = np.argmax(predict_num, 1)

        # 发布识别结果
        rospy.loginfo('%d' % answer)
        self._pub.publish(answer)
        rospy.sleep(1)

    def main(self):
        rospy.spin()

if __name__ == '__main__':
    rospy.init_node('ros_tensorflow_mnist')
    tensor = MNIST()
    rospy.loginfo("ros_tensorflow_mnist has started.")
    tensor.main()
```

在 MNIST 的基础上进行一些简单修改，使之融入 ROS 中。

1. 初始化 ROS 节点

封装 ROS 节点的第一步是加入 ROS 节点的初始化，代码如下：

```
rospy.init_node('ros_tensorflow_mnist')
```

2. 设置 ROS 参数

将图像话题名作为参数传入节点中，便于灵活设置，代码如下：

```
image_topic = rospy.get_param("~image_topic", "")
```

3. 加入 Subscriber 和 Publisher

创建订阅图像消息的 Subscriber 和发布最终识别结果的 Publisher，代码如下：

```
self._sub = rospy.Subscriber(image_topic, Image, self.callback, queue_size=1)
self._pub = rospy.Publisher('result', Int16, queue_size=1)
```

4. 加入回调函数处理图像

接收到图像后进入回调函数，然后使用 cv_bridge 将 ROS 图像转换成 OpenCV 的图像格式，进行识别处理，代码如下：

```
def callback(self, image_msg):
    cv_image = self._cv_bridge.imgmsg_to_cv2(image_msg, "bgr8")
    ......
```

5. 发布识别结果

图像处理完成后，发布识别结果，并且稍作延时，等待下一次识别，代码如下：

```
rospy.loginfo('%d' % answer)
self._pub.publish(answer)
rospy.sleep(1)
```

使用如下命令运行基于 ROS 的 MNIST：

```
$ roslaunch usb_cam usb_cam-test.launch
$ roslaunch tensorflow_mnist ros_tensorflow_mnist.launch
```

启动后可以看到摄像头所拍摄的图像，将手写数字放置在摄像头前，通过以下命令查看识别结果（见图 11-21）：

```
$ rostopic echo /result
```

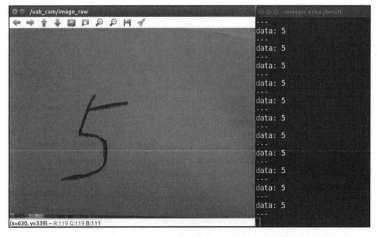

图 11-21　手写数字识别的运行效果

11.5 物体识别

2017 年 6 月 15 日，谷歌在其博客上发表了一篇名为《 Supercharge your Computer Vision Models with the TensorFlow Object Detection API 》的文章，通过 TensorFlow Object Detection API 将谷歌内部使用的物体识别系统（2016 年 10 月，该系统在 COCO 识别挑战中名列第一）开放给更大的社区，以帮助打造更好的计算机视觉模型（见图 11-22）。

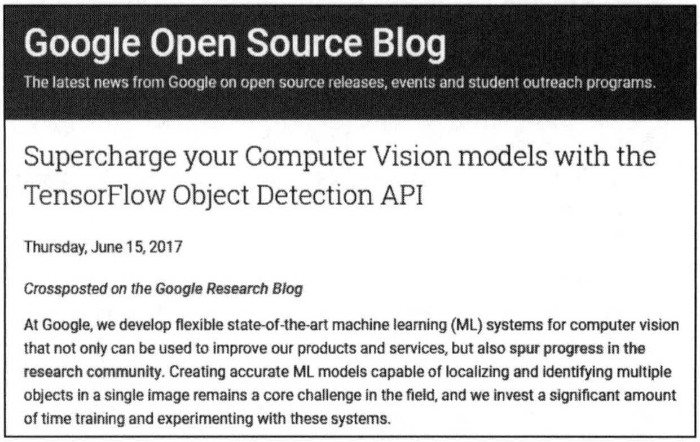

Google Open Source Blog

The latest news from Google on open source releases, events and student outreach programs.

Supercharge your Computer Vision models with the TensorFlow Object Detection API

Thursday, June 15, 2017

Crossposted on the Google Research Blog

At Google, we develop flexible state-of-the-art machine learning (ML) systems for computer vision that not only can be used to improve our products and services, but also spur progress in the research community. Creating accurate ML models capable of localizing and identifying multiple objects in a single image remains a core challenge in the field, and we invest a significant amount of time training and experimenting with these systems.

图 11-22　谷歌开源博客网页

谷歌的研究人员开发了高水平的计算机视觉机器学习系统，不仅可以用于谷歌自身的产品和服务，还可以推广至整个研究社区。创造能够在同一张图片里定位和识别多种物体的计算机视觉机器学习系统一直是业内的核心挑战之一，谷歌宣称自己已投入大量时间训练和实验此类系统。图 11-23 所示是 Object Detection API 实现的识别效果，图片中的人和远处的风筝都能较好地被识别并定位。

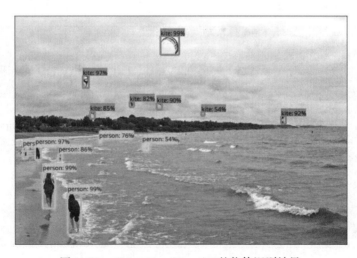

图 11-23　Object Detection API 的物体识别效果

11.5.1　安装 TensorFlow Object Detection API

谷歌希望能够将这份便利开源给所有人，接下来尝试安装并测试 TensorFlow Object Detection API。

TensorFlow Object Detection API 需要依赖以下库：

- Protobuf 2.6
- Pillow 1.0
- lxml
- tf Slim (which is included in the "tensorflow/models" checkout)
- Jupyter notebook
- Matplotlib
- TensorFlow

TensorFlow 已经安装，其他库可以使用如下命令安装：

```
$ sudo apt-get install protobuf-compiler python-pil python-lxml
$ sudo pip install jupyter
$ sudo pip install matplotlib
```

然后下载 TensorFlow 的模型库，Object Detection API 也被包含其中：

```
$ git clone https://github.com/tensorflow/models
```

Tensorflow Object Detection API 使用 Protobuf 配置模型并训练参数，所以在使用前必须使用如下命令编译 Protobuf 库。

```
# From tensorflow/models/
$ protoc object_detection/protos/*.proto --python_out=.
```

然后在 Python 的环境变量 PYTHONPATH 中添加 TensorFlow models 的路径：

```
# From tensorflow/models/
$ export PYTHONPATH=$PYTHONPATH:`pwd`:`pwd`/slim
```

这个环境变量的配置需要在每次使用前设置，也可以直接添加到终端的配置文件中。

安装完成后，使用如下命令进行测试：

```
$ python object_detection/builders/model_builder_test.py
```

如果终端中显示测试通过，则说明 TensorFlow Object Detection API 安装成功。然后就可以运行测试例程了，这里需要使用一个交互式笔记本——Jupyter Notebook。Jupyter Notebook 本质上是一个 Web 应用程序，支持运行 40 多种编程语言，便于创建和共享文学化的程序文档，支持实时代码、数学方程、可视化和 markdown。

在 object_detection 目录下输入以下命令启动 Jupyter Notebook：

```
$ jupyter notebook
```

然后会自动打开浏览器，显示当前文件夹下的文件列表，如图 11-24 所示。点击例程文件 object_detection_tutorial.ipynb，可以打开代码，其中包含代码的解释。我们可以一边学习其中的内容，一边点击工具栏中的运行按钮（或者按 Shift+Enter），以代码块的形式执行代码（见图 11-25）。

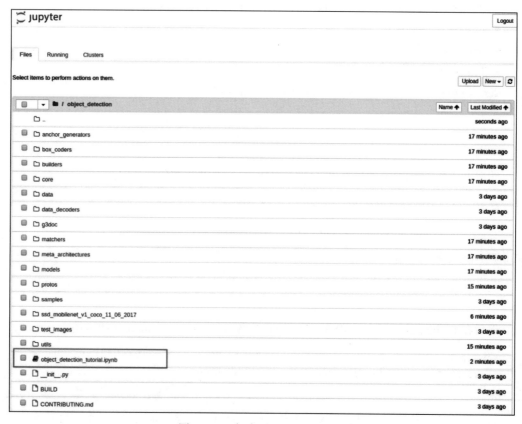

图 11-24　启动 Jupyter Notebook

当代码执行完成后，就可以在最下方的窗口中显示两幅图像的识别效果：一幅是两只可爱的小狗（见图 11-26），另外一幅就是 TensorFlow Object Detection API 发布时所使用的海滩图片（见图 11-27）。两幅图片中识别出的物体已经使用矩形框标注，左上角还显示了物体名称和识别概率。

从图 11-26 和图 11-27 中可以看到识别效果还是很好的。接下来我们尝试在 ROS 框架中，通过 TensorFlow Object Detection API 实现视频图像中的动态物体识别。

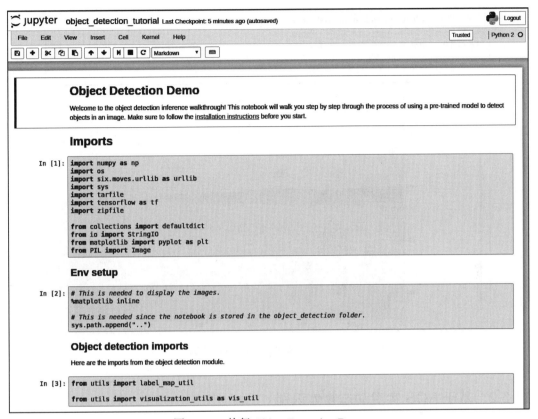

图 11-25 执行 Object Detection Demo

图 11-26 小狗图片的识别效果

图 11-27　海滩图片的识别效果

11.5.2　基于 ROS 实现动态物体识别

虽然 ROS 可以获得摄像头动态图像数据，但如何将这些图像数据转换成 TensorFlow Object Detection API 所需要的图像数据并进行识别呢？可以参考本书配套源码包中的实现代码 tensorflow_object_detection/scripts/ros_tensorflow_object_detection.py。由于代码较长，这里只列出图像处理的关键代码段。

```
def callback(self, image_msg):
    with self.detection_graph.as_default():
        with tf.Session(graph=self.detection_graph) as sess:
            # ROS image data to cv data
            cv_image = self._cv_bridge.imgmsg_to_cv2(image_msg, "bgr8")
            pil_img = Image.fromarray(cv_image)
            (im_width, im_height) = pil_img.size

            # the array based representation of the image will be used later in
            # order to prepare the result image with boxes and labels on it.
            image_np =np.array(pil_img.getdata()).reshape((im_height, im_width,
3)).astype(np.uint8)
            # Expand dimensions since the model expects images to have shape:
            #  [1, None, None, 3]
            image_np_expanded = np.expand_dims(image_np, axis=0)
            image_tensor = self.detection_graph.get_tensor_by_name('image_tensor:0')
```

```
            # Each box represents a part of the image where a particular object
was detected.

            boxes = self.detection_graph.get_tensor_by_name('detection_boxes:0')
            # Each score represent how level of confidence for each of the objects.
            # Score is shown on the result image, together with the class label.
            scores = self.detection_graph.get_tensor_by_name('detection_scores:0')
            classes = self.detection_graph.get_tensor_by_name('detection_classes:0')
            num_detections = self.detection_graph.get_tensor_by_name('num_detec-
tions:0')

            # Actual detection.
            (boxes, scores, classes, num_detections) = sess.run(
                [boxes, scores, classes, num_detections],
                feed_dict={image_tensor: image_np_expanded})
            # Visualization of the results of a detection.
            vis_util.visualize_boxes_and_labels_on_image_array(
                image_np,
                np.squeeze(boxes),
                np.squeeze(classes).astype(np.int32),
                np.squeeze(scores),
                self.category_index,
                use_normalized_coordinates=True,
                line_thickness=8)

            # Publish objects image
            ros_compressed_image=self._cv_bridge.cv2_to_imgmsg(image_np, encoding=
"bgr8")

            self._pub.publish(ros_compressed_image)
```

　　在图像处理部分，首先使用 cv_bridge 将 ROS 中的图像消息转换成 Object Detection API 所需要使用的图像格式；然后开始图像识别，并且将识别到的物体用矩形框标注出来；再转换成 ROS 的图像消息进行发布，提供给 ROS 中的订阅者。

　　使用以下命令启动基于 ROS 的 TensorFlow Object Detection 例程：

```
$ roslaunch usb_cam usb_cam-test.launch
$ roslaunch tensorflow_object_detection ros_tensorflow_object_detection.launch
```

　　启动后可以看到摄像头所拍摄的图像。Object Detection 在启动过程中会联网下载模型文件，需要稍作等待。启动成功后将显示如图 11-28 所示的日志信息。

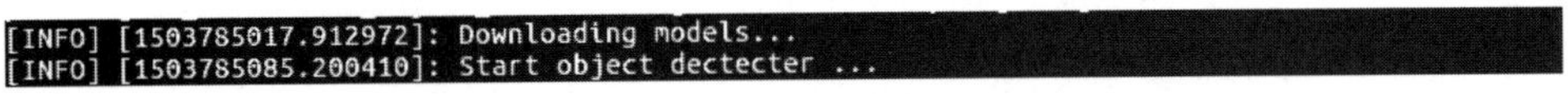

```
[INFO] [1503785017.912972]: Downloading models...
[INFO] [1503785085.200410]: Start object dectecter ...
```

图 11-28　Object Detection 启动成功后的日志信息

　　这时物体识别已经开始，启动 rqt_image_view 并订阅 /object_detection 话题，即可看到如图 11-29 所示的动态物体识别效果。图像中的杯子、可乐瓶、毛绒玩具、桌子都非常准确地被识别出来，并且标注了其所在位置和识别概率。

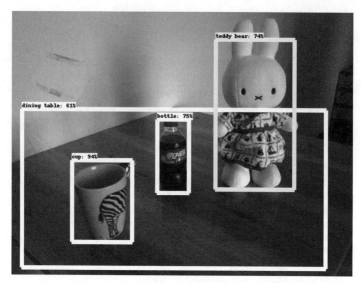

图 11-29　基于 ROS 实现的动态物体识别效果

11.6　本章小结

本章带你走入了机器学习的世界，在 ROS 和机器学习工具 TensorFlow 的基础上，动手开发出了简单的人工智能应用：线性回归计算、手写数字识别、物体识别。

ROS 社区中的功能包正在呈指数级上涨，ROS 可以实现的功能也越来越多，第 12 章将介绍 ROS 的更多功能。

第 12 章
ROS 进阶功能

到目前为止，虽然我们已经学习了 ROS 中很多常用组件和功能包的使用方法，但是 ROS 社区庞大，所能实现的功能远超之前所讲的内容。本章将学习 ROS 的进阶功能，包括以下内容。

- action 通信机制：一种带有连续反馈的上层通信机制，底层基于 ROS 话题通信。
- plugin 插件机制：动态加载的扩展功能类，更加便捷地拓展原系统的功能。
- rviz 插件的实现方法：动态扩展 rviz 平台的功能，打造自己的人机交互软件。
- 参数动态配置：优化 ROS 参数管理机制，可以动态修改系统中的参数值。
- SMACH 状态机：描述对象在生命周期内所经历的状态序列，以及如何响应来自外界的各种事件。
- MATLAB 中的 ROS：MATLAB 中的工具箱提供了 ROS 的大部分功能，可以将 MATLAB 接入 ROS，为 ROS 提供强大的后台计算能力。
- ROS Web GUI：借助互联网远程连接的优势，部署机器人应用，渲染更加友好的人机交互界面。

12.1 action

ROS 中常用的通信机制是话题（Topic）和服务（Service），但是在很多场景下，这两种通信机制往往满足不了所有需求。比如前面介绍的机械臂控制，如果用话题发布运动目标，由于话题是单向通信，则需要另外订阅一个话题来获得机器人运动过程中的状态反馈。如果用服务发布运动目标，虽然可以获得一次反馈信息，但是对于控制来说数据太少，而且当反馈迟迟没有收到时，就只能傻傻等待，做不了其他事情。那么有没有一种更加合适的通信机制来满足类似这样场景的需求呢？当然有，那就是 action。

12.1.1 什么是 action

ROS 中包含一个名为 actionlib 的功能包，用于实现 action 的通信机制。那么什么是 action 呢？action 是一种类似于 Service 的问答通信机制，不同之处在于 action 带有连续反馈，可以不断反馈任务进度，也可以在任务过程中中止运行。

回到前面提到的场景，使用 action 发布机器人的运动目标。机器人接收到这个 action 后就开始运动，在运动过程中不断反馈当前的运动状态；过程中也可以随时取消运动，让机器人停止；当机器人完成运动目标后，action 返回任务完成的消息。

12.1.2　action 的工作机制

action 也采用客户端 / 服务器（Client/Server）的工作模式，如图 12-1 所示。

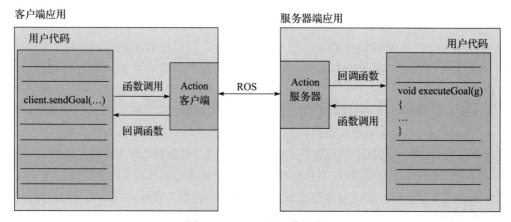

图 12-1　action 的工作机制

Client 和 Server 之间通过 actionlib 定义的"action protocol"进行通信。这种通信协议基于 ROS 的消息机制实现，为用户提供如图 12-2 所示的 Client 和 Server 接口。

Client 向 Server 端发布任务目标以及在必要的时候取消任务，Server 会向 Client 发布当前状态、实时反馈和任务执行的最终结果。

1）goal：发布任务目标。

2）cancel：请求取消任务。

3）status：通知 Client 当前的状态。

4）feedback：周期反馈任务运行的监控数据。

5）result：向 Client 发送任务的执行结果，只发布一次。

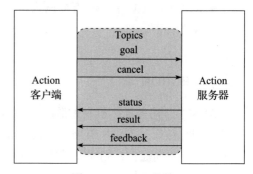

图 12-2　action 的接口

12.1.3　action 的定义

ROS 中的 message 通过 .msg 文件定义，service 通过 .srv 文件定义，那么 action 是不是也是通过类似的方法定义呢？答案是肯定的。action 通过 .action 文件定义，放置在功能包的

action 文件夹下，格式如下：

```
# 定义目标信息
uint32 dishwasher_id  # Specify which dishwasher we want to use
---
# 定义结果信息
uint32 total_dishes_cleaned
---
# 定义周期反馈的消息
float32 percent_complete
```

可见，一个 action 的定义需要三个部分：goal、result、feedback。

创建 .action 文件之后，还需要将这个文件进行编译，在 CMakeLists.txt 文件中添加如下编译规则：

```
find_package(catkin REQUIRED genmsg actionlib_msgs actionlib)
add_action_files(DIRECTORY action FILES DoDishes.action)
generate_messages(DEPENDENCIES actionlib_msgs)
```

在功能包的 package.xml 中添加如下配置：

```
<build_depend>actionlib</build_depend>
<build_depend>actionlib_msgs</build_depend>
<run_depend>actionlib</run_depend>
<run_depend>actionlib_msgs</run_depend>
```

现在就可以进行编译了，编译完成后会产生一系列 .msg 文件：

- DoDishesAction.msg
- DoDishesActionGoal.msg
- DoDishesActionResult.msg
- DoDishesActionFeedback.msg
- DoDishesGoal.msg
- DoDishesResult.msg
- DoDishesFeedback.msg

这些不同的消息类型，在调用 action 时根据需要使用。从 .action 编译生成的这些文件中也可以看到，action 确实是一种基于 message 的、更加高层的通信机制。

12.1.4　实现 action 通信

接下来学习如何实现一个 action 的客户端和服务器节点。这里需要创建一个功能包 action_tutorials，并且按照 12.1.3 节的方法完成 .action 文件的创建；也可以使用本书配套源码包中的 action_tutorials 功能包。

1. 创建客户端

在 action 的定义中，描述了一个洗盘子的任务。首先实现客户端，发出 action 请求，例程源码 action_tutorials/src/DoDishes_client.cpp 的具体内容如下，实现流程可以参见代码中的注释：

```cpp
#include <actionlib/client/simple_action_client.h>
#include "action_tutorials/DoDishesAction.h"

typedef actionlib::SimpleActionClient<action_tutorials::DoDishesAction> Client;

// 当 action 完成后会调用该回调函数一次
void doneCb(const actionlib::SimpleClientGoalState& state,
        const action_tutorials::DoDishesResultConstPtr& result)
{
    ROS_INFO("Yay! The dishes are now clean");
    ros::shutdown();
}

// 当 action 激活后会调用该回调函数一次
void activeCb()
{
    ROS_INFO("Goal just went active");
}

// 收到 feedback 后调用该回调函数
void feedbackCb(const action_tutorials::DoDishesFeedbackConstPtr& feedback)
{
    ROS_INFO(" percent_complete : %f ", feedback->percent_complete);
}

int main(int argc, char** argv)
{
    ros::init(argc, argv, "do_dishes_client");

    // 定义一个客户端
    Client client("do_dishes", true);

    // 等待服务器
    ROS_INFO("Waiting for action server to start.");
    client.waitForServer();
    ROS_INFO("Action server started, sending goal.");

    // 创建一个 action 的 goal
    action_tutorials::DoDishesGoal goal;
    goal.dishwasher_id = 1;

    // 发送 action 的 goal 给服务器，并且设置回调函数
    client.sendGoal(goal,  &doneCb, &activeCb, &feedbackCb);

    ros::spin();

    return 0;
}
```

2. 创建服务器

接下来要实现服务器节点，完成洗盘子的任务，并且反馈洗盘子的实时进度，实现源码 action_tutorials/src/DoDishes_server.cpp 的具体内容如下：

```
#include <ros/ros.h>
#include <actionlib/server/simple_action_server.h>
#include "action_tutorials/DoDishesAction.h"

typedef actionlib::SimpleActionServer<action_tutorials::DoDishesAction> Server;

// 收到 action 的 goal 后调用该回调函数
void execute(const action_tutorials::DoDishesGoalConstPtr& goal, Server* as)
{
    ros::Rate r(1);
    action_tutorials::DoDishesFeedback feedback;

    ROS_INFO("Dishwasher %d is working.", goal->dishwasher_id);

    // 假设洗盘子的进度，并且按照 1Hz 的频率发布进度反馈
    for(int i=1; i<=10; i++)
    {
        feedback.percent_complete = i * 10;
        as->publishFeedback(feedback);
        r.sleep();
    }

    // 当 action 完成后，向客户端返回结果
    ROS_INFO("Dishwasher %d finish working.", goal->dishwasher_id);
    as->setSucceeded();
}

int main(int argc, char** argv)
{
    ros::init(argc, argv, "do_dishes_server");
    ros::NodeHandle n;

    // 定义一个服务器
    Server server(n, "do_dishes", boost::bind(&execute, _1, &server), false);

    // 服务器开始运行
    server.start();

    ros::spin();

    return 0;
}
```

3. 运行效果

编译成功后，首先使用如下命令启动客户端节点，由于服务器没有启动，客户端会保持等待：

```
$ rosrun action_tutorials DoDishes_client
```

然后使用如下命令启动服务器节点后，会立刻收到客户端的请求，并且开始任务、发送反馈，在客户端可以看到反馈的进度信息（见图 12-3 ）。

```
$ rosrun action_tutorials DoDishes_server
```

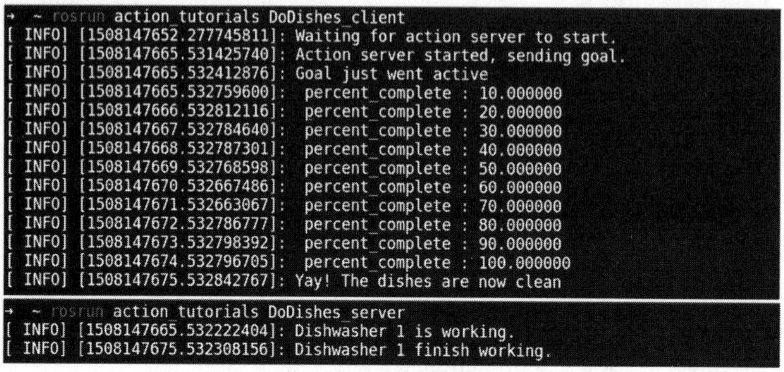

图 12-3   action 例程的运行效果

12.2   plugin

在 ROS 开发中，常常会接触到一个名词——plugin（插件）。这个名词在计算机软件开发中也经常提到。简单来讲，ROS 中的插件就是可以动态加载的扩展功能类。ROS 中的 pluginlib 功能包提供了加载和卸载 plugin 的 C++ 库，开发者在使用插件时，不需要考虑 plugin 类的链接位置，只需要将插件注册到 pluginlib 中，即可直接动态加载。这种插件机制非常方便，开发者不需要改动原软件的代码，直接将需要的功能通过插件进行扩展即可。本节带你学习 ROS 插件，探索如何实现一个简单的插件。

12.2.1   工作原理

首先通过图 12-4 了解 plugin 的工作原理。假设 ROS 功能包中已经存在一个 polygon 的基类（polygon_interface_package），我们可以通过插件机制实现两种 polygon 的功能支持：rectangle_plugin（rectangle_plugin_package）和 triangle_plugin（triangle_plugin_package）。在这两个功能包的 package.xml 中，需要声明 polygon_interface_package 中的基类 polygon，在编译过程中会把插件注册到 ROS 中，用户可以直接通过 rospack 命令进行全局插件查询，也可以在开发中直接使用这些插件。

12.2.2   如何实现一个插件

pluginlib 利用了 C++ 多态的特性，不同的插件只要使用统一的接口就可以替换使用。用户在使用过程中也不需要修改代码或者重新编译，选择需要使用的插件即可扩展相应的功能。一般来讲，要实现一个插件，主要分为以下几个步骤。

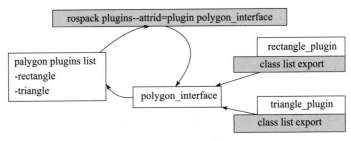

图 12-4　plugin 的工作原理

1）创建基类，定义统一接口（如果基于现有基类实现插件，则不需要这个步骤）。

2）创建 plugin 类，继承基类，实现统一的接口。

3）注册插件。

4）编译生成插件的动态链接库。

5）将插件加入 ROS 中。

接下来就按照以上几个步骤实现图 12-4 中的插件。在开始之前，需要使用如下命令建立一个 pluginlib_tutorials 的功能包，添加依赖 pluginlib，也可以直接使用本书配套源码中的 pluginlib_tutorials 功能包。

```
$ catkin_create_pkg pluginlib_tutorials roscpp pluginlib
```

12.2.3　创建基类

首先在源码 pluginlib_tutorials/include/pluginlib_tutorials/polygon_base.h 中创建 polygon 基类，定义一些简单的接口，需要注意的是 initialize() 接口的作用。

```
#ifndef PLUGINLIB_TUTORIALS_POLYGON_BASE_H_
#define PLUGINLIB_TUTORIALS_POLYGON_BASE_H_

namespace polygon_base
{

class RegularPolygon
{
public:
    //pluginlib 要求构造函数不能带参数，所以定义 initialize 来完成需要初始化的工作
    virtual void initialize(double side_length) = 0;

    //计算面积的接口函数
    virtual double area() = 0;

    virtual ~RegularPolygon(){}

protected:
```

```
    RegularPolygon(){}
};


};
#endif
```

12.2.4   创建 plugin 类

接下来在源码 pluginlib_tutorials/include/pluginlib_tutorials/polygon_plugins.h 中定义 rectangle_plugin 和 triangle_plugin 类，实现基类的接口，也可以添加 plugin 自身需要的接口。

```cpp
#ifndef PLUGINLIB_TUTORIALS_POLYGON_PLUGINS_H_
#define PLUGINLIB_TUTORIALS_POLYGON_PLUGINS_H_
#include <pluginlib_tutorials/polygon_base.h>
#include <cmath>

namespace polygon_plugins
{
class Triangle : public polygon_base::RegularPolygon
{
public:
    Triangle() : side_length_() {}

    // 初始化边长
    void initialize(double side_length)
    {
        side_length_ = side_length;
    }

    double area()
    {
        return 0.5 * side_length_ * getHeight();
    }

    // Triangle 类自己的接口
    double getHeight()
    {
        return sqrt((side_length_ * side_length_) - ((side_length_ / 2) * (side_length_ / 2)));
    }

private:
    double side_length_;
};

class Square : public polygon_base::RegularPolygon
{
public:
    Square() : side_length_() {}

    // 初始化边长
    void initialize(double side_length)
```

```
    {
        side_length_ = side_length;
    }

    double area()
    {
        return side_length_ * side_length_;
    }

private:
    double side_length_;

};
};
#endif
```

12.2.5　注册插件

以上两步就实现了两个简单插件的主要代码，接下来还需要创建一个 cpp 文件 pluginlib_tutorials/src/polygon_plugins.cpp，注册创建好的两个插件：

```
// 包含 pluginlib 的头文件，使用 pluginlib 的宏来注册插件
#include <pluginlib/class_list_macros.h>
#include <pluginlib_tutorials/polygon_base.h>
#include <pluginlib_tutorials/polygon_plugins.h>

// 注册插件，宏参数: plugin 的实现类，plugin 的基类
PLUGINLIB_EXPORT_CLASS(polygon_plugins::Triangle, polygon_base::RegularPolygon);
PLUGINLIB_EXPORT_CLASS(polygon_plugins::Square, polygon_base::RegularPolygon);
```

12.2.6　编译插件的动态链接库

为了编译该插件功能包，需要修改 CMakefile.txt 文件，加入以下两行编译规则，将插件编译成动态链接库：

```
include_directories(include)
add_library(polygon_plugins src/polygon_plugins.cpp)
```

现在就可以使用 catkin_make 命令编译功能包了。

12.2.7　将插件加入 ROS

为了便于开发者使用 plugin，还需要编写 xml 文件将插件加入 ROS。这里需要创建和修改功能包根目录下的两个 xml 文件。

1. 创建 pluginlib_tutorials/polygon_plugins.xml

代码如下：

```
<library path="lib/libpluginlib_tutorials">
    <class name="pluginlib_tutorials/regular_triangle" type="polygon_plugins::
```

```
Triangle" base_class_type="polygon_base::RegularPolygon">
        <description>This is a triangle plugin.</description>
    </class>
    <class name="pluginlib_tutorials/regular_square" type="polygon_plugins::Square"
base_class_type="polygon_base::RegularPolygon">
        <description>This is a square plugin.</description>
    </class>
</library>
```

这个 xml 文件主要描述了 plugin 的动态库路径、实现类、基类、功能描述等信息。

2. 修改 pluginlib_tutorials/package.xml

在 package.xml 中添加以下代码：

```
<export>
    <pluginlib_tutorials_ plugin="${prefix}/polygon_plugins.xml" />
</export>
```

然后可以通过如下命令查看功能包的插件路径：

```
rospack plugins --attrib=plugin pluginlib_tutorials
```

如果配置正确，将会看到如图 12-5 所示的结果。

图 12-5   查看插件路径

12.2.8   调用插件

到目前为止，我们已经实现了该插件的所有代码，接下来尝试在代码中调用这两个插件。调用插件的源码文件 pluginlib_tutorials/src/polygon_loader.cpp 的内容如下：

```
#include <boost/shared_ptr.hpp>

#include <pluginlib/class_loader.h>
#include <pluginlib_tutorials/polygon_base.h>

int main(int argc, char** argv)
{
    // 创建一个 ClassLoader, 用来加载 plugin
    pluginlib::ClassLoader<polygon_base::RegularPolygon> poly_loader("pluginlib_
tutorials", "polygon_base::RegularPolygon");

    try
    {
        // 加载 Triangle 插件类, 路径在 polygon_plugins.xml 中定义
        boost::shared_ptr<polygon_base::RegularPolygon> triangle = poly_loader.
createInstance("pluginlib_tutorials/regular_triangle");

        // 初始化边长
```

```
        triangle->initialize(10.0);

        ROS_INFO("Triangle area: %.2f", triangle->area());
    }
    catch(pluginlib::PluginlibException& ex)
    {
        ROS_ERROR("The plugin failed to load for some reason. Error: %s", ex.what());
    }

    try
    {
        boost::shared_ptr<polygon_base::RegularPolygon> square = poly_loader.create-
Instance("pluginlib_tutorials/regular_square");
        square->initialize(10.0);

        ROS_INFO("Square area: %.2f", square->area());
    }
    catch(pluginlib::PluginlibException& ex)
    {
        ROS_ERROR("The plugin failed to load for some reason. Error: %s", ex.what());
    }

    return 0;
}
```

在以上调用插件的代码中，plugin 可以在程序中动态加载，然后就可以调用 plugin 的接口实现相应的功能了。

修改 **CMakefile.txt**，添加如下编译规则：

```
add_executable(polygon_loader src/polygon_loader.cpp)
target_link_libraries(polygon_loader ${catkin_LIBRARIES})
```

编译成功后，使用以下命令运行，可以看到如图 12-6 所示的结果：

```
$ rosrun pluginlib_tutorials polygon_loader
```

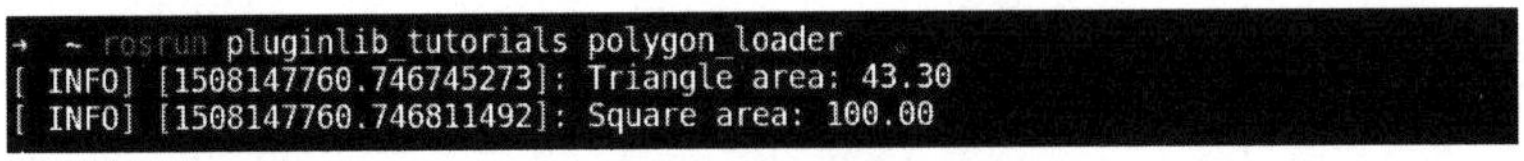

图 12-6　插件例程的运行效果

到目前为止，我们就完成了一个插件例程的实现和调用。在实际应用中，可以根据需求实现插件的更多扩展功能，但是基本原理仍然相同。

12.3　rviz plugin

rviz 是 ROS 官方提供的一款 3D 可视化工具，几乎所有机器人的相关数据都可以在 rviz

中展现出来。但是机器人系统千差万别，很多情况下 rviz 中已有的功能仍然无法满足需求，这时 rviz 的插件机制就派上用场了。

rviz 作为一种可扩展化的视图工具，可以使用插件机制添加丰富的功能模块。rviz 中常用的激光数据、图像数据的可视化显示其实都是官方提供的插件。所以，我们完全可以在rviz 的基础上打造属于自己的机器人交互界面。

12.3.1 速度控制插件

本节希望实现一个速度控制插件，如图 12-7 所示。

首先，图 12-7 是一个可视化界面。在ROS 编程中，好像没有可视化的编程接口，那么如何实现可视化编程呢？如果你使用过 ROS 的 rqt 工具箱，就会想到 Qt可视化编程库。没错，Qt 是一个实现 GUI的优秀框架，ROS 中的可视化工具绝大部分都是基于 Qt 开发的，rviz 的 plugin 也不

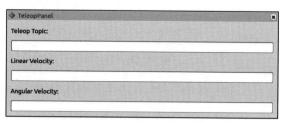

图 12-7　速度控制插件的可视化界面

例外。因此，在动手之前，你需要了解 Qt 编程的相关知识。

其次，这个界面包含三个输入框，分别对应 topic name、线速度值、角速度值，这就需要读取用户输入信息，然后转换成 ROS 的 Topic；这里也会涉及 Qt 中的重要概念——信号、槽，类似于回调函数，你可以自行学习。

接下来我们分步骤学习如何实现这样一个速度控制的插件。

12.3.2 创建功能包

首先创建一个功能包，用来放置 plugin 的所有相关代码，也可以直接使用本书配套源码中的 rviz_teleop_commander 功能包。

```
$ catkin_create_pkg rviz_teleop_commander roscpp rviz std_msgs
```

这个功能包依赖于 rviz，因为 rviz 是基于 Qt 开发的，所以不需要单独列出对 Qt 的依赖。

12.3.3 代码实现

接下来在 rviz_teleop_commander 功能包的 src 文件夹中创建插件实现的代码。插件的功能较为简单，一个头文件用来定义类，一个代码文件用来实现类。

1. rviz_teleop_commander/src/teleop_pad.h

首先是头文件 teleop_pad.h 的实现，详细代码如下：

```
#ifndef TELEOP_PAD_H
#define TELEOP_PAD_H
```

```cpp
// 所需要包含的头文件
#ifndef Q_MOC_RUN
#include <ros/ros.h>
#include <ros/console.h>
#include <rviz/panel.h>      // plugin 基类的头文件
#endif

class QLineEdit;

namespace rviz_teleop_commander
{
// 所有 plugin 都必须是 rviz::Panel 的子类
class TeleopPanel: public rviz::Panel
{
// 后边需要用到 Qt 的信号和槽, 都是 QObject 的子类, 所以需要声明 Q_OBJECT 宏
Q_OBJECT
public:
    // 构造函数, 在类中会用到 QWidget 的实例来实现 GUI, 这里先初始化为 0 即可
    TeleopPanel( QWidget* parent = 0 );

    // 重载 rviz::Panel 积累中的函数, 用于保存、加载配置文件中的数据, 在这个 plugin 中,
    //  数据就是 topic 的名称
    virtual void load( const rviz::Config& config );
    virtual void save( rviz::Config config ) const;

// 公共槽
public Q_SLOTS:
    // 当用户输入 topic 的命名并按下回车键后, 回调用此槽来创建一个相应名称的 topic publisher
    void setTopic( const QString& topic );

// 内部槽
protected Q_SLOTS:
    void sendVel();                      // 发布当前的速度值
    void update_Linear_Velocity();       // 根据用户的输入更新线速度值
    void update_Angular_Velocity();      // 根据用户的输入更新角速度值
    void updateTopic();                  // 根据用户的输入更新 topic name

// 内部变量
protected:
    // topic name 输入框
    QLineEdit* output_topic_editor_;
    QString output_topic_;

    // 线速度值输入框
    QLineEdit* output_topic_editor_1;
    QString output_topic_1;

    // 角速度值输入框
    QLineEdit* output_topic_editor_2;
    QString output_topic_2;
```

```
    // ROS 的 publisher，用来发布速度 topic
    ros::Publisher velocity_publisher_;

    // ROS 节点句柄
    ros::NodeHandle nh_;

    // 当前保存的线速度值和角速度值
    float linear_velocity_;
    float angular_velocity_;
};

} // end namespace rviz_teleop_commander

#endif // TELEOP_PANEL_H
```

teleop_pad.h 定义了需要实现的插件类 TeleopPanel，在类中使用 Qt 元素定义了输入框、字符串等多个对象，并且声明了对象调用的槽，也就是回调函数。

2. rviz_teleop_commander/src/teleop_pad.cpp

然后是具体类的代码实现 teleop_pad.cpp，详细内容如下：

```
#include <stdio.h>

#include <QPainter>
#include <QLineEdit>
#include <QVBoxLayout>
#include <QHBoxLayout>
#include <QLabel>
#include <QTimer>

#include <geometry_msgs/Twist.h>
#include <QDebug>

#include "teleop_pad.h"

namespace rviz_teleop_commander
{

// 构造函数，初始化变量
TeleopPanel::TeleopPanel( QWidget* parent )
  : rviz::Panel( parent )
  , linear_velocity_( 0 )
  , angular_velocity_( 0 )
{
    // 创建一个输入 topic 命名的窗口
    QVBoxLayout* topic_layout = new QVBoxLayout;
    topic_layout->addWidget( new QLabel( "Teleop Topic:" ));
    output_topic_editor_ = new QLineEdit;
    topic_layout->addWidget( output_topic_editor_ );

    // 创建一个输入线速度的窗口
```

```
        topic_layout->addWidget( new QLabel( "Linear Velocity:" ));
        output_topic_editor_1 = new QLineEdit;
        topic_layout->addWidget( output_topic_editor_1 );

        // 创建一个输入角速度的窗口
        topic_layout->addWidget( new QLabel( "Angular Velocity:" ));
        output_topic_editor_2 = new QLineEdit;
        topic_layout->addWidget( output_topic_editor_2 );

        QHBoxLayout* layout = new QHBoxLayout;
        layout->addLayout( topic_layout );
        setLayout( layout );

        // 创建一个定时器，用来定时发布消息
        QTimer* output_timer = new QTimer( this );

        // 设置信号与槽的连接
        // 输入 topic 命名，回车后，调用 updateTopic()
        connect( output_topic_editor_, SIGNAL( editingFinished() ), this, SLOT(
updateTopic() ));
        // 输入线速度值，回车后，调用 update_Linear_Velocity()
        connect( output_topic_editor_1, SIGNAL( editingFinished() ), this, SLOT(
update_Linear_Velocity() ));
        // 输入角速度值，回车后，调用 update_Angular_Velocity()
        connect( output_topic_editor_2, SIGNAL( editingFinished() ), this, SLOT(
update_Angular_Velocity() ));

        // 设置定时器的回调函数，按周期调用 sendVel()
        connect( output_timer, SIGNAL( timeout() ), this, SLOT( sendVel() ));

        // 设置定时器的周期，100ms
        output_timer->start( 100 );
    }

// 更新线速度值
void TeleopPanel::update_Linear_Velocity()
{
    // 获取输入框内的数据
    QString temp_string = output_topic_editor_1->text();

    // 将字符串转换成浮点数
    float lin = temp_string.toFloat();

    // 保存当前的输入值
    linear_velocity_ = lin;
}

// 更新角速度值
void TeleopPanel::update_Angular_Velocity()
{
    QString temp_string = output_topic_editor_2->text();
```

```
        float ang = temp_string.toFloat() ;
        angular_velocity_ = ang;
    }

// 更新 topic 命名
void TeleopPanel::updateTopic()
{
    setTopic( output_topic_editor_->text() );
}

// 设置 topic 变化
void TeleopPanel::setTopic( const QString& new_topic )
{
    // 检查 topic 是否发生变化
    if( new_topic != output_topic_ )
    {
        output_topic_ = new_topic;

        // 如果命名为空，不发布任何信息
        if( output_topic_ == "" )
        {
            velocity_publisher_.shutdown();
        }
        // 否则，初始化 publisher
        else
        {
            velocity_publisher_ = nh_.advertise<geometry_msgs::Twist>( output_
topic_.toStdString(), 1 );
        }

        Q_EMIT configChanged();
    }
}

// 发布消息
void TeleopPanel::sendVel()
{
    if( ros::ok() && velocity_publisher_ )
    {
        geometry_msgs::Twist msg;
        msg.linear.x = linear_velocity_;
        msg.linear.y = 0;
        msg.linear.z = 0;
        msg.angular.x = 0;
        msg.angular.y = 0;
        msg.angular.z = angular_velocity_;
        velocity_publisher_.publish( msg );
    }
}

// 重载父类的功能
```

```
void TeleopPanel::save( rviz::Config config ) const
{
    rviz::Panel::save( config );
    config.mapSetValue( "Topic", output_topic_ );
}

// 重载父类的功能，加载配置数据
void TeleopPanel::load( const rviz::Config& config )
{
    rviz::Panel::load( config );
    QString topic;
    if( config.mapGetString( "Topic", &topic ))
    {
        output_topic_editor_->setText( topic );
        updateTopic();
    }
}

} // end namespace rviz_teleop_commander

// 声明此类是一个 rviz 的插件
#include <pluginlib/class_list_macros.h>
PLUGINLIB_EXPORT_CLASS(rviz_teleop_commander::TeleopPanel,rviz::Panel )
// END_TUTORIAL
```

插件的实现也并不复杂，请对照注释详细阅读：

1）创建输入框和字符串对象，并且设计界面布局。

2）设置输入框完成输入的信号与相应槽的连接。

3）设置定时器，定时发布速度控制消息，周期为 100ms。

4）获得用户输入，更新对应输入的变量。

5）按照更新后的变量发布消息。

12.3.4　编译插件

编译之前，还需要完成配置文件的设置。

1. plugin 的描述文件

在功能包的根目录下要创建一个 plugin 的描述文件 rviz_teleop_commander/plugin_description.xml：

```
<library path="lib/librviz_teleop_commander">
    <class name="rviz_teleop_commander/TeleopPanel"
           type="rviz_teleop_commander::TeleopPanel"
           base_class_type="rviz::Panel">
        <description>
            A panel widget allowing simple diff-drive style robot base control.
        </description>
    </class>
</library>
```

2. package.xml

在 rviz_teleop_commander/package.xml 文件里添加 plugin_description.xml 的路径：

```
<export>
    <rviz plugin="${prefix}/plugin_description.xml"/>
</export>
```

3. CMakeLists.txt

当然，CMakeLists.txt 文件也必须加入相应的编译规则：

```
# 该插件包含 Qt 控件，所以需要配置 Qt 相关的内容
find_package(Qt5 COMPONENTS Core Widgets REQUIRED)
set(QT_LIBRARIES Qt5::Widgets)

add_definitions(-DQT_NO_KEYWORDS)

# 设置代码头文件
qt5_wrap_cpp(MOC_FILES
    src/teleop_pad.h
)

# 设置代码文件
set(SOURCE_FILES
    src/teleop_pad.cpp
    ${MOC_FILES}
)

add_library(${PROJECT_NAME} ${SOURCE_FILES})
target_link_libraries(${PROJECT_NAME} ${QT_LIBRARIES} ${catkin_LIBRARIES})

# 安装规则
install(TARGETS
    ${PROJECT_NAME}
    ARCHIVE DESTINATION ${CATKIN_PACKAGE_LIB_DESTINATION}
    LIBRARY DESTINATION ${CATKIN_PACKAGE_LIB_DESTINATION}
    RUNTIME DESTINATION ${CATKIN_PACKAGE_BIN_DESTINATION}
)

install(FILES
    plugin_description.xml
    DESTINATION ${CATKIN_PACKAGE_SHARE_DESTINATION})
```

现在就可以使用 catkin_make 命令编译工作空间了。

12.3.5 运行插件

编译成功后，使用如下命令运行 rviz：

```
$ rosrun rviz rviz
```

一定要设置功能包所在工作空间的环境变量，否则插件无法添加。

　　启动之后并没有什么不同，点击菜单栏中的"Panels"选项，选择"Add New Panel"；弹出如图 12-8 所示的窗口，可以在插件列表中找到我们创建的 plugin；选中之后，在下方的"Description"中会看到 plugin 的描述信息。

　　点击"OK"按钮，就会弹出如图 12-9 所示的"TeleopPanel"插件，分别填写三行输入栏所对应的内容。

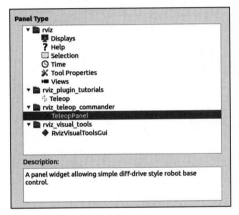

图 12-8　添加插件

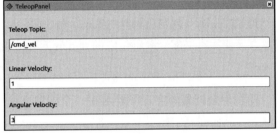

图 12-9　设置插件内容

　　然后打开终端查看消息，可以看到如图 12-10 所示的打印信息，这就说明 ROS 中已经有节点在发布 /cmd_vel 话题的消息了。

图 12-10　查看插件发布的 /cmd_vel 话题消息

　　实现 rviz 插件的重点是理解 ROS 和 Qt 的结合，使用类似的方法和 Qt 编程技巧，就可以基于 rviz 打造属于自己的人机交互界面了！

12.4　动态配置参数

　　不知你是否还记得，在第 2 章中我们共同研究了 ROS 参数服务器的通信机制，其中提到很重要的一点：ROS 参数服务器无法在线动态更新。如果 Listener 不主动查询参数值，就无法获知 Talker 是否已经修改了参数，这就导致 ROS 参数服务器有了很大限制。很多场景下我们需要动态更新参数，如参数调试、功能切换等，所以 ROS 提供了另外一个非常有用的功能包——dynamic_reconfigure，可以实现这种动态配置参数的机制。

图 12-11 是启动 Kinect 后 OpenNI 功能包提供的参数动态配置的可视化界面。

ROS 中的动态参数修改采用 C/S 架构，在运行过程中，用户在客户端修改参数后不需要重新启动，而是向服务器发送请求；服务器通过回调函数确认，即可完成参数的动态重配置。接下来探索 ROS 中参数动态配置的具体实现方法。

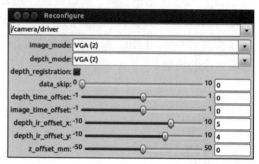

图 12-11　OpenNI 功能包的参数动态配置

12.4.1　创建配置文件

通过以下命令创建功能包 dynamic_tutorials，或者直接使用本书配套源码包中的 dynamic_tutorials 功能包。

```
$ catkin_create_pkg dynamic_tutorials rospy roscpp dynamic_reconfigure
```

动态参数配置的实现需要编写一个配置文件，在功能包中创建一个放置配置文件的 cfg 文件夹，然后在其中创建配置文件 dynamic_tutorials/cfg/Tutorials.cfg，代码如下：

```python
#!/usr/bin/env python
PACKAGE = "dynamic_tutorials"

from dynamic_reconfigure.parameter_generator_catkin import *

gen = ParameterGenerator()

gen.add("int_param",    int_t,    0, "An Integer parameter", 50,  0, 100)
gen.add("double_param", double_t, 0, "A double parameter",   .5, 0,   1)
gen.add("str_param",    str_t,    0, "A string parameter",  "Hello World")
gen.add("bool_param",   bool_t,   0, "A Boolean parameter",  True)

size_enum = gen.enum([ gen.const("Small",      int_t, 0, "A small constant"),
                       gen.const("Medium",     int_t, 1, "A medium constant"),
                       gen.const("Large",      int_t, 2, "A large constant"),
                       gen.const("ExtraLarge", int_t, 3, "An extra large constant")],
"An enum to set size")

gen.add("size", int_t, 0, "A size parameter which is edited via an enum", 1, 0,
3, edit_method=size_enum)

exit(gen.generate(PACKAGE, "dynamic_tutorials", "Tutorials"))
```

配置文件使用 Python 实现，下面详细分析其中的内容：

```
#!/usr/bin/env python
PACKAGE = "dynamic_tutorials"

from dynamic_reconfigure.parameter_generator_catkin import *
```

首先导入 dynamic_reconfigure 功能包提供的参数生成器（parameter generator）。

```
gen = ParameterGenerator()
```

然后创建一个参数生成器，接下来就可以定义需要动态配置的参数了：

```
gen.add("int_param", int_t, 0, "An Integer parameter", 50,  0, 100)
gen.add("double_param", double_t, 0, "A double parameter", .5, 0, 1)
gen.add("str_param", str_t, 0, "A string parameter",  "Hello World")
gen.add("bool_param",bool_t,0, "A Boolean parameter",  True)
```

参数可以使用生成器的 add (name, type, level, description, default, min, max) 方法生成，这里定义了四个不同类型的参数，传入参数的意义如下：

- name：参数名，使用字符串描述。
- type：定义参数的类型，可以是 int_t、double_t、str_t 或 bool_t。
- level：参数动态配置回调函数中的掩码，在回调函数中会修改所有参数的掩码，表示参数已经被修改。
- description：描述参数作用的字符串。
- default：设置参数的默认值。
- min：可选，设置参数的最小值，对于字符串和布尔类型值不生效。
- max：可选，设置参数的最大值，对于字符串和布尔类型值不生效。

也可以使用如下方法生成一个枚举类型的值：

```
size_enum = gen.enum([gen.const("Small",int_t,0,"A small constant"),
           gen.const("Medium",int_t,1,"A medium constant"),
           gen.const("Large",int_t, 2, "A large constant"),
           gen.const("ExtraLarge",int_t,3,"An extra large constant")],
                "An enum to set size")

gen.add("size", int_t, 0, "A size parameter which is edited via an enum", 1, 0,
3, edit_method=size_enum)
```

这里定义了一个 int_t 类型的参数 "size"，该参数的值可以通过枚举罗列出来。枚举的定义使用 enum 方法实现，其中使用 const() 方法定义每一个枚举值的名称、类型、值和描述字符串。

```
exit(gen.generate(PACKAGE, "dynamic_tutorials", "Tutorials"))
```

最后一行代码用于生成所有与 C++ 和 Python 相关的文件，并且退出程序。第二个参数表示运行时的节点名；第三个参数为生成文件所使用的前缀，需要与配置文件名相同。

配置文件创建完成后，需要使用如下命令添加可执行权限：

```
$ chmod a+x cfg/Tutorials.cfg
```

类似于消息的定义，这里也需要生成代码文件，所以在 CMakeLists.txt 中添加如下编译规则：

```
#add dynamic reconfigure api
generate_dynamic_reconfigure_options(
    cfg/Tutorials.cfg
    #...
)

# make sure configure headers are built before any node using them
add_dependencies(dynamic_reconfigure_node ${PROJECT_NAME}_gencfg)
```

配置文件相关的工作就到此为止，接下来创建一个 dynamic_reconfigure_node 节点，调用参数的动态配置。

12.4.2　创建服务器节点

dynamic_reconfigure_node 节点的代码实现 dynamic_tutorials/src/server.cpp 如下：

```
#include <ros/ros.h>

#include <dynamic_reconfigure/server.h>
#include <dynamic_tutorials/TutorialsConfig.h>

void callback(dynamic_tutorials::TutorialsConfig &config, uint32_t level) {
    ROS_INFO("Reconfigure Request: %d %f %s %s %d",
            config.int_param, config.double_param,
            config.str_param.c_str(),
            config.bool_param?"True":"False",
            config.size);
}

int main(int argc, char **argv)
{
        ros::init(argc, argv, "dynamic_tutorials");

        dynamic_reconfigure::Server<dynamic_tutorials::TutorialsConfig> server;
        dynamic_reconfigure::Server<dynamic_tutorials::TutorialsConfig>::Callba
ckType f;

        f = boost::bind(&callback, _1, _2);
        server.setCallback(f);

        ROS_INFO("Spinning node");
        ros::spin();
        return 0;
}
```

以上代码不长，下面分析其实现过程。

```
#include <ros/ros.h>

#include <dynamic_reconfigure/server.h>
#include <dynamic_tutorials/TutorialsConfig.h>
```

包含必要的头文件，其中 TutorialsConfig.h 就是配置文件在编译过程中生成的头文件。

```
ros::init(argc, argv, "dynamic_tutorials");

dynamic_reconfigure::Server<dynamic_tutorials::TutorialsConfig> server;
```

先来看 main 函数的内容。首先初始化 ROS 节点，然后创建一个参数动态配置的服务端实例，参数配置的类型与配置文件中描述的类型相同。该服务器实例会监听客户端的参数配置请求。

```
dynamic_reconfigure::Server<dynamic_tutorials::TutorialsConfig>::CallbackType f;

f = boost::bind(&callback, _1, _2);
server.setCallback(f);
```

还需要定义回调函数，并将回调函数和服务端绑定。当客户端请求修改参数时，服务器即可跳转到回调函数进行处理。

```
void callback(dynamic_tutorials::TutorialsConfig &config, uint32_t level) {
    ROS_INFO("Reconfigure Request: %d %f %s %s %d",
            config.int_param, config.double_param,
            config.str_param.c_str(),
            config.bool_param?"True":"False",
            config.size);
}
```

对于本例程来说，回调函数并不复杂，仅将修改后的参数值打印出来。回调函数的传入参数有两个，一个是参数更新的配置值，另外一个表示参数修改的掩码。

代码编辑完成后，在 CmakeLists.txt 中加入以下编译规则：

```
# for dynamic reconfigure
add_executable(dynamic_reconfigure_node src/server.cpp)

# make sure configure headers are built before any node using them
add_dependencies(dynamic_reconfigure_node ${PROJECT_NAME}_gencfg)

# for dynamic reconfigure
target_link_libraries(dynamic_reconfigure_node ${catkin_LIBRARIES})
```

现在就可以使用 catkin_make 命令编译 dynamic_tutorials 功能包了。

12.4.3　参数动态配置

编译成功后使用如下命令运行 roscore 和 dynamic_reconfigure_node：

```
$ roscore
$ rosrun dynamic_tutorials dynamic_reconfigure_node
```

这时参数动态配置的服务器就可以运行了，使用 ROS 提供的可视化参数配置工具来修改参数：

```
$ rosrun rqt_reconfigure rqt_reconfigure
```

打开如图 12-12 所示可视化界面后，可以通过输入、拖动、下拉选择等方式动态修改参数，输入方式的不同与配置文件中的参数设置有关，例如设置了参数的最大值 / 最小值，就会有拖动条；设置为枚举类型，就会出现下拉选项。

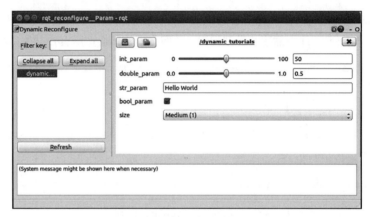

图 12-12　参数动态配置

修改后可以在服务器中看到修改成功的打印信息，如图 12-13 所示。

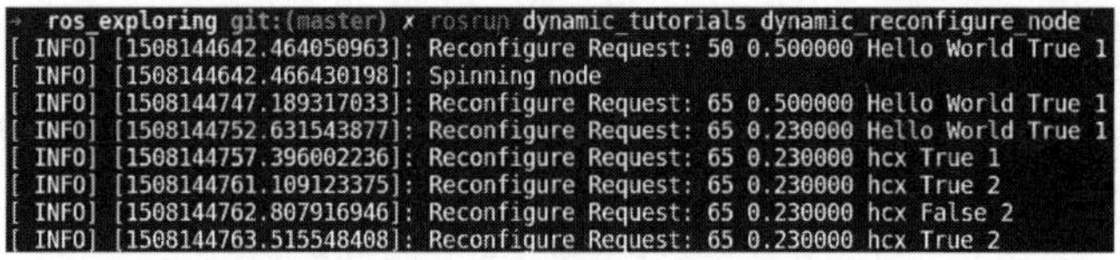

图 12-13　参数动态配置的日志信息

12.5　SMACH

有限状态机是一款用于对象行为建模的工具，其主要作用是描述对象在生命周期内所经历的状态序列，以及如何响应来自外界的各种事件。在计算机科学中，有限状态机被广泛用于硬件电路系统设计、软件工程、编译器、网络协议等领域。

当处理一些业务逻辑比较复杂的需求时，如果可以把业务模型抽象成一个有限状态机，那么代码的逻辑会特别清晰，结构也会特别规整。在很多应用场景中，我们需要设计一些复杂的机器人任务，任务中包含多个状态模块，而这些状态模块之间在某些情况下会发生跳转，如果使用有限状态机来管理这些状态，就会更加清晰。所以，ROS 提供了一个强大的有限状态机功能包——SMACH。

12.5.1 什么是 SMACH

SMACH 就是状态机的意思，是基于 Python 实现的一个功能强大且易于扩展的库。SMACH 本质上并不依赖于 ROS，可以用于任意 Python 项目。ROS 中的 executive_smach 功能包将 SMACH 和 ROS 很好地集成在了一起，为机器人复杂应用开发提供任务级的状态机框架。此外，该功能包还集成了 actionlib 和 smach_viewer，用于管理 action 和状态机的可视化显示。为避免误导，本节以下提到的 SMACH 均指 ROS 中的 SMACH 功能包。

SMACH 可以帮助我们实现以下功能。

- 快速原型设计：基于 Python 语法的 SMACH 可以实现状态机原型的快速开发测试。
- 复杂状态机模型：SMACH 支持设计、维护、调试大型复杂的状态机。
- 可视化：SMACH 提供可视化观测工具 smach_viewer，可以看到完整状态机的状态跳转、数据流等信息。

如果是非结构化、不涉及应用任务级的工作，或者只是为了拆分模块，那么 SMACH 可能并不适用。

在 ROS Kinetic 的软件源中，已经集成了 SMACH 功能包的二进制安装文件，可以直接使用如下命令安装：

```
$ sudo apt-get install ros-kinetic-executive-smach
$ sudo apt-get install ros-kinetic-executive-smach-visualization
```

12.5.2 状态机"跑"起来

现在就来运行一个简单的 SMACH 状态机。使用以下命令即可启动本书配套源码中 SMACH 状态机的一个简单例程：

```
$ roscore
$ rosrun smach_tutorials state_machine_simple.py
```

运行后在终端中会显示如图 12-14 所示的信息。从这些信息中大概可以看出状态机在进行状态跳转，并且有两个状态：FOO 和 BAR。但是这样的信息并不清晰，可以使用如下命令启动一个"神器"来可视化状态机的结构，这就是 smach_viewer 工具：

```
$ rosrun smach_viewer smach_viewer.py
```

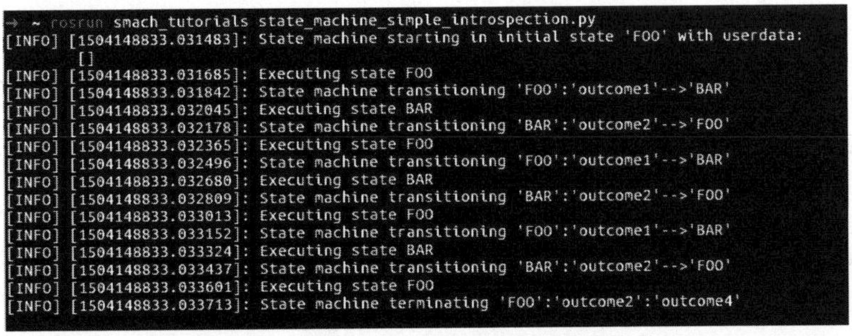

图 12-14 SMACH 状态机例程的运行效果

启动后可以看到类似于图 12-15 所示的可视化界面。从这张图中可以更清晰地看到，状态机有两个主要状态：FOO 和 BAR。状态之间的箭头代表跳转方向，还有一些 outcome 值似乎指代的跳转条件。

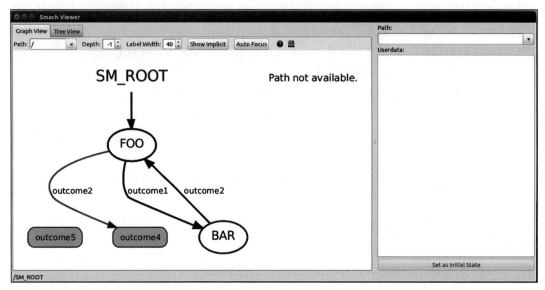

图 12-15   使用 smach_viewer 工具可视化状态机结构

接下来从代码的角度进行分析，就会更加清楚图中每个部分的意义和实现方法。

12.5.3   状态机实现剖析

SMACH 有限状态机基于 Python 实现，所以 SMACH 相关的例程也使用 Python 语言完成。例程的实现源码 smach_tutorials/scripts/state_machine_simple.py 内容如下：

```python
import rospy
import smach
import smach_ros

# 定义状态 Foo
class Foo(smach.State):
    def __init__(self):
        smach.State.__init__(self, outcomes=['outcome1','outcome2'])
        self.counter = 0

    def execute(self, userdata):
        rospy.loginfo('Executing state FOO')
        if self.counter < 3:
            self.counter += 1
            return 'outcome1'
        else:
```

```
                    return 'outcome2'

# 定义状态 Bar
class Bar(smach.State):
    def __init__(self):
        smach.State.__init__(self, outcomes=['outcome2'])

    def execute(self, userdata):
        rospy.loginfo('Executing state BAR')
        return 'outcome2'

# 主函数
def main():
    rospy.init_node('smach_example_state_machine')

    # 创建一个状态机
    sm = smach.StateMachine(outcomes=['outcome4', 'outcome5'])

    # 打开状态机容器
    with sm:
        # 使用 add 方法添加状态到状态机容器中
        smach.StateMachine.add('FOO', Foo(),
                               transitions={'outcome1':'BAR',
                                            'outcome2':'outcome4'})
        smach.StateMachine.add('BAR', Bar(),
                               transitions={'outcome2':'FOO'})

    # 创建并启动内部监测服务器
    sis = smach_ros.IntrospectionServer('my_smach_introspection_server', sm, '/
SM_ROOT')
    sis.start()

    # 开始执行状态机
    outcome = sm.execute()

    # 等待退出
    rospy.spin()
    sis.stop()

if __name__ == '__main__':
    main()
```

详细分析以上代码的实现过程。

作为状态机, 首先需要有状态。这个例程中有两个状态: FOO 和 BAR, 这两个状态在代码中的定义如下:

```
# 定义状态 Foo
class Foo(smach.State):
    def __init__(self):
        smach.State.__init__(self, outcomes=['outcome1','outcome2'])
```

```
        self.counter = 0

    def execute(self, userdata):
        rospy.loginfo('Executing state FOO')
        if self.counter < 3:
            self.counter += 1
            return 'outcome1'
        else:
            return 'outcome2'

# 定义状态 Bar
class Bar(smach.State):
    def __init__(self):
        smach.State.__init__(self, outcomes=['outcome2'])

    def execute(self, userdata):
        rospy.loginfo('Executing state BAR')
        return 'outcome2'
```

这两个状态通过 Python 的函数定义，而且结构相似，都包含初始化（ __init__ ）和执行（execute）这两个函数。

1. 初始化函数

初始化函数用来初始化该状态类，调用 smach 中状态的初始化函数，同时需要定义输出状态：outcome1、outcome2。

这里的 outcome 代表状态结束时的输出值，使用字符串表示，由用户定义取值范围，例如定义状态执行是否成功：['succeeded', 'failed', 'awesome']。每个状态的输出值可以有多个，根据不同的输出值有可能跳转到不同的状态。

初始化函数不能阻塞，如果需要实现同步等阻塞功能，可以使用多线程实现。

---

2. 执行函数

执行函数就是每个状态中的具体工作内容，可以进行阻塞工作，工作结束后返回定义的输出值，该状态结束。

再来看 main 函数。首先初始化 ROS 节点，然后使用 StateMachine 创建一个状态机，并且指定状态机执行结束后的两个输出值：outcome4 和 outcome5。

```
sm = smach.StateMachine(outcomes=['outcome4', 'outcome5'])
```

SMACH 状态机是一个容器，可以使用 add() 方法添加需要的状态到状态机容器中，同时需要设置状态之间的跳转关系。

```
smach.StateMachine.add('FOO', Foo(),
                       transitions={'outcome1':'BAR',
                                    'outcome2':'outcome4'})
```

这里在状态机中添加了一个名为 FOO 的状态，该状态的类就是之前定义的 Foo。transitions 代表状态跳转，如果 FOO 状态执行输出 outcome1，则跳转到 BAR 状态；如果执行输出 outcome2，则结束这个状态机，并且输出 outcome4。

还记得上面看到的可视化界面吗？为了将状态机可视化显示，需要在代码中加入内部监测服务器：

```
sis = smach_ros.IntrospectionServer('my_smach_introspection_server', sm, '/SM_ROOT')
sis.start()
```

IntrospectionServer() 方法用来创建内部监测服务器，有三个参数：第一个参数是观测服务器的名称，可以根据需要自由给定；第二个参数是所要观测的状态机；第三个参数代表状态机的层级，因为 SMACH 状态机支持嵌套，状态内部还可以有自己的状态机。

```
outcome = sm.execute()
```

然后就可以使用 execute() 方法开始执行状态机了，执行结束后需要停止内部观测器。

现在再来回顾整个状态机。从图 12-16 可以看到，状态机开始工作后首先跳入我们添加的第一个状态 FOO，然后在该状态中累加 counter 变量。counter 小于 3 时，会输出 outcome1，状态结束后就跳转到 BAR 状态。在 BAR 状态中什么都没做，输出 outcome2 回到 FOO 状态。就这样来回几次后，counter 等于 3，FOO 状态的输出值变成 outcome2，继而跳转到 outcome4，也就代表着有限状态机运行结束。outcome5 全程并没有涉及，所以在图上成为一个孤立的节点。

可以将上面的状态机想象成一个简单的机器人应用：机器人去抓取桌子上的杯子，如果抓取成功就

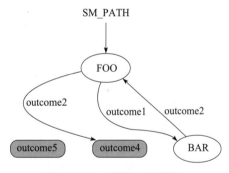

图 12-16　状态机的结构

结束任务；如果抓取失败就继续尝试，尝试 3 次后，就放弃抓取，结束任务。

当然，SMACH 的功能还远不止如此，下面继续深入研究 SMACH 的几种高级应用。

12.5.4　状态间的数据传递

很多场景下，状态和状态之间有一定耦合，后一个状态的工作需要使用前一个状态中的数据，这时就需要在状态跳转的同时将需要的数据传递给下一个状态。SMACH 支持状态之间的数据传递。

首先使用如下命令运行状态机数据传递的例程：

```
$ roscore
$ rosrun smach_tutorials user_data.py
```

```
$ rosrun smach_viewer smach_viewer.py
```

可以看到状态机的结构如图 12-17 所示。从终端和可视化显示中只能看到两个状态，并不能明确地看到数据到底是如何传递的。该例程的实现代码 smach_tutorials/scripts/user_data.py 是在以上例程的基础上修改而来，这里仅对关键代码进行分析。

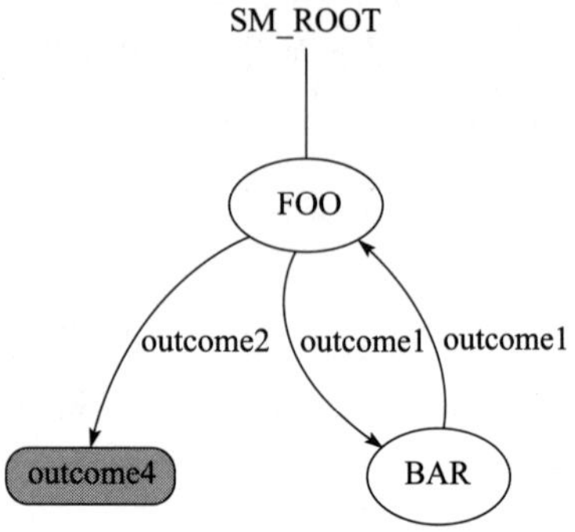

首先看状态的定义，代码如下：

图 12-17　状态机的结构

```
# 定义状态 Foo
class Foo(smach.State):
    def __init__(self):
        smach.State.__init__(self,
                            outcomes=['outcome1','outcome2'],
                            input_keys=['foo_counter_in'],
                            output_keys=['foo_counter_out'])

    def execute(self, userdata):
        rospy.loginfo('Executing state FOO')
        if userdata.foo_counter_in < 3:
            userdata.foo_counter_out = userdata.foo_counter_in + 1
            return 'outcome1'
        else:
            return 'outcome2'
```

在状态的初始化中多了两个参数：input_keys 和 output_keys，这两个参数就是状态的输入 / 输出数据。

在状态的执行函数中，也多了一个 userdata 参数，这是存储状态之间所传递数据的容器，FOO 状态的输入 / 输出数据 foo_counter_in 和 foo_counter_out 就存储在 userdata 中。所以在执行工作时，如果要访问、修改数据，需要使用 userdata.foo_counter_out 和 userdata.foo_counter_in 的形式，代码如下：

```
# 定义状态 Bar
class Bar(smach.State):
    def __init__(self):
        smach.State.__init__(self,
                            outcomes=['outcome1'],
                            input_keys=['bar_counter_in'])

    def execute(self, userdata):
        rospy.loginfo('Executing state BAR')
        rospy.loginfo('Counter = %f'%userdata.bar_counter_in)
        return 'outcome1'
```

在 BAR 状态中，只有输入数据 bar_counter_in。从可视化图中可以看到，BAR 状态由

FOO 状态转换过来，所以 BAR 的输入数据就是 FOO 的输出数据。

这里你可能会有一个疑问：FOO 的输出是 fOO_counter_out，BAR 的输入是 bar_counter_in，驴头不对马嘴呀！不着急，我们继续看 main 函数：

```
sm.userdata.sm_counter = 0
```

这里定义了状态之间传递数据的变量 sm_counter，怎么与 FOO、BAR 里的又不一样！接下来就是重点了：

```
# 打开状态机容器
with sm:
    # 使用 add 方法添加状态到状态机容器中
    smach.StateMachine.add('FOO', Foo(),
                           transitions={'outcome1':'BAR',
                                        'outcome2':'outcome4'},
                           remapping={'foo_counter_in':'sm_counter',
                                      'foo_counter_out':'sm_counter'})
    smach.StateMachine.add('BAR', Bar(),
                           transitions={'outcome1':'FOO'},
                           remapping={'bar_counter_in':'sm_counter'})
```

在状态机中添加状态时，多了一个 remapping 参数，相信你一定想到了 ROS 中的 remapping 重映射机制。类似地，这里可以将参数重映射，每个状态在设计的时候不需要考虑输入/输出的变量具体是什么，只需要留下接口，使用重映射的机制就可以很方便地组合这些状态了。

所以这里将 sm_counter 映射为 foo_counter_in、foo_counter_out、bar_counter_in，也就是给 sm_counter 取了一堆别名，这样 FOO 和 BAR 中的所有输入、输出变量其实都是 sm_counter。在运行的终端中可以看到，sm_counter 在 FOO 累加后传递到 BAR 状态中打印出来了，该参数传递成功！

12.5.5　状态机嵌套

SMACH 中的状态机是容器，支持嵌套功能，也就是说，在状态机中还可以嵌套实现一个内部状态机。

运行以下例程，查看状态机嵌套例程的运行效果：

```
$ roscore
$ rosrun smach_tutorials user_data.py
$ rosrun smach_viewer smach_viewer.py
```

在图 12-18 中可以看到一个灰色框区域，这就是状态 SUB 内部的嵌套状态机。完整代码可以参见源码包中

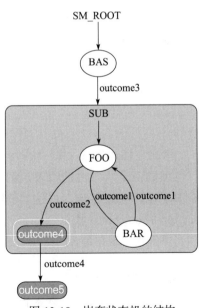

图 12-18　嵌套状态机的结构

的 smach_tutorials/scripts/state_machine_nesting.py，这里仅列出关键代码。

我们新加入了一个状态 Bas，三个状态 FOO、BAR、BAS 的定义和实现没有什么特别，重点在 main 函数中：

```
# 创建一个顶层状态机
sm_top = smach.StateMachine(outcomes=['outcome5'])

# 打开状态机容器
with sm_top:

    smach.StateMachine.add('BAS', Bas(),transitions={'outcome3':'SUB'})

    # 创建一个内嵌的状态机
    sm_sub = smach.StateMachine(outcomes=['outcome4'])
```

首先定义一个状态机 sm_top，将这个状态机作为最顶层，并且在其中加入一个 BAS 状态，该状态在输出为 outcome3 时会跳转到 SUB 状态。

```
# 创建一个内嵌的状态机
sm_sub = smach.StateMachine(outcomes=['outcome4'])

# 打开状态机容器
with sm_sub:

    # 使用 add 方法添加状态到状态机容器中
    smach.StateMachine.add('FOO', Foo(),
                            transitions={'outcome1':'BAR', 'outcome2':'outcome4'})
    smach.StateMachine.add('BAR', Bar(),
                            transitions={'outcome1':'FOO'})
```

接着又定义了一个需要嵌套的状态机 sm_sub，并且在这个状态机中添加了两个状态 FOO 和 BAR。

目前这两个状态机还是独立的，需要把 sm_sub 嵌套在 sm_top 中：

```
smach.StateMachine.add('SUB', sm_sub,
                        transitions={'outcome4':'outcome5'})
```

类似于添加状态一样，状态机也可以直接使用 add 方法嵌套添加。

回顾两个状态机的输入 / 输出，sub_top 中 BAS 状态的输出是 outcome3，然后会跳到 SUB 状态，也就是 sm_sub 这个子状态机。sm_sub 状态机的输出是 outcome4，正好对应到了 sm_top 的 outcome5 状态。

不知道你现在是否已经绕糊涂了，多看一下上面的结构图应该就清晰了。

12.5.6　多状态并行

SMACH 还支持多个状态并列运行，使用如下命令运行例程：

```
$ roscore
```

```
$ rosrun smach_tutorials concurrence.py
$ rosrun smach_viewer smach_viewer.py
```

从图 12-19 中可以看到，FOO 和 BAR 两个状态是并列运行的，完整代码可以参见源码包中的 smach_tutorials/scripts/concurrence.py，这里仅列出关键代码。

这个例程从之前的嵌套状态机例程修改而来，绝大部分代码是类似的，重点还是在 main 函数中：

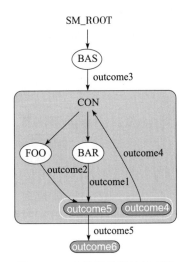

图 12-19　多状态并行的状态机结构

```
# 创建一个内嵌的状态机
sm_con = smach.Concurrence(outcomes=['outcome4','outcome5'],
                           default_outcome='outcome4',
                           outcome_map={'outcome5':
                               { 'FOO':'outcome2',
                                 'BAR':'outcome1'}})

# 打开状态机容器
with sm_con:
    # 使用 add 方法添加状态到状态机容器中
    smach.Concurrence.add('FOO', Foo())
    smach.Concurrence.add('BAR', Bar())
```

这里使用 Concurrence 创建了一个同步状态机，default_outcome 表示该状态机的默认输出是 outcome4，依然会循环该状态机。重点是 outcome_map 参数，设置了状态机同步运行的状态跳转，当 FOO 状态的输出为 outcome2，并且 BAR 状态的输出为 outcome1 时，状态机才会输出 outcome5，从而跳转到顶层状态机中。

关于有限状态机 SMACH 的相关内容就探索到这里，更多相关内容的深入学习可以参考 SMACH 的 wiki 网站。

12.6　ROS-MATLAB

众所周知，MATLAB 是一款强大的数据处理工具，在科研、教学、商业领域广泛应用。MATLAB 有一个工具箱，几乎与哆啦 A 梦的口袋差不多，可以提供丰富而强大的扩展功能，其中就包含 robotics 工具箱，提供许多机器人开发工具，当然也包括 ROS 相关的功能，这就为 ROS 和 MATLAB 的联合使用提供了强有力的支持。

12.6.1　ROS-MATLAB 是什么

MATLAB 中的 robotics system toolbox 提供了 ROS 的大部分功能，可以通过 MATLAB 启动 ROS Master、创建 ROS 节点、发布 ROS 消息 / 服务、查看 ROS 话题数据、控制 ROS 机器人等，更重要的是可以结合 MATLAB 强大的功能，实现机器人算法设计，然后接入 ROS，结合 Gazebo 或者 V-REP 完成仿真。我们将这个 MATLAB 中的 ROS 工具包简称为 ROS-MATLAB。

图 12-20 所示的是 ROS-MATLAB 和机器人系统的通信框架, 从图中可以看到, MATLAB 拥有强大而丰富的算法功能包 (视觉处理、控制系统、信号处理等); 通过 ROS-MATLAB 可以获取机器人的数据, 处理之后再将控制指令发送给机器人。总之, ROS-MATLAB 让 MATLAB 成为了机器人强大的计算后台。

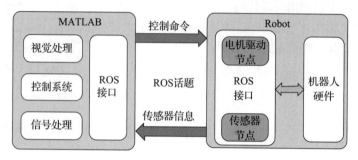

图 12-20　MATLAB 与 ROS 机器人的通信框架

ROS-MATLAB 在 MATLAB 2013 之后的版本才有, 而且需要 MATLAB 安装 robotics system toolbox, 可以在官网下载安装。

12.6.2　ROS-MATLAB 可以做什么

ROS-MATLAB 到底可以实现哪些 ROS 的功能? 在 MATLAB 的命令窗口中, 输入以下帮助命令:

```
>> help robotics.ros
```

如果工具箱安装没有问题, 则可以看到如图 12-21 所示的命令列表, 每个命令后面都有相应的功能说明。

从图 12-21 中可以看到, ROS-MATLAB 提供了 ROS 大部分的命令。下面先通过一个简单的例程对 ROS-MATLAB 有个大致的了解。

运行例程的第一步是什么? 当然是把 ROS Master 跑起来, 在 Ubuntu 系统中使用的是 roscore 命令, 而在 MATLAB 里需要使用 rosinit 命令:

```
>> rosinit
```

运行成功后会看到如图 12-22 所示的日志信息。

然后使用以下命令运行例程 exampleHelperROSCreateSampleNetwork:

```
>> exampleHelperROSCreateSampleNetwork
```

稍等片刻后例程就会启动, 使用 rosnode、rostopic 命令可以看到如图 12-23 所示的节点和话题信息。

```
命令行窗口
>> help robotics.ros
  ros (Robot Operating System)
    rosinit              - Initialize the ros system
    rosshutdown          - Shut down the ros system

    rosmessage           - Create a ros message
    rospublisher         - Create a ros publisher
    rossubscriber        - Create a ros subscriber
    rossvcclient         - Create a ros service client
    rossvcserver         - Create a ros service server
    rosactionclient      - Create a ros action client
    rostype              - View available ros message types

    rosaction            - Get information about actions in the ros network
    rosmsg               - Get information about messages and message types
    rosnode              - Get information about nodes in the ros network
    rosservice           - Get information about services in the ros network
    rostopic             - Get information about topics in the ros network

    rosbag               - Open and parse a rosbag log file
    rosparam             - Get and set values on the parameter server
    rosrate              - Execute loop at fixed frequency using ros time
    rostf                - Receive, send, and apply ros transformations

    rosduration          - Create a ros duration object
    rostime              - Access ros time functionality
```

图 12-21　MATLAB robotics 工具箱的帮助信息

```
命令行窗口
>> rosinit
Initializing ROS master on http://hcx-pc:11311/.
Initializing global node /matlab_global_node_44212 with NodeURI http://hcx-pc:2281/
```

图 12-22　在 MATLAB 中运行 ROS Master

是不是有一种在 Ubuntu 系统下的穿越感，仿佛是一个运行在 Windows 下的虚拟机。

12.6.3 连接 MATLAB 和 ROS

上面的例程在 MATLAB 中运行了 ROS Master 和 node，在实际使用中，还需要将 MATLAB 连接到 ROS 的网络中。

1. 确定 IP 地址

首先要确定运行 MATLAB 和 ROS 的两台计算机的 IP 地址（必须在同一网络下）。笔者运行 MATLAB 的计算机操作系统是 Windows 7，使用 ipconfig 命令可以找到如图 12-24 所示的 IP 地址。

```
命令行窗口
>> exampleHelperROSCreateSampleNetwork
>> rosnode list
/matlab_global_node_44212
/node_1
/node_2
/node_3
>> rostopic list
/pose
/rosout
/scan
>> rostopic echo /pose

  Linear
    X :   -0.2976992647951547
    Y :   0.379800844443511
    Z :   0.4554203692739224
  Angular
    X :   -0.6764160708126121
    Y :   -0.1805167752937866
    Z :   0.351804343972471
```

图 12-23　在 MATLAB 中查看节点和话题信息

```
Wireless LAN adapter Wireless Network Connection:

   Connection-specific DNS Suffix  . :
   Link-local IPv6 Address . . . . . : fe80::fdd3:157e:4cfc:ead6%12
   IPv4 Address. . . . . . . . . . . : 192.168.0.15
   Subnet Mask . . . . . . . . . . . : 255.255.255.0
   Default Gateway . . . . . . . . . : 192.168.0.1
```

图 12-24　Windows 系统的 IP 地址

ROS 运行在笔者 Windows 7 下的 Ubuntu 虚拟机中，通过 bridge 桥接的方式联网，在 Ubuntu 系统中使用 ifconfig 命令可以找到如图 12-25 所示的 IP 地址。

```
→  ~ ifconfig
eth0      Link encap:Ethernet  HWaddr 00:0c:29:aa:2f:92
          inet addr:192.168.0.10  Bcast:192.168.0.255  Mask:255.255.255.0
          inet6 addr: fe80::20c:29ff:feaa:2f92/64 Scope:Link
          UP BROADCAST RUNNING MULTICAST  MTU:1500  Metric:1
          RX packets:941 errors:0 dropped:0 overruns:0 frame:0
          TX packets:124 errors:0 dropped:0 overruns:0 carrier:0
          collisions:0 txqueuelen:1000
          RX bytes:64762 (64.7 KB)  TX bytes:14311 (14.3 KB)
          Interrupt:19 Base address:0x2000
```

图 12-25　Ubuntu 系统的 IP 地址

2. 在 MATLAB 中设置 IP

在 Ubuntu 中运行 roscore 命令，并在 MATLAB 中设置 ROS Master 的路径，类似于多计算机运行 ROS 时的配置（见图 12-26）：

```
>> setenv('ROS_MASTER_URI', 'http://192.168.0.10:11311')
>> rosinit
```

```
命令行窗口
>> setenv('ROS_MASTER_URI', 'http://192.168.0.10:11311')
>> rosinit
The value of the ROS_MASTER_URI environment variable, http://192.168.0.10:11311, will be used to connect to the ROS master.
Initializing global node /matlab_global_node_26854 with NodeURI http://192.168.0.15:1921/
```

图 12-26　在 MATLAB 中设置 ROS Master 的路径

3. ROS → MATLAB

路径配置完成后，检查通信是否建立。先在 Ubuntu 中启动一个 talker：

```
$ rosrun roscpp_tutorials talker
```

接着在 MATLAB 中查看话题和节点列表（见图 12-27）：

```
>> rosnode list
>> rostopic list
```

```
命令行窗口
>> rosnode list
/matlab_global_node_40505
/rosout
/talker
>> rostopic list
/chatter
/rosout
/rosout_agg
```

图 12-27　查看 ROS 中的节点列表和话题列表

MATLAB 已经找到 talker 发布的话题，可以使用 rostopic echo 命令查看具体的消息数据。

4. MATLAB → ROS

在 MATLAB 中同样可以编写节点并发布数据，一个简单的 talker 节点实现如下（见图 12-28）：

```
>> chatpub = rospublisher('/talker', 'std_msgs/String');
>> msg = rosmessage(chatpub);
>> msg.Data = 'Hello, From MATLAB';
>> send(chatpub,msg);
>> latchpub = rospublisher('/talker', 'IsLatching', true);
```

```
命令行窗口
>> chatpub = rospublisher('/talker', 'std_msgs/String');
>> msg = rosmessage(chatpub);
>> msg.Data = 'Hello, From Matlab';
>> send(chatpub, msg);
>> latchpub = rospublisher('/talker', 'IsLatching', true);
```

图 12-28　在 MATLAB 中创建 ROS 节点并发布话题消息

如果使用 .m 文件保存以上代码，可以将所有命令保存到一个 .m 文件中，例如 MATLAB_ros/talker.m：

```
%Setting ROS_MASTER_URI
setenv('ROS_MASTER_URI','http://192.168.1.202:11311')
%Starting ROS MASTER
rosinit

%Creating ROS publisher handle
chatpub = rospublisher('/talker', 'std_msgs/String');
%This is to create the message definition
msg = rosmessage(chatpub);
%Inserting data to message
msg.Data = 'Hello, From MATLAB';
%Sending message to topic
send(chatpub,msg);
%Latching the message on topic
latchpub = rospublisher('/talker', 'IsLatching', true);
```

然后在 MATLAB 中打开该文件，点击菜单栏中的“运行”即可运行（见图 12-29）。

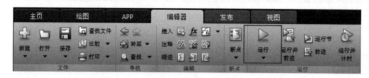

图 12-29　MATLAB 中运行程序的按钮

在 Ubuntu 系统中查看话题列表和消息内容，可以看到如图 12-30 所示的打印信息。

```
→  ~ rostopic list
/rosout
/rosout_agg
/talker
→  ~ rostopic echo /talker
data: Hello, From Matlab
---
```

图 12-30　查看话题列表和消息内容

至此，我们大概了解了 ROS-MATLAB 的概念和使用方法，又打开了一扇新世界的大门，下面会继续深入探索。

12.6.4　MATLAB 可视化编程

12.3 节使用 rviz 的插件功能实现过一个速度控制的小工具，MATLAB 也有非常便捷的可视化编程工具，本节研究如何用 MATLAB 实现类似的可视化工具。

MATLAB 的可视化编程非常简单，首先在命令窗口中输入“guide”启动可视化编程向导（见图 12-31）。

然后选择默认的空窗口，点击“OK”按钮，即可出现可视化编辑界面。在这个编辑界面中，可以从左边的控件列表里选择按钮、编辑框等多种控件，设计需要的界面布局。如图 12-32 所示，创建控件后点击右键，选择编辑该控件的回调函数，从而实现该控件的各种功能。

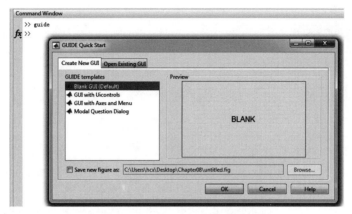

图 12-31　MATLAB 可视化编程向导

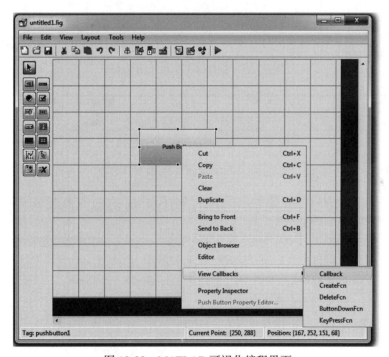

图 12-32　MATLAB 可视化编程界面

12.6.5　创建可视化界面

了解了创建控件的基础知识后，接下来动手绘制一个速度控制工具的界面。

首先从左侧控件列表中选择一个 Edit Text 控件，然后在主窗口中点击并拖动鼠标来绘制该控件（见图 12-33）。

这个输入控件用来输入 ROS Master 的路径定义 ROS_MASTER_URI。双击控件，可以修改相应的属性，如图 12-34 所示，这里修改了控件的命名和默认内容。

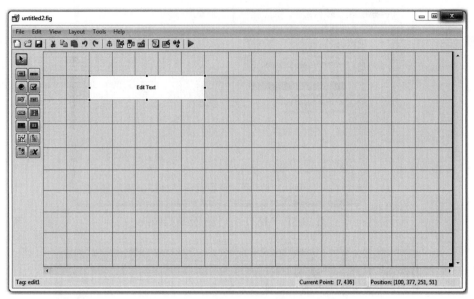

图 12-33 创建一个 Edit Text 控件

String		请在此输入 ROS_MASTER_URI
Style		edit
Tag		URIEdit

图 12-34 编辑 Edit Text 控件的属性

同样的方法，再来创建一个输入框，用来输入话题名（见图 12-35）。

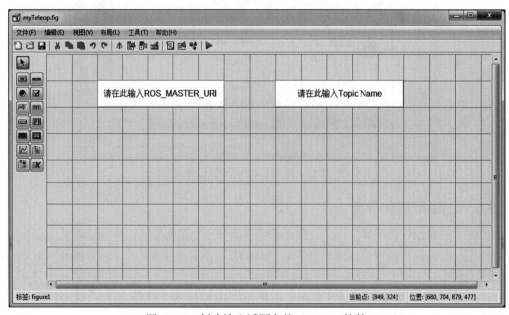

图 12-35 创建输入话题名的 Edit Text 控件

　　还需要创建一些按钮，并且编辑按钮的属性，设置按钮上的显示内容。设计完成后的最终界面如图 12-36 所示。

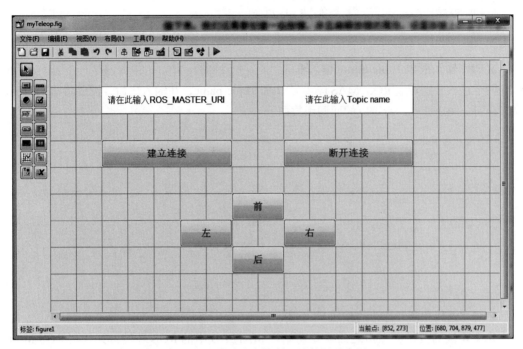

图 12-36　设计速度控制工具的界面布局

12.6.6　编辑控件的回调函数

　　界面已经设计完成，接下来编辑每个控件的功能，即回调函数。保存目前设计的界面，命名为 myTeleop。在保存路径下可以看到出现了一个 myTeleop.fig 文件和一个 myTeleop.m 文件，前者是界面设计，前面已经实现，后者是这里要编辑的代码文件。

1. 设计全局变量

考虑到该工具的功能，首先在代码中声明一些全局变量，方便不同回调函数的使用：

```
% 声明一些全局变量
% ROS Master URI 和 Topic name
global rosMasterUri
global teleopTopicName

rosMasterUri = 'http://192.168.1.202:11311';
teleopTopicName = '/cmd_vel';

% 机器人的运行速度
global leftVelocity
global rightVelocity
global forwardVelocity
```

```
global backwardVelocity

leftVelocity = 2;        % 角速度（rad/s）
rightVelocity = -2;      % 角速度（rad/s）
forwardVelocity = 2;     % 线速度（m/s）
backwardVelocity = -2;   % 线速度（m/s）
```

2. URI 输入框和 Topic name 输入框

两个输入分别对应 ROS_MASTER_URI 和 Topic name，在输入之后，需要将输入的字符串保存到全局变量中，所对应的回调函数如下：

```
% 设置 ROS Master URI
function URIEdit_Callback(hObject, eventdata, handles)

global rosMasterUri
rosMasterUri = get(hObject,'String')

% 设置 Topic name
function TopicEdit_Callback(hObject, eventdata, handles)

global teleopTopicName
teleopTopicName = get(hObject,'String')
```

3. 建立连接和断开连接的按钮

建立连接的按钮在点击之后需要初始化 MATLAB 中的 ROS 环境，并且与 ROS Master 建立连接，还需要初始化速度指令的发布者。断开连接的按钮在点击之后关闭 MATLAB 中的 ROS 即可。这两个按钮回调函数的代码如下：

```
% 建立连接并初始化 ROS publisher
function ConnectButton_Callback(hObject, eventdata, handles)

global rosMasterUri
global teleopTopicName
global robot
global velmsg

setenv('ROS_MASTER_URI',rosMasterUri)
rosinit
robot = rospublisher(teleopTopicName,'geometry_msgs/Twist');
velmsg = rosmessage(robot);

% 断开连接，关闭 ROS
function DisconnectButton_Callback(hObject, eventdata, handles)

rosshutdown
```

4. 运动控制按钮

最后是四个控制前、后、左、右的按钮，点击对应按钮，就会发布相应的运动指令：

```matlab
% 向前
function ForwardButton_Callback(hObject, eventdata, handles)

global velmsg
global robot
global teleopTopicName
global forwardVelocity

velmsg.Angular.Z = 0;
velmsg.Linear.X = forwardVelocity;
send(robot,velmsg);
latchpub = rospublisher(teleopTopicName, 'IsLatching', true);

% 向左
function LeftButton_Callback(hObject, eventdata, handles)

global velmsg
global robot
global teleopTopicName
global leftVelocity

velmsg.Angular.Z = leftVelocity;
velmsg.Linear.X = 0;
send(robot,velmsg);
latchpub = rospublisher(teleopTopicName, 'IsLatching', true);

% 向右
function RightButton_Callback(hObject, eventdata, handles)

global velmsg
global robot
global teleopTopicName
global rightVelocity

velmsg.Angular.Z = rightVelocity;
velmsg.Linear.X = 0;
send(robot,velmsg);
latchpub = rospublisher(teleopTopicName, 'IsLatching', true);

% 向后
function BackwardButton_Callback(hObject, eventdata, handles)

global velmsg
global robot
global teleopTopicName
global backwardVelocity

velmsg.Angular.Z = 0;
velmsg.Linear.X = backwardVelocity;
send(robot,velmsg);
latchpub = rospublisher(teleopTopicName, 'IsLatching', true);
```

12.6.7 运行效果

到目前为止，我们已经在 MATLAB 中实现了速度控制插件的界面和代码，接下来就可以运行这个小软件了。

这里以仿真器中的小乌龟作为控制对象，在 Ubuntu 系统中运行 ROS Master，并且查看 ROS_MASTER_URI，然后运行小乌龟仿真器。在 MATLAB 中运行刚才实现的速度控制工具，并且在输入框中输入对应的信息（见图 12-37）。

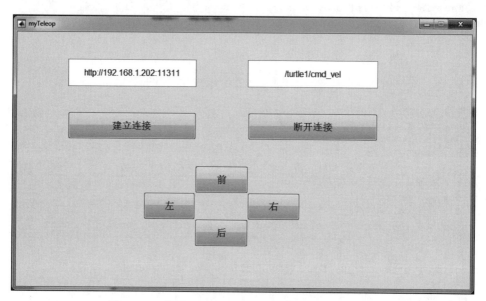

图 12-37　基于 MATLAB+ROS 的速度控制工具界面

接着点击"建立连接"按钮，如果一切正常，则可以在 MATLAB 的命令窗口中看到如图 12-38 所示的信息。

图 12-38　MATLAB 命令窗口中的日志信息

现在就可以控制小乌龟了。点击界面中的"前""后""左""右"按钮（点击之后要放开鼠标），可以看到小乌龟确实可以按照我们的指令运动（见图 12-39）。

这样，我们就使用 MATLAB 的可视化编程功能实现了一个 ROS 速度控制的小工具，更多功能和应用还等待我们继续探索。

12.7　Web GUI

到现在为止，我们一直在终端或可视化工具中控制机器人。现在互联网技术发展迅猛，是否也可以将 ROS 与 Web 技术关联，借助互联网远程连接的优势，部署机器人应用、渲染更加友好的人机界面？

ROS Web tools 社区（http://robotwebtools.org/）开发了很多功能强大的 Web 功能包，本节将介绍并安装这些功能包，着手构建一个简单的 ROS Web 应用。

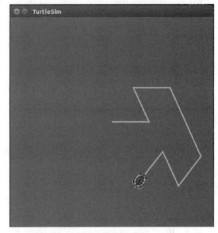

图 12-39　使用 MATLAB 控制小乌龟运动的效果

12.7.1　ROS 中的 Web 功能包

这里为 Web 功能包单独创建一个工作空间 ros_web_ws。需要用到的功能包有以下几个。

1. rosbridge_suite

Web 浏览器和 ROS 之间的数据交互需要一个中间件，类似于图形处理中的 cvbridge，能够实现数据的转发，这就是 rosbridge_suite 功能包。rosbridge 在 ROS 框架的基础上增加了一个抽象的层次，屏蔽了 ROS 中复杂的算法、接口、消息传递机制等，使用 socket 序列化协议为机器人应用提供更为简单的接口。rosbridge 允许使用 HTML5 Web sockets 或者标准的 POSIX IP sockets 进行 ROS 的消息传送，这也是网络交互平台的内核关键，由此便可顺利接入已有的基于 ROS 框架的系统中（见图 12-40）。

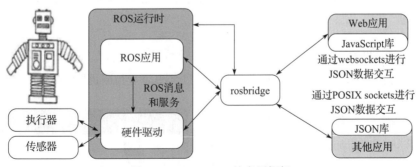

图 12-40　rosbridge 的应用框架

rosbridge_suite 可以直接使用以下命令安装：

```
$ sudo apt-get install ros-kinetic-rosbridge-suite
```

rosbridge_suite 是一个元功能包，包含以下三个功能包：

1）rosbridge_library：提供 ROS 消息与 JSON 消息之间转换的 Python API。

2）rosbridge_server：提供 WebSocket 的实现。

3）rosapi：通过服务调用来获取 ROS 中的 Topics 和 Parameters。

2. roslibjs、ros2djs 和 ros3djs

ROS Web tools 还开发了一系列 rosbridge 的客户端功能包，可以通过 Web 浏览器发送 JSON 命令，在不同场景中实现 ROS 丰富的功能：

1）roslibjs：实现了 ROS 中的部分功能，例如 Topic、Service、actionlib、TF、URDF 等。

2）ros2djs：在 roslibjs 的基础上提供二维可视化管理工具，例如可以在 Web 浏览器中可视化显示二维地图。

3）ros3djs：提供三维可视化工具，可以基于 Web 创建一个 rviz 实例，三维显示 URDF、TF 等信息。

这三个功能包需要通过源码编译的方式进行安装，命令如下：

```
$ git clone https://github.com/RobotWebTools/roslibjs.git
$ git clone https://github.com/RobotWebTools/ros2djs
$ git clone https://github.com/RobotWebTools/ros3djs
```

下载源码到工作空间后，即可使用 catkin_make 命令进行编译。

3. tf2_web_republisher

tf2_web_republisher 也是一个非常有用的功能包，从字面意义上就可以猜到与 TF 相关。该功能包可以计算 TF 数据，并且发送到 ros3djs 客户端，实现机器人的运动。

tf2_web_republisher 的安装同样需要源码编译：

```
$ sudo apt-get install ros-kinetic-tf2-ros
$ git clone https://github.com/RobotWebTools/tf2_web_republisher
```

到目前为止，工作空间的 src 文件夹下应该有如图 12-41 所示中的这些功能包了，如果编译没有问题，就可以继续前进。

12.7.2　创建 Web 应用

现在着手创建一个基于 ROS 的 Web 应用：通过 Web 远程控制机器人运动，并且显示机器人的三维模型。这个应用比较简单，但是会用到以上提到的功能包，实现框架如图 12-42 所示。

假设在 Gazebo 中启动了机器人的仿真环境，机器人会订阅 /cmd_vel 话题消息作为速度控制的输入命令，所以通过 Web 浏览器控制机器人的重点也是实现 Twist 类型速度控制消息的发布。这里需要使用到 keyboardteleopjs 功能

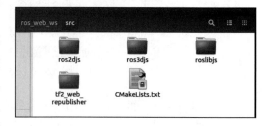

图 12-41　ROS Web 功能包

包，通过 JavaScript 实现 Web 浏览器中对键盘按键的识别，并且发布 Twist 消息。Twist 消息会由 rosbridge 的客户端使用 JSON 命令通过 Web sockets 发送到服务器，然后在服务器解析成 Twist 消息，通过 controller 控制机器人移动。此外，tf2_web_republisher 会将机器人的 TF 数据通过 rosbridge 发送到客户端，在 ros3djs 的可视化显示中更新机器人状态。

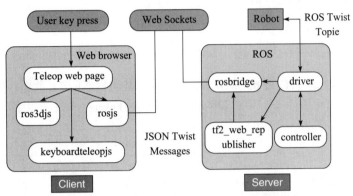

图 12-42　ROS Web 应用例程的实现框架

Web 应用的代码使用 HTML/CSS 和 JavaScript 实现，可以参考 web_gui/keyboardteleop. html，这里主要分析其中的关键代码，如下：

```
var ros = new ROSLIB.Ros({
    url : 'ws://localhost:9090'
});
```

创建一个 ROSLIB.Ros 对象用于连接 rosbridge_server，如果 rosbridge_server 位于本机，IP 使用 localhost，否则需要修改为对应的 IP 地址，代码如下：

```
var teleop = new KEYBOARDTELEOP.Teleop({
    ros : ros,
    topic : teleop_topic
});
```

创建一个 KEYBOARDTELEOP.Teleop 对象，用来识别按键并且发布消息，发布的话题通过变量 teleop_topic 设置，也就是 "/cmd_vel"，还设置了 ROS 的节点对象 ros，代码如下：

```
var viewer = new ROS3D.Viewer({
    background : 000,
    divID : 'urdf',
    width : 1280,
    height : 600,
    antialias : true

});

// Add a grid.
viewer.addObject(new ROS3D.Grid());
```

创建一个 ROS3D.Viewer 的可视化对象，用于显示机器人的 URDF 模型，同时设置了可视化区域的分辨率尺寸，还通过 addObject 方法在可视化区域中添加了背景网格，代码如下：

```
var tfClient = new ROSLIB.TFClient({
    ros : ros,
    fixedFrame : base_frame,
    angularThres : 0.01,
    transThres : 0.01,
    rate : 10.0
});
```

创建一个 TF 客户端，订阅 tf2_web_republisher 功能包发布的 TF 数据，更新可视化对象中的机器人状态。其中有一个似曾相识的参数——fixedFrame，与 rviz 中的属性相同，这里通过变量 base_frame 设置，代码如下：

```
var urdfClient = new ROS3D.UrdfClient({
    ros : ros,
    tfClient : tfClient,
    path : 'http://resources.robotwebtools.org/',
    rootObject : viewer.scene,
    loader : ROS3D.COLLADA_LOADER
});
```

创建 URDF 客户端，用来加载机器人的 URDF 模型，需要设置 ROS 节点、TF 客户端模型加载路径，这里使用 ROS3D.COLLADA_LOADER 加载器，通过 ROS 中的 robot_description 参数将模型加载到 COLLADA 文件中，代码如下：

```
$('#speed-slider').slider({
    range : 'min',
    min : 0,
    max : 100,
    value : 90,
    slide : function(event, ui) {
        // Change the speed label.
        $('#speed-label').html('Speed: ' + ui.value + '%');
        // Scale the speed.
        teleop.scale = (ui.value / 100.0);
    }
});

// Set the initial speed .
$('#speed-label').html('Speed: ' + ($('#speed-slider').slider('value')) + '%');
teleop.scale = ($('#speed-slider').slider('value') / 100.0);
```

创建一个滑动条，用于调节控制机器人的速度大小，代码如下：

```
<form >
        Teleop topic:<br>
        <input type="text" name="Teleop Topic" id='tele_topic' value="/cmd_vel">
        <br>
```

```
        Base frame:<br>
        <input type="text" name="Base frame" id='base_frame_name' value="/odom">
        <br>
    <input type="button" onmousedown="submit_values()" value="Submit">
</form>
```

创建两个输入框，用于设置速度控制的话题名和基坐标系名，然后创建一个确认按钮，点击后会提交输入框中的表单，修改程序中的变量值。

代码就大致分析到这里，有兴趣的读者可以继续深入研究具体实现的细节。现在，相信你已经迫不及待地想要开始运行程序了。

12.7.3 使用 Web 浏览器控制机器人

首先使用 Gazebo 仿真器进行测试，使用如下命令启动 Gazebo 仿真环境并加载机器人：

```
$ roslaunch mrobot_gazebo view_mrobot_with_kinect_gazebo.launch
```

仿真器启动成功后，就可以启动 tf2_web_republisher 和 rosbridge_server 了：

```
$ rosrun tf2_web_republisher tf2_web_republisher
$ roslaunch rosbridge_server rosbridge_websocket.launch
```

现在，服务器的节点全部启动成功。然后打开客户端，直接将 keyboardteleop.html 网页在浏览器中打开，客户端就可以启动了。浏览器中可以看到如图 12-43 所示界面。

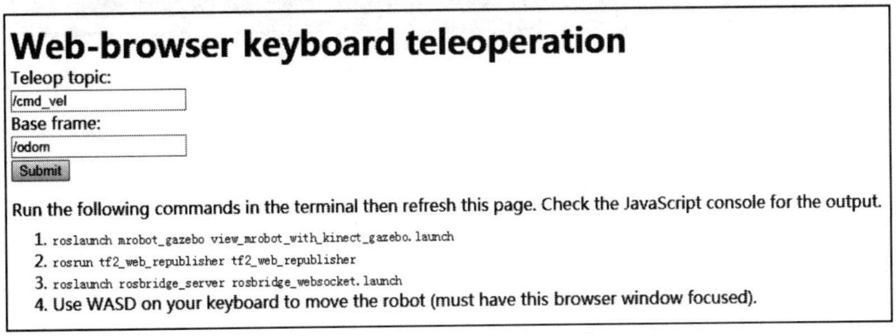

图 12-43　ROS Web 应用的客户端页面

如果表单中默认的话题名不对，可以点击输入修改。点击"Submit"按钮后，在下方会出现速度调节的滑动条和三维可视化界面，机器人应该很快就在界面中加载出现，有点类似 rviz 中的可视化区域（见图 12-44）。

现在就可以使用键盘上的 W、A、S、D 键控制 Gazebo 仿真器中的机器人前后左右运动，Web 浏览器中的机器人状态也会随之更新。

这样我们就使用 ROS 中的 Web 功能包实现了一款基于 Web 的 ROS 应用，可以远程控制机器人运动，并且实时显示机器人的位姿状态。这只是一个非常简单的示例应用，还可以基于更多 Web 功能包实现 Web 浏览器中的 SLAM、导航、语音控制等复杂功能，你可以关注或访问 ROS Web tools 社区进行更加深入的学习。

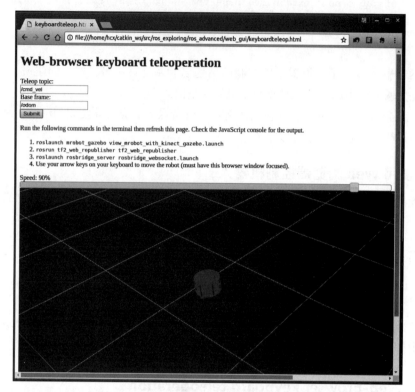

图 12-44　客户端页面中的机器人状态显示

12.8　本章小结

在本章中，我们一起学习了以下内容。

1）一种基于话题的上层通信机制——action，可以在持续性的任务中不断反馈工作状态。

2）ROS 中的插件机制，可以通过动态扩展类为系统加入新的功能，而不需要修改原本的系统代码。

3）实现 rviz 插件的方法，进一步加深了对插件机制的理解，并且学会了打造人机交互软件的方法。

4）SMACH 是 ROS 中实现有限状态机的功能包，可以帮助我们管理结构化的上层任务。

5）ROS-MATLAB 是 MATLAB 提供的 ROS 工具包，不仅可以在 MATLAB 中实现 ROS Master、节点、话题等基础功能，还可以将 MATLAB 集成到 ROS 环境中，实现数据计算、可视化编程等功能。

6）ROS 中的 Web 功能包，可以基于浏览器，实现远程的显示和控制功能。

第 13 章将会介绍几种支持 ROS 的真实机器人系统，让你了解 ROS 中的机器人世界。

第 13 章
ROS 机器人实例

在实际的机器人应用中，往往涉及多种领域，不仅需要灵活应用书中的内容，还需要综合更多机器人、嵌入式系统、计算机等领域的知识。ROS 社区中丰富的功能包和机器人案例为我们的学习和研究提供了绝好的平台，本章将介绍以下几种支持 ROS 的真实机器人系统。

- PR2：它造就了 ROS 的机器人平台，完全基于 ROS 开发，功能丰富、强大，我们将控制该机器人在 Gazebo 中进行 SLAM 建图，并且学习如何控制该机器人的两个机械臂运动。
- TurtleBot：ROS 社区中最流行的高性价比机器人平台，前后共发布三代，本章将在 Gazebo 仿真环境中使用 TurtleBot 2、TurtleBot 3 实现 SLAM 建图和导航功能。
- Universal Robot：工业领域的协作工业机器人定义者，我们将在 Gazebo 中使用 MoveIt! 控制该机械臂完成运动规划。
- catvehicle：开源的无人驾驶系统，基于 ROS 开发，可以在仿真环境中实现对无人驾驶汽车的控制，并实现 SLAM 功能。
- HRMRP：基于 ARM+FPGA 的异构实时移动机器人平台，可以实现 SLAM、导航、图像处理、多机器人协作等功能。
- Kungfu Arm：由深圳星河智能科技有限公司自主研发的机器人控制系统，基于 ROS-I 框架，集成了机器视觉、语音、灵巧手等丰富的传感器和执行器，可以全自动实现泡制功夫茶的所有动作。

13.1 PR2

PR2（Personal Robot 2，个人机器人 2 代）是 Willow Garage 公司设计的一个机器人平台，其中数字 2 代表第二代机器人。如图 13-1 所示，PR2 有两条手臂，每条手臂七个关节，手臂末端是一个可以张合的夹爪；PR2 依靠底部的四个轮子移动，在头部、胸部、肘部、夹爪上分别安装有高分辨率摄像头、激光测距仪、惯性测量单元、触觉传感器等传感设备。在 PR2 的底部有两台八核计算机作为机器人各硬件的控制和通信中枢，并且都安装了 Ubuntu 和 ROS。

图 13-1　PR2

PR2 和 ROS 有着千丝万缕的关系，ROS 产生于 PR2，也促成了 PR2。ROS 原本是 Willow Garage 公司为复杂的 PR2 机器人平台设计的软件框架，依靠强大的 ROS，PR2 可以独立完成多种复杂的任务，例如，PR2 可以自己开门、找到插头给自己充电、打开冰箱取出啤酒、打简单的台球等。但 PR2 价格昂贵，而且性能达不到商业应用的要求，如今主要应用于学术研究。

可见，PR2 是 ROS 中元老级的机器人平台，所有软件代码依托于 ROS，并且全部在 ROS 社区中开放源代码，为我们学习、应用 ROS 提供了丰富的资源。

13.1.1　PR2 功能包

首先使用如下命令安装 PR2 的相关功能包：

```
$ sudo apt-get install ros-kinetic-pr2-*
```

以上命令主要安装了表 13-1 中与 PR2 相关的 ROS 功能包。

表 13-1　与 PR2 相关的 ROS 功能包

功能包名	描　　述
基础配置	
pr2_msgs	自定义的机器人消息 message 类型
pr2_srvs	自定义的机器人服务 service 类型
pr2_description	机器人 URDF 模型文件
pr2_machine	机器人平台的相关配置

（续）

功能包名	描 述
硬件驱动和仿真	
pr2_controllers	执行器驱动
camera_drivers imu_drivers laser_drivers sound_drivers pr2_ethercat_drivers pr2_power_drivers	传感器驱动：摄像头、IMU、激光雷达、麦克风、EtherCAT 总线、电源
pr2_simulator	机器人仿真器
高级功能	
pr2_teleop	键盘速度控制
pr2_navigation	导航功能
pr2_kinematics	运动学求解器
pr2_arm_navigation	手臂运动规划
pr2_object_manipulation	机器人夹爪操作
vision_opencv pcl tabletop_object_perception	机器人感知功能
executive_smach continuous_ops	任务执行管理

PR2 售价昂贵，大多数人都没办法接触到，所以这里我们使用仿真器运行 PR2 的相关功能。

13.1.2 Gazebo 中的 PR2

使用如下命令启动 Gazebo 仿真环境，并使用 pr2.launch 将机器人加载到 Gazebo 中：

```
$ roslaunch gazebo_ros empty_world.launch
$ roslaunch pr2_gazebo pr2.launch
```

也可以使用 pr2_gazebo 功能包中的 pr2_empty_world.launch 一次性启动 gazebo 并加载机器人模型：

```
$ roslaunch pr2_gazebo pr2_empty_world.launch
```

启动成功后，就可以在一个空旷的 Gazebo 仿真环境中看到 PR2 了（见图 13-2）。

查看当前系统中的话题列表，会看到众多话题已经发布或者等待订阅（见图 13-3），这就是 PR2 仿真器提供给用户的接口，可以基于这些接口实现很多功能。

为了测试 PR2 的传感器是否启动成功，可以在仿真环境中随机添加一些如图 13-4 所示的外部物体。

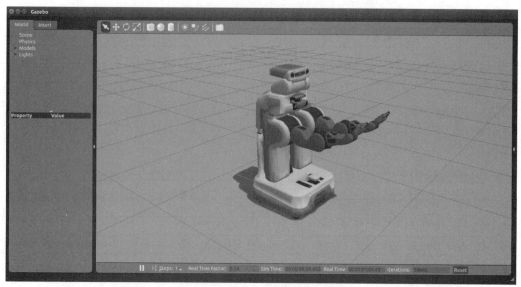

图 13-2　在 Gazebo 仿真环境中的 PR2

```
→ ~ rostopic list
/base_bumper
/base_controller/bl_caster_rotation_joint/position_controller/parameter_descriptions
/base_controller/bl_caster_rotation_joint/position_controller/parameter_updates
/base_controller/br_caster_rotation_joint/position_controller/parameter_descriptions
/base_controller/br_caster_rotation_joint/position_controller/parameter_updates
/base_controller/command
/base_controller/fl_caster_rotation_joint/position_controller/parameter_descriptions
/base_controller/fl_caster_rotation_joint/position_controller/parameter_updates
/base_controller/fr_caster_rotation_joint/position_controller/parameter_descriptions
/base_controller/fr_caster_rotation_joint/position_controller/parameter_updates
/base_controller/state
/base_hokuyo_node/parameter_descriptions
/base_hokuyo_node/parameter_updates
/base_odometry/odom
/base_odometry/odometer
/base_odometry/state
/base_pose_ground_truth
/base_scan
/calibrated
/camera_synchronizer_node/parameter_descriptions
/camera_synchronizer_node/parameter_updates
```

图 13-3　查看 ROS 中的话题列表

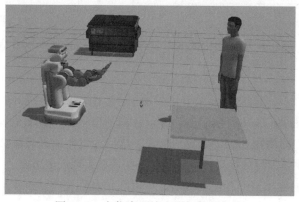

图 13-4　在仿真环境中添加外部物体

　　然后打开 rviz，添加点云、激光、摄像头等插件，实现传感器数据的可视化显示，可以看到如图 13-5 所示的效果。

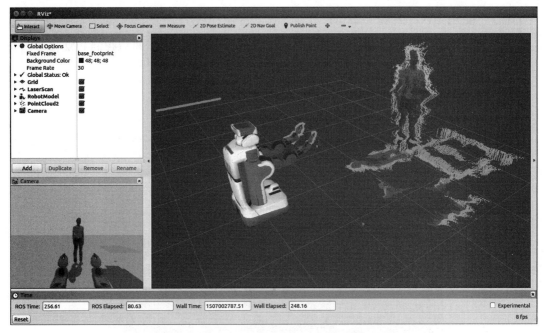

图 13-5　在 rviz 中显示 PR2 及各传感器状态

　　目前 PR2 还处于静止状态，可以通过键盘控制节点，控制 PR2 运动：

```
$ roslaunch pr2_teleop teleop_keyboard.launch
```

　　启动后根据终端中的提示，使用键盘控制 PR2 在 gazebo 中移动，同时 rviz 中的 PR2 模型也会同步更新（见图 13-6）。

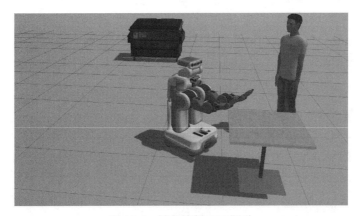

图 13-6　键盘控制 PR2 运动

在控制 PR2 移动时，rviz 中的 Fixed Frame 需要修改为 odom_combined。

13.1.3   使用 PR2 实现 SLAM

在 PR2 仿真环境中，我们已经获取到所有传感器的数据，并且可以控制 PR2 移动，接下来尝试使用 PR2 实现 SLAM。

第一步启动 PR2 的 Gazebo 仿真环境，命令如下：

```
$ roslaunch pr2_gazebo pr2_empty_world.launch
```

然后在空旷的 Gazebo 仿真环境中添加一些如图 13-7 所示障碍物模型。

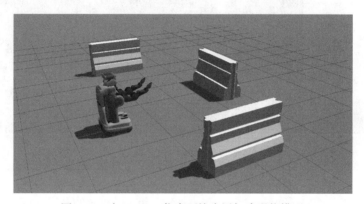

图 13-7   在 Gazebo 仿真环境中添加障碍物模型

SLAM 可以使用第 9 章介绍的任意 SLAM 功能包，这里以 gmapping 为例，创建一个启动 gmapping 节点的启动文件 pr2_build_map.launch，代码如下：

```
<launch>
    <node name="gmapping_node" pkg="gmapping" type="slam_gmapping" respawn="false" >
        <remap to="base_scan" from="scan"/>
        <param name="odom_frame" value="odom_combined" />
    </node>
</launch>
```

然后在该文件所在的路径下直接运行以下命令：

```
$ roslaunch pr2_build_map.launch
```

如果 launch 文件、节点、可执行文件等在终端的当前路径下，运行命令时可以不加功能包名。

启动成功后，gmapping 节点就开始 SLAM 了。启动 rviz 并添加显示插件后，可以看到如图 13-8 所示的 SLAM 效果。

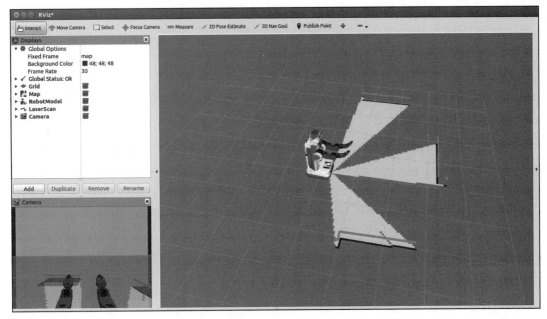

图 13-8　启动 PR2 SLAM 仿真后显示的 rviz 界面

　　启动键盘控制节点，控制 PR2 在仿真环境中围绕障碍物移动，就可以实现 SLAM 了（见图 13-9）。

```
$ roslaunch pr2_teleop teleop_keyboard.launch
```

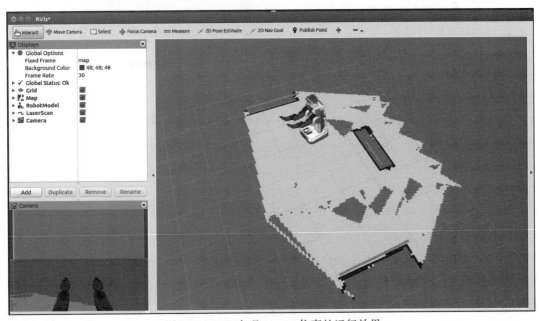

图 13-9　PR2 实现 SLAM 仿真的运行效果

13.1.4 PR2 机械臂的使用

PR2 不仅是一个移动机器人平台，它还装配了两个机械手，可以实现很多复杂的机械臂操作。类似于键盘发布速度控制指令，也可以在终端中使用如下命令控制 PR2 的两个机械臂：

```
$ roslaunch pr2_gazebo pr2_empty_world.launch
$ roslaunch pr2_teleop_general pr2_teleop_general_keyboard.launch
```

启动成功后，可以在终端中看到如图 13-10 所示的提示信息，分别用于控制 PR2 的头部、身体、机械臂等多个可运动部位。

```
Reading from keyboard
-------------------------
Use 'h' for head commands
Use 'b' for body commands
Use 'l' for left arm commands
Use 'r' for right arm commands
Use 'a' for both arm commands
Use 'q' to quit
```

图 13-10   终端中键盘控制 PR2 的命令信息

此处选择控制机械臂，然后会看到一系列控制命令（见图 13-11）。

```
Use 'o' for gripper open
Use 'p' for gripper close
Use 'r' for wrist rotate clockwise
Use 'u' for wrist flex up
Use 'd' for wrist flex down
Use 't' for wrist rotate counter-clockwise
Use 'i/k' for hand pose forward/back
Use 'j/l' for hand pose left/right
Use 'h/n' for hand pose up/down
Use 'q' to quit arm mode and return to main menu
```

图 13-11   终端中键盘控制 PR2 手臂的命令信息

按照命令提示点击键盘按键，就可以控制 PR2 的两个手臂运动了（见图 13-12）。

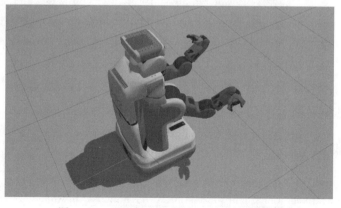

图 13-12   通过键盘控制 PR2 的机械臂运动

说到机械臂运动，就不得不提到 MoveIt!，PR2 的机械臂也可以通过 MoveIt! 控制。在安装完成的 PR2 功能包中，已经包含 PR2 手臂的 MoveIt! 配置功能包，可以直接启动 demo 示例：

```
$ roslaunch pr2_moveit_config demo.launch
```

在启动的 rviz 中会看到如图 13-13 所示界面，可以使用第 10 章中介绍的方法，通过 MoveIt! 插件或代码控制机械臂运动。

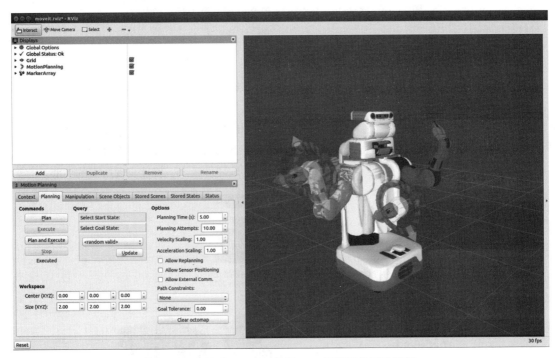

图 13-13　通过 MoveIt! 实现 PR2 机械臂的运动规划

除此之外，也可以使用如下命令，通过 MoveIt! 控制 Gazebo 仿真器中的 PR2：

```
$ roslaunch pr2_gazebo pr2_empty_world.launch
$ roslaunch pr2_moveit_config move_group.launch
$ roslaunch pr2_moveit_config moveit_rviz.launch
```

类似于第 10 章配置的各种控制器插件在这里已经都配置完成，有兴趣的读者可以详细学习 PR2 功能包中的源码，这些都是我们实践过程中重要的参考资料。

再次在 rviz 中控制 PR2 的机械臂运动，如图 13-14 所示，Gazebo 中 PR2 的手臂将根据规划的轨迹完成运动。

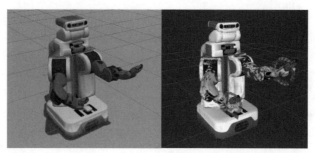

图 13-14　MoveIt!+Gazebo 实现 PR2 机械臂的运动控制

13.2　TurtleBot

　　虽然 PR2 功能强大，但无法推广，所以 Willow Garage 公司又开发了一款低成本的机器人——TurtleBot（见图 13-15）。TurtleBot 的目的是给入门级的机器人爱好者或从事移动机器人编程的开发者提供一个基础平台，让他们直接使用 TurtleBot 自带的软硬件，专注于应用程序的开发，避免了设计草图、购买、加工材料、设计电路、编写驱动、组装等一系列工作。借助该机器人平台，可以省掉很多前期工作，只要根据平台的软硬件接口，就能实现所需的功能。

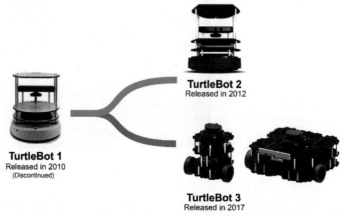

图 13-15　TurtleBot 机器人

　　可以说 TurtleBot 是 ROS 中最为重要的机器人之一，它伴随 ROS 一同成长。作为 ROS 开发前沿的机器人，几乎每个版本的 ROS 测试都会以 TurtleBot 为主，ROS 2 也率先在 TurtleBot 上进行了大量测试。因此，TurtleBot 是 ROS 支持度最好的机器人之一，可以在 ROS 社区中获得大量关于 TurtleBot 的相关资源，很多功能包也能直接复用到我们自己的移动机器人平台上，是使用 ROS 开发移动机器人的重要资源。

　　TurtleBot 第一代发布于 2010 年，两年后发布了第二代产品。前两代 TurtleBot 使用 iRobot 的机器人作为底盘，在底盘上可以装载激光雷达、Kinect 等传感器，使用 PC 搭载基于 ROS 的控制系统。在 2016 年的 ROSCon 上，韩国机器人公司 Robotis 和开源机器人基金会（OSRF）发布了 TurtleBot 3，彻底颠覆了原有 TurtleBot 的外形设计，成本进一步降低，模块化更强，而且可以根据开发者的需求自由改装。TurtleBot 3 并不是为取代 TurtleBot 2 而生，而是提出了一种更加灵活的移动机器人平台。

13.2.1　TurtleBot 功能包

使用如下命令安装与 TurtleBot 相关的所有功能包：

```
$ sudo apt-get install ros-kinetic-turtlebot-*
```

安装完成后的功能包中包含了所有 TurtleBot 真机与仿真的功能，这里还是以 Gazebo 仿真为主进行介绍。

13.2.2　Gazebo 中的 TurtleBot

第一步依然是启动 Gazebo 仿真环境，并且加载 TurtleBot 机器人，命令如下：

```
$ export TURTLEBOT_GAZEBO_WORLD_FILE="/opt/ros/kinetic/share/turtlebot_gazebo/
worlds/playground.world"
$ roslaunch turtlebot_gazebo turtlebot_world.launch
```

这里需要使用环境变量 TURTLEBOT_GAZEBO_WORLD_FILE 为仿真环境指定地图，否则会显示找不到地图的错误信息。

启动成功后可以看到如图 13-16 所示 Gazebo 界面，TurtleBot 2 已经成功加载到仿真环境中。

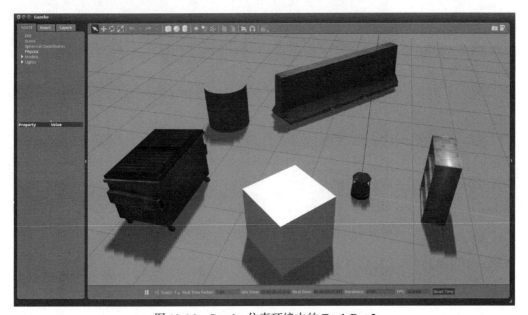

图 13-16　Gazebo 仿真环境中的 TurtleBot 2

查看当前系统中的话题列表，可以看到很多已经发布和等待订阅的话题（见图 13-17）。

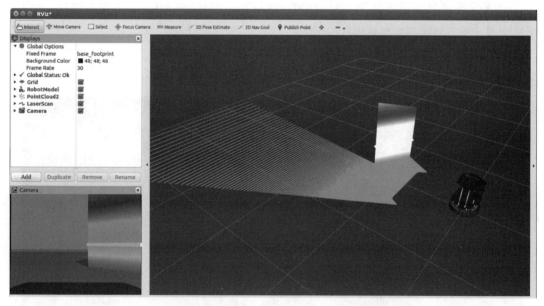

图 13-17   查看 ROS 中的话题列表

打开 rviz，可视化显示需要的传感器数据，可以看到如图 13-18 所示机器人摄像头、激光雷达、点云等信息。

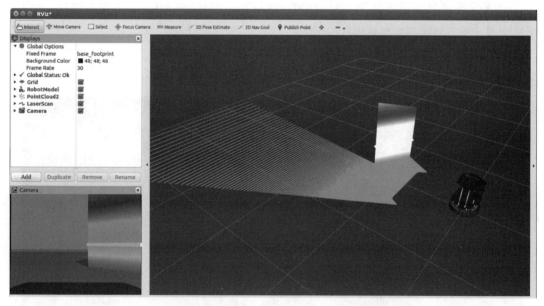

图 13-18   在 rviz 中显示 TurtleBot 2 及传感器信息

然后使用如下命令启动键盘控制节点：

```
$ roslaunch turtlebot_teleop keyboard_teleop.launch
```

根据终端中的命令提示，控制 TurtleBot 在仿真环境中移动，rviz 中的机器人以及传感器信息会同步更新（见图 13-19）。

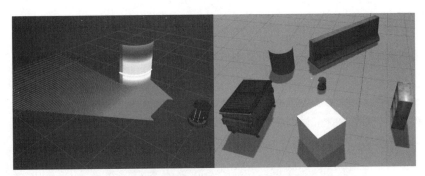

图 13-19　键盘控制仿真环境中的 TurtleBot 2 运动

13.2.3　使用 TurtleBot 实现导航功能

接下来在仿真环境中使用 TurtleBot 实现导航功能。

第一步是 SLAM。turtlebot_gazebo 功能包中已经提供了使用 gmapping 实现 SLAM 的启动文件，但是文件内部的包含路径有一点问题，直接运行会提示如图 13-20 所示错误信息。

图 13-20　turtlebot_gazebo 功能包中的路径错误信息

使用如下命令打开 gmapping_demo.launch 文件，并进行修改：

```
$ roscd turtlebot_gazebo/launch/
$ sudo gedit gmapping_demo.launch
```

在 gmapping.launch.xml 文件的路径前加入 gmapping 文件夹，修改后的 gmapping_demo.launch 文件内容如下：

```
<launch>
    <include file="$(find turtlebot_navigation)/launch/includes/gmapping/
gmapping.launch.xml"/>
</launch>
```

然后使用如下命令启动仿真环境和 gmapping 节点：

```
$ export TURTLEBOT_GAZEBO_WORLD_FILE="/opt/ros/kinetic/share/turtlebot_gazebo/
worlds/playground.world"
```

```
$ roslaunch turtlebot_gazebo turtlebot_world.launch
$ roslaunch turtlebot_gazebo gmapping_demo.launch
$ roslaunch turtlebot_rviz_launchers view_navigation.launch
$ roslaunch turtlebot_teleop keyboard_teleop.launch
```

通过键盘控制 TurtleBot 在仿真环境中移动，在打开的 rviz 中可以看到如图 13-21 所示的 SLAM 过程。

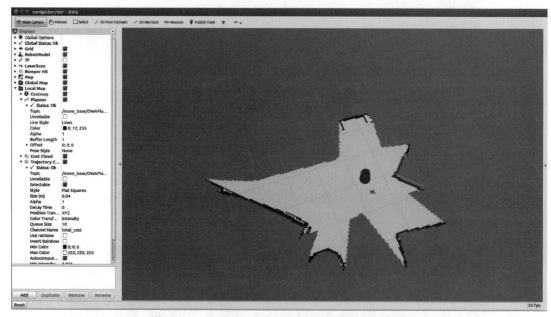

图 13-21　TurtleBot 2 实现 SLAM 仿真的运行效果

SLAM 结束后使用如下命令保存地图，并命名为 turtlebot_test_map：

```
$ rosrun map_server map_saver -f turtlebot_test_map
```

接下来在构建完成的地图上实现 TurtleBot 自主导航功能。turtlebot_gazebo 功能包中同样提供了实现导航功能的 launch 启动文件，但是文件内部的包含路径也有问题，直接运行会提示如图 13-22 所示错误信息。

```
→ ~ roslaunch turtlebot_gazebo amcl_demo.launch map_file:=turtlebot_test_map.yaml
... logging to /home/hcx/.ros/log/14e09a74-a81a-11e7-9742-ac2b6e5dcc85/roslaunch-hcx-pc-17080
.log
Checking log directory for disk usage. This may take awhile.
Press Ctrl-C to interrupt
Done checking log file disk usage. Usage is <1GB.

while processing /opt/ros/kinetic/share/turtlebot_navigation/launch/includes/amcl.launch.xml:
Invalid roslaunch XML syntax: [Errno 2] No such file or directory: u'/opt/ros/kinetic/share/t
urtlebot_navigation/launch/includes/amcl_launch.xml'
The traceback for the exception was written to the log file
```

图 13-22　turtlebot_gazebo 功能包中的路径错误信息

使用如下命令打开 amcl_demo.launch 文件，并进行修改：

```
$ roscd turtlebot_gazebo/launch/
$ sudo gedit amcl_demo.launch
```

在 amcl.launch.xml 文件的路径前加入 amcl 文件夹，修改后的 amcl_demo.launch 文件内容如下：

```
<launch>
    <!-- Map server -->
    <arg name="map_file" default="$(env TURTLEBOT_GAZEBO_MAP_FILE)"/>
    <node name="map_server" pkg="map_server" type="map_server" args="$(arg map_
file)" />

    <!-- Localization -->
    <arg name="initial_pose_x" default="0.0"/>
    <arg name="initial_pose_y" default="0.0"/>
    <arg name="initial_pose_a" default="0.0"/>
    <include file="$(find turtlebot_navigation)/launch/includes/amcl/amcl.
launch.xml">
        <arg name="initial_pose_x" value="$(arg initial_pose_x)"/>
        <arg name="initial_pose_y" value="$(arg initial_pose_y)"/>
        <arg name="initial_pose_a" value="$(arg initial_pose_a)"/>
    </include>

    <!-- Move base -->
    <include file="$(find turtlebot_navigation)/launch/includes/move_base.launch.xml"/>
</launch>
```

现在关闭除仿真环境以外的其他节点和 rviz，运行如下命令就可以开始导航了。

```
$ roslaunch turtlebot_gazebo amcl_demo.launch map_file:=/home/hcx/turtlebot_test_map.yaml
$ roslaunch turtlebot_rviz_launchers view_navigation.launch
```

在 rviz 中选择导航的目标点后，Gazebo 中的 TurtleBot 机器人开始向目标移动，rviz 中可以看到如图 13-23 所示的传感器信息和机器人状态显示信息。

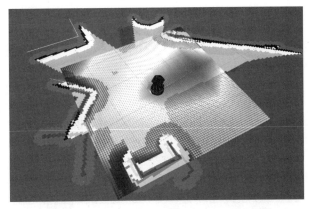

图 13-23　在 rviz 中监控 TurtleBot 机器人导航

13.2.4　尝试 TurtleBot 3

在 ROS Kinetic 中集成了 TurtleBot 3 相关功能包的二进制安装文件，可以使用如下命令安装 TurtleBot 3 的所有相关功能包：

```
$ sudo apt-get install ros-kinetic-turtlebot3-*
```

安装完成后，使用如下命令启动 TurtleBot 3 的仿真环境：

```
$ export TURTLEBOT3_MODEL=burger
$ roslaunch turtlebot3_gazebo turtlebot3_world.launch
```

TurtleBot 3 目前有两种模型：burger 和 Waffle，启动之前必须通过环境变量的方式设置所需要的模型，这里选择 burger。

启动成功后，可以看到如图 13-24 所示的 Gazebo 仿真环境和 TurtleBot 3 机器人。

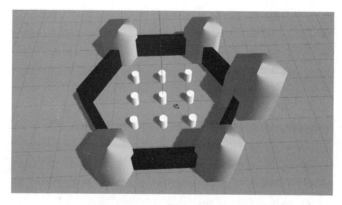

图 13-24　Gazebo 仿真环境中的 TurtleBot 3

查看当前系统中的话题列表，因为 TurtleBot 3 burger 模型较为简单，搭载的传感器也并不多，所以这里发布和订阅的话题也比较少（见图 13-25）。

```
→ ~ rostopic list
/clock
/cmd_vel
/gazebo/link_states
/gazebo/model_states
/gazebo/parameter_descriptions
/gazebo/parameter_updates
/gazebo/set_link_state
/gazebo/set_model_state
/imu
/joint_states
/odom
/rosout
/rosout_agg
/scan
/tf
```

图 13-25　查看 ROS 中的话题列表

基于这个仿真环境和现有的传感器数据，可以使用如下命令实现 TurtleBot 3 的 SLAM 功能：

```
$ roslaunch turtlebot3_slam turtlebot3_slam.launch
$ rosrun turtlebot3_teleop turtlebot3_teleop_key
```

打开 rviz，并且订阅传感器和地图数据，通过键盘控制 TurtleBot 3 运动，就可以看到如图 13-26 所示的 SLAM 效果了。

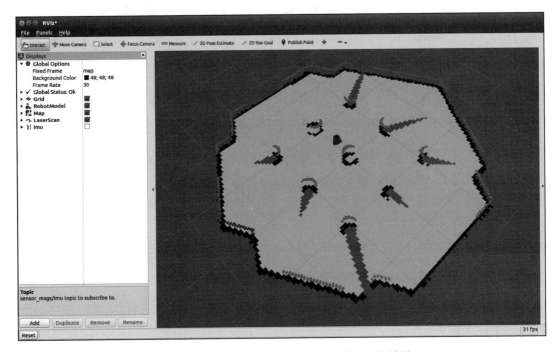

图 13-26　TurtleBot 3 实现 SLAM 仿真的运行效果

类似于 TurtleBot 2，我们也可以在构建的地图上实现导航功能，这里不再赘述。

13.3　Universal Robots

Universal Robots（优傲机器人）公司是一家引领协作机器人全新细分市场的先驱企业，该公司成立于 2005 年，关注机器人的用户可操作性和灵活度，总部位于丹麦的欧登塞市，主要机器人产品有 UR3、UR5 和 UR10，分别针对不同的负载级别，如图 13-27 所示。

Universal Robots 公司于 2009 年推出了第一款协作机器人——UR5，自重 18 公斤，负载达 5 公斤，工作半径为 85 厘米，不仅颠覆了人们对于传统工业机器人的认识，还定义了"协作机器人"具有的真正意义。除了具有安全度高、无需安全围栏等特点外，协作机器人还应该具备编程简单和灵活度高等特点，才能实现真正的人机和谐共事。

图 13-27　UR3、UR5 和 UR10 机器人

Universal Robtos 公司于 2015 年 3 月推出的 UR3 是现今市场上最灵活、轻便，并且可与工人一起肩并肩工作的台式机器人，它自重 11 公斤，有效负载，达 3 公斤，所有腕关节均可 360° 旋转，末端关节可进行无限旋转。而 UR10 的有效负载为 10 公斤，工作半径为 130 厘米。三款机器人均以编程的简易性、高度灵活性以及与人一起工作的安全可靠性而享誉业内。

13.3.1　Universal Robots 功能包

ROS 中同样集成了 Universal Robots 的功能包，使用如下命令即可安装，其中包含 UR3、UR5、UR10 三款机器人的相关功能：

```
$ sudo apt-get install ros-kinetic-universal-robot
```

在使用之前，先来了解 Universal Robots 的相关功能包（见表 13-2）。

表 13-2　Universal Robots 的相关功能包

功能包名	描　　述
ur_description	机器人模型的描述文件
ur_driver	连接真实机器人的客户端驱动
ur_bringup	连接真实机器人的启动功能包
ur_kinematics	机器人运动学求解器
ur_msgs	自定义 message 类型
ur_gazebo	机器人仿真功能
ur3_moveit-config ur5_moveit-config ur10_moveit-config	UR3、UR5、UR10 三款机器人的配置功能包

接下来以 UR5 为例，学习 Universal Robots 功能包的使用方法。

13.3.2 Gazebo 中的 UR 机器人

使用以下命令启动 UR5 机器人的 Gazebo 仿真环境：

```
$ roslaunch ur_gazebo ur5.launch
```

启动成功后可以看到如图 13-28 所示仿真环境中的 UR5 机器人。

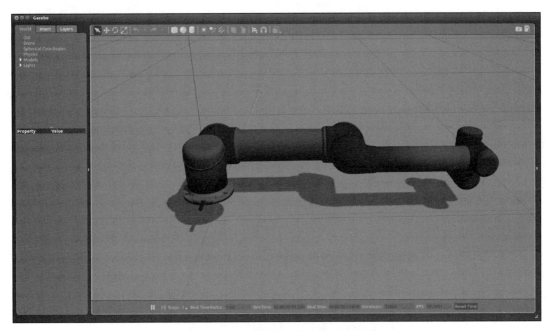

图 13-28 Gazebo 仿真环境中的 UR5 机器人

查看 ROS 中的话题列表，如图 13-29 所示。

```
→ ~ rostopic list
/arm_controller/command
/arm_controller/follow_joint_trajectory/cancel
/arm_controller/follow_joint_trajectory/feedback
/arm_controller/follow_joint_trajectory/goal
/arm_controller/follow_joint_trajectory/result
/arm_controller/follow_joint_trajectory/status
/arm_controller/state
/calibrated
/clock
/gazebo/link_states
/gazebo/model_states
/gazebo/parameter_descriptions
/gazebo/parameter_updates
/gazebo/set_link_state
/gazebo/set_model_state
/joint_states
/rosout
/rosout_agg
/tf
/tf_static
```

图 13-29 查看 ROS 中的话题列表

不知你是否还记得第 10 章学习 MoveIt! 的时候，重点强调过 follow_joint_trajectory 就是 MoveIt! 最终规划发布的 action 消息，由机器人控制器端接收该消息后控制机器人完成运动。从上边的话题列表中可以找到 follow_joint_trajectory，由仿真机器人的控制器插件订阅。

打开启动的 ur5.launch 文件，可以看到以下代码段：

```
<rosparam file="$(find ur_gazebo)/controller/arm_controller_ur5.yaml" command="load"/>
<node name="arm_controller_spawner" pkg="controller_manager" type="controller_manager" args="spawn arm_controller" respawn="false" output="screen"/>
```

控制器管理节点 controller_manager 启动了一个 arm_controller 插件，该插件的配置可以查看 arm_controller_ur5.yaml 文件，代码如下：

```
arm_controller:
    type: position_controllers/JointTrajectoryController
    joints:
        - shoulder_pan_joint
        - shoulder_lift_joint
        - elbow_joint
        - wrist_1_joint
        - wrist_2_joint
        - wrist_3_joint
    constraints:
        goal_time: 0.6
        stopped_velocity_tolerance: 0.05
        shoulder_pan_joint: {trajectory: 0.1, goal: 0.1}
        shoulder_lift_joint: {trajectory: 0.1, goal: 0.1}
        elbow_joint: {trajectory: 0.1, goal: 0.1}
        wrist_1_joint: {trajectory: 0.1, goal: 0.1}
        wrist_2_joint: {trajectory: 0.1, goal: 0.1}
        wrist_3_joint: {trajectory: 0.1, goal: 0.1}
    stop_trajectory_duration: 0.5
    state_publish_rate:  25
    action_monitor_rate: 10
```

从上边的配置信息中可以看到，arm_controller 是一个 JointTrajectory 类型的控制器，接收 follow_joint_trajectory 中的轨迹信息后，完成机器人的运动控制。

13.3.3 使用 MoveIt! 控制 UR 机器人

ROS 中类似于 UR5 这样的机械臂控制当然离不开 MoveIt!，接下来我们就使用 MoveIt! 实现对 Gazebo 中 UR5 的控制。

从上面可以看到，UR5 的控制需要通过 follow_joint_trajectory 这个 action 接口实现，这就需要在 MoveIt! 端配置一个控制器插件，以实现该接口的功能。该插件的配置在 ur5_moveit_config 中已经实现，可以查看 ur5_moveit_config 功能包中的 controllers.yaml 文件：

```
controller_list:
```

```
- name: ""
    action_ns: follow_joint_trajectory
    type: FollowJointTrajectory
    joints:
        - shoulder_pan_joint
        - shoulder_lift_joint
        - elbow_joint
        - wrist_1_joint
        - wrist_2_joint
        - wrist_3_joint
```

所以我们并不需要进行任何修改，使用如下命令启动 MoveIt! 和 rviz 即可，启动过程会包含所需要的控制器插件：

```
$ roslaunch ur5_moveit_config ur5_moveit_planning_execution.launch sim:=true
$ roslaunch ur5_moveit_config moveit_rviz.launch config:=true
```

启动成功后可以看到如图 13-30 所示的界面。目前，rviz 和 gazebo 中的 UR5 应该保持同样的姿态。在 rviz 中使用 MoveIt! 插件选择一个运动目标姿态，然后点击"Plan"按钮，如果可以实现运动规划，就会看到如图 13-31 所示的规划轨迹。

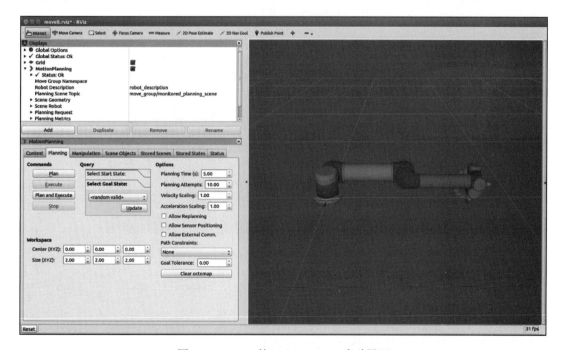

图 13-30　UR5 的 MoveIt! demo 启动界面

再点击"Execute"按钮，Gazebo 中的 UR5 会按照规划的轨迹开始运动，rviz 中的 UR5 模型保持同样的运动姿态，如图 13-32 所示。

图 13-31   使用 MoveIt! 实现 UR5 的运动规划

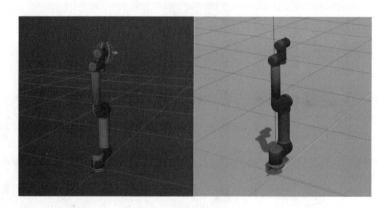

图 13-32   MoveIt!+Gazebo 实现 UR5 的运动控制

13.4   catvehicle

无人驾驶汽车是目前科技领域的一个前沿热点，在谷歌、特斯拉、Uber 等科技公司的刺激下，传统汽车厂商纷纷调配资源来加快该技术相关的研发工作。无人驾驶汽车是一种智能汽车，也可以称为轮式移动机器人，主要依靠车内以计算机为主的智能驾驶系统来实现无人驾驶，如图 13-33 所示。

图 13-33　无人驾驶汽车

美国国家公路交通安全管理局（NHTSA）将自动驾驶功能分为 5 个级别，即 0 ～ 4 级。

- 0 级：无自动化，没有任何自动驾驶功能、技术，司机对汽车的所有功能拥有绝对控制权。
- 1 级：驾驶支援，向司机提供基本的技术性帮助，例如自适应巡航控制系统、自动紧急制动，司机占据主导位置，但可以放弃部分控制权给系统管理。
- 2 级：部分自动化，实现数种功能的自动控制，例如自动巡航控制或车道保持功能，司机和汽车均有控制权，不过，司机必须随时待命，在系统退出的时候随时接上。
- 3 级：有条件自动化，在有限情况下实现自动控制，系统在某些条件下完全负责整辆车的操控，但是当遇到紧急情况时，还是需要司机对车辆进行接管。
- 4 级：完全自动化（无人驾驶），无需司机或乘客的干预，在无人协助的情况下由出发地驶向目的地。

自动驾驶的终极目标就是 4 级自动驾驶——无人驾驶，换句话说，无人驾驶是汽车行业未来发展的"终极目标"。

无人驾驶汽车可以视为一种机器人。从原理上，是传感器感知路况和周边情况，然后传输到 CPU；CPU 根据人工智能对各种情况做出判断，然后通知电传系统；电传系统根据信号操控机械装置；最后机械装置操控车辆做各种动作。很多大公司的无人驾驶技术都基于 ROS 开发，所以 ROS 社区中无人驾驶的相关资源逐渐丰富。2017 年 4 月百度宣布开源其自动驾驶系统 Apollo，这套系统就是基于 ROS 开发的，有兴趣的读者可以访问 Apollo 的GitHub。

本节以 ROS 社区中一个开源的无人驾驶项目——catvehicle 为例，探索无人驾驶的意义。

13.4.1　构建无人驾驶仿真系统

现实公路场景非常复杂，而且还有各种各样的突发状况，所以一个典型的无人驾驶系统会搭载丰富的传感器，用来检测周围随时可能出现的物体，如图 13-34 所示。

这里我们将借助 catvehicle 项目，在 Gazebo 中构建一个无人驾驶的仿真系统。

首先需要安装相关的功能包，由于该项目功能包在 ROS Kinetic 版中基本都没有提供二进制安装文件，所以需要通过源码编译的方式进行安装。

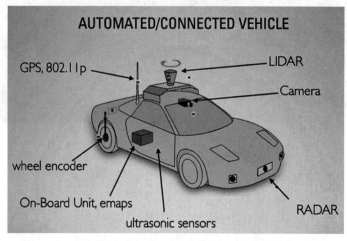

图 13-34   无人驾驶系统中的传感器

此处涉及的相关功能包较多，建议单独为此无人驾驶系统创建一个工作空间，命令如下：

```
$ cd ~
$ mkdir -p catvehicle_ws/src
$ cd catvehicle_ws/src
$ catkin_init_workspace
```

安装激光雷达 velodyne、SICK 的功能包，在工作空间的 src 文件夹中下载相关源码：

```
$ git clone https://github.com/ros-drivers/sicktoolbox.git
$ git clone https://github.com/ros-drivers/sicktoolbox_wrapper.git
$ git clone https://github.com/ros-drivers/velodyne.git
```

下载 catvehicle 项目的功能包，命令如下：

```
$ git clone https://github.com/sprinkjm/catvehicle.git
$ git clone https://github.com/sprinkjm/obstaclestopper.git
```

回到工作空间的根目录下，使用 catkin_make 命令开始编译。如果你使用的是 Ubuntu 16.04+ROS Kinetic 系统，在编译的过程中可能会报告 C++11 相关的错误，解决该问题的办法是在 velodyne 和 catvehicle 功能包的 CMakeLists.txt 中加入 C++11 标准的声明：

```
add_compile_options(-std=c++11)
```

现在继续编译应该就没问题了。编译完成后记得设置环境变量，最好将环境变量添加到终端的配置文件中：

```
$ source ~/catvehicle_ws/devel/setup.bash
```

13.4.2 运行无人驾驶仿真器

编译成功后，使用以下命令启动无人驾驶仿真器：

```
$ roslaunch catvehicle catvehicle_skidpan.launch
```

启动后的仿真系统运行在终端中，没有任何显示界面（见图 13-35），还需要使用如下命令启动 Gazebo 的前端界面：

```
$ gzclient
```

```
[ INFO] [1504133597.460441185, 1089.696000000]: Starting GazeboRosJointStatePublisher Plu
gin (ns = /catvehicle/)!, parent name: catvehicle
[ INFO] [1504133597.472082310, 1089.696000000]: $ Callback thread id=7f42cd1a1700
[INFO] [1504133597.672640, 1089.816000]: Controller Spawner: Waiting for service controll
er_manager/switch_controller
[INFO] [1504133597.673856, 1089.816000]: Controller Spawner: Waiting for service controll
er_manager/unload_controller
[INFO] [1504133597.675013, 1089.816000]: Loading controller: joint1_velocity_controller
[INFO] [1504133597.748160, 1089.866000]: Loading controller: joint2_velocity_controller
[INFO] [1504133597.766588, 1089.886000]: Loading controller: front_left_steering_position
_controller
[INFO] [1504133597.843275, 1089.926000]: Loading controller: front_right_steering_positio
n_controller
[INFO] [1504133597.864884, 1089.926000]: Loading controller: joint_state_controller
[INFO] [1504133597.933434, 1089.956000]: Controller Spawner: Loaded controllers: joint1_v
elocity_controller, joint2_velocity_controller, front_left_steering_position_controller,
front_right_steering_position_controller, joint_state_controller
[INFO] [1504133597.955637, 1089.966000]: Started controllers: joint1_velocity_controller,
 joint2_velocity_controller, front_left_steering_position_controller, front_right_steerin
g_position_controller, joint_state_controller
```

图 13-35 启动无人驾驶仿真器

在打开的 Gazebo 中可以看到一辆如图 13-36 所示的无人驾驶汽车，还可以看到激光雷达 Velodyne 的传感器信息。

图 13-36 Gazebo 仿真环境中的无人驾驶汽车

查看当前系统中的话题列表（见图 13-37），无人驾驶汽车已经成功发布或订阅各种传感器信息和速度控制命令等话题。

```
→ ~ rostopic list
/catvehicle/camera_left/camera_left_info
/catvehicle/camera_left/image_raw_left
/catvehicle/camera_left/image_raw_left/compressed
/catvehicle/camera_left/image_raw_left/compressed/parameter_descriptions
/catvehicle/camera_left/image_raw_left/compressed/parameter_updates
/catvehicle/camera_left/image_raw_left/compressedDepth
/catvehicle/camera_left/image_raw_left/compressedDepth/parameter_descriptions
/catvehicle/camera_left/image_raw_left/compressedDepth/parameter_updates
/catvehicle/camera_left/image_raw_left/theora
/catvehicle/camera_left/image_raw_left/theora/parameter_descriptions
/catvehicle/camera_left/image_raw_left/theora/parameter_updates
/catvehicle/camera_left/parameter_descriptions
/catvehicle/camera_left/parameter_updates
/catvehicle/camera_right/camera_right_info
/catvehicle/camera_right/image_raw_right
/catvehicle/camera_right/image_raw_right/compressed
/catvehicle/camera_right/image_raw_right/compressed/parameter_descriptions
/catvehicle/camera_right/image_raw_right/compressed/parameter_updates
/catvehicle/camera_right/image_raw_right/compressedDepth
/catvehicle/camera_right/image_raw_right/compressedDepth/parameter_descriptions
/catvehicle/camera_right/image_raw_right/compressedDepth/parameter_updates
/catvehicle/camera_right/image_raw_right/theora
/catvehicle/camera_right/image_raw_right/theora/parameter_descriptions
/catvehicle/camera_right/image_raw_right/theora/parameter_updates
/catvehicle/camera_right/parameter_descriptions
/catvehicle/camera_right/parameter_updates
/catvehicle/cmd_vel
/catvehicle/cmd_vel_safe
/catvehicle/distanceEstimator/angle
/catvehicle/distanceEstimator/dist
/catvehicle/front_laser_points
/catvehicle/front_left_steering_position_controller/command
/catvehicle/front_right_steering_position_controller/command
/catvehicle/joint1_velocity_controller/command
/catvehicle/joint2_velocity_controller/command
/catvehicle/joint_states
/catvehicle/lidar_points
/catvehicle/odom
/catvehicle/path
/catvehicle/steering
/catvehicle/vel
/clock
/gazebo/link_states
/gazebo/model_states
/gazebo/parameter_descriptions
/gazebo/parameter_updates
/gazebo/set_link_state
/gazebo/set_model_state
/rosout
/rosout_agg
/tf
/tf_static
```

图 13-37　查看 ROS 中的话题列表

我们可以在 Gazebo 中添加一些障碍物，并且使用如下命令在 rviz 中将无人车的传感器信息可视化：

```
$ roslaunch pilotless_automobile catvehicle.launch
```

该无人驾驶汽车有两个摄像头和两个激光雷达，还有 IMU 等传感器。在打开的 rviz 中可以看到如图 13-38 所示的汽车摄像头、激光雷达、点云等传感器数据。

13.4.3　控制无人驾驶汽车

在消息列表中可以看到无人驾驶汽车订阅 /catvehicle/cmd_vel 话题作为速度控制的输入命令，那么，只要发布该话题的消息就可以控制无人驾驶汽车运动了。在终端中使用 rostopic 命令发布 /catvehicle/cmd_vel 话题消息进行测试（见图 13-39）。

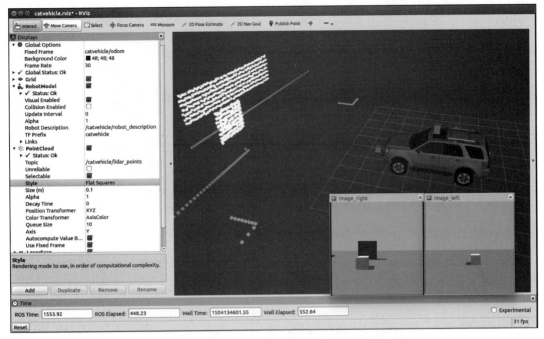

图 13-38 在 rviz 中显示无人驾驶汽车及传感器信息

图 13-39 发布 /catvehicle/cmd_vel 话题消息

可以看到 Gazebo 和 rviz 中的无人驾驶汽车确实可以移动了！我们可以复用 MRobot 的 mrobot_teleop 功能包，使用如下命令重映射发布的消息名，就可以通过键盘控制无人驾驶汽车了：

```
$ roslaunch mrobot_teleop mrobot_teleop.launch
$ rosrun topic_tools relay /cmd_vel /catvehicle/cmd_vel
```

13.4.4 实现无人驾驶汽车的 SLAM 功能

该无人驾驶汽车搭载了激光雷达，可以在仿真器中使用 ROS 的 SLAM 功能包，实现地图构建的功能。

使用如下命令启动无人驾驶汽车的仿真环境：

```
$ roslaunch catvehicle catvehicle_canyonview.launch
$ gzclient
```

在打开的 Gazebo 中可以看到如图 13-40 所示的无人驾驶汽车和一个简单的仿真场景。

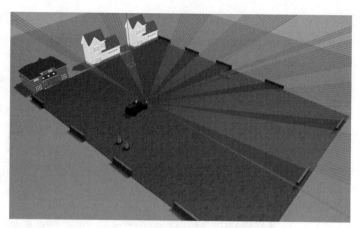

图 13-40　无人驾驶汽车 SLAM 仿真环境

接下来启动 catvehicle 功能包中的 hector SLAM 节点，同时启动键盘控制节点，命令如下：

```
$ roslaunch catvehicle hectorslam.launch
$ roslaunch mrobot_teleop teleop.launch
$ rosrun topic_tools relay /cmd_vel /catvehicle/cmd_vel
```

为了将建图过程可视化，还需要启动 rviz，并且添加相应的显示插件，命令如下：

```
$ roslaunch pilotless_automobile catvehicle_slam.launch
```

现在就可以通过键盘控制无人驾驶汽车运动，并且实现 SLAM 了，效果如图 13-41 所示。SLAM 结束后可以使用以下命令保存地图：

```
$ rosrun map_server map_saver -f map_name
```

图 13-41　无人驾驶汽车实现 SLAM 仿真的运行效果

可以看到无人驾驶汽车就是一种机器人，大部分设计的开发思路与机器人的相同。当然，无人驾驶汽车所涉及的技术远不止如此，有兴趣的读者可以研究相关的开源项目。

13.5　HRMRP

HRMRP（Hybrid Real-time Mobile Robot Platform，混合实时移动机器人平台）是笔者在 2012 年和实验室的小伙伴一起从零开始设计、开发的一款机器人平台，其中大部分扩展电路、驱动和 ROS 相关的底层功能都是我们自己开发的。该机器人平台具有软硬件可编程、灵活性强、模块化、易扩展、实时性强等特点，机器人的整体结构如图 13-42 所示。

图 13-42　HRMRP

HRMRP 有丰富的传感器和执行器，在该平台上，可以实现机器人 SLAM、自主导航、人脸识别、机械臂控制等功能。本节将详细介绍 HRMRP 从设计到实现的诸多细节。

13.5.1　总体架构设计

HRMRP 的总体架构如图 13-43 所示。

1. 硬件层

（1）机械平台

HRMRP 的主体结构为铝合金材质，尺寸为 316mm×313mm×342mm（高 × 宽 × 长），装配两个驱动轮与一个万向轮。驱动轮由两个 30W 的直流电机带动，转速可达 83r/min，机器人最快速度 1.5m/s。HRMRP 还装有一个六自由度机械臂，可以完成三维空间内的夹取操作。

（2）控制平台

嵌入式系统具备小型化、低功耗、低成本、高灵活性等显著特点，电子技术的发展也促使可编程门阵列 FPGA 在嵌入式系统中的应用越来越广泛，很大程度上改善了嵌入式系统硬件的灵活度与繁琐计算的实时化。HRMRP 的控制平台即基于 Xilinx 最新一代集成 FPGA 与 ARM 的 SoC——Zynq。

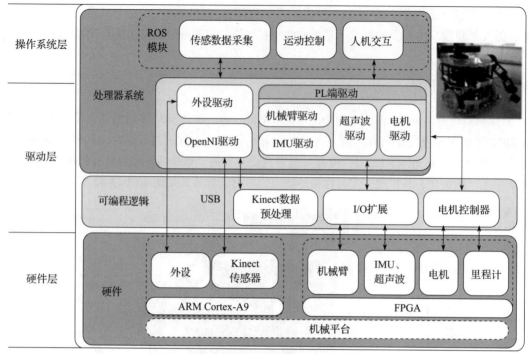

图 13-43　HRMRP 的总体架构

Zynq 由处理器系统（Processor System，PS）与可编程逻辑（Programmable Logic，PL）两部分组成。其中 PS 基于 ARM Cortex-A9 双核处理器构建，包含常用的外设接口，如网络、USB、内存控制器等。而 PL 由 Xilinx 的 7 系列 FPGA 构成，支持动态重配置，可以使用 Verilog 语言编程。在 HRMRP 中，PS 通过操作系统控制所有功能正常有序实现，而 PL 作为协处理器，一方面可以对复杂运算做并行加速处理，另一方面可以进行 I/O 接口扩展，为多传感器和执行器设计统一的接口，提高系统硬件配置的灵活性。

（3）传感器系统

在机器人核心传感器的选择上，HRMRP 使用了高性价比、高集成度的微软 Kinect 传感器。除此之外，还装配有超声波、加速度、里程计、陀螺仪等多种传感器，以确保机器人平台可以采集到丰富的传感信息。

2. 驱动层

驱动层的主要工作是采集或预处理硬件层的数据，下发操作系统层的指令，为底层硬件与上层功能模块提供相应的数据传输通道。由于我们采用"ARM+FPGA"异构控制平台，为配合硬件层功能，驱动层也分为两部分，分别放置于硬件的 PS 端和 PL 端。

PS 端主要连接到 ARM 处理器的外设驱动，例如通过 PS 中的 OpenNI 驱动 Kinect，并且提供 PL 端到 PS 端的接口。而在 PL 端中，利用可编程硬件的灵活性和并行处理能力，进行 I/O 扩展与算法的硬件加速，如图 13-44 所示。

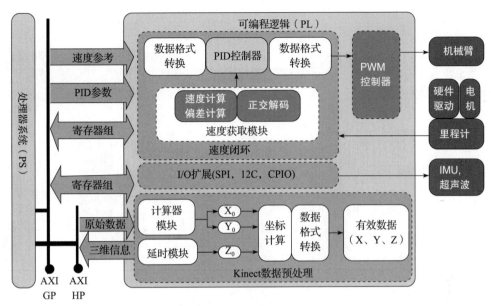

图 13-44 PL 端的功能框架

在 I/O 扩展方面，传统的设计实现中，种类繁多的传感器、执行器对接口的要求各不相同，会占用大量 I/O 资源，增加处理器的负担。而在 HRMRP 的 ARM+FPGA 系统中，通过定义一组标准的硬件接口，连接传感器和电机等外设，可使用编程逻辑取代繁杂的电路连接工作，满足各种不同需求的硬件外设。

在硬件加速方面，一般 PS 端适合常用接口的驱动、网络数据的处理等功能，而 PL 端适合规律性的算法处理，在 HRMRP 中主要负责 Kinect 的数据预处理工作（这里我们将 OpenNI 中的部分代码放入 FPGA 中进行加速）。PS 与 PL 相互配合，提高了系统数据处理的实时性。

3. 操作系统层

操作系统层是机器人平台的控制核心，集成了机器人的功能模块，负责行为控制、数据上传、指令解析、人机交互等功能。为与 ROS 通信接口保持一致，使用 Ubuntu 作为操作系统，运行于 Zynq 的 PS 端 ARM 处理器中。ROS 为用户的不同需求提供了大小和功能不同的多种安装包，为了减少 ARM 端的执行压力，HRMRP 编译移植了仅包括 ROS 基本通信机制的核心库。继承了 ROS 的优势，机器人平台具备 ROS 通信以及功能包运行的能力，与上层网络指令无缝连接，结合开源软件库，极大地丰富了机器人的功能模块与应用范围。

HRMRP 是一种较为典型的高性能、低成本机器人平台。与现在研究和应用中使用较为广泛的 TurtleBot、Pioneer 等机器人相比，HRMRP 具有相似的结构与尺寸，同样可以完成多种机器人应用；但是在接口的可扩展性、传感器的丰富度以及成本控制等方面，具备更好的综合性能。

13.5.2 SLAM 与导航

在以上架构的基础上实现每个模块的具体功能，系统运行状态下的数据流图如图 13-45

所示。

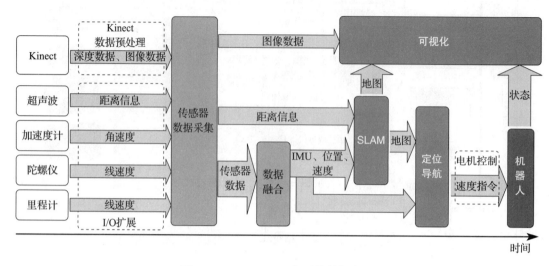

图 13-45 HRMRP 运行时的数据流图

HRMRP 在室内环境下的 SLAM 建图效果如图 13-46 所示。

图 13-46 HRMRP 实现 gmapping SLAM 的运行效果

基于 SLAM 构建的地图完成导航的效果如图 13-47 所示。

13.5.3 多机器人扩展

ROS 作为一个分布式框架，从微观的角度讲，分布式体现在节点的布局和配置上，而从宏观的角度讲，这种分布式可以体现在多机器人、多主机集成的系统中。在 HRMRP 机器人的基础上，我们试图提出一种多机器人实现的框架，如图 13-48 所示。

由于机器人架构多种多样，处理应用的能力也各不相同，在不同场合下的需求也有差异，我们设计了服务器层来提高机器人应用的计算能力，负责调度、分配多机器人应用中的任务，同时为用户提供友好、易用的人机交互界面。

图 13-47　HRMRP 实现导航功能的运行效果

　　分布的机器人节点与服务器都采用 ROS 框架设计，使用无线网络通信，可以快速集成 ROS 社区中丰富的应用功能。在多机器人系统中，通过机器人之间的信息共享以及与任务协作，可以让每个机器人在充分发挥自己能力的同时，获得更多额外的应用潜力。

　　机器人节点是应用的执行者与信息的采集者。在该系统中可以集成多种采用 ROS 框架的机器人，这里以 HRMRP 机器人平台为例，针对多机器人的框架也进行了测试，除 HRMRP 机器人外，还使用树莓派制作了一个简单的小型机器人。在实验中，HRMRP 机器人在地图上自主导航前进，服务器负责应用的处理与显示，同时将 HRMRP 的位置信息转发给树莓派机器人；树莓派机器人收到信息后，紧跟 HRMRP。效果如图 13-49 所示。

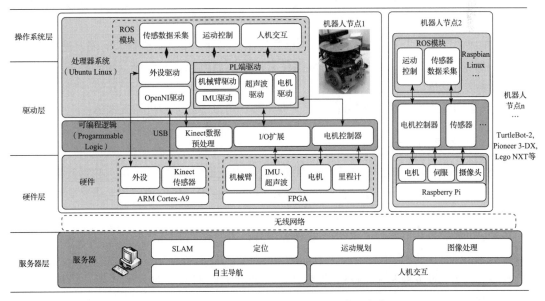

图 13-48　基于 HRMRP 的多机器人扩展框架

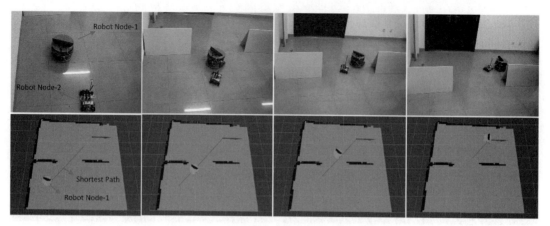

图 13-49　多机器人跟踪测试的运行效果

13.6　Kungfu Arm

Kungfu Arm 是笔者 2016 年创业之后公司合力开发的一个集成化机械臂控制系统，使用 ROS-I 框架开发，参加了 2016 年 11 月在深圳举办的高新技术交易博览会。

Kungfu Arm 基于 ROS/ROS-I 机器人操作系统（见图 13-50），实现了以下功能：

1）同时控制六轴机械臂和仿生手，实现灵巧的夹持姿势，力度可调，满足复杂工况。

2）集成了多种运动规划库，可以实现运动学求解、路径规划、自主避障、速度和加速度的高阶平滑。

3）集成高速视觉识别算法，可以识别、定位工作范围内的杯子、茶球等物体，辅助机器人抓取。

4）集成中文语音识别功能，可以实现语音控制、编程，丰富了机器人的输入途径。

5）功能丰富的人机交互界面，不仅提供常用的机器人控制与监控，同时具备可热切换的 3D 离线仿真功能。

6）底层伺服通信采用高速 EtherCAT 工业总线，可以适配多种机器人本体。

13.6.1　总体架构设计

ROS 中集成了众多关于机械臂方面的资源，其中最重要的是 MoveIt!，它为我们提供了许多轨迹规划、运动学求解方面的算法。而借助 ROS-I 框架，我们可以把注意力集中在系统的搭建上，而不必纠结具体算法的实现。

在第 10 章最后一节学习了 ROS-I 的相关内容，再次回顾 ROS-I 框架，可以对其做进一步的层次划分（见图 13-51）。

Kungfu Arm 的实现基于 ROS-I 框架，并且进行了更加细致的分层实现，总体架构如图 13-52 所示。

图 13-50　Kungfu Arm

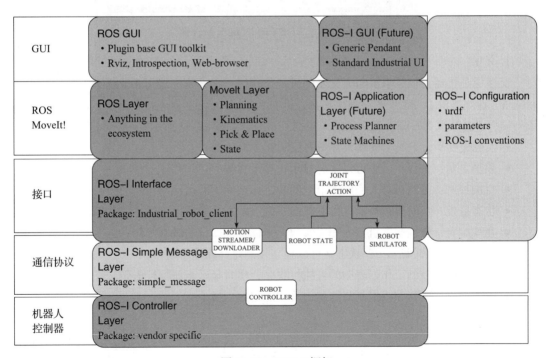

图 13-51　ROS-I 框架

13.6.2　具体层次功能

Kungfu Arm 的控制系统可以分为六个层次，自上而下依次如下。

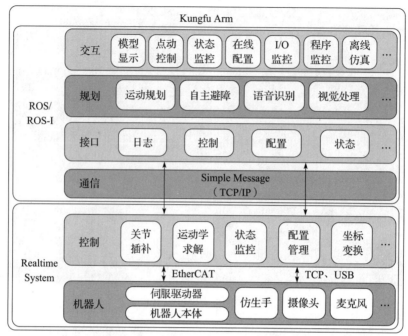

图 13-52　基于 ROS-I 的 Kungfu Arm 框架

1. 交互

交互层是机器人控制系统与人交互的可视化接口，在 rviz 三维可视化平台下使用插件机制实现。rviz 提供了可扩展的可视化平台，针对 Kungfu Arm 控制系统的需要，团队开发了一系列插件，并集成为一款功能丰富的人机交互平台，如图 13-53 所示。

该人机交互平台集成了机器人常用的控制和显示功能：

- 模型显示：主显示区中可以实时显示机器人在线 / 仿真状态。
- 点动控制：控制机器人完成关节空间和工作空间下的点动操作。
- 状态监控：实时显示机器人各轴状态、伺服状态、控制系统状态等信息。
- 在线配置：在线配置机器人相关参数、坐标系统、日志级别等信息。
- I/O 监控：实时显示 I/O 状态，可以独立控制每一路输出端口。
- 程序监控：控制工作列表中的可执行程序，实时显示当前执行语句。
- 离线仿真：支持在线控制与离线仿真功能的热切换。

2. 规划

规划层是控制系统的核心，可以实现运动规划、自主避障、语音识别、视觉处理等高层功能。运动规划和自主避障等机械臂方面的功能基于 ROS MoveIt! 实现，并且进行了代码级的优化；视觉处理基于 ROS 视觉接口，并且调用 ROS 中丰富的图像处理功能包，可以实现多种机器视觉的功能；语音识别基于科大讯飞的中文语音识别 SDK，并且自主开发了相关的语义识别功能。

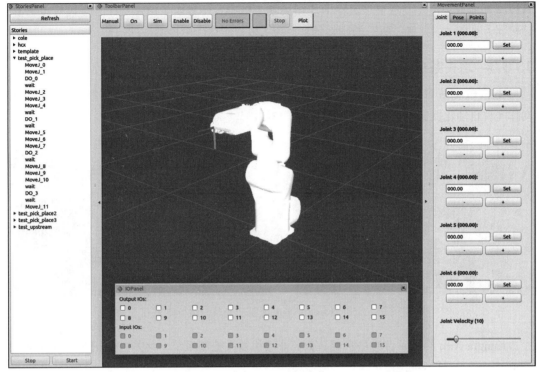

图 13-53　Kungfu Arm 的人机交互界面

3. 接口

接口层负责上下层次之间的数据封装和解析，可以将 ROS 运动控制生成的轨迹数据、图像识别的目标数据、交互接口中的控制数据等封装成 ROS-I 中的 Simple Message 类型消息发送给控制层；同时也可以将控制层反馈的机器人状态数据、日志信息等解析后提供给上层使用。

4. 通信

通信层使用 ROS-I 中的 Simple Message 作为统一接口，基于 TCP/IP 实现有线或者无线的网络通信，将整个系统的六层结构分成两大部分：上部分基于 ROS/ROS-I 实现，下部分并不依赖于 ROS。两者可以共存于同一台计算机，也可以分布在不同的硬件平台上。

5. 控制

控制层基于实时系统实现固定周期的运动学求解、伺服控制、状态监控、读 / 写 EtherCAT 总线等功能，同时采集图像和麦克风等传感器的数据，发送给上层使用。该层并不依赖于 ROS，可以独立运行。

6. 机器人

机器人硬件系统基于伺服电机构建，使用 EtherCAT 总线作为伺服驱动器的通信接口，上层软件可以适配多种基于 EtherCAT 总线的机器人本体。机器人终端装配有柔性仿生手，可以感知抓取力度，实现更加灵活的应用场景。机器人还集成了摄像头、麦克风等传感器，让机器人具备"看"和"听"的硬件感官，为更多智能化应用提供基础条件。

13.6.3　功夫茶应用展示

Kungfu Arm 可以完成复杂、细致的泡制功夫茶动作，如抓取杯盖、夹取茶球等，全套动作实现自动化操作，无须人工干预（见图 13-54）。

图 13-54　Kungfu Arm 泡制功夫茶的运行效果

Kungfu Arm 的开发目的是实现一款商业级机器人控制系统，但是在使用 ROS 开发的过程中，也遇到了很多问题。

1）ROS Master、节点、话题等重要元素都有宕机的风险，系统的稳定性欠佳。

2）MoveIt! 的功能更多集中在运动规划等高层方面，欠缺点动、施教等基本操作。

3）ROS 欠缺实时性，需要自己搭建实时核，开发实时任务。

ROS 虽然好用，但是目前的 ROS 1 还只适用于研发阶段，可以帮助开发者快速完成产品原型的验证。如果没有强大的研发能力，建议不要轻易应用于面向市场的商业产品。

13.7　本章小结

本章介绍了多种支持 ROS 的机器人系统实例，包括 ROS 中的元老 PR2、最流行的机器人平台 TurtleBot、协作机器人 Universal RoBots、无人驾驶系统 catvehicle、异构混合实时移动机器人平台 HRMRP、集成化机器人控制系统 Kungfu Arm。

通过这些机器人的介绍，相信你已经了解了如何使用 ROS 来研究、开发类似的机器人，并且学会了如何构建一个自己的机器人系统，实现丰富的机器人应用功能。

同时我们也了解了 ROS 并不是完美的机器人框架，目前的 ROS 中存在种种问题，导致它无法直接应用于成熟的商业产品中。这些问题在 ROS 2 中得到了大幅改善。第 14 章我们将一起走进 ROS 2.0 时代，看看 ROS 2 到底是一个怎样的 2.0。

第 14 章
ROS 2

    2017 年 11 月，ROS 迎来了 10 周岁生日。在过去的 10 年里 ROS 的最初目标是在机器人领域提高代码的复用率，但是让人没有想到的是，社区中的功能包会呈指数级增长，目前已成为机器人领域的事实标准，如图 14-1 所示。

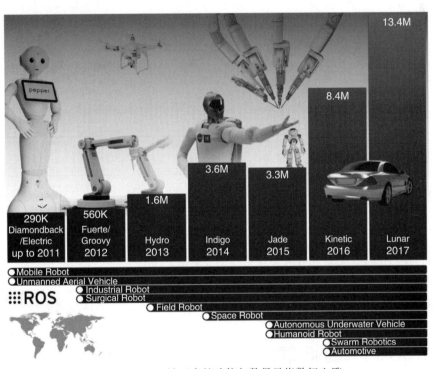

图 14-1　ROS 社区内的功能包数量呈指数级上涨

    ROS 最初设计的目标机器人是 PR2，这款机器人搭载了当时最先进的移动计算平台，网络性能优异，无需考虑实时性方面的问题，主要应用于科研领域。如今 ROS 应用的机器人领域越来越广：轮式机器人、人形机器人、工业机械手、室外机器人（如无人驾驶汽车）、无人飞行器、救援机器人等，美国 NASA 甚至考虑使用 ROS 开发火星探测器。机器人已经开始从科研领域走向人们的日常生活（见图 14-2）。ROS 虽然仍是机器人领域的开发利器，但介于最初设计时的局限性，也逐渐暴露出了不少问题。

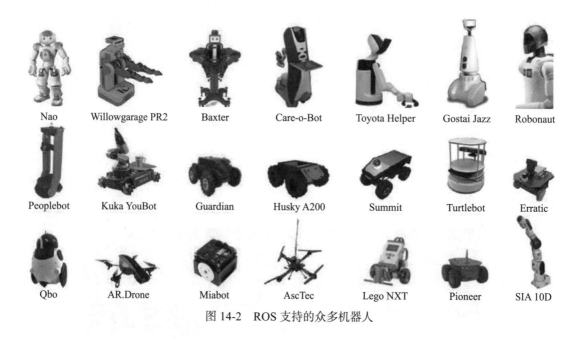

Nao   Willowgarage PR2   Baxter   Care-o-Bot   Toyota Helper   Gostai Jazz   Robonaut

Peoplebot   Kuka YouBot   Guardian   Husky A200   Summit   Turtlebot   Erratic

Qbo   AR.Drone   Miabot   AscTec   Lego NXT   Pioneer   SIA 10D

图 14-2   ROS 支持的众多机器人

本章之前提到的 ROS 均指 ROS 1。

通过本章的学习，我们可以了解以下 ROS 2 的相关内容。

1）什么是 ROS 2？ ROS 2 的设计目标、系统架构、通信模型、编译系统是怎样的？相比 ROS 1 有哪些异同？

2）如何在 Ubuntu 和 Windows 系统上安装并测试 ROS 2？

3）在 ROS 2 中如何实现话题、服务通信？

4）ROS 1 与 ROS 2 是否可以同时并存，两者又将通过什么方式实现通信？

14.1   ROS 1 存在的问题

目前，ROS 1 主要存在以下问题，虽然很多开发者或者开发机构对其中一些问题提出了针对性的解决方案，但仍然无法解决 ROS 1 中的根本问题。

1）多机器人系统

多机器人系统是机器人领域研究的一个重点问题，可以解决单机器人性能不足、无法应用等问题，但是 ROS 1 中并没有构建多机器人系统的标准方法。

2）跨平台

ROS 1 基于 Linux 系统，在 Windows、macOS、RTOS 等系统上无法应用或者功能有限，这对机器人开发者和开发工具提出了较高要求，也有很大的局限性。

3）实时性

很多应用场景下的机器人对实时性要求较高，尤其是工业领域，系统需要做到硬实时的性能指标，但是 ROS 1 缺少实时性方面的设计，所以在很多应用中捉襟见肘。

4）网络连接

ROS 1 的分布式机制需要良好的网络环境才能保证数据的完整性，而且网络不具备数据加密、安全防护等功能，网络中的任意主机都可以获得节点发布或接收的消息数据。

5）产品化

ROS 1 的稳定性欠佳，ROS Master、节点等重要环节在很多情况下会莫名宕机，这就导致很多机器人从研究开发到消费产品的过渡非常艰难。

14.2　什么是 ROS 2

ROS 已经走过 10 个年头，伴随机器人技术的大发展，ROS 也得到了极大的推广和应用。尽管存在不少局限性，但依然无法掩盖 ROS 的锋芒，社区内的功能包还是逐年增长呈指数级，这为机器人的开发带来了巨大便利。虽然不少开发者和研究机构针对 ROS 的局限性进行了改良，但这些局部功能的改善也很难带来整体性能的提升，于是机器人开发者对新一代 ROS 的呼声越来越大。终于，在 ROSCon 2014 上，新一代 ROS 的设计架构（Next-generation ROS: Building on DDS）正式公布。2015 年 8 月第一个 ROS 2 的 alpha 版本发布；2016 年 12 月 19 日，ROS 2 的 beta 版本正式发布；2017 年 12 月 8 日，万众瞩目的 ROS 2 终于发布了第一个正式版——Ardent Apalone。众多的新技术和新概念应用到了新一代的 ROS 中，不仅带来了整体架构的颠覆，更是增强了 ROS 2 的综合性能。

14.2.1　ROS 2 的设计目标

相比 ROS 1，ROS 2 的设计目标更加丰富，如图 14-3 所示。

1）支持多机器人系统

ROS 2 增加了对多机器人系统的支持，提升了多机器人之间通信的网络性能，更多机器人系统及应用将出现在 ROS 社区中。

2）铲除原型与产品之间的鸿沟

ROS 2 不仅针对科研领域，还关注机器人从研究到应用之间的过渡，可以让更多机器人直接搭载 ROS 2 系统走向市场。

3）支持微控制器

ROS 2 不仅可以运行在现有的 x86 和 ARM 系统上，还可以支持 MCU 等嵌入式微控制器，比如常用的 ARM-M4、M7 内核。

支持多机器人系统

铲除原型与产品之间的鸿沟

支持微控制器

支持实时控制

跨系统平台支持

图 14-3　ROS 2 的设计目标

4）支持实时控制

ROS 2 还支持实时控制，可以提高控制的时效性和整体机器人的性能。

5）跨系统平台支持

ROS 2 不仅能运行在 Linux 系统上，还增加了对 Windows、macOS、RTOS 等系统的支持，让开发者的选择更加自由。

14.2.2　ROS 2 的系统架构

ROS 2 重新设计了系统架构，可以从图 14-4 中看到两代 ROS 之间架构的变化。

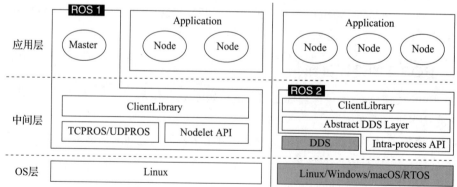

图 14-4　ROS 2 与 ROS 1 的系统架构比

1. OS 层

ROS 1 主要构建在 Linux 系统上；ROS 2 支持构建的系统包括 Linux、Windows、macOS、RTOS，甚至没有操作系统的裸机。

2. 中间层

ROS 中最重要的一个概念就是计算图中的"节点",它可以让开发者并行开发低耦合的功能模块,并且便于二次复用。ROS 1 的通信系统基于 TCPROS/UDPROS,而 ROS 2 的通信系统基于 DDS。DDS 是一种分布式实时系统中数据发布 / 订阅的标准解决方案,下面会详细介绍。ROS 2 内部提供了 DDS 的抽象层实现,用户无需关注底层 DDS 的提供厂家。

在 ROS 1 架构中,Nodelet 和 TCPROS/UDPROS 是并列的层次,可以为同一个进程中的多个节点提供一种更优化的数据传输方式。ROS 2 中也保留了类似的数据传输方式,命名为"Intra-process",同样独立于 DDS。

3. 应用层

ROS 1 强依赖于 ROS Master,因此可以想象,一旦 Master 宕机,整个系统就会面临怎样的窘境。但是在右边的 ROS 2 架构中,让人耿耿于怀的 Master 终于消失了,节点之间使用一种称为"Discovery"的发现机制来帮助彼此建立连接。

14.2.3　ROS 2 的关键中间件——DDS

DDS(Data Distribution Service,数据分发服务),2004 年由对象管理组织(Object Management Group,OMG)发布,是一种专门为实时系统设计的数据分发 / 订阅标准。

DDS 最早应用于美国海军,用于解决舰船复杂网络环境中大量软件升级的兼容性问题,目前已经成为美国国防部的强制标准,同时广泛应用于国防、民航、工业控制等领域,成为分布式实时系统中数据发布 / 订阅的标准解决方案。其技术关键是以数据为核心的发布 / 订阅(Data-Centric Publish-Subscribe,DCPS)模型,这种 DCPS 模型创建了一个"全局数据空间"(Global Data Space)的概念,所有独立的应用都可以访问。目前已经有多家 DDS 厂商可以提供相关技术(见图 14-5),包括可供 ROS 使用的开源版本和商业版本。

图 14-5　DDS 厂商

14.2.4　ROS 2 的通信模型

相信你一定还记得前面所学习的 ROS 1 通信模型,也就是话题、服务等通信机制。ROS 2

的通信模型会稍显复杂，加入了很多 DDS 的通信机制，如图 14-6 所示。

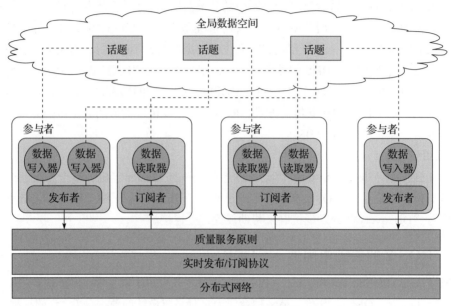

图 14-6　ROS 2 的通信模型

基于 DDS 的 ROS 2 通信模型包含以下几个关键概念。

1. 参与者（Participant）

在 DDS 中，每一个发布者或者订阅者都称为参与者，对应于一个使用 DDS 的用户，可以使用某种定义好的数据类型来读 / 写全局数据空间。

2. 发布者（Publisher）

数据发布的执行者，支持多种数据类型的发布，可以与多个数据写入器（DataWriter）相连，发布一种或多种主题（Topic）的消息。

3. 订阅者（Subscriber）

数据订阅的执行者，支持多种数据类型的订阅，可以与多个数据读取器（DataReader）相连，订阅一种或多种主题（Topic）的消息。

4. 数据写入器（DataWriter）

上层应用向发布者更新数据的对象，每个数据写入器对应一个特定的主题（Topic），类似于 ROS 1 中的一个消息发布者。

5. 数据读取器（DataReader）

上层应用从订阅者读取数据的对象，每个数据读取器对应一个特定的主题（Topic），类似于 ROS 1 中的一个消息订阅者。

6. 话题（Topic）

与 ROS 1 中的概念类似，话题需要定义一个名称和一种数据结构，但 ROS 2 中的每个话题都是一个实例，可以存储该话题中的历史消息数据。

7. 质量服务原则（Quality of Service Policy）

质量服务原则简称 QoS Policy，这是 ROS 2 中新增的、也是非常重要的一个概念，控制各方面与底层的通信机制，主要从时间限制、可靠性、持续性、历史记录这几个方面满足用户针对不同场景的数据需求（见图 14-7）。

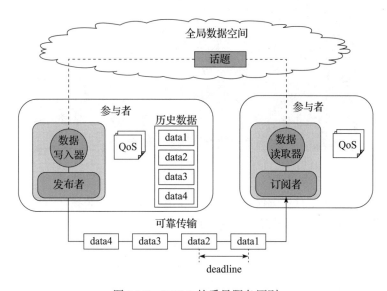

图 14-7 ROS 2 的质量服务原则

- 实时性增强：数据必须在 deadline 之前完成更新。
- 持续性增强：DDS 可以为 ROS 2 提供数据历史服务，新加入的节点也可以获取发布者发布的所有历史数据。
- 可靠性增强：配置可靠性原则，用户可以根据需求选择性能模式（BEST_EFFORT）或者稳定模式（RELIABLE）。

14.2.5 ROS 2 的编译系统

ROS 是一个分布式框架，众多源码都以相互独立的软件包的形式存在，使用方便，但是对于编译系统来讲，就会有相当大的挑战，不仅需要正确、快速地完成自动化构建过程，还需要解决每个软件包之间的相互依赖关系问题。虽然 ROS 中的编译系统一直采用标准的构建工具，比如 CMake、Python setuptools，但是这些工具并没有办法完全满足 ROS 的需求，都需要添加一些额外的功能。

ROS 1 Groovy 之前的版本采用 rosbuild 作为主要编译系统，而从 Groovy 版本开始改用 catkin 编译系统。ament 则是 ROS 2 的元编译系统，用来构建组成应用程序的多个独立功能包，它并不是一个全新的编译系统，而是 catkin 进一步演化的版本，这两个单词也是近义词——柳絮（见图 14-8）。

图 14-8　柳絮

ament 主要分为两个部分：编译系统，用于配置、编译、安装独立的功能包；构建工具，用于将多个独立的功能包按照一定的拓扑结构进行链接。

相比 ROS 最初使用的 rosbuild，后来的 catkin 在很多方面得到了增强，比如支持外部构建，CMake 配置文件的自动生成等。但是 catkin 也并不完美，针对开发者对 catkin 缺陷提交的反馈，催生了新一代的编译系统 ament，主要解决了以下几个重点问题。

（1）CMake centric

catkin 系统以 CMake 为中心，即使只包含 Python 代码的功能包，也需要由 CMake 进行处理，但是 CMake 并不支持 Python setuptools 中的所有功能，而且很难在 Windows 上进行移植。

（2）Devel space

在 catkin 系统构建完成后，会在工作空间下生成一个 devel 文件夹，其中有编译好的功能包，以及环境变量设置等文件，这就等同于功能包安装完成后生成的 install 文件夹，两者的结构和功能冗余。相信很多初学者因为 devel 中环境变量的设置问题而苦恼过，这确实为用户带来了不必要的麻烦。

（3）CMAKE_PREFIX_PATH

Catkin 会将编译多个工作区的前缀存储到环境变量 CMAKE_PREFIX_PATH 中，但是这种方法会干扰变量中的其他值，在 ament 中，不同工作区的前缀会放到不同的环境变量中。

（4）catkin_simple

catkin_simple 是一个用于改善用户体验 catkin 的工具包，可以减少复杂的 CMake 代码，但存在不稳定的情况。ament 也实现了类似的功能，而且可靠性更强。

（5）Building within a single CMake context

使用 catkin_make 命令可以一次性编译工作空间中的所有功能包，当存在相同命名的功能包时，会编译失败，ament 在这方面也进行了改善。

14.3　在 Ubuntu 上安装 ROS 2

2017 年 12 月 8 日，第一个 ROS 2 的正式版 Ardent Apalone 发布，下面以该版本的 ROS 2 为例，介绍 ROS 2 的安装与使用方法。

14.3.1　安装步骤

ROS 2 支持 Ubuntu 16.04 系统，安装方法与 ROS 1 类似，可以按照以下步骤进行安装。

1. 添加软件源

命令如下：

```
$ sudo apt update && sudo apt install curl
$ curl http://repo.ros2.org/repos.key | sudo apt-key add -
$ sudo sh -c 'echo "deb [arch=amd64,arm64] http://repo.ros2.org/ubuntu/main xenial
main" > /etc/apt/sources.list.d/ros2-latest.list'
```

2. 安装 ROS 2

命令如下：

```
$ sudo apt-get update
$ sudo apt install `apt list ros-ardent-* 2> /dev/null | grep "/" | awk -F/ '{print
$1}' | grep -v -e ros-ardent-ros1-bridge -e ros-ardent-turtlebot2- | tr "\n" " "`
```

以上安装命令排除了 ros-ardent-ros1-bridge 和 ros-ardent-turtlebot2-* 等功能包，这些功能包需要依赖 ROS 1，可以在后续步骤单独安装。

3. 设置环境变量

命令如下：

```
$ source /opt/ros/ardent/setup.bash
```

如果安装了 Python 包——argcomplete，还需要设置以下环境变量：

```
$ source /opt/ros/ardent/share/ros2cli/environment/ros2-argcomplete.bash
```

4. 配置 ROS Middleware（RMW）

DDS 是 ROS 2 中的重要部分，ROS 2 默认使用的 RMW 是 FastRPTS，我们也可以通过以下环境变量将默认的 RMW 修改为 OpenSplice：

```
RMW_IMPLEMENTATION=rmw_opensplice_cpp
```

5. 安装依赖 ROS 1 的功能包

ROS 2 在很长一段时间内会与 ROS 1 并存，所以目前很多 ROS 2 中的功能包需要依赖 ROS 1 中的功能包，ROS 2 也提供了与 ROS 1 之间通信的桥梁——ros1_bridge。在安装这些与 ROS 1 有依赖关系的功能包之前，需要系统已经成功安装有 ROS 1，然后才能通过以下命令安装 ROS 2 的功能包：

```
$ sudo apt update
$ sudo apt install ros-ardent-ros1-bridge ros-ardent-turtlebot2-*
```

按照以上方法安装完成后，就可以使用 ROS 2 的命令了。ROS 2 的默认安装路径依然是在 Ubuntu 系统的 /opt/ros 路径下（见图 14-9）。

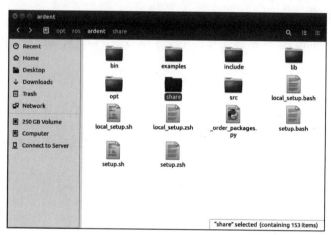

图 14-9　ROS 2 安装目录的结构

使用如下命令查看 ROS 2 命令行工具相关的帮助信息（见图 14-10）：

```
$ ros2 --help
```

```
→ ~ ros2 --help
usage: ros2 [-h] Call `ros2 <command> -h` for more detailed usage. ...

ros2 is an extensible command-line tool for ROS 2.

optional arguments:
  -h, --help              show this help message and exit

Commands:
  daemon    Various daemon related sub-commands
  msg       Various msg related sub-commands
  node      Various node related sub-commands
  pkg       Various package related sub-commands
  run       Run a package specific executable
  security  Various security related sub-commands
  service   Various service related sub-commands
  srv       Various srv related sub-commands
  topic     Various topic related sub-commands

Call `ros2 <command> -h` for more detailed usage.
```

图 14-10　ROS 2 命令行工具的帮助信息

14.3.2　运行 talker 和 listener 例程

ROS 2 安装完成后，默认带有部分例程，为了验证 ROS 2 是否安装成功，可以使用如下命令进行测试：

```
$ ros2 run demo_nodes_cpp talker
$ ros2 run demo_nodes_cpp listener
```

运行成功后，效果与我们在 ROS 1 中实现的话题通信类似，如图 14-11 所示。通过这个例程可以看到，在 ROS 2 中运行节点时，并不需要启动 ROS Master，两个节点之间建立的通信连接完全依靠节点自身的 "Discovery" 机制。

图 14-11　ROS 2 话题通信例程的运行效果

14.4　在 Windows 上安装 ROS 2

ROS 2 不仅支持在 Ubuntu 上运行，更提供了对 Windows 等系统的支持，下面介绍在 Windows 10 系统上安装并测试 ROS 2。

14.4.1　安装 Chocolatey

首先使用管理员权限打开 Windows 中的终端工具，输入如下命令安装一个 Windows 下的包管理工具——Chocolatey：

```
> @"%SystemRoot%\System32\WindowsPowerShell\v1.0\powershell.exe" -NoProfile
-InputFormat None -ExecutionPolicy Bypass -Command "iex ((New-Object System.
Net.WebClient).DownloadString('https://chocolatey.org/install.ps1'))"; && SET
"PATH=%PATH%;%ALLUSERSPROFILE%\chocolatey\bin"
```

以上命令较长，也可以参考 Chocolatey 官方网站的安装说明，网址为：https://chocolatey.org/。

安装完成后，可以使用以下命令查看 Chocolatey 是否安装成功（见图 14-12）：

```
> choco --version
```

图 14-12　查看 Chocolatey 是否安装成功

14.4.2　安装 Python

然后使用 Chocolatey 工具安装 Python（见图 14-13）：

```
> choco install -y python
```

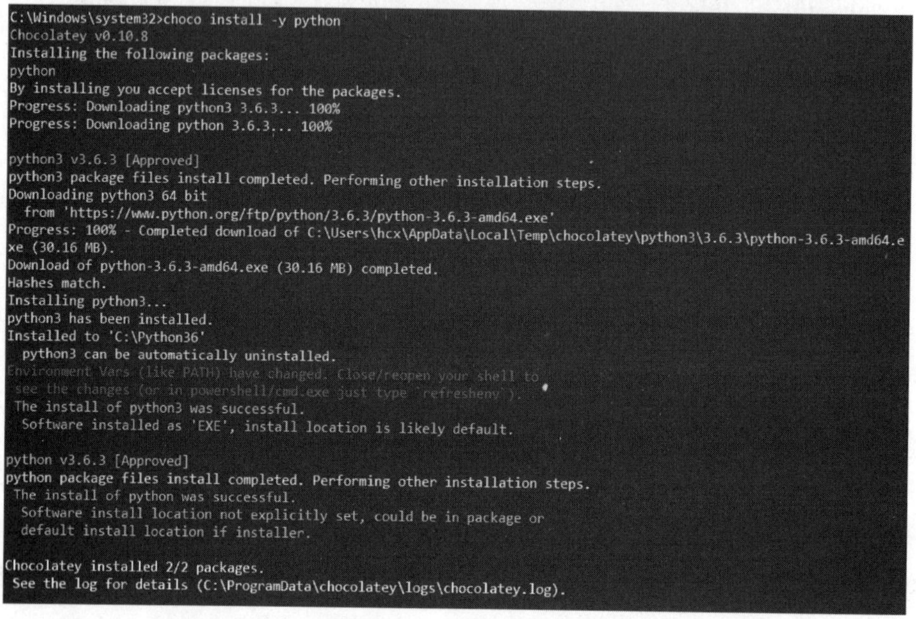

图 14-13　安装 Python

14.4.3　安装 OpenSSL

访问 OpenSSL 的官方网站（https://slproweb.com/products/Win32OpenSSL.html），下载安装文件——Win64 OpenSSL v1.0.2（见图 14-14）。

Win32 OpenSSL v1.0.2m Light	2MB Installer	Installs the most commonly used essentials of Win32 OpenSSL v1.0.2m (Recommended for users by the creators of OpenSSL). Note that this is a default build of OpenSSL and is subject to local and state laws. More information can be found in the legal agreement of the installation.
Win32 OpenSSL v1.0.2m	20MB Installer	Installs Win32 OpenSSL v1.0.2m (Recommended for software developers by the creators of OpenSSL). Note that this is a default build of OpenSSL and is subject to local and state laws. More information can be found in the legal agreement of the installation.
Win64 OpenSSL v1.0.2m Light	3MB Installer	Installs the most commonly used essentials of Win64 OpenSSL v1.0.2m (Only install this if you need 64-bit OpenSSL for Windows. Only installs on 64-bit versions of Windows. Note that this is a default build of OpenSSL and is subject to local and state laws. More information can be found in the legal agreement of the installation.
Win64 OpenSSL v1.0.2m	23MB Installer	Installs Win64 OpenSSL v1.0.2m (Only install this if you are a software developer needing 64-bit OpenSSL for Windows. Only installs on 64-bit versions of Windows. Note that this is a default build of OpenSSL and is subject to local and state laws. More information can be found in the legal agreement of the installation.

图 14-14　OpenSSL 的安装文件

运行安装程序，并使用默认参数完成安装。然后使用如下命令配置 OpenSSL 的环境变量：

```
> setx -m OPENSSL_CONF C:\OpenSSL-Win64\bin\openssl.cfg
```

并且将 OpenSSL 的命令路径 C:\OpenSSL-Win64\bin\ 添加到系统环境变量 Path 中。

14.4.4　安装 Visual Studio Community 2015

微软公司提供免费版的 Visual Studio Community 2015，访问官方网站（https://www.visualstudio.com/vs/older-downloads/）并下载相关的安装文件。

下载成功后启动安装程序，并且选择 Custom 模式进行安装（见图 14-15）。

在安装特性的列表中，选中 Visual C++，点击进入下一步（见图 14-16）。

确定需要安装的特性如下，然后点击 Install 开始安装（见图 14-17）。

图 14-15　选择 Custom 模式

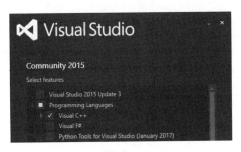

图 14-16　选中 Visual C++

图 14-17　开始安装 Visual Studio Community 2015

14.4.5　配置 DDS

接下来配置 ROS 2 的关键中间件——DDS。ROS 2 中已经集成了两个厂家的 DDS：eProsima FastRTPS 和 Adlink OpenSplice，用户可以根据需求选择。当然，也可以通过源码编译的方式使用其他厂家的 DDS。

1. eProsima FastRTPS

eprosima FastRTPS 依赖 boost 库，所以在使用之前需要在以下网站下载 boost 的安装文件：

```
https://sourceforge.net/projects/boost/files/boost-binaries/1.61.0/
```

下载完成后进行安装，默认的安装路径是 C:\local。安装成功后，将以下路径加入系统环境变量 Path 中：

```
C:\local\boost_1_61_0\lib64-msvc-14.0
```

2. Adlink OpenSplice

如果想要使用 Adlink OpenSplice，可以从以下网站下载最新版本的安装文件：

```
https://github.com/ADLINK-IST/opensplice/releases/tag/OSPL_V6_7_171127OSS_
RELEASE
```

下载后不需要安装，解压即可。

14.4.6   安装 OpenCV

ROS 2 中的很多功能需要依赖 OpenCV 库，可以从以下网站下载：

```
https://github.com/ros2/ros2/releases/download/release-beta2/opencv-2.4.13.2-
vc14.VS2015.zip
```

下载后放置到 C:\dev\ 路径下，并且将以下 OpenCV 的命令路径加入系统环境变量 Path 中：

```
c:\dev\opencv-2.4.13.2-vc14.VS2015\x64\vc14\bin
```

14.4.7   安装依赖包

有些依赖包没有集成在 Chocolatey 的数据库中，需要单独下载安装。访问以下网站，并且下载如图 14-18 所示的四个依赖包：

```
https://github.com/ros2/choco-packages/releases/latest
```

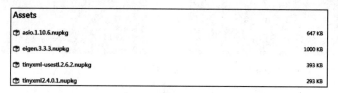

图 14-18   依赖包下载列表

使用以下命令安装下载完成的四个依赖包：

```
> choco install -y -s <PATH\TO\DOWNLOADS\> asio eigen tinyxml-usestl tinyxml2
```

其中 <PATH\TO\DOWNLOADS\> 表示依赖包的所在路径。再使用以下命令安装 pip 和 pyyaml：

```
> python -m pip install -U pyyaml setuptools
```

14.4.8   下载并配置 ROS 2

经过漫长的安装与配置，终于可以开始下载 ROS 2 了。ROS 2 的安装包可以从 GitHub

下载，网址如下：

```
https://github.com/ros2/ros2/releases
```

其中包含针对不同 DDS 的 ROS 2 安装包（见图 14-19）。可以根据需求下载，此处以 ros2-ardent-package-windows-fastrtps-AMD64.zip 为例。下载完成后，将 ROS 2 的安装压缩包解压到 C:\dev\ros2 路径下。

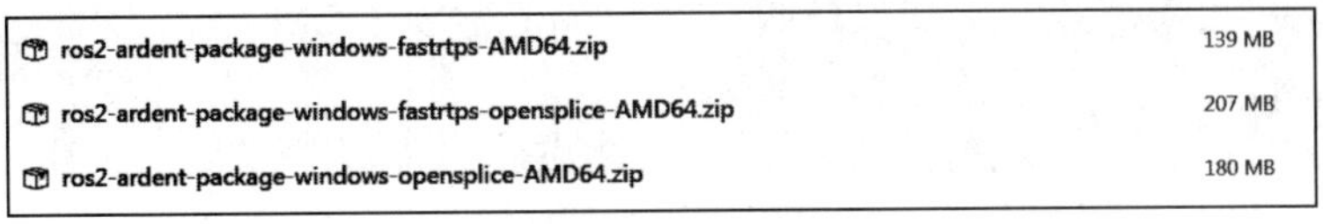

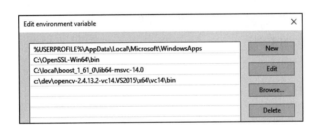

图 14-19　ROS 2 安装文件列表

ROS 2 并不需要单独安装，但是与 Ubuntu 一样，运行前都必须进行一项很重要的配置——环境变量。在之前的安装过程中，我们先后三次配置了系统的环境变量 Path，如果配置无误，现在 Path 环境变量的具体内容如图 14-20 所示。

图 14-20　配置完成后的 Path 环境变量

打开系统终端，使用以下命令配置 ROS 2 的环境变量：

```
> call C:\dev\ros2\local_setup.bat
```

如果 DDS 使用的是 Adlink OpenSplice，还需要配置以下环境变量：

```
> call "C:\opensplice67\HDE\x86_64.win64\release.bat"
```

14.4.9　运行 talker 和 listener 例程

到目前为止，所有 ROS 2 相关的安装和配置步骤都已经结束，现在就可以运行 talker 和 listener 的测试例程了。

分别打开两个终端，配置环境变量后，使用如下命令启动 talker 和 listener：

```
> ros2 run demo_nodes_cpp talker
> ros2 run demo_nodes_py listener
```

如果一切正常，就可以在终端中看到两者消息通信的具体内容（见图 14-21）。

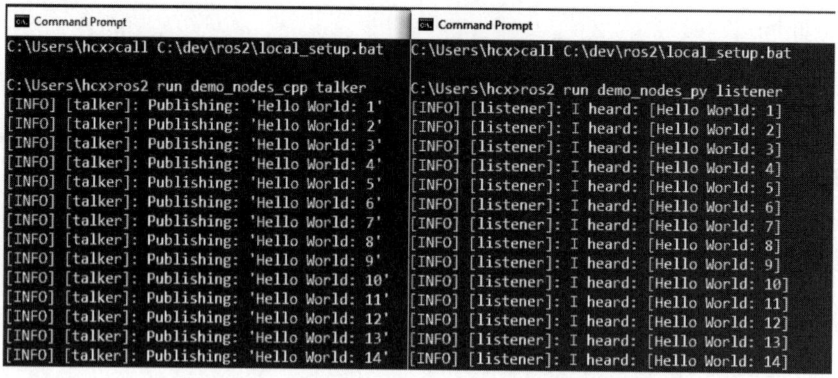

图 14-21　Windows 中 ROS 话题通信例程的运行效果

14.5　ROS 2 中的话题通信

接下来，我们尝试在 ROS 2 中创建两个节点并实现节点之间的话题通信。

14.5.1　创建工作目录和功能包

与 ROS 1 相同，我们需要创建一个工作空间作为代码管理的项目目录。ROS 2 中创建工作目录的方法与 ROS 1 的类似。

首先使用系统命令创建一个工作空间的文件夹：

```
$ mkdir -p ~/ros2_ws/src
```

然后在 src 文件夹下创建功能包文件：

```
$ cd ~/ros2_ws/src
$ mkdir -p ros2_demo
```

ROS 2 的功能包结构与 ROS 1 中的功能包结构相同，需要包含 CMakeLists.txt 和 package.xml 文件，这里我们手动创建这两个文件。package.xml 文件的代码如下：

```xml
<?xml version="1.0"?>
<?xml-model href="http://download.ros.org/schema/package_format3.xsd"
schematypens="http://www.w3.org/2001/XMLSchema"?>
<package format="3">
    <name>ros2_demo</name>
    <version>0.0.0</version>
    <description>Package containing examples of how to use the rcl API.</
description>
    <maintainer email="huchunxu@hust.edu.cn">Hu Chunxu</maintainer>
    <license>Apache License 2.0</license>

    <buildtool_depend>ament_cmake</buildtool_depend>

    <buildtool_depend>rosidl_default_generators</buildtool_depend>
```

```
<build_depend>rcl</build_depend>
<build_depend>rmw_implementation</build_depend>

<exec_depend>rcl</exec_depend>
<exec_depend>rmw_implementation</exec_depend>
<exec_depend>rosidl_default_runtime</exec_depend>

<export>
    <build_type>ament_cmake</build_type>
</export>
</package>
```

CMakeLists.txt 文件的代码如下：

```
cmake_minimum_required(VERSION 3.5)
project(ros2_demo)

# Default to C++14
if(NOT CMAKE_CXX_STANDARD)
    set(CMAKE_CXX_STANDARD 14)
endif()

if(CMAKE_COMPILER_IS_GNUCXX OR CMAKE_CXX_COMPILER_ID MATCHES "Clang")
    set(CMAKE_CXX_FLAGS "${CMAKE_CXX_FLAGS} -Wall -Wextra -Wpedantic")
endif()

find_package(ament_cmake REQUIRED)
find_package(rclcpp REQUIRED)
find_package(std_msgs REQUIRED)

ament_package()
```

然后就可以回到工作空间的根路径下，使用如下命令进行编译：

```
$ ament build
```

编译完成后，在工作空间的根路径下会产生两个文件夹：build 和 install。build 文件夹放置了很多编译过程中的中间文件。install 文件夹中是最终编译生成的可执行文件、库文件、环境变量等，而 ROS 1 中的 devel 文件夹在 ROS 2 中已经不存在了。

现在就可以在功能包中创建节点代码，由于 ROS 2 重新设计了 API，这里就以话题通信的 talker 和 listener 为例，学习 ROS 2 中基础 API 的使用方法。

14.5.2　创建 talker

首先要创建一个 talker，发布指定的字符串消息，实现源码 ros2_demo/src/ros2_talker.cpp 的详细内容如下：

```
#include <iostream>
#include <memory>
```

```cpp
#include "rclcpp/rclcpp.hpp"
#include "std_msgs/msg/string.hpp"

int main(int argc, char * argv[])
{
    // ros::init(argc, argv, "talker");
    rclcpp::init(argc, argv);

    // ros::NodeHandle n;
    auto node = rclcpp::Node::make_shared("talker");

    // 配置 QoS，ROS 2 针对以下几种应用提供了默认的配置：
    // Publishers and Subscriptions (rmw_qos_profile_default)
    // Services (rmw_qos_profile_services_default)
    // Sensor data (rmw_qos_profile_sensor_data)
    rmw_qos_profile_t custom_qos_profile = rmw_qos_profile_default;
    // 配置 QoS 中历史数据的缓存深度
    custom_qos_profile.depth = 7;

    // ros::Publisher chatter_pub = n.advertise<std_msgs::String>("chatter", 1000);
    auto chatter_pub = node->create_publisher<std_msgs::msg::String>("chatter",
custom_qos_profile);

    // ros::Rate loop_rate(10);
    rclcpp::WallRate loop_rate(2);

    auto msg = std::make_shared<std_msgs::msg::String>();
    auto i = 1;

    // while (ros::ok())
    while (rclcpp::ok())
    {
        msg->data = "Hello World: " + std::to_string(i++);
        std::cout << "Publishing: '" << msg->data << "'" << std::endl;

        // chatter_pub.publish(msg);
        chatter_pub->publish(msg);

        // ros::spinOnce();
        rclcpp::spin_some(node);

        // loop_rate.sleep();
        loop_rate.sleep();
    }

    return 0;
}
```

在以上 talker 节点的实现代码里，注释内容对应于该语句在 ROS 1 中的实现内容。从代码 API 的调用上可以看到，虽然 API 的名称变化较大，但是 API 接口参数的变化并不是很大。

需要注意的是，ROS 2 中加入了 DDS 的 QoS 机制，所以在代码中需要配置质量服务原则。当然，ROS 2 所使用的 DDS 厂商也为我们提供了默认的配置选项，可以直接使用 rmw_qos_profile_default。

14.5.3　创建 listener

接下来创建 listener 节点，实现源码 ros2_demo/src/ros2_listener.cpp 的详细内容如下：

```
#include <iostream>
#include <memory>

#include "rclcpp/rclcpp.hpp"
#include "std_msgs/msg/string.hpp"

// void chatterCallback(const std_msgs::String::ConstPtr& msg)
void chatterCallback(const std_msgs::msg::String::SharedPtr msg)
{
    std::cout << "I heard: [" << msg->data << "]" << std::endl;
}

int main(int argc, char * argv[])
{
    // ros::init(argc, argv, "listener");
    rclcpp::init(argc, argv);

    // ros::NodeHandle n;
    auto node = rclcpp::Node::make_shared("listener");

    // ros::Subscriber sub = n.subscribe("chatter", 1000, chatterCallback);
    auto sub = node->create_subscription<std_msgs::msg::String>(
    "chatter", chatterCallback, rmw_qos_profile_default);

    // ros::spin();
    rclcpp::spin(node);

    return 0;
}
```

listener 节点的代码实现变化不大，可以参考注释中对应于 ROS 1 的语句。

14.5.4　修改 CMakeLists.txt

编译之前还需要修改 CMakeLists.txt，以修改或添加源码文件的编译规则：

```
add_executable(ros2_talker src/ros2_talker.cpp)
ament_target_dependencies(ros2_talker rclcpp std_msgs)

add_executable(ros2_listener src/ros2_listener.cpp)
ament_target_dependencies(ros2_listener rclcpp std_msgs)
```

```
install(TARGETS
    ros2_talker
    ros2_listener
    DESTINATION lib/${PROJECT_NAME}
)
```

ROS 2 仍然使用 CMakeLists.txt 管理编译规则，内容上与 ROS 1 相比没有太大变化，关键字 cakin 变为了 ament。

14.5.5　编译并运行节点

接下来就可以回到工作空间的根目录下，使用 " ament build"命令进行编译。编译完成后，可以在 install 文件夹下找到生成的可执行文件（见图 14-22）。

图 14-22　编译生成的节点可执行文件

运行后的效果与之前的例程类似，如图 14-23 所示。

```
→ ros2_demo ./ros2_talker              → ros2_demo ./ros2_listener
Publishing: 'Hello World: 1'           I heard: [Hello World: 1]
Publishing: 'Hello World: 2'           I heard: [Hello World: 2]
Publishing: 'Hello World: 3'           I heard: [Hello World: 3]
Publishing: 'Hello World: 4'           I heard: [Hello World: 4]
Publishing: 'Hello World: 5'           I heard: [Hello World: 5]
Publishing: 'Hello World: 6'           I heard: [Hello World: 6]
Publishing: 'Hello World: 7'           I heard: [Hello World: 7]
Publishing: 'Hello World: 8'           I heard: [Hello World: 8]
Publishing: 'Hello World: 9'           I heard: [Hello World: 9]
Publishing: 'Hello World: 10'          I heard: [Hello World: 10]
Publishing: 'Hello World: 11'          I heard: [Hello World: 11]
Publishing: 'Hello World: 12'          I heard: [Hello World: 12]
Publishing: 'Hello World: 13'          I heard: [Hello World: 13]
Publishing: 'Hello World: 14'          I heard: [Hello World: 14]
```

图 14-23　ROS 2 话题通信节点的运行效果

从以上 ROS 2 中 talker 和 listener 节点代码的实现上可以看到：

1）ROS 2 中的 API 相比 ROS 1 中的 API 发生了较大的变化。ROS 2 中的 API 并不是在 ROS 1 的基础上查漏补缺，而是完全重新设计的。关于 ROS 2 的 API 说明，可以参考 API 文档，网址为：http://docs.ros2.org/ardent/api/rclcpp/index.html。

2）使用了更多 C++ 最新标准中的新特性，比如 auto、make_shared 等。

3）加入了 QoS 配置。从上面的代码中可以看到，QoS 有默认的配置 rmw_qos_profile_default，而且 talker 将 QoS 的 depth 设置为 7。

4）代码的总体架构还是与 ROS 1 极为相似的。

14.6   自定义话题和服务

ROS 2 中话题和服务通信的数据类型也是可以自定义的，而且自定义的方式与 ROS 1 中的完全相同：使用 .msg 文件自定义话题消息，使用 .srv 文件自定义服务的请求和应答数据。

ROS 2 默认安装路径下包含一个 example_interfaces 功能包，演示了 ROS 2 中话题服务等接口的定义方法。本节以该功能包为例，介绍 ROS 2 中自定义话题和服务通信数据的方法，你也可以在本书源码包中找到 example_interfaces 功能包。

14.6.1   自定义话题

若我们要自定义一个机器人关节的话题消息，可以在 example_interfaces 功能包中创建 msg 文件夹，并且创建话题消息的定义文件 example_interfaces/msg/JointState.msg，具体内容如下：

```
float64 position
float64 velocity
float64 acceleration
```

14.6.2   自定义服务

以 3.7 节中自定义的加法服务数据为例，在 ROS 2 中定义该服务请求与应答数据的方法相同，需要在功能包的 srv 文件夹下创建一个 .srv 文件，这里创建的 example_interfaces/srv/AddTwoInts.srv 内容如下：

```
int64 a
int64 b
---
int64 sum
```

14.6.3   修改 CMakeLists.txt 和 package.xml

数据类型定义完成后，需要在 CMakeLists.txt 中配置 .msg、.srv 文件的相关编译规则：

```
find_package(rosidl_default_generators REQUIRED)

rosidl_generate_interfaces(${PROJECT_NAME}
    "srv/AddTwoInts.srv"
    "msg/JointState.msg"
)
```

功能包的 package.xml 文件也需要加入以下依赖项：

```
<buildtool_depend>rosidl_default_generators</buildtool_depend>
<member_of_group>rosidl_interface_packages</member_of_group>
```

可以看到，这里和 ROS 1 中的修改内容稍有不同，但是总体步骤是一致的。

14.6.4   编译生成头文件

以上步骤完成后，就可以回到工作空间的根路径下，使用 "ament build" 命令开始编译。

编译过程中，会根据 .msg 和 .srv 文件的内容自动生成相应的 C++ 头文件，放置在如图 14-24 所示位置。

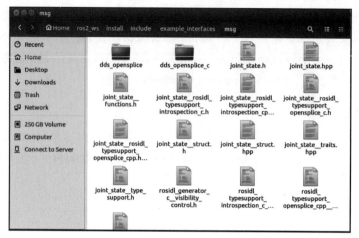

图 14-24　编译生成的消息头文件

头文件顺利产生后，就可以在节点编程中直接使用了。

14.7　ROS 2 中的服务通信

以 3.7 节学习的服务通信例程为目标，下面尝试在 ROS 2 中实现加法求解服务的 Server 和 Client。服务相关的请求与应答数据类型定义已在 14.6 节介绍，这里可以直接使用。

14.7.1　创建 Server

首先创建 Server 节点，提供加法运算的功能，返回求和之后的结果。实现该节点的源码文件 ros2_demo/src/ros2_server.cpp 的内容如下：

```cpp
#include <cinttypes>

#include "rclcpp/rclcpp.hpp"
#include "example_interfaces/srv/add_two_ints.hpp"

// bool add(beginner_tutorials::AddTwoInts::Request &req,
//          beginner_tutorials::AddTwoInts::Response &res)
class ServerNode : public rclcpp::Node
{
public:
    explicit ServerNode(const std::string & service_name)
    : Node("add_two_ints_server")
    {
// 收到服务请求之后的回调函数
    auto handle_add_two_ints =
```

```
        [this](const std::shared_ptr<rmw_request_id_t> request_header,
        const std::shared_ptr<example_interfaces::srv::AddTwoInts::Request> request,
        std::shared_ptr<example_interfaces::srv::AddTwoInts::Response> response) -> void
        {
            (void)request_header;
            RCLCPP_INFO(this->get_logger(), "Incoming request\na: %" PRId64 " b: %" PRId64,
              request->a, request->b);
            response->sum = request->a + request->b;
        };

    // 创建服务，通过回调函数处理服务请求
    srv_ = create_service<example_interfaces::srv::AddTwoInts>(service_name, handle_
add_two_ints);
    }

private:
    rclcpp::Service<example_interfaces::srv::AddTwoInts>::SharedPtr srv_;
};

int main(int argc, char * argv[])
{
    // ros::init(argc, argv, "add_two_ints_server");
    rclcpp::init(argc, argv);

    // ros::NodeHandle n;
    auto service_name = std::string("add_two_ints");

    // ros::ServiceServer service = n.advertiseService("add_two_ints", add);
    auto node = std::make_shared<ServerNode>(service_name);

    // ros::spin();
    rclcpp::spin(node);

    rclcpp::shutdown();
    return 0;
}
```

在以上 Server 节点的实现代码中，注释里的内容对应于该语句在 ROS 1 中的实现。

14.7.2 创建 Client

然后创建 Client 节点，通过终端输入两个加数，发布服务请求，等待应答结果。该节点实现源码 ros2_demo/src/ros2_client.cpp 的内容如下：

```
#include "rclcpp/rclcpp.hpp"
#include "example_interfaces/srv/add_two_ints.hpp"

using namespace std::chrono_literals;

example_interfaces::srv::AddTwoInts_Response::SharedPtr send_request(
```

```
        rclcpp::Node::SharedPtr node,
        rclcpp::Client<example_interfaces::srv::AddTwoInts>::SharedPtr client,
        example_interfaces::srv::AddTwoInts_Request::SharedPtr request)
    {
        auto result = client->async_send_request(request);
        // 等待服务处理结果
        if (rclcpp::spin_until_future_complete(node, result) ==
        rclcpp::executor::FutureReturnCode::SUCCESS)
        {
            return result.get();
        } else {
            return NULL;
        }
    }


    int main(int argc, char ** argv)
    {
        // ros::init(argc, argv, "add_two_ints_client");
        rclcpp::init(argc, argv);

        // ros::NodeHandle n;
        auto node = rclcpp::Node::make_shared("add_two_ints_client");

        // ros::ServiceClient client = n.serviceClient<beginner_tutorials::AddTwoInts>
("add_two_ints");
        auto topic = std::string("add_two_ints");
        auto client = node->create_client<example_interfaces::srv::AddTwoInts>(topic);

        // beginner_tutorials::AddTwoInts srv;
        auto request = std::make_shared<example_interfaces::srv::AddTwoInts::Request>();
        request->a = 2;
        request->b = 3;

        while (!client->wait_for_service(1s)) {
            if (!rclcpp::ok()) {
                RCLCPP_ERROR(node->get_logger(), "Interrupted while waiting for
the service. Exiting.")
                return 0;
            }
            RCLCPP_INFO(node->get_logger(), "service not available, waiting again...")
        }

        // client.call(srv)
        auto result = send_request(node, client, request);
        if (result) {
            RCLCPP_INFO(node->get_logger(), "Result of add_two_ints: %zd", result->sum)
        } else {
            RCLCPP_ERROR(node->get_logger(), "Interrupted while waiting for response.
Exiting.")
        }
```

```
rclcpp::shutdown();
return 0;
}
```

14.7.3 修改 CMakeLists.txt

编译之前还需要修改 CMakeLists.txt，添加源码文件的编译规则：

```
find_package(example_interfaces REQUIRED)

add_executable(ros2_server src/ros2_server.cpp)
ament_target_dependencies(ros2_server example_interfaces rclcpp)

add_executable(ros2_client src/ros2_client.cpp)
ament_target_dependencies(ros2_client example_interfaces rclcpp)

install(TARGETS
    ros2_server
    ros2_client
    DESTINATION lib/${PROJECT_NAME}
)
```

14.7.4 编译并运行节点

接下来就可以回到工作空间的根目录下，使用"ament build"命令进行编译。编译完成后，在 install 文件夹下找到生成的可执行文件，分别在两个终端中启动 Server 和 Client 节点，就可以看到两个参数的加法求解结果了（见图 14-25）。

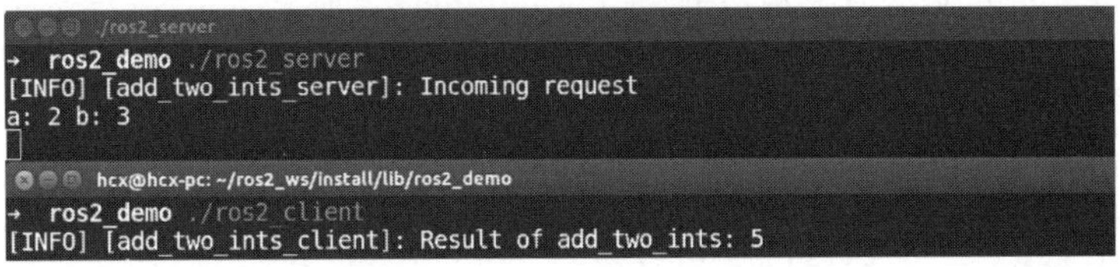

图 14-25　ROS 2 服务通信节点的运行效果（先运行 Server）

如果 Client 先被启动，该节点会自动尝试连接 Server，连接失败后，会在终端显示日志信息，并且继续循环等待连接（见图 14-26）。

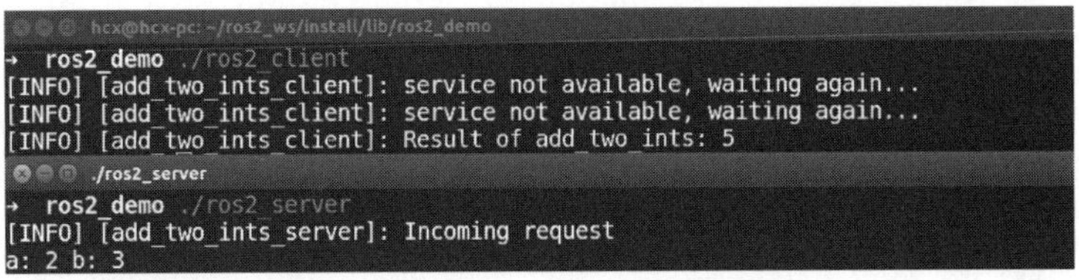

图 14-26　ROS 2 服务通信节点的运行效果（先运行 Client）

14.8   ROS 2 与 ROS 1 的集成

ROS 2 的目标并不是取代 ROS 1，所以在很长一段时间内，两者会一直并存，很多系统中可能需要同时使用 ROS 1 和 ROS 2，那么两者之间就需要一座通信的桥梁。

14.8.1   ros1_bridge 功能包

ROS 2 提供了一个如图 14-27 所示的 ros1_bridge 功能包，可以实现 ROS 1 与 ROS 2 之间的数据转换。

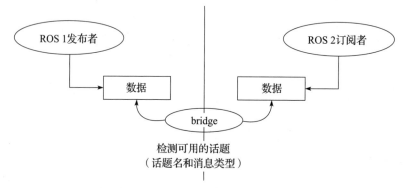

图 14-27   ros1_bridge 功能包的作用

14.8.2   话题通信

以常用的话题通信为例。首先启动 ros1_bridge 节点，然后在 ROS 1 和 ROS 2 中分别启动通信的节点，命令如下：

```
$ roscore
$ ros2 run ros1_bridge dynamic_bridge
$ rosrun roscpp_tutorials talker
$ ros2 run demo_nodes_cpp listener
```

启动成功后，可以在终端中看到如图 14-28 所示效果。

ROS 1 中 talker 节点发布的消息已经成功地被 ROS 2 中 listener 节点订阅并打印出来。

14.8.3   服务通信

除了话题通信，服务调用同样可以使用类似方法实现，命令如下：

```
$ roscore
$ ros2 run ros1_bridge dynamic_bridge
$ rosrun roscpp_tutorials add_two_ints_server
$ ros2 run demo_nodes_cpp add_two_ints_client
```

运行成功后的效果如图 14-29 所示。

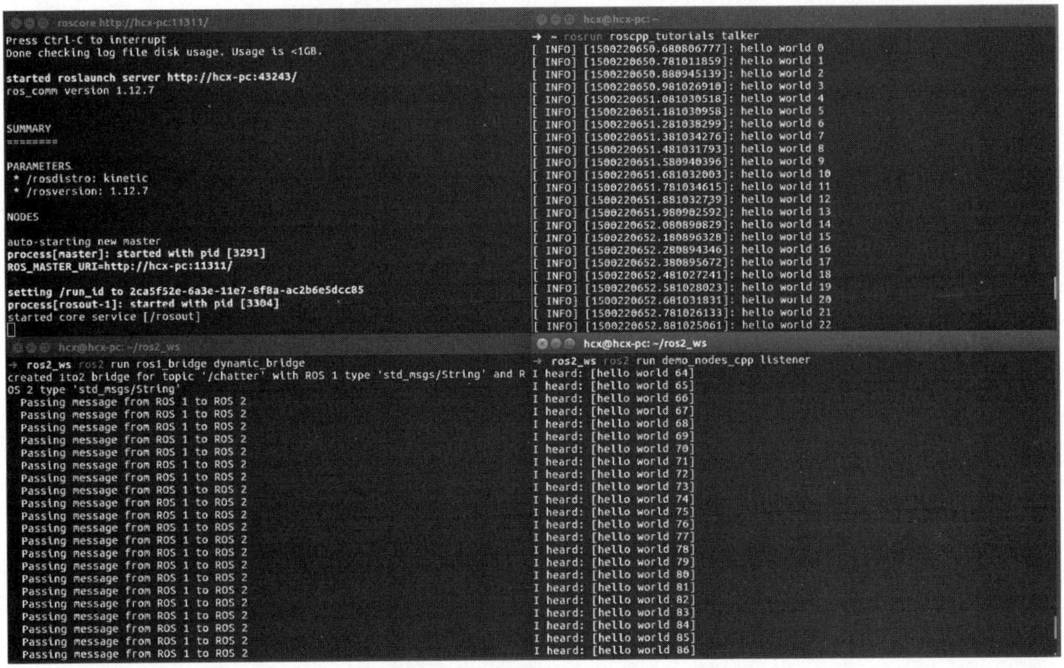

图 14-28　ROS 1 与 ROS 2 之间的话题通信

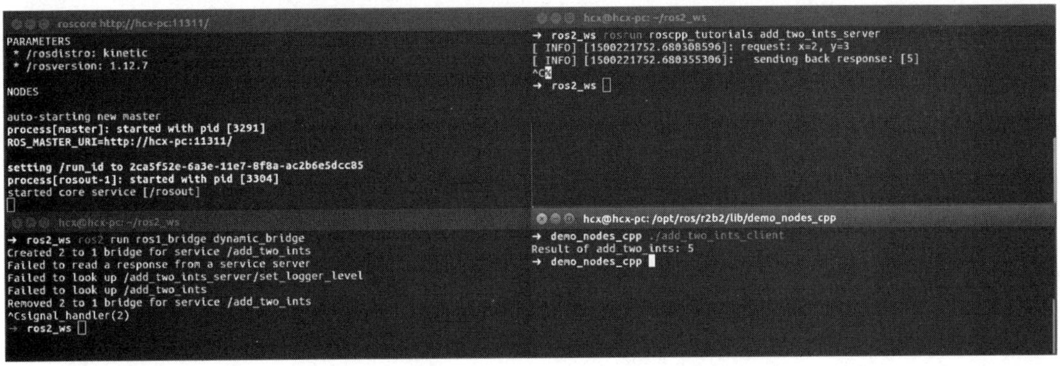

图 14-29　ROS 1 与 ROS 2 之间的服务通信

　　总体来讲，目前 ROS 2 还处于发展阶段，机器人开发仍然建议以 ROS 1 为主，但是要适当了解 ROS 2 的新技术和发展方向，跟上 ROS 2 的进展。我们相信，伴随人工智能和机器人技术的大发展，ROS 扮演的角色会更加重要，ROS 2 占据的比例也将逐渐增大。

14.9　本章小结

　　ROS 发展迅猛，短短 10 年时间就已成为机器人领域的事实标准，但是 ROS 也并不是完美的。通过本章的学习，我们了解了目前 ROS 1 中存在的不足，并且熟悉了 ROS 2 的系统架构，重点是 DDS 加入后的 ROS 2 在中间层提供了更加强大、稳定的通信机制，在实时性、安全性、完整性等方面较 ROS 1 有了质的飞跃。此外，我们还学习了 ROS 2 中话题和服务的实现方法，以及 ROS 1 和 ROS 2 之间的通信方式。

本书的内容也到此为止，我们从 ROS 基础知识开始，学习了话题、服务等通信机制的实现方法，还了解了 launch 启动文件、TF 坐标变换、rviz 可视化平台、Gazebo 物理仿真环境等 ROS 常用组件；接着学习了机器人的定义和组成，了解了一款机器人平台的制作过程，还使用 URDF 文件创建了用于仿真的机器人模型；然后我们开始了机器人应用开发之旅，学习了 ROS 中机器视觉、机器语音、SLAM 建图、自主导航、MoveIt! 机械臂控制等功能的实现方法；我们还一起学习了机器学习在 ROS 中的集成应用、ROS 中的更多进阶功能，以及支持 ROS 的多种机器人实例；最后了解了目前 ROS 存在的问题，以及下一代 ROS 2 针对这些问题进行的改进。

现在，相信你已经明白如何将 ROS 应用于机器人开发了！ ROS 还在快速发展，我们的探索实践也仍在继续。所以这里不是结束，而是一个全新的开始，祝你拥有一段愉快而充实的机器人开发实践之旅！